石油高等职业"工学结合"规划教材

司钻作业

王军波 洪求友 高 丹 主编

石油工业出版社

内 容 提 要

本书根据最新的《特种作业范围》中"石油天然气司钻作业"的大纲编写，主要介绍了钻修井设备、作业液技术、钻修井技术、中途测试与完井、井控设备与井控技术等，并结合案例进行分析。全书结构安排合理，语言通俗易懂，具有一定的实用性和指导性。

本书适合作为高职学生顶岗实习教材，也是司钻特种作业人员安全技术培训考试的学习教材，同时可作为特种作业人员自学用书。

图书在版编目(CIP)数据

司钻作业 / 王军波，洪求友，高丹主编. -- 北京：石油工业出版社，2024.9. -- (石油高等职业"工学结合"规划教材). -- ISBN 978-7-5183-6986-7

Ⅰ. TE2

中国国家版本馆 CIP 数据核字第 20249H8A66 号

出版发行：石油工业出版社
　　　　　（北京市朝阳区安华里二区 1 号楼　100011）
　　　　　网　　址：www.petropub.com
　　　　　编辑部：(010)64250991
　　　　　图书营销中心：(010)64523633　(010)64523731
经　　销：全国新华书店
排　　版：北京书蠹虫文化传播有限公司
印　　刷：北京中石油彩色印刷有限责任公司

2024 年 9 月第 1 版　2024 年 9 月第 1 次印刷
787 毫米×1092 毫米　开本：1/16　印张：23.25
字数：590 千字

定价：80.00 元
（如发现印装质量问题，我社图书营销中心负责调换）
版权所有，翻印必究

《司钻作业》编写人员

主　编：王军波　辽河石油职业技术学院

　　　　洪求友　辽河石油职业技术学院

　　　　高　丹　辽河油田培训中心

副主编：张凌杰　辽河油田培训中心

　　　　孙晓静　辽河油田培训中心

　　　　张桐硕　辽河石油职业技术学院

　　　　刘　鑫　辽河油田培训中心

参　编：刘　震　辽河石油职业技术学院

　　　　张　超　辽河石油职业技术学院

　　　　孟子楠　辽河石油职业技术学院

　　　　李佳欣　辽河石油职业技术学院

　　　　李　昊　辽河石油职业技术学院

　　　　李　新　辽河石油职业技术学院

　　　　田　丽　辽河石油职业技术学院

　　　　王　芳　大连理工大学盘锦产业技术研究院

前言 / PREFACE

为落实教育部发布的《高等职业学校专业教学标准》，构建"岗课赛证"融通模式，打破传统课程体系，以"必需、够用"为原则，按照"岗位群"和"专业群"建设理念，编写了司钻作业教材。教材内容对接司钻岗位技能标准，融入行业新技术、新工艺，并通过实践教学课程层层递进，最终在高职三年级顶岗实习中完成技术工作，培养高职学生解决实际问题的能力。同时，本书贯彻《特种作业人员安全技术培训考核管理规定》，以特种作业人员安全技术培训大纲及考核标准为依据，突出岗位专业知识，注重安全操作技能，具有较强的针对性和实用性，是司钻特种作业人员安全技术培训考试的学习教材，也可作为特种作业人员自学的工具书。

本书分钻井作业和井下作业两篇。其中钻井作业介绍了钻井作业安全生产法律法规与安全操作标准、钻井作业的职业特殊性、职业病防治、应急预案处理、班组管理、钻井设备、常用钻具及钻井工具、钻井技术、固井作业、复杂情况及事故处理案例分析、钻井司钻安全操作、电驱动钻井设备、钻井新工艺、井场安全作业等内容。井下作业介绍了井下作业安全生产法律法规与安全管理规定，井下作业工安全设施与主要灾害事故防治，井下作业常见事故预防及应急处置，自救、互救与创伤急救，清洁生产与环境保护，井下作业井场安全用电，井下作业设备及其使用安全技术，井下作业工安全作业等内容。

本教材由王军波、洪求友和高丹担任主编，张凌杰、孙晓静、张桐硕、刘鑫担任副主编，张超、刘震、孟子楠、李佳欣、李昊、李新、田丽、王芳参与编写。具体分工如下：钻井作业篇，项目2至项目6由王军波、刘震编写，项目10至项目12由高丹编写，项目7至项目9由张桐硕编写，项目1、项目13、项目14由张超、孟子楠、李佳欣、李昊、李新、田丽、王芳编写；井下作业篇，项目1至项目3由张凌杰编写，项目4至项目6由孙晓静编写；项目7由刘鑫编写；项目8及安全生产法律法规与相关行业安全管理规定章节由洪求友编写。

随着油气工业的发展，钻井司钻各方面技术将会不断更新。恳切希望广大师生和社会读者在使用中发现本书不足之处，并不吝指正，以便我们及时修改完善，更好地满足高职教学及企业培训的需要。

编者
2024年8月

目录 / CONTENTS

安全生产法律法规与相关行业安全管理规定 / 1

钻井作业篇

项目 1 钻井作业安全生产法律法规与安全操作标准认知 / 13
  任务 1 石油天然气钻井作业健康、安全与环境管理导则认知 / 13
  任务 2 钻井作业安全技术规程认知 / 22

项目 2 钻井作业的职业特殊性认知 / 34
  任务 1 了解钻井作业特点和安全生产管理原则 / 34
  任务 2 了解钻井作业人员的安全职责 / 35
  任务 3 钻井作业场所常见的危险、职业危害因素认知 / 38

项目 3 职业病防治认知 / 43
  任务 1 了解职业病预防的权利 / 43
  任务 2 了解职业病前期预防和劳动防护 / 44
  任务 3 钻井作业中的职业危害、职业病及防治措施认知 / 45

项目 4 应急预案处理认知 / 50
  任务 1 了解危害识别与风险评估 / 50
  任务 2 了解作业风险及控制 / 54
  任务 3 了解环境因素识别与环境影响评价 / 56
  任务 4 认识"两书一表" / 57
  任务 5 编制应急预案 / 59

项目 5 班组管理认知 / 65
  任务 1 了解如何建立班组安全制度 / 65
  任务 2 掌握班组安全管理方法 / 66
  任务 3 牢记司钻在应急管理中的五大应知职责及"四个一" / 68

项目 6　钻井设备认知 / 71
　　任务 1　了解钻机的主要系统 / 71
　　任务 2　掌握钻井主要设备的基本组成及功用 / 72

项目 7　常用钻具及钻井工具认知 / 76
　　任务 1　了解钻头 / 76
　　任务 2　了解钻具 / 79
　　任务 3　了解井口工具 / 80
　　任务 4　认识井口机械化工具 / 82
　　任务 5　认识螺杆钻具 / 84
　　任务 6　认识震击器 / 85

项目 8　钻井技术认知 / 88
　　任务 1　了解防斜钻直井技术 / 88
　　任务 2　了解喷射钻井技术 / 91
　　任务 3　了解定向井钻井技术 / 93
　　任务 4　了解取心钻井技术 / 95

项目 9　固井作业认知 / 100
　　任务 1　了解固井施工 / 100
　　任务 2　了解固井质量要求 / 101

项目 10　钻井复杂情况及事故处理案例 / 105
　　任务 1　了解砂卡 / 105
　　任务 2　了解井漏 / 108
　　任务 3　了解井下落物 / 109
　　任务 4　了解井下复杂情况及事故处理 / 116

项目 11　钻井司钻安全操作认知 / 123
　　任务 1　安装、拆卸的基本要求 / 123
　　任务 2　钻井工艺基本流程 / 129
　　任务 3　认识测井与完井 / 135
　　任务 4　石油钻井机械设备故障预防与维护保养 / 141

项目 12　电驱动钻井设备认知 / 145
　　任务 1　认识电驱动钻机 / 145
　　任务 2　认识交流变频电驱动钻机 / 146
　　任务 3　认识网电钻机 / 148

项目 13　钻井新工艺认知 / 151
　　任务 1　认识小井眼钻井技术 / 151
　　任务 2　认识大位移井钻井技术 / 152
　　任务 3　认识欠平衡钻井技术 / 153
　　任务 4　认识膨胀管技术 / 155

项目 14　井场安全作业 / 160
　　任务 1　钻井井场安全用电认知 / 160
　　任务 2　预防井喷事故 / 163
　　任务 3　井场防火防爆知识认知 / 164
　　任务 4　预防常见人身伤害事故 / 166

井下作业篇

项目 1　井下作业安全生产法律法规与安全管理规定认知 / 173
　　任务 1　井下作业人员安全生产的权利和义务的认知 / 173
　　任务 2　井下作业安全管理制度的认知 / 177

项目 2　学习井下作业安全设施与主要灾害事故防治 / 181
　　任务 1　防喷安全设施的使用和维护 / 181
　　任务 2　井下作业施工主要灾害事故的识别及防治 / 183
　　任务 3　生产、施工相关安全标志及其识别 / 187
　　任务 4　防护器材的使用和维护 / 190
　　任务 5　了解常见的应急器材 / 198

项目 3　井下作业常见事故预防及应急处置 / 205
　　任务 1　井下作业施工中的危险、有害因素和事故分类认知 / 205
　　任务 2　井下作业中危险、有害因素的风险控制 / 208
　　任务 3　井下作业过程中危险、有害因素的预防措施 / 209
　　任务 4　常见事故应急处置程序认知 / 212

项目 4　自救、互救与创伤急救 / 219
　　任务 1　学习自救、互救与创伤急救基本知识 / 220
　　任务 2　掌握现场逃生知识 / 226

项目 5　清洁生产与环境保护 / 233
　　任务 1　环境保护相关法律法规认知 / 233
　　任务 2　作业前环保交接认知 / 235
　　任务 3　施工过程环保措施认知 / 235
　　任务 4　环保检查与教育培训认知 / 238

项目6　井下作业井场安全用电认知 / 241
　　任务1　井场用电安全作业制度认知 / 241
　　任务2　正确使用和维护锅炉与压力容器 / 247
　　任务3　井场防火防爆认知 / 253

项目7　井下作业设备及其使用安全技术要求 / 261
　　任务1　正确使用通井机 / 261
　　任务2　正确使用修井机 / 263
　　任务3　起升系统认知 / 265
　　任务4　旋转系统认知 / 269
　　任务5　常用井下作业工具认知 / 272
　　任务6　掌握设备检修保养 / 280

项目8　井下作业工安全作业 / 287
　　任务1　迁装阶段认知 / 287
　　任务2　作业施工前准备阶段认知 / 291
　　任务3　作业施工阶段认知 / 307
　　任务4　完井收尾阶段认知 / 326
　　任务5　井下事故及复杂情况处理 / 330

题库 / 357

题库参考答案 / 357

参考文献 / 361

安全生产法律法规与相关行业安全管理规定

一、法律体系的基本框架

我国法律体系具有典型的中国特色社会主义特征,其基本框架为:以宪法为统帅,以宪法相关法、民法、商法等多个法律部门的法律为主干,由法律、行政法规、地方性法规等多个层次的法律规范构成,是我国全部现行的、不同的法律规范形成的有机联系的统一整体,是依据宪法的原则、立法原则制定的法律规范的集成。我国法的形式是制定法形式,具体可分为以下七类:宪法、法律、行政法规、地方性法规、部门规章、地方政府规章和国际条约。下面将重点介绍与安全生产直接相关的法律法规。

1. 法律

法律是指由全国人民代表大会及其常务委员会依照一定的立法程序制定和颁布的规范性文件。法律的法律地位和法律效力仅次于宪法。法律分为基本法律和一般法律(又称非基本法律、专门法)两类。基本法律是由全国人民代表大会制定的调整国家和社会生活中带有普遍性的社会关系的规范性法律文件的统称,如刑法、民法、诉讼法以及有关国家机构的组织法等法律。一般法律是由全国人民代表大会常务委员会制定的调整国家和社会生活中某种具体社会关系或其中某一方面内容的规范性文件的统称,如《中华人民共和国安全生产法》。

2. 行政法规

行政法规是国家最高行政机关国务院根据宪法和法律就有关执行法律和履行行政管理职权的问题,以及依据全国人民代表大会及其常务委员会特别授权所制定的规范性文件的总称。行政法规的法律地位和法律效力低于法律,高于地方性法规、地方政府规章等下位法。安全生产领域内的行政法规包括《安全生产许可证条例》《中华人民共和国工业产品生产许可证管理条例》《危险化学品安全管理条例》《中华人民共和国监控化学品管理条例》《易制毒化学品管理条例》《生产安全事故报告和调查处理条例》《生产安全事故应急条例》《劳动保障监察条例》《工伤保险条例》《建设工程安全生产管理条例》《特种设备安全监察条例》等。

3. 地方性法规、自治条例和单行条例

地方性法规、自治条例和单行条例是指法定的地方国家权力机关依照法定的权限,在不同宪法、法律和行政法规相抵触的前提下,制定和颁布的在本行政区域范围内实施的规范性文件。地方性法规可以就:(1)为执行法律行政法规的规定需要,根据本行政区域的实际情况作具体规定的事项;(2)属于地方性事务需要制定地方性法规的事项作出规定。其法律地位和法律效力低于法律、行政法规。目前各地方都制定了大量的规范建设活动的

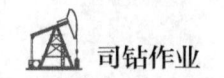

地方性法规、自治条例和单行条例，涉及安全生产的如《辽宁省安全生产条例》《重庆市特种设备安全条例》《嘉兴市危险化学品安全管理条例》等。

4. 部门规章

部门规章是指国务院的部委和直属机构按照法律、行政法规或者国务院授权制定的在全国范围内实施行政管理的规范性文件。部门规章规定的事项应当属于执行法律或者国务院的行政法规、决定、命令的事项，其名称可以是"规定""办法"和"实施细则"等。部门规章的法律地位和法律效力低于法律、行政法规。目前，大量的建设法规是以部门规章的形式发布，如《安全生产违法行为行政处罚办法》《生产经营单位安全培训规定》《安全生产事故隐患排查治理暂行规定》。

5. 地方政府规章

地方政府规章是指由地方人民政府依照法律、行政法规、地方性法规或者本级人民代表大会或其常务委员会授权制定的在本行政区域内实施行政管理的规范性文件，如《青海省安全生产监督管理办法》《重庆市建设工程安全生产管理办法》。

二、安全生产相关法律法规

1.《中华人民共和国安全生产法》

《中华人民共和国安全生产法》（以下简称《安全生产法》）于2002年6月29日第九届全国人民代表大会常务委员会第二十八次会议通过，根据2021年6月10日第十三届全国人民代表大会常务委员会第二十九次会议《关于修改〈中华人民共和国安全生产法〉的决定》第三次修订，自2021年9月1日起施行。《安全生产法》是在党中央领导下制定的一部"生命法"，是我国安全生产法治建设的重要里程碑。《安全生产法》是我国第一部全面规范安全生产的专门法律，是我国安全生产法律体系的主体法，是各类生产经营单位及其从业人员实现安全生产所必须遵循的行为准则。新修订的《安全生产法》标志着我国安全生产工作向科学化、法治化方向又迈进了一大步，对于进一步强化安全生产工作的重要地位，加强安全生产监督管理，防止和减少生产安全事故，保障人民群众生命和财产安全，促进经济社会持续健康发展具有重大意义。

1）我国安全生产工作的基本方针

《安全生产法》第三条规定，安全生产工作应当以人为本，坚持人民至上、生命至上，把保护人民生命安全摆在首位，树牢安全发展理念，坚持安全第一、预防为主、综合治理的方针，从源头上防范化解重大安全风险。安全生产工作实行管行业必须管安全、管业务必须管安全、管生产经营必须管安全，强化和落实生产经营单位主体责任与政府监管责任，建立生产经营单位负责、职工参与、政府监管、行业自律和社会监督的机制。

2）生产经营单位的安全生产保障

《安全生产法》第二十条规定，生产经营单位应当具备本法和有关法律、行政法规和国家标准或者行业标准规定的安全生产条件；不具备安全生产条件的，不得从事生产经营活动。同时，本法对生产经营单位各级人员的安全生产职责提出了明确要求，对保证安全生产条件所必需的资金投入、人员配备、安全生产管理机构的设置、安全生产教育和培训、设施设备等也作出了明确规定。

（1）生产经营单位主要负责人的安全职责。《安全生产法》第二十一条规定，生产经营单位的主要负责人对本单位安全生产工作负有下列职责：

① 建立健全并落实本单位全员安全生产责任制，加强安全生产标准化建设；

② 组织制定并实施本单位安全生产规章制度和操作规程；

③ 组织制定并实施本单位安全生产教育和培训计划；

④ 保证本单位安全生产投入的有效实施；

⑤ 组织建立并落实安全风险分级管控和隐患排查治理双重预防工作机制，督促、检查本单位的安全生产工作，及时消除生产安全事故隐患；

⑥ 组织制定并实施本单位的生产安全事故应急救援预案；

⑦ 及时、如实报告生产安全事故。

（2）安全生产条件的资金保障。《安全生产法》第二十三条规定，生产经营单位应当具备的安全生产条件所必需的资金投入，由生产经营单位的决策机构、主要负责人或者个人经营的投资人予以保证，并对由于安全生产所必需的资金投入不足导致的后果承担责任。有关生产经营单位应当按照规定提取和使用安全生产费用，专门用于改善安全生产条件。

（3）安全生产教育和培训。《安全生产法》第二十八条规定，生产经营单位应当对从业人员进行安全生产教育和培训，保证从业人员具备必要的安全生产知识，熟悉有关的安全生产规章制度和安全操作规程，掌握本岗位的安全操作技能，了解事故应急处理措施，知悉自身在安全生产方面的权利和义务。未经安全生产教育和培训合格的从业人员，不得上岗作业。第二十九条规定，生产经营单位采用新工艺、新技术、新材料或者使用新设备，必须了解、掌握其安全技术特性，采取有效的安全防护措施，并对从业人员进行专门的安全生产教育和培训。第三十条规定，生产经营单位的特种作业人员必须按照国家有关规定经专门的安全作业培训，取得相应资格，方可上岗作业。

（4）安全生产设施、设备。《安全生产法》第三十六条规定，安全设备的设计、制造、安装、使用、检测、维修、改造和报废，应当符合国家标准或者行业标准。生产经营单位必须对安全设备进行经常性维护、保养，并定期检测，保证正常运转。维护、保养、检测应当作好记录，并由有关人员签字。

3）从业人员的安全生产权利与义务

生产经营单位的从业人员是各项生产经营活动最直接的劳动者，是各项法定安全生产权利和义务的承担者。《安全生产法》第六条规定，生产经营单位的从业人员有依法获得安全生产保障的权利，并应当依法履行安全生产方面义务。《安全生产法》第三章对从业人员的安全生产权利、义务做了全面、明确的规定，并且设定了严格的法律责任，为保障从业人员的合法权益提供了法律依据。

4）生产安全事故的应急救援与调查处理

（1）鼓励生产经营单位和其他社会力量建立应急救援队伍，配备相应的应急救援装备和物资，提高应急救援的专业化水平。

（2）生产经营单位应当制定本单位生产安全事故应急救援预案，与所在地县级以上地方人民政府组织制定的生产安全事故应急救援预案相衔接，并定期组织演练。

（3）危险物品的生产、经营、储存单位以及矿山、金属冶炼、城市轨道交通运营、建筑施工单位应当建立应急救援组织。

（4）生产经营单位发生生产安全事故后，事故现场有关人员应当立即报告本单位负责人。

5）生产经营单位违反《安全生产法》的法律责任

生产经营单位的从业人员不服从管理，违反安全生产规章制度或操作规程的，相应的法律责任有：

（1）行政责任。由生产经营单位给予批评、教育，依照有关规章制度给予处分。

（2）刑事责任。造成重大事故构成犯罪的，依照刑法有关规定追究刑事责任。

2.《特种设备安全监察条例》

《特种设备安全监察条例》旨在加强特种设备的安全监察，防止和减少事故，保障人民群众生命和财产安全，促进经济发展。它适用于特种设备的生产（含设计、制造、安装、改造、修理，下同）、使用、检验、检测及其监督检查。

1）特种设备的种类

《特种设备安全监察条例》第二条指出，本条例所称特种设备是指涉及生命安全、危险性较大的锅炉、压力容器（含气瓶，下同）、压力管道、电梯、起重机械、客运索道、大型游乐设施和场（厂）内专用机动车辆。

2）特种设备的生产相关规定

《特种设备安全监察条例》第五条指出，特种设备生产、使用单位应当建立健全特种设备安全、节能管理制度和岗位安全、节能责任制度。

《特种设备安全监察条例》第十条指出，特种设备生产单位对其生产的特种设备的安全性能和能效指标负责，不得生产不符合安全性能要求和能效指标的特种设备，不得生产国家产业政策明令淘汰的特种设备。

《特种设备安全监察条例》第十四条指出，国家按照分类监督管理的原则对特种设备生产实行许可制度。特种设备生产单位应当具备下列条件，并经负责特种设备安全监督管理的部门许可，方可从事相应的活动：

（1）有与生产相适应的专业技术人员和作业人员；

（2）有与生产相适应的设备、设施和工作场所；

（3）有健全的质量保证、安全管理和岗位责任等制度；

（4）有安全技术规范要求的产品可追溯的信息化系统。

《特种设备安全监察条例》第十五条指出，特种设备出厂时，应当附有安全技术规范要求的设计文件、产品质量合格证明、安装及使用维修说明、监督检验证明等文件。

3）特种设备的使用相关规定

（1）使用单位应具备的基本条件。《特种设备安全监察条例》第二十三条指出，特种设备使用单位，应当严格执行本条例和有关安全生产的法律、行政法规的规定，保证特种设备的安全使用。

（2）登记制度。《特种设备安全监察条例》第二十五条指出，特种设备在投入使用前或者投入使用后30日内，特种设备使用单位应当向直辖市或者设区的市的特种设备安全监督管理部门登记。登记标志应当置于或者附着于该特种设备的显著位置。

（3）建立安全技术档案。《特种设备安全监察条例》第二十六条指出，特种设备使用单位应当建立特种设备安全技术档案。安全技术档案应当包括以下内容：

① 特种设备的设计文件、制造单位、产品质量合格证明、使用维护说明等文件以及安装技术文件和资料；

② 特种设备的定期检验和定期自行检查的记录；

③ 特种设备的日常使用状况记录；

④ 特种设备及其安全附件、安全保护装置、测量调控装置及有关附属仪器仪表的日常维护保养记录；

⑤ 特种设备运行故障和事故记录；

⑥ 高耗能特种设备的能效测试报告、能耗状况记录以及节能改造技术资料。

（4）维护与检查。特种设备使用单位应当对在用特种设备进行经常性日常维护保养，并定期自行检查，应遵守如下规定：

① 特种设备使用单位对在用特种设备应当至少每月进行一次自行检查，并作出记录。特种设备使用单位在对在用特种设备进行自行检查和日常维护保养时发现异常情况的，应当及时处理。

② 特种设备使用单位应当对在用特种设备的安全附件、安全保护装置、测量调控装置及有关附属仪器仪表进行定期校验、检修，并作出记录。

（5）强制检验制度。《特种设备安全监察条例》第二十八条指出，特种设备使用单位应当按照安全技术规范的定期检验要求，在安全检验合格有效期届满前1个月向特种设备检验检测机构提出定期检验要求。检验检测机构接到定期检验要求后，应当按照安全技术规范的要求及时进行安全性能检验和能效测试。未经定期检验或者检验不合格的特种设备，不得继续使用。《特种设备安全监察条例》第二十九条指出，特种设备出现故障或者发生异常情况，使用单位应当对其进行全面检查，消除事故隐患后，方可重新投入使用。特种设备不符合能效指标的，特种设备使用单位应当采取相应措施进行整改。

（6）报废制度。《特种设备安全监察条例》第三十条指出，特种设备存在严重事故隐患，无改造、维修价值，或者超过安全技术规范规定使用年限，特种设备使用单位应当及时予以报废，并应当向原登记的特种设备安全监督管理部门办理注销。

（7）建立应急措施与应急预案。《特种设备安全监察条例》第六十五条指出，特种设备使用单位应当制定事故应急专项预案，并定期进行事故应急演练。压力容器、压力管道发生爆炸或者泄漏，在抢险救援时应当区分介质特性，严格按照相关预案规定程序处理，防止二次爆炸。

3.《安全生产许可证条例》

《安全生产许可证条例》旨在严格规范安全生产条件，进一步加强安全生产监督管理，防止和减少生产安全事故。国家对矿山企业、建筑施工企业和危险化学品、烟花爆竹、民用爆炸物品生产企业(以下统称企业)实行安全生产许可制度,企业未取得安全生产许可证的,不得从事生产活动。

1) 取得安全生产许可证应具备的安全生产条件

《安全生产许可证条例》第六条指出,企业取得安全生产许可证,应当具备下列安全生产条件:

(1) 建立、健全安全生产责任制,制定完备的安全生产规章制度和操作规程;
(2) 安全投入符合安全生产要求;
(3) 设置安全生产管理机构,配备专职安全生产管理人员;
(4) 主要负责人和安全生产管理人员经考核合格;
(5) 特种作业人员经有关业务主管部门考核合格,取得特种作业操作资格证书;
(6) 从业人员经安全生产教育和培训合格;
(7) 依法参加工伤保险,为从业人员缴纳保险费;
(8) 厂房、作业场所和安全设施、设备、工艺符合有关安全生产法律、法规、标准和规程的要求;
(9) 有职业危害防治措施,并为从业人员配备符合国家标准或者行业标准的劳动防护用品;
(10) 依法进行安全评价;
(11) 有重大危险源检测、评估、监控措施和应急预案;
(12) 有生产安全事故应急救援预案、应急救援组织或者应急救援人员,配备必要的应急救援器材、设备;
(13) 法律、法规规定的其他条件。

2) 安全生产许可证的管理

《安全生产许可证条例》第十三条指出,企业不得转让、冒用安全生产许可证或者使用伪造的安全生产许可证。《安全生产许可证条例》第十四条指出,企业取得安全生产许可证后,不得降低安全生产条件,并应当加强日常安全生产管理,接受安全生产许可证颁发管理机关的监督检查。安全生产许可证颁发管理机关应当加强对取得安全生产许可证的企业的监督检查,发现其不再具备本条例规定的安全生产条件的,应当暂扣或者吊销安全生产许可证。

3) 安全生产许可证的有效期及延期手续

《安全生产许可证条例》第九条指出,安全生产许可证的有效期为3年。安全生产许可证有效期满需要延期的,企业应当于期满前3个月向原安全生产许可证颁发管理机关办理延期手续。企业在安全生产许可证有效期内,严格遵守有关安全生产的法律法规,未发生死亡事故的,安全生产许可证有效期届满时,经原安全生产许可证颁发管理机关同意,不再审查,安全生产许可证有效期延期3年。

三、劳动保护相关法律法规

1.《中华人民共和国劳动法》

《中华人民共和国劳动法》(以下简称《劳动法》)于1994年7月5日第八届全国人民代

表大会常务委员会第八次会议通过，自1995年1月1日起施行。2018年12月29日第十三届全国人民代表大会常务委员会进行第二次修正。该法的立法目的是为了保护劳动者的合法权益，调整劳动关系，建立和维护适应社会主义市场经济的劳动制度，促进经济发展和社会进步。从业人员应当了解和掌握如下规定。

1）基本条款

（1）建立劳动关系应当订立劳动合同。《劳动法》规定，订立和变更劳动合同，应当遵循平等自愿、协商一致的原则，不能违反法律、行政法规的规定。

（2）订立和变更劳动合同，应当遵循平等自愿、协商一致的原则，不得违反法律、行政法规的规定。

（3）《劳动法》对劳动合同必备的条款和解除劳动合同的情况进行了规定。

（4）《劳动法》对工作时间、休息休假、工资、社会保险和福利进行了规定。

2）劳动者的基本权利

（1）劳动者享有平等就业和选择职业的权利；

（2）取得劳动报酬的权利；

（3）休息休假的权利；

（4）获得劳动安全卫生保护的权利；

（5）接受职业技能培训的权利；

（6）享受社会保险和福利的权利；

（7）提请劳动争议处理的权利；

（8）法律规定的其他劳动权利。

3）劳动者的义务

（1）应当完成劳动的任务；

（2）应当提高职业技能；

（3）应当执行劳动安全卫生规程；

（4）应当遵守劳动纪律和职业道德。

4）劳动安全卫生

（1）用人单位必须建立健全劳动安全卫生制度，严格执行国家劳动安全卫生规程和标准，对劳动者进行劳动安全卫生教育，防止劳动过程中的事故，减少职业危害。

（2）劳动安全卫生设施必须符合国家规定的标准。新建、改建、扩建工程的劳动安全卫生设施必须与主体工程同时设计、同时施工、同时投入生产和使用。

（3）用人单位必须为劳动者提供符合国家规定的劳动安全卫生条件和必要的劳动防护用品，对从事有职业危害作业的劳动者应当定期进行健康检查。

（4）从事特种作业的劳动者必须经过专门培训并取得特种作业资格。

（5）劳动者在劳动过程中必须严格遵守安全操作规程。

（6）劳动者对用人单位管理人员违章指挥、强令冒险作业，有权拒绝执行；对危害生命安全和身体健康的行为，有权提出批评、检举和控告。

5）职业培训

（1）用人单位应当建立职业培训制度，按照国家规定提取和使用职业培训经费，根据本单位实际，有计划地对劳动者进行职业培训。

（2）从事技术工种的劳动者，上岗前必须经过培训。

2.《中华人民共和国劳动合同法》

《中华人民共和国劳动合同法》（以下简称《劳动合同法》）于2007年6月29日第十届全国人民代表大会常务委员会第二十八次会议通过，自2008年1月1日起施行。2012年12月28日第十一届全国人民代表大会常务委员会进行首次修正。

1）劳动合同应当具备条款要求

（1）用人单位的名称、住所和法定代表人或者主要负责人；

（2）劳动者的姓名、住址和居民身份证或者其他有效身份证件号码；

（3）劳动合同期限；

（4）工作内容和工作地点；

（5）工作时间和休息休假；

（6）劳动报酬；

（7）社会保险；

（8）劳动保护、劳动条件和职业危害防护；

（9）法律、法规规定应当纳入劳动合同的其他事项。

劳动合同除前款规定的必备条款外，用人单位与劳动者可以约定试用期、培训、保守秘密、补充保险和福利待遇等其他事项。

2）劳动者可以单方解除劳动合同的情形

（1）未按照劳动合同约定提供劳动保护或者劳动条件的；

（2）未及时足额支付劳动报酬的；

（3）未依法为劳动者缴纳社会保险费的；

（4）用人单位的规章制度违反法律、法规的规定，损害劳动者权益的；

（5）因本法第二十六条第一款规定的情形致使劳动合同无效的；

（6）法律、行政法规规定劳动者可以解除劳动合同的其他情形。

用人单位以暴力、威胁或者非法限制人身自由的手段强迫劳动者劳动的，或者用人单位违章指挥、强令冒险作业危及劳动者人身安全的，劳动者可以立即解除劳动合同，不需事先告知用人单位。

3.《中华人民共和国职业病防治法》

《中华人民共和国职业病防治法》（以下简称《职业病防治法》）于2001年10月27日第九届全国人民代表大会常务委员会第二十四次会议通过，自2002年5月1日起施行。2018年12月29日第十三届全国人民代表大会常务委员会进行第四次修正。《职业病防治法》对劳动过程中职业病的防治与管理、职业病的诊断与治疗，以及职业病病人保障有以下规定：

（1）对从事有职业病危害的作业的劳动者，用人单位应当按照国务院卫生行政部门的规定组织上岗前、在岗期间和离岗时的职业健康检查，并将检查结果如实告知劳动者。职业健康检查费用由用人单位承担。

用人单位不得安排未经上岗前职业健康检查的劳动者从事有职业病危害的作业；不得安排有职业禁忌的劳动者从事其所禁忌的作业；对在职业健康检查中发现有与所从事的职业相关的健康损害的劳动者，应当调离原工作岗位，并妥善安置；对未进行离岗前职业健康检查的劳动者不得解除或者终止与其订立的劳动合同。

（2）用人单位应当为劳动者建立职业健康监护档案，并按照规定的期限妥善保存。劳动者离开用人单位时，有权索取本人职业健康监护档案复印件，用人单位应当如实、无偿提供，并在所提供的复印件上签章。

（3）发生或者可能发生急性职业病危害事故时，用人单位应当立即采取应急救援和控制措施，并及时报告所在地卫生行政部门和有关部门。对遭受或者可能遭受急性职业病危害的劳动者，用人单位应当及时组织救治、进行健康检查和医学观察，所需费用由用人单位承担。

（4）用人单位不得安排未成年工从事接触职业病危害的作业；不得安排孕期、哺乳期的女职工从事对本人和胎儿、婴儿有危害的作业。

（5）劳动者享有下列职业卫生保护权利：

① 获得职业卫生教育、培训。

② 获得职业健康检查、职业病诊疗及康复等职业病防治服务。

③ 了解工作场所产生或者可能产生的职业病危害因素、危害后果和应当采取的职业病防护措施。

④ 要求用人单位提供符合防治职业病要求的职业病防护设施和个人使用的职业病防护用品，改善工作条件。

⑤ 对违反职业病防治法律与法规以及危及生命健康的行为提出批评、检举和控告。

⑥ 拒绝违章指挥和强令进行没有职业病防护措施的作业。

⑦ 参与用人单位职业卫生工作的民主管理，对职业病防治工作提出意见和建议。

用人单位应当保障劳动者行使前款所列权利。因劳动者依法行使正当权利而降低其工资、福利等待遇或者解除、终止与其订立的劳动合同的，其行为无效。

（6）医疗卫生机构发现疑似职业病病人时，应当告知劳动者本人并及时通知用人单位。

用人单位应当及时安排对疑似职业病病人进行诊断，在疑似职业病病人诊断或者医学观察期间，不得解除或者终止与其订立的劳动合同。疑似职业病病人在诊断、医学观察期间的费用，由用人单位承担。

（7）职业病病人依法享受国家规定的职业病待遇。用人单位应当按照国家有关规定，安排职业病病人进行治疗、康复和定期检查。

用人单位对从事接触职业病危害的作业的劳动者，应当给予适当岗位津贴。用人单位对不适宜继续从事原工作的职业病病人，应当调离原岗位，并妥善安置。

（8）职业病病人的诊疗、康复费用，伤残以及丧失劳动能力的职业病病人的社会保障，按照国家有关工伤社会保险的规定执行。

（9）劳动者被诊断患有职业病，但用人单位没有依法参加工伤社会保险的，其医疗和生活保障由最后的用人单位承担；最后的用人单位有证据证明该职业病是先前用人单位的职业病危害造成的，由先前的用人单位承担。

4.《工伤保险条例》

《工伤保险条例》于2003年4月16日国务院第5次常务会议讨论通过，自2004年1月1日起施行。2010年12月20日国务院进行首次修订。其立法目的是保障因工作遭受事故伤害或者患职业病的职工获得医疗救治和经济补偿，促进工伤预防和职业康复，分散用人单位的工伤风险。

1）工伤认定

（1）职工有下列情形之一的，应当认定为工伤：

① 在工作时间和工作场所内，因工作原因受到事故伤害的；

② 工作时间前后在工作场所内，从事与工作有关的预备性或者收尾性工作受到事故伤害的；

③ 在工作时间和工作场所内，因履行工作职责受到暴力等意外伤害的；

④ 患职业病的；

⑤ 因工外出期间，由于工作原因受到伤害或者发生事故下落不明的；

⑥ 在上下班途中，受到非本人主要责任的交通事故或者城市轨道交通、客运轮渡、火车事故伤害的；

⑦ 法律、行政法规规定应当认定为工伤的其他情形。

（2）职工有下列情形之一的，视同工伤：

① 在工作时间和工作岗位，突发疾病死亡或者在48小时之内经抢救无效死亡的；

② 在抢险救灾等维护国家利益、公共利益活动中受到伤害的；

③ 职工原在军队服役，因战、因公负伤致残，已取得革命伤残军人证，到用人单位后旧伤复发的。

2）工伤保险待遇

（1）职工因工作遭受事故伤害或者患职业病进行治疗，享受工伤医疗待遇。职工治疗工伤应当在签订服务协议的医疗机构就医，情况紧急时可以先到就近的医疗机构急救。

（2）社会保险行政部门作出认定为工伤的决定后发生行政复议、行政诉讼的，行政复议和行政诉讼期间不停止支付工伤职工治疗工伤的医疗费用。

（3）职工因工作遭受事故伤害或者患职业病需要暂停工作接受工伤医疗的，在停工留薪期内，原工资福利待遇不变，由所在单位按月支付。

钻井作业篇

项目 1　钻井作业安全生产法律法规与安全操作标准认知

> **📖 知识目标**
> (1) 掌握钻井作业健康、安全与环境管理相关知识;
> (2) 掌握钻井安全技术规程相关知识。
>
> **✈ 能力目标**
> (1) 能够合理利用钻井作业健康、安全与环境管理指导钻井作业生产;
> (2) 能够根据钻井安全技术规程规范钻井作业行为。
>
> **🎯 素质目标**
> (1) 让学生认识到遵守安全生产法律法规是作业人员的基本义务,也是维护安全的重要保障,强化安全意识的培养;
> (2) 增强法治与制度自信,引导学生严格遵守法律法规与安全操作标准;
> (3) 结合案例,培养大国工匠精神。

任务 1　石油天然气钻井作业健康、安全与环境管理导则认知

一、总要求

钻井承包商应按照"策划—实施—检查—改进"(PDCA)的模式,建立、实施、保持和持续改进健康、安全与环境管理体系。应成立管理健康、安全与环境管理体系的专门机构,对本单位 HSE 管理负综合管理、咨询和监督责任,以保障健康、安全与环境管理体系的建立、实施、保持和改进。应结合初始评审的结果和现有健康、安全与环境管理状况进行体系策划设计,形成建立和改进体系的方案或计划。体系策划设计适合钻井承包商的实际,按照直线管理和属地管理的原则确定或分配各职能部门和管理层次的健康、安全与环境职责,设计各要素的具体实现方法,确定健康、安全与环境管理体系的文件结构、目录并形成文件。应通过监视和测量、内部审核、管理评审、纠正措施和预防措施的实施等

确保健康、安全与环境管理体系的有效运行和持续改进。钻井承包商应在钻井队实施HSE标准化建设，明确钻井队HSE管理流程，运行"两书一表"，应用风险控制工具，有效控制作业风险。

二、健康、安全与环境管理要求

钻井承包商的最高管理者应明确各级领导的HSE管理责任，做出明确的HSE承诺，并分解和落实目标、指标，制定个人安全行动计划，践行有感领导，让员工听到、看到、感受到各级领导的表率作用，切实保障HSE管理体系的建立与运行，培育HSE文化。

最高管理者通过以下活动，为承诺的实现提供支持：(1)遵守适用的法律、法规和其他要求。(2)任何决策必须优先考虑健康安全环境。(3)制定HSE方针、目标。(4)确保HSE资源投入的有效实施。(5)组织制定并实施HSE培训计划。(6)主持管理评审和(或)HSE委员会。(7)督促落实纠正和预防措施，确保HSE管理体系有效运行。(8)将承诺推及内部各个职能层次，以及承包方和(或)供应方，培育先进HSE文化。钻井队领导也应按照上述内容做出相应承诺。

三、策划

钻井承包商应制定风险控制工具应用的制度和程序，根据钻井作业的特点、职能分工等建立危害因素辨识和风险评价小组，组织开展钻井作业危害因素辨识和评价。钻井队应在钻井作业施工中对作业危害因素进行辨识和评价。危害因素辨识内容包括但不限于：

(1)项目施工过程中的灾害性天气(暴风、暴雨雪、沙尘暴、泥石流、冰冻、高温等)、特殊作业环境(饮用水源区、人口密集区、生态脆弱区、自然保护区等环保敏感区)、特殊作业时段的风险；新设备(设施)、新工艺、新材料首次应用的风险。

(2)钻井井场施工准备阶段，对健康、安全与环境可能产生影响的因素，如公路建设、井场建设、设备器材运输及安装等。

(3)钻井正常作业时，因工艺本身而产生的(或潜在的)对健康、安全与环境的各种影响因素及其相应影响。

(4)钻井过程中各种事故状态对健康、安全与环境造成影响的因素。

(5)特殊施工作业时，因工艺本身而产生的(或潜在的)对健康、安全与环境的各种影响因素及其相应影响。

(6)相关方作业和交叉作业过程中存在的风险。

(7)钻井施工结束后，对周围健康、安全与环境的影响和可能存在的潜在影响因素，以及以往生产遗留的影响。

(8)所有进入工作现场的人员的活动，包括人的行为、能力，以及工作场所附近活动所产生的危害因素。

(9)钻井现场人员、设备、工艺等变更带来的影响等。

(10)健康、安全与环境管理体系的更改(包括临时性变更等)对钻井作业施工过程的影响。

(11) 对工作区域、过程、装置、机器和（或）设备、操作程序和工作组织的设计，包括其对人的能力的适应性。

(12) 危险设施或场所存在重大危险源的风险。

常用的风险评价方法包括但不限于：安全检查表（SCL）、作业条件危险性评价法（LEC）、矩阵法、预先危险性分析（PHA）、危险和可操作性研究（HAZOP）、事件树分析（ETA）和故障树分析（FTA）等。

钻井承包商和钻井队应对辨识和评价的危害因素采取包括技术和管理等方面的措施，以控制风险及其影响。技术措施应按照消除、预防、减弱、隔离、联锁、警告、个体防护、应急准备等依序考虑，对研究和技术开发、新改扩建项目、在用装置停用或拆除报废的相关工艺危害信息应记录和保存，并应针对具体危害因素制定具体措施。风险控制的管理措施包括但不限于以下方面：

(1) 健全机构，明确职责，健全规章制度和操作规程。

(2) 完善作业许可制度。

(3) 全员培训，提高技能，HSE 风险控制能力和意识。

(4) 建立监督检查和奖惩机制。

(5) 建立应急组织，配备应急资源。

(6) 对重大危险源实施分级监控管理，经常性开展事故隐患排查，分级管理，制定整改方案。

(7) 落实技术措施交底，应用工作安全分析、变更管理等工具预防新增风险。

(8) 现场应用行为安全观察与沟通、其他 HSE 风险控制工具预防不安全行为发生。

(9) 目视化管理、属地风险提示及隐患排查报告等。

四、组织结构、职责、资源和文件

钻井承包商应确定与健康、安全、环境风险和影响有关的各级职能层次的组织结构，按照"党政同责，一岗双责，齐抓共管"的原则和国家法律的要求，建立安全环保责任制；按照直线管理和属地管理要求，明确其职责和权限，做到"谁管工作，谁管安全"。岗位员工履行属地管理职责，在其控制的领域承担健康、安全与环境方面的责任，遵守适用的健康、安全与环境管理要求，以保证健康、安全与环境管理体系的有效运行。

1. 现场健康、安全与环境管理小组的职责

(1) 执行钻井承包商健康、安全与环境管理部门有关健康、安全与环境管理的计划与措施。

(2) 定期组织召开健康、安全与环境管理会议。

(3) 检查健康、安全与环境管理要求的执行情况。

(4) 组织整改健康、安全与环境管理隐患，制定纠正、预防措施。

(5) 对员工进行健康、安全与环境管理的宣传和培训等。

2. 健康、安全与环境监督的职责

(1) 宣传健康、安全与环境管理的政策、规定，引导员工执行健康、安全与环境管理的标准及规定。

（2）对钻井过程中的健康、安全与环境管理进行监督，对不安全状况和行为进行纠正并及时报告。

（3）在危及员工生命健康安全、严重影响作业安全和破坏生态环境的情况下，有权下令停止作业，并责令钻井队队长及时处理。

3. 钻井队队长的职责

（1）传达贯彻国家、地方、上级和业主有关健康、安全与环境管理的法律、法规和要求。

（2）组织召开健康、安全与环境管理会议，组织员工开展安全经验分享，审定本队健康、安全与环境管理的目标、指标。

（3）掌握钻井队的健康、安全与环境管理现状。

（4）负责现场健康、安全与环境管理的具体实施。

（5）改善野外劳动、生活卫生条件，落实保障员工健康的具体措施。

（6）支持健康、安全与环境监督的工作，鼓励员工查找隐患，并采纳正确的建议。

（7）组织健康、安全与环境管理检查活动，落实整改事故隐患和问题。

（8）组织开展 HSE 风险控制工具的知识培训，日常应用其管控风险。

（9）组织落实现场目视化管理。

（10）定期组织应急演习。

（11）协助调查、处理现场事故。

4. 员工的职责

（1）执行健康、安全与环境管理规定和技术规程，遵守劳动纪律，做好巡回检查。

（2）维护、保养好本岗位的生产设备、工具及防护装置，保证其性能良好、安全可靠。

（3）参加班组健康、安全与环境管理的教育培训活动，提高操作技能和安全防护能力。

（4）发现健康、安全与环境隐患要及时排除解决，无法解决的应立即报告。

（5）应用 HSE 风险控制工具识别、控制风险。

（6）落实属地区域目视化管理。

（7）按照操作规程作业，不得违章操作。

5. 资源配置的依据

为了保证健康、安全与环境管理目标的实现，钻井承包商应为相关部门和钻井队配备足够的资源，以确保健康、安全与环境管理体系有效运行。资源配置的依据应包括：

（1）相关的政策、法律、法规、标准。

（2）健康、安全与环境管理体系的方针、目标。

（3）合同要求。

（4）生产经营的需要。

（5）风险削减及应急需要等。

6. 资源配置计划的原则

（1）最大限度地满足生产和健康、安全与环境管理目标的实现。

（2）依靠技术，最大限度地挖掘各种资源的潜力，实现效益最大化。

（3）实施清洁生产，节约资源。

7. 资源配置的内容

资源配置包括人员配置、设备配置和技术资源、财力资源和信息资源的配置。其中，设备配置包括：

（1）钻井装备、配套工具。

（2）通信设备、交通工具。

（3）员工劳动防护用品。

（4）医疗设备和药品。

（5）灭火器材。

（6）警示标志。

（7）检测设备。

（8）应急器材。

（9）废物收集、处理设施。

（10）噪声控制设施等。

五、能力培训和意识

对工作中可能产生健康、安全与环境风险和影响的所有人员，在教育、培训和（或）经历方面，钻井承包商应对其能力做出适当的规定，并对员工完成工作的能力进行定期的评估。

1. 岗位能力评估内容

（1）资历，包括学历、工龄、上岗证。

（2）工作表现、工作业绩。

（3）业务知识、操作技能、应急能力。

（4）健康、安全与环境保护意识和能力等。

2. 员工培训要求

员工的能力需求与个人实际工作能力之间的差距，应通过知识培训、技能培养等方式解决；当身体素质与个人实际工作状况不适应时应调整工作岗位。应对调整工作岗位人员、新员工、特殊人员开展培训。

（1）采用新工艺、新技术、新材料或者使用新设备之前，应进行专门安全生产教育和培训。

（2）特种作业人员持证上岗。

（3）停工停产队伍组织复工前应培训，保证员工能力满足要求。

（4）新员工应进行三级安全教育。

（5）钻井承包商和钻井队应对相关方的作业人员、来访人员根据需求和法规要求进行教育培训及风险告知。

3. 培训内容

钻井承包商可依据岗位风险和任职要求编制培训矩阵，广泛征求员工的意愿，明确不同岗位培训需求，制定针对性的培训计划。培训计划分为全员培训计划和岗位技能培训计划。

全员培训内容包括但不限于：(1)所在国和当地政府的健康、安全与环境保护方面的政策、法律、法规。(2)健康、安全与环境管理的方针、目标、规定和要求。(3)上级的健康、安全与环境管理规定和实施方案。(4)现场健康、安全与环境风险管理削减计划和应急计划。(5)防火、防触电及安全标志知识。(6)人员急救、自救和人身保护的基本知识。(7)油料、化学药品及其他有害物质安全处理方法。(8)硫化氢危害及防护知识。(9)作业过程控制和削减污染的主要方法和实施计划。(10)应急程序及演练。(11)健康、安全与环境管理预防措施及记录、汇报程序。(12)其他需要培训的内容。

岗位技能培训的内容应包括：(1)井控操作技能。(2)设备、工具和仪器的操作、使用及维护。(3)岗位风险识别及预防措施。(4)岗位操作规程及相关管理制度。(5)岗位安全防范设施的安装、检查、维护及使用方法等。

六、沟通

1. 沟通方式

钻井承包商和钻井队应确定健康、安全与环境管理事项的信息沟通方式：(1)会议。(2)文件。(3)安全观察与沟通(各级管理人员就作业行为、程序执行、作业场所、工具和设备等事项开展行为安全观察与沟通)。(4)安全经验分享(对健康、安全与环境相关理念、知识、案例等进行沟通和分享)。(5)HSE信息系统。(6)定期的健康、安全与环境绩效监测与统计结果的发布与通报。(7)板报、通信简报等宣传形式。(8)政府、社区联系。(9)信访。(10)网络、电话、传真等。

2. 沟通内容

通过信息沟通，应保证钻井队、分包商及各层次上的员工都能认识到：(1)健康、安全与环境的方针和目标，以及在实现这些方针、目标的过程中各自的作用和责任。(2)工作活动中的健康、安全与环境风险和危害，已经建立的预防、控制和削减措施及应急响应程序。(3)违反已认可的作业程序的潜在后果。(4)向管理者提出现行工作程序改进建议的渠道。(5)紧急情况时的联系方式、手段和特殊的应急安排。

七、文件

钻井承包商应在健康、安全与环境管理体系建立、实施、保持和改进的全过程对文件进行策划，包括文件的结构、目录或数量等。钻井作业健康、安全与环境管理体系文件应包括：(1)承诺。(2)方针、目标和指标、管理方案。(3)对健康、安全与环境管理体系覆盖范围的描述。(4)对健康、安全与环境管理体系主要要素及其相互作用的描述，以及相关文件的查询途径。(5)适用的法律、法规和其他要求的清单及其文本。(6)为确保对涉及危害因素的过程进行有效策划、运行和控制所需的文件和记录。(7)健康、安全与环境管理的关键岗位与职责。(8)应急计划或预案。(9)各种实施结果或活动证据的记录。

八、实施与运行

1. 对设施进行全过程控制和管理的要求

钻井承包商应按相关程序的要求，确保对设施的设计、建造、采购、安装、操作、维护和检查等达到规定的准则要求，在项目建设、设施购置及建造前应进行健康、安全与环境评价，采用满足本质健康、安全与环境要求的设计来削减和控制风险和影响。对设施进行全过程控制和管理应满足以下要求：

（1）符合法律、法规和其他要求。

（2）满足健康、安全与环境的方针、目标和指标，实现对风险的削减和控制。

（3）项目建设、设施购置及建造前应进行健康、安全与环境评价。

（4）使用质量合格、设计符合要求的设备设施，进行设备设施测试检查及可靠性分析。

（5）搬迁、维修后新安装的设备及新投用设备，启用前进行设备安全检查。

（6）依照检查表巡回检查维护保养。

（7）及时发现异常并处理。

（8）设备设施的拆除、报废应分析风险及影响，制定方案并采取控制措施。

（9）按照变更管理程序，对设备、设施变更带来的风险采取控制和削减措施。

（10）对关键设备进行标识。

（11）遵守设备的操作和检维修规程，落实作业许可、上锁挂签制度及监督检查等措施。

（12）对设备设施运行过程与设施完整性有关的信息、资料进行整理、保存。

（13）按照特种设备安全管理制度及安全防护要求，进行日常检查维护，建立完善台账。

2. 对设施进行全过程控制和管理的内容

钻井承包商和钻井队应控制或管理所有设施，包括建筑物、生产设备以及检测、防护、应急、消防、照明、运输、起重、通信、电气、环保设施等。主要包括以下几个方面：

（1）监测报警装置：液面报警装置，硫化氢、甲烷气体泄漏报警装置，火灾报警装置等。

（2）保护装置：防雷避电装置、漏电保护装置、防静电装置、防火花装置、安全防护装置、高空作业防护装置等。

（3）控制装置：自动控制系统、手动控制系统等。

（4）污染治理设施：清污分流和防污构筑物等设施、废水处理及回用设施、固体废物收集处理设施、噪声治理设施等。

（5）健康防护设施：医疗器械、空气呼吸器、消音设施及个人防护设施、装备等。

（6）消防设施：消防水源、消防砂、消防器材、消防车辆等。

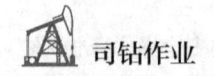

九、作业许可

钻井承包商和钻井队应按作业许可管理要求，明确作业许可类型，进行作业许可的申请、批准、取消、延期与关闭。钻井承包商作业许可管理部门应对相关管理人员、作业人员、监护人员开展相关作业许可管理规范、工作前安全分析及应急处置等培训和现场指导，遵照如下规定：

（1）从事高危作业（进入受限空间、动火、挖掘、高处作业、移动式起重机吊装、临时用电、管线打开等）及缺乏工作程序（规程）的非常规作业等，应取得作业许可。

（2）作业许可内容应包括区域划分、风险识别与评价、风险控制措施和应急措施，以及作业人员的资格和能力、责任和授权、监督和审核、交流沟通等。

（3）作业前，申请人应组织完成工作前安全分析，审批人与相关人员到现场检查防范措施落实情况后，方可进行作业许可审批。非常规作业前由作业负责人组织进行工作前安全分析。

（4）作业前将作业许可内容传达到所有作业现场人员，措施落实到位、责任到人。

（5）作业人员、现场监护人员应具备相应能力和资质，作业许可审批人应经过授权。

（6）作业许可中需要进行监测时，应使用合适的监测设备，并记录监测结果。

（7）对于一份作业许可证项下的多种类型作业，可统筹考虑作业类型、作业内容、交叉作业界面、工作时间等各方面因素，统一完成风险评估。

（8）作业地点、作业时间、作业条件等发生变更时，应重新办理作业许可。

（9）同一地点的交叉作业项目或可能同时涉及多种类别的危险作业情况，应满足每种作业许可的要求。

（10）作业完成后，作业许可审批人应到现场确认无任何隐患后签字，关闭作业许可。

（11）特殊要求：钻井拆搬安装作业中风险较大的作业如拆装高位绞车、抽穿大绳、起放井架等应有专项作业程序控制或 JSA；吊装 20t 以上或双吊车起吊的作业必须单独办理作业许可；首次上井架（包括新安装、新上岗、复工）人员必须办理高处作业许可；钻井承包商应结合钻井施工特点，建立风险较大的作业许可项目清单，纳入许可管理。

十、职业健康

钻井承包商应按职业健康管理法律法规及要求，基于危害因素辨识和风险评价、风险控制措施和实施，确定钻井作业活动中存在的职业健康影响和风险，制定落实职业健康管理制度和措施，以降低和消除职业健康影响和风险。同时，按要求进行职业危害因素申报，并组织开展钻井作业职业危害因素作业场所检测，内容如下：

（1）对钻井作业场所设置职业危害警示标识和说明。

（2）按计划组织对钻井作业场所进行定期检测。

（3）建立和完善职业危害因素作业场所检测档案，对超标监测点制定整改措施并跟踪实施。

（4）钻井承包商、钻井队应按照职业危害因素分析、检测结果、安全生产和职业健康管理需要，做好劳动防护用品管理，包括：
① 制定劳动防护用品管理制度。
② 按标准和要求发放劳动防护用品，对使用情况进行检查。
③ 确保劳动防护用品在规定的有效期内使用。
（5）钻井承包商、钻井队应按要求组织实施职业健康体检工作，包括：
① 制定每年度的职业健康体检计划。
② 组织员工进行职业健康体检。
③ 员工上岗前、离岗时都应进行身体健康体检及职业健康体检。
④ 建立员工健康档案，对患职业病或职业禁忌证员工进行岗位调整。
（6）清洁生产。钻井承包商应根据法律法规、相关方及顾客要求，针对钻井作业活动的全过程管理、资源管理和废弃物管理实施清洁生产。应推行和优先采用钻井作业清洁生产技术、工艺和设备，以减小对生态环境影响、资源能源消耗、废弃物产生和环境风险。

十一、运行控制

1. 运行控制内容

钻井承包商应按相关程序要求，确定与健康、安全与环境管理相关的活动和任务，基于危害因素辨识和风险评价、风险控制的需要进行策划，使钻井作业活动在受控状态下运行。策划应包括：
（1）根据钻井作业的性质以及风险特点，确定需要建立形成文件的程序。
（2）相关方所带来的风险和影响，建立并保持管理程序或作业指导书，并通报相关方。
（3）对工作场所、过程、装置、机械、运行程序和工作组织的设计应考虑运行控制的要求，以便从根本上消除或降低风险和影响。
（4）可能影响相关方的情况。
（5）能源资源利用情况。
（6）污染物综合处理利用情况等。

2. 活动和任务开展

不同职能部门和管理层次在健康、安全与环境管理过程中，应依据计划、程序和工作指南开展活动和任务：
（1）管理者和管理层应遵循健康、安全与环境管理方针制定目标、程序文件和钻井作业指导书。
（2）钻井队应编制钻井作业计划书，制定有关活动和任务的方案、卡、表，指导各项工作。
（3）操作层应按照确定的工作指南文件（作业指导书、作业计划书、操作规程或操作手册、作业许可规定）的要求，完成任务。
（4）钻井队应在有较大风险的作业场所和设备设施上施行危险提示、警示、告知、隔离等相关安全目视化控制措施。
（5）钻井队应在现场通过安全色、标签、标牌等方式，明确属地责任人、设备设施的使用状态、应急信息、危险隔离警示、高温高压警示、逃生通道方向等信息。

（6）各级管理人员应在现场开展行为观察与沟通活动，落实相关控制措施。

（7）钻井承包商安全管理部门应制定作业现场行为安全规范或制度，建立行为安全激励约束机制。

（8）钻井承包商相关管理部门应制定上锁挂牌管理办法，进行培训、辅导和监督检查。

（9）钻井队作业现场应配置必要的标准锁具，检、维修设备时需进行上锁挂牌。

（10）钻井队营地选址、布局安全、炊事服务人员健康证、食品安全管理符合要求。

（11）钻井现场按照井控相关规定要求进行管理。

十二、应急响应和应急预案

1. 响应范围

钻井承包商和钻井队应根据危害辨识和风险评价的结果，对可能发生的潜在突发事件和紧急情况，按管理职责和层次分级建立应急预案。钻井作业的应急预案通常包括综合预案、专项预案和现场处置预案。响应范围通常应包括：

（1）突发自然灾害事件：洪汛灾害、地质灾害（破坏性地震、山体滑坡、泥石流等）、气象灾害（暴风雨、暴雪、沙暴、雷电）等。

（2）突发事故灾难事件：井喷突发事件、火灾事故、爆炸突发事件、危险化学品泄漏突发事件、交通事故、环境突发事件、设备事故等。

（3）突发公共卫生事件：职业危害事件、传染病疫情事件、食物中毒事件、群体性原因不明疾病及其他影响公众健康和生命安全的事件。

（4）突发社会安全事件：恐怖袭击突发事件、群体性突发事件、社会治安事件等。

2. 应急预案编制

应急预案应明确特定紧急情况发生时需采取的步骤和措施，其内容应包括但不限于：

（1）总则，包括目的、依据、范围、工作原则等。

（2）组织机构和职责。

（3）风险分析与应急能力评估，包括风险分析和应急能力评估、事件分类与分级等。

（4）预防与预警，包括预防与应急准备、监测与预警、信息报告与处置等。

（5）应急响应，包括响应流程、响应分级、响应启动、响应程序等。

（6）应急保障，包括应急保障计划、应急资源、应急通信、应急技术等。

（7）预案管理，包括预案培训、预案演练、预案修订等。

任务2 钻井作业安全技术规程认知

一、钻探设备的安装与拆迁

1. 修筑地基

（1）地基必须平整、坚固，钻塔底部填方部分不得超过塔基面积四分之一，填方部分还必须采取加固措施,防止塌陷和溜方。

(2)在山坡修筑地基时,地基靠山坡一边的坡度要适当。在地层岩石坚硬、稳固时,坡度不得大于80°;地层特别松软时,坡度不得大于45°,并除掉坡上滑石。

(3)修筑地基需要进行爆破作业时,必须遵守国家有关爆破规定。

2. 设备安装与拆卸

(1)根据设备类型、钻孔设计深度以及具体条件选择合适基座的结构形式。通常采用机台木、槽钢和工字钢等材料,确保基座安装稳固、周正、水平。

(2)基台木长度应比钻塔底座长200~500mm,连接机台木的螺丝杆直径不得小于16mm,并在靠机台木上下加垫片,保证机台牢固。

3. 钻塔安装与拆卸

(1)安拆钻塔工作应在安装队长、机长的统一指挥下进行,安装人员必须戴安全帽,在塔上工作时必须系牢安全带和穿平底胶鞋,不得在台板上放任何物件,必要的工具、螺丝放进工具袋,不得在安拆钻塔的同时进行塔下工作。

(2)塔架不得安装在输电线下,塔架立起或放倒时,其外侧边缘与输电线路线的边线之间必须保持一定安全距离。

(3)钻塔应安装稳固、周正。安拆钻塔前,应对钻塔构件及所用工具、绳索、挑杆和起落杆等进行严格检查。

(4)安装钻塔时,台板必须架设牢固、各部螺栓与构件的规格需符合要求,并装全装牢。钻塔安装完毕后,要从下向上认真进行检查、调整,直到符合要求。

(5)控制中心、自动节流管汇橇、回压泵橇、材料房应摆放合理,且不应摆放在填筑土方上、陡崖下、悬崖边,以及易滑坡、垮塌和受洪汛影响的地方,附近应留有适当面积的工作场地,确保逃生通道畅通。

(6)拆卸钻塔时,应从上往下逐层逐件拆卸,禁止先拆下层构件,或同时拆卸上下层构件。严禁从塔上往下抛扔钻塔构件、螺丝、工具等。

(7)夜间或刮五级以上大风,以及雷雨天气时,禁止安拆钻塔。

4. 机电设备安装与拆卸

(1)控压钻井设备应按工作流程分级断电,并在开关上悬挂安全警示标志。

(2)按程序拆卸设备,防止造成人员伤害。

(3)安装机电设备必须周正、水平。各相应的传动轮必须对线,连接线座与机台木的螺杆下端须加防松螺帽和垫圈。

(4)钻机立轴中心线、天车中心线与孔中心线必须在同一条直线上。

(5)电气设备必须安装在干燥、清洁地方,严防油、水及杂物侵入,电气设备及启动、调整装置的外壳应有良好的接地接零保护装置。

(6)拆卸各种机电设备时,禁止用大锤猛力敲打或盲目乱拆,机电设备上拆下的小部件,应专人妥善保管。

(7)严禁从高处往下滚放器材、设备。

(8)废弃物按要求运至指定地点处理。

5. 设备吊装

（1）设备搬迁前，应组织人员进行危害识别。
（2）吊具、索具应与吊装种类、吊运具体要求以及环境条件相适应。
（3）作业前应对索具进行检查，不得超过安全负荷。
（4）吊装、吊放应符合吊装作业要求，起重作业应符合下列要求：
① 应有专人指挥，指挥信号应明确，并符合规定。
② 吊挂时，吊挂绳之间夹角宜小于120°。
③ 绳、链所经过的棱角处应加衬垫。
④ 吊车臂、悬吊物下工作区死角不应站人。
（5）设备装载合理、固定牢靠，应由承运方确认。

6. 设备搬运

（1）对运输人员进行《现场作业安全防护规范》培训。
（2）运输人员必须持证上岗，所有司机及乘客在车辆行驶中需系好安全带，车内不允许吸烟、喝酒。
（3）两人以上抬运器材时，上肩的方向要一致，抬运的重物不宜过高，一般物件距地面200~300mm为宜。
（4）多人抬运大件重物时，要统一指挥，步调一致，互相联系，互相关照。抬重物的人手要抓住杠子，防止杠子掉下，以防发生事故。
（5）搬运大齿轮、皮带轮或其他圆形重物时，要捆扎牢固。停放休息时，要放稳后方可离开。
（6）一切器材、工具、零件等严禁从山上向下抛掷或滚放。
（7）在搬运之前，应对搬运物件和搬运用的大小杠子及绳索等进行一次详细检查。搬运的物体如有突出的棱角、钉子、扒钉等，应设法清除。
（8）用汽车搬运时要放稳、绑牢。使用的跳板要稳固适用。严禁超载、超高、超宽、超长运输。
（9）一切器材、设备严禁从汽车上向下抛扔或滚放。
（10）用船只或木排搬运时，应由有经验的人员指挥，装运的器材要放在船只的中部，不得超载。
（11）运输过程中禁止拨接电话，如果紧急，必须将车辆靠边停，然后再拨打接听。
（12）避免夜间长途驾驶。运输人员在遇到大雪、大雾、冰滑路面或其他极端恶劣天气时，应及时向负责人请示和报告，以确定是否可动车。必须保持警惕驾驶的态度并采取相应的安全预防措施。

二、电路的安装与使用

1. 一般规定

（1）各类用电人员必须掌握安全用电基本知识和所用设备的性能，熟悉开关电器的正确操作方法。使用电气设备前，必须佩戴好相应的劳动保护用品，认真检查电气装置是否完好，严禁设备带病运转。暂停使用电气设备时，必须切断电源，锁好开关箱。

（2）负责保护所用设备的负荷线，保护零线和开关箱，发现问题及时报告整改，没整改前，禁止使用。

（3）凡在架空输电线附近作业时，各种勘察设备、机械应与架空输电线保持一定安全距离。其距离必须不小于各级架空输电线路应延伸距离再加上勘察设备、机械的高度。

（4）作业现场的机动车道与架空输电线路交叉时，从架空输电线路下通过的运输机械及其载物顶端与架空输电线路最低点之间的垂直距离必须不小于相关安全距离。

（5）用电设备及电气安全防护用品的质量必须符合现行国家标准。

（6）搬迁和移动用电线路、电动设备，必须先切断电源，不得带电作业。

（7）线路跳闸后，必须先查明原因，排除故障后，方可送电，严禁强行送电。

（8）雷雨时，不得进行户外用电设备的安装、维修和拆除作业。

（9）地质钻探现场的线路、电气设备及附近输电线路，在未确认其是否带电以前，必须按带电情况处理。勘察现场严禁有带电的裸露导体。

2. 电路的使用

（1）电动工具绝缘良好，线路不准有接头，线路接地处符合标准，雨天禁止在露天使用电动工具作业。

（2）电器外壳接地装置标准，电器配件齐全，电器符合防爆标准。

（3）电路检修必须专业人员执行，并按操作规程进行作业。

（4）维修电气设备时先切断电源并挂警示牌，加强现场监护。

（5）使用的工具电压电流匹配。

3. 地质钻探现场临时用电

（1）勘察现场的动力线路，必须采用橡套电缆。在三相五线制系统中，不宜采用3芯、4芯电缆另加单芯电缆或导线做中性线。

（2）电缆线路应根据实际架空或悬挂敷设。对经常移动的电缆，应敷设在不被车辆碾压、人踩、器具碰擦及介质腐蚀的地方，否则必须加设保护套。

（3）电缆接头应牢固可靠，并应做绝缘包扎，保持绝缘强度，不得承受张力。

（4）临时用房内的用电线路必须采用橡皮电线，并设独立的开关、漏电保护器。严禁缠绕在金属架上或用金属裸线作绑扎线。

（5）动力配电箱与照明配电箱宜分别设置，如合置于同一配电箱内，动力和照明线路应分路设置。

（6）每一机台应设置一个配电箱，距用电工作区的水平距离不宜大于3m。

（7）机台应实行"一机一闸一保险"制，开关箱应设置在机台及用电设备便于操作的部位。严禁用同一个开关电器直接控制两台及两台以上用电设备（含插座）。

（8）移动式的配电箱、开关箱应装设在坚固的支架上。应有防水措施，其下底与地面的垂直距离为0.6~1.5m。

（9）配电箱、开关箱内的电器（含插座）应按其规定的位置固定在电器安装板上，不得松动和歪斜。箱内的连接应用绝缘导线，接头不得松动，带电部位不得外露。

（10）各种开关的额定值与其控制的用电设备额定值相匹配。

（11）所有用电设备必须在设备负荷线的首端处(电源隔离开关的负荷侧)设置防溅型的漏电保护装置。

（12）配电箱、开关箱导线的进、出线口应设在箱体的下底面，严禁设在箱体的其他位置，导线不得与进出箱体口直接接触。

（13）配电箱、开关箱的电源线，严禁用插销连接。

（14）各电气设备的外壳及配电箱、开关箱金属底座、外壳等必须作保护接零。

（15）配电箱、开关箱内不得放置任何杂物。

（16）当地质钻探现场与外电线路共用同一供电系统时，电气设备应根据当地的要求作保护接零，或作保护接地，不得一部分设备作保护接零，另一部分设备作保护接地。

（17）保护接零单独设置并专用，不得装设开关或熔断器，重复接地线应与保护零线连接。

（18）用电线路中严禁利用大地作为相线或零线。

（19）在探井等潮湿或有特殊要求的地质钻探现场，电气设备必须采用保护接零。

（20）照明灯具及电缆的设置不得妨碍交通和施工作业。灯具必须与支架绝缘，应使用防水式灯口。

（21）行灯的电源电压不得超过36V，在潮湿的井坑内照明，应使用12V以下的电源。

4. 电动设备

（1）电动设备要定期检查、维修和保养，不得带病运转和超负荷作业。

（2）电机、电焊机等设备，除应做好保护接零外，必须做重复接地。

（3）电动设备的负荷线必须按其容量选用无接头的多股铜芯橡套软电缆。

（4）手持式电动工具的外壳、手柄、负荷线、插头、开关等必须完好无损，使用前必须作空载检查，运转正常方可使用。

（5）潜水泵的负荷线必须采用YHS防水型橡套电缆，不得承受压力。

（6）电焊机应放在通风良好、干燥、防雨的地方，远离易燃物品，电焊机进、出线必须设安全防护罩。

三、钻井现场施工规定

1. 基本规定

（1）钻井施工人员应经过必要的培训和考试合格之后，方可从事钻井工作。

（2）钻井施工过程中，必须严格按照施工工艺要求进行施工操作，禁止擅自更改施工工艺。

（3）施工现场应设置相应的安全警示标志，并配备必要的安全设施和装备，确保施工过程中的各项工作符合安全要求。

2. 钻进

（1）在正常钻进中，不许对设备进行拆卸和修理工作，以及天车加油。

（2）皮带运转时，严禁从皮带上跨过。禁止用木棒压皮带，禁止用带钩的工具卸皮带。

（3）用人力松紧卡盘时，要有专人掌握离合器或皮带开关，并相互配合好。

（4）开孔钻进前，要进行安装验收工作，符合安装要求后方可开钻。

（5）钻机水龙头高压胶管必须设有胶管防缠及水龙头防坠装置，钻进时不得利用人扶持水龙头胶管。修理水龙头必须停车，并指定专人看管离合器。

（6）扩孔、扫孔、扫脱落岩心或钻进不正常时，必须由班长或熟练技术工人操作。

（7）经常检查皮带扣的连接是否牢靠，必要时应更换新皮带以防止人身和机械事故。

3. 升降钻具

（1）提引器提引钩必须牢固可靠，使用蘑菇头必须上紧，起下钻时，要经常看是否松动。

（2）升降钻具前，必须对提引工具进行检查，不符合安全要求的应及时更换与修理。

（3）操作过程中应明确分工，互相配合，步调一致。操作拧管时，应由一人单独操作，以免配合不好发生事故。

（4）下降钻具时，如因孔内水柱（或钻井液柱）的浮力，钻具下降速度缓慢时，提引器随蘑菇头慢慢下降，不得让钻具自动下降而提引器提前下来。

（5）立轴箱打开后，须盖上齿轮防护罩，防止脏物进入及避免意外事故。

（6）升降钻具时，塔上不得进行修理工作。

（7）岩心管提出孔口时，不得用手伸到岩心管内探摸岩心。

（8）上塔人员必须系安全带，井口人员应站在钻具起落范围以外。

（9）发生跑钻时，严禁抢插垫叉。

4. 活动工作台

（1）活动工作台必须安有防坠器、手动定位器以及行程限制器，活动工作台的导向绳上必须距天梁0.3m和距地面2.5m或位于第一层台板上。

（2）使用前要检查平衡装置是否合适，防坠装置、制动装置和挂绳等是否安全可靠。

（3）活动工作台每次只准一人乘坐，上升前要锁好门。携带工具（钳子、扳手等）时要放置妥当，严防掉下伤人。离台前要锁紧制动装置。在最低位置时，还须挂好安全钩。

（4）不准用活动工作台运载重物上塔，卸掉平衡重绳以后，严禁乘坐。

（5）工作台的主要物件如底盘、立柱、栏杆都必须连接成一体，并焊接牢固。工作人员进入之后，要将门关好再进行工作。

（6）工作台的平衡重砣的外面严禁吊挂任何重物，重砣应用导向滑轮导引至钻塔塔角或机台场外人员活动较少的一侧，重砣与地面之间的距离不得低于2.5m。

（7）工作台上部安装导向滑轮的悬臂横梁须牢固可靠，发现有问题或弯曲较大时，应及时修理或更换。

（8）所有钢丝绳接头处均须用两副以上同径绳卡卡牢。

（9）工作台装有专用手拉绳，严禁用导向绳代替手拉绳，或用升降机导引工作人员手抓提引器上升。在操作地点停留时，必须先锁紧手动定位器，然后再进行操作。

（10）活动工作台要定期检查修理，及时对润滑部位注油，保证安全使用。

5. 精细控压钻井现场施工规定

（1）精细控压钻井过程中，应及时做好工程异常预报。

(2) 精细控压钻井过程中，分析钻井液参数异常变化，及时发现溢流、井涌、井喷、井漏事故。

(3) 做好一级井控工作，选择合理的钻井液密度。

(4) 加强监测人员的坐岗制度，时刻监测钻井液出口流量，作好记录。

(5) 及时校核钻井液排量。

(6) 监测起钻速度，减少抽吸。

(7) 常规起钻时每 3~5 柱灌一次钻井液，保持井内压力平衡。

6. 精细控压钻井转井控的条件

(1) 井口压力大于 5MPa。

(2) 欠平衡溢流量超过 $1m^3$ 或者重力置换溢流量超过 $3m^3$。

(3) 如果钻遇大裂缝或溶洞，井漏严重，无法找到微漏钻进平衡点，导致控压钻井不能正常进行。

(4) 控压钻井设备不能满足控压钻井要求。

(5) 实施控压钻井作业中，如果井下频繁出现溢漏复杂情况，无法实施正常控压钻井作业。

(6) 井眼、井壁条件不满足控压钻井正常施工要求时。

7. 精细控压现场应急安全操作

1) 自动节流管汇节流阀堵塞

(1) 发现节流阀堵塞后，自动节流系统转换到备用通道，确保操作参数恢复到正常状态，继续控压钻进作业。

(2) 检查维修堵塞的节流阀。

(3) 维修完毕并将此节流阀调整到自动控制状态，将此通道备用。

2) 随钻测压工具失效

(1) 随钻测压工具工程师向控压钻井工程师报告随钻测压工具失效，失去信号。

(2) 按照随钻测压工具工程师的指令进行调整，以重新得到信号。

(3) 若无法重新得到信号，使用水力参数模型预计井底压力，继续控压钻进。控压钻井仪器设备工程师每 15min 运行一次水力参数模型，计算井底压力。

(4) 起钻，维修随钻测压工具。

3) 回压泵失效应急程序

(1) 接单根停泵前通过适当提高回压值进行压力补偿。

(2) 控压起钻时用钻井泵通过自动节流管汇进行回压补偿。

4) 自动节流管汇失效

转入手动节流阀，用手动节流阀进行人工手动控压。

5) 控制系统失效应急程序

控压钻井控制系统失效后，应立即转入相应手动操作，控压钻井仪器设备工程师向控压钻井工程师报告控制系统失效，仪器设备工程师排查控制系统故障。

6）液压系统失效应急程序

控压钻井液压系统失效后，应立即转入手动操作，控压钻井仪器设备工程师向控压钻井工程师报告液压系统失效，仪器设备工程师排查液压系统故障。

7）测量及采集系统失效应急程序

控压钻井数据测量及采集系统中的一个（或几个）采集点（测量点）失效后，应根据现场情况转入手动操作，控压钻井仪器设备工程师向控压钻井工程师报告系统失效，仪器设备工程师排查系统故障点。

8）出口流量计失效应急程序

出口流量计失效后，应立即转入手动操作，控压钻井仪器设备工程师向控压钻井工程师报告流量计失效，控压钻井仪器设备工程师排查流量计故障。

9）内防喷工具失效应急程序

（1）接单根时内防喷工具失效：将井口套压降为0，然后在钻具上抢接回压阀，用回压补偿装置对进口进行补压，保持井底压力的稳定，进行接单根作业。

（2）控压起下钻时内防喷工具失效：进行压井作业，满足常规起下钻的要求，然后起钻更换内防喷工具。

10）井口套压异常升高应急程序

井口套压迅速升高（如大于5MPa或7MPa）时，司钻应根据现场情况，转入井控程序。

11）溢流应急程序

（1）溢流量在1m³以内：停止钻进，保持循环，控压钻井工程师增加井口压力2MPa，井队坐岗人员和录井人员加密至2min观察液面一次。如液面保持不变，则由控压钻井工程师根据情况采取措施；如果液面继续上涨，则井口压力应以1MPa为基数，直至溢流停止。若井口压力大于5MPa，则请示甲方提高钻井液密度以降低井口控压。

（2）溢流量超过1m³：直接由井队采用常规井控装备控制井口，按照井控细则实施关井作业。

12）井漏应急程序

（1）能够建立循环：逐步降低井口压力，寻找压力平衡点。如果井口压力降为0时仍无效，则逐步降低钻井液密度，每循环周降低0.01~0.02g/cm³，待液面稳定后恢复钻进。

（2）无法建立循环：转换到常规井控，按照钻井井控细则进行下一步作业。

13）漏喷同存应急程序

（1）存在密度窗口：先增加井口压力至溢流停止或漏失发生，逐步降低井口压力寻找微漏时的钻进平衡点，保持该井口压力钻进，在钻进和循环时，控制漏失量在50m³/d，并持续补充漏失的钻井液。

（2）无密度窗口：转换到常规井控，按照钻井井控细则进行下一步作业。

14）火灾应急措施

（1）发现火情立即发出火灾报警，报告钻井队，执行相关程序。

（2）在允许的情况下，首先要救助人员，然后采用设备、设施控制事态；在不允许的情况下，迅速撤离到安全区。

（3）若火灾对工程影响较大，控压钻井 HSE 管理小组组长及时向上级相关部门汇报，并将处理情况通知相关部门。

15）人员伤亡应急措施

（1）发现伤者立即发出求救信号，本人或较方便的人通知卫生员和平台经理。

（2）卫生员赶到现场对伤者检查，根据情况进行急救处理。

（3）根据卫生员的决定落实车辆、路线、医院和护理人员。

（4）如果伤势较重，将伤者送往就近医院，同时向医院急救室通报伤者情况：单位、姓名、性别、年龄、出事地点、出事时间、受伤部位、伤情以及到达大致时间等。控压钻井 HSE 管理小组组长同时向上级汇报情况。

四、设备维护与仪表检定

1. 节流阀的维护与保养

（1）根据钻井液的腐蚀性和冲蚀程度，定期打开阀门检查油嘴座表面的腐蚀和冲蚀情况。如果腐蚀或冲蚀较严重，将油嘴座旋转一定角度，将受损表面从正对入口处移开。如果油嘴座冲蚀厚度大于 1/8，需要更换新的油嘴座。

（2）检查并更换密封件。

（3）检查油嘴密封及油嘴有无受损，更换密封件。

（4）检查阀座受损情况，如需要，将阀座调转方向安装，延长使用寿命。

（5）检查出口防磨套，必要时更换新的防磨套。

（6）检查液压油是否干净，污浊或有杂质的液压油会损坏液压马达。

（7）检查齿轮箱是否有足量的润滑油，并松开方头管塞检查润滑油脂状况。

（8）每月检查一次润滑脂，视工作量大小缩短或延长检查周期。

（9）积累经验定期注脂。

（10）必要时用注脂枪加注润滑脂，直至堵头处有润滑脂流出为止。

2. 三缸柱塞泵的维护与保养

1）正常工作时的维护

（1）卧式三缸柱塞泵在工作时，必须注意压力表的读数不应大于 35MPa，泵的安全阀必须可靠。

（2）泵各转动件工作正常，有异常现象应立即消除。

（3）卧式三缸柱塞泵各处润滑正常，有不通畅、渗漏油处立即消除。

（4）泵液力端阀工作正常，不能有异常响声，如发现不正常响声时，应立即消除。注意缸套和柱塞密封情况，发现有漏液情况时应将压帽旋紧或更换密封件。

2）每次使用后的维护

（1）每次使用后，在工作中所发现的一切弊病应排除。

（2）检查各连接部件有无松动，管路有无漏失。

（3）检查三缸柱塞密封，发现有磨损严重或刺破等情况应进行更换。

（4）清洗整机及零部件表面的油污、尘土。

（5）在寒冷季节，应放净三缸柱塞泵液力端及管路内的积水（可通过吸入总管下部的顶阀器放净）。

3）保存期的保养

拆下柱塞及密封，擦洗干净，并在缸套、柱塞、阀等工作表面涂上黄油，以防生锈。

3. 仪表的检定

（1）检查仪表的上次检测日期，若有过期的仪表及时送往专门检测部门进行检测。

（2）经常检查各仪表是否正常工作，以免造成设备损坏和错误的操作判断。

五、防风防洪与防火

1. 防风防洪

（1）将塔布卸下，并妥善保管。

（2）将钻杆立轴下到孔内安全位置，用提引器吊住钻杆，卡上冲击手把或叉上垫叉。

（3）根据大风预报的级别，采取压顶、支护、绳索拦护等方法加固场房。

（4）切断电源，盖好机电设备，将现场报表、易损零件、小件工具等装箱保存好。

（5）检查钻塔绷绳质量和牢固程度，必要时应更换与加固。

（6）严禁封盖孔口。

（7）暴雨和洪水季节，严禁在易滑坡、易坍塌和泥石流发育的地方施工。如果在洪水期非施工不可，必须挖好排水沟和修筑堤坝。

2. 防火

（1）根据施工场地情况适当配备消防器材和灭火用具。

（2）除净场房周围杂草，防火道宽应大于 5m。在林区草地施工时，应执行当地有关防火规定，采取预防措施。

（3）场内严禁用明火照明或取暖。

（4）内燃机的排气管和取暖火炉要避开易燃物。

（5）在塔上工作时禁止吸烟，场内不准乱丢烟蒂。

（6）场内油料和其他易燃物，必须妥善保存，严禁烟火靠近。

（7）预热机油要用文火，并离开场房 5m 以外。严禁用明火直接烘烤柴油机底壳。

（8）电器着火时，首先切断电源，然后才扑救。

（9）钻进有天然气的钻孔时，井场内要清除一切可能引起的火种。

项目实施

引导问题1：石油天然气健康、安全与环境管理要求包括哪些方面？

司钻作业

引导问题2：钻井作业人员的职责。

引导问题3：钻井作业人员的培训内容。

引导问题4：升降钻具的施工规定。

项目评价

序号	评价项目	自我评价	教师评价
1	学习准备		
2	引导问题填写		
3	规范操作		
4	完成质量		
5	关键操作要领掌握		
6	完成速度		
7	管理、环保节能		

续表

序号	评价项目	自我评价	教师评价
8	参与讨论主动性		
9	沟通协作		
10	展示汇报		

说明：表格中每项 10 分，满分 100 分。学生根据任务学习的过程与结果真实、诚信地完成自我评价，教师根据学生学习过程与结果客观、公正地完成对学生的评价

课后习题

1. 简述钻井现场健康、安全与环境管理小组的职责。
2. 简述钻井队作业许可的一般规定。
3. 简述应急预案编制包含的内容。
4. 谈谈你对钻井现场防火的基本认知。

项目 2　钻井作业的职业特殊性认知

> 📖 **知识目标**
> （1）了解钻井作业特点；
> （2）了解钻井作业安全生产管理原则；
> （3）掌握钻井作业场所常见的危险、职业健康危害因素。
>
> ✈ **能力目标**
> （1）钻井作业过程中，能够进行突发环境事件的处理。
> （2）能够有针对性地进行现场安全管理控制。
> （3）根据不同的现场情况，能够采取相应的应急措施。
>
> 🎯 **素质目标**
> （1）通过了解钻井作业人员的工作和环境特点，培养学生吃苦耐劳、勇于奉献的工作精神。
> （2）通过了解安全生产管理的原则，使学生形成"安全第一、预防为主"的安全理念。
> （3）通过学习钻井作业施工过程中环境危害因素的预防措施，强化学生风险防控意识和职责使命担当。

任务 1　了解钻井作业特点和安全生产管理原则

一、钻井作业的特点

　　钻井作业人员的作业场所特点包括工作环境复杂、作业要求高、安全风险大等特点。钻井作业通常在野外或海上进行，工作条件艰苦，需要面对恶劣天气和复杂地形。作业要求精准、一丝不苟，任何疏忽都可能导致事故发生。同时，钻井作业涉及高压、高温等危险因素，安全风险较大，需要作业人员时刻保持警惕。因此，钻井作业人员需要具备高度的专业技能和严谨的工作态度，以确保作业顺利进行并保障自身安全。

　　钻井作业人员是石油钻井过程中不可或缺的关键角色。他们需要具备专业知识和技能，以确保钻井作业顺利进行并达到预期效果。钻井作业人员的作业特点包括高强度的工作、严格的操作规程和对安全的高度重视。

首先，钻井作业人员的工作强度大。他们需要长时间站立或坐着进行操作，需要在高温等恶劣环境下工作，需要承受高强度的体力、脑力劳动。因此，钻井作业人员需要具备良好的身体素质和心理素质，以应对工作中的各种挑战。

其次，钻井作业人员需要严格遵守操作规程。钻井作业涉及复杂的设备和工艺流程，任何一点疏忽都可能导致严重的事故。因此，钻井作业人员需要严格按照操作规程进行操作，确保每一个步骤都符合标准要求，以保证钻井作业的安全和有效进行。

最后，钻井作业人员需要高度重视安全。钻井作业是一项高风险工作，任何一点差错都可能导致严重后果。因此，钻井作业人员需要时刻保持警惕，严格遵守安全规定，确保自己和同事的安全。

总体来说，钻井作业人员的作业特点包括高强度的工作、严格的操作规程和对安全的高度重视。只有具备这些特点的钻井作业人员，才能胜任这一高风险的工作，并确保钻井作业的顺利进行。

二、安全生产管理的原则

1. "安全第一、预防为主"的原则

"安全第一"是指在生产经营活动中，在处理保证安全与生产经营活动的关系上，始终把安全放在首要位置上，优先考虑从业人员和其他人员的人身安全，实行"安全优先"的原则，在确保安全的前提下，努力实现生产的其他目标。

"预防为主"是指按照系统化、科学化的管理思想，按照事故发生的规律和特点，千方百计预防事故的发生，做到防患于未然，将事故消灭在萌芽状态，将事故和危害的事后处理转变为事故和危害的事前控制。

2. 生产与安全齐抓共管的原则

安全和生产是辩证统一的关系。在生产过程中，安全和生产既有矛盾性，又具有统一性。所谓矛盾性，一是生产过程中不安全因素与生产安全顺利进行的矛盾；二是安全工作与生产工作的矛盾。所谓统一性，一是安全工作是伴随生产过程而产生、存在和发展的；二是做好安全工作有利于生产的正常进行。因此，二者是一个统一的有机的整体，既不能分割，更不能对立起来。同时，该原则也是进行安全事故责任追究的一个重要依据。

3. "四不放过"的原则

"四不放过"是指在调查处理事故时，必须坚持事故原因分析不清不放过；事故责任者和群众没有受到教育不放过；没有采取切实可行的防范措施不放过；事故责任者没有受到严肃处理不放过。

任务2　了解钻井作业人员的安全职责

作为钻井作业人员，安全责任是至关重要的。在钻井过程中，可能会面临各种危险和挑战，因此必须时刻保持警惕并严格遵守安全规定。钻井作业人员必须接受专业培训，了解钻井设备的操作规程和安全注意事项；熟悉应急预案，并随时准备应对突发情况。此外，钻井作业人员还需要定期参加安全会议和培训，不断提升安全意识和应对能力。

钻井作业人员必须严格遵守操作规程，不得擅自更改或忽视安全程序。在操作过程中，必须认真检查设备和工具的状况，确保其正常运行。发现的任何安全隐患都必须及时报告并加以处理，绝不可掩盖或忽视。钻井作业人员必须保持良好的团队合作精神。在钻井现场，各个环节都需要密切配合，任何疏漏都可能导致事故发生。因此，团队成员之间必须相互支持，共同维护安全。

总之，作为钻井作业人员，安全责任是重中之重。只有严格遵守规定，保持警惕和团队合作，才能确保钻井作业的顺利进行并最大程度地减少事故发生的可能性。钻井司钻岗位安全职责见表1-2-1。

表1-2-1 钻井司钻岗位安全职责

岗位名称	司钻		岗位级别	操作岗
在岗人员		责任概要		负责班组生产管理
职责类别	工作职责	工作任务	工作标准	工作结果
通用HSE职责	贯彻落实国家安全生产法律法规和上级部门安全生产工作的要求	每周参与安全会议，落实执行上级文件、会议精神，解决当前存在的主要问题，提出改进对策，落实和实施重点工作任务	国家安全生产法律法规和上级部门安全生产工作要求	HSE综合记录本记录
	贯彻落实本单位安全生产责任制和规章制度	学习掌握本单位的安全生产责任制和规章制度	安全生产责任制和规章制度	严格执行班组"四环节"风险管控机制等安全生产规定，刚性运用五种风险管控工具、"两书一表"等工具方法规避作业风险
		监督安全生产责任制和规章制度执行情况	(1) 监管属地内人员安全生产管理制度执行情况 (2) 在岗期间及时制止、纠正违章行为 (3) 督促检查发现问题的整改完善	(1) 属地区域内，在作业期间本人和相关人员规范操作。 (2) 问题整改关闭和验证记录
	参与公司安全生产教育和培训	参与上级部门或公司组织的安全生产教育培训	(1) 按照要求参加上级部门组织的安全生产教育培训 (2) 认真学习并通过培训考核	取得相关培训证件

续表

职责类别	工作职责	工作任务	工作标准	工作结果
通用HSE职责	参与公司安全生产教育和培训	参与本队的安全生产教育培训和关键岗位员工履职能力评估	(1) 负责为年度培训矩阵提供建议 (2) 定期参与安全生产教育培训(新员工三级教育),对培训效果进行评价 (3) 每两年参与关键岗位员工履职能力评估	(1) 有培训记录和培训效果评价记录。 (2) 新员工有三级教育记录和师徒合同。 (3) 有关键岗位履职能力评估报告
	落实岗位应急职责	参与本单位应急救援培训和演练	本队现场应急处置方案	(1) 培训记录; (2) 演练记录; (3) 改进意见
	及时、如实报告事故事件	及时、如实报告事故事件;按要求参与事故事件调查、分析和处理	(1) 按照法律法规及规章制度,在规定的时间内,如实报告事故相关内容,不迟报、不谎报、不隐瞒 (2) 按照"四不放过"原则,参与事故调查、分析原因、制定措施	事故事件调查报告
业务风险管控职责	负责岗位风险管控	按照巡回检查路线,做好本岗位班前检查和日常安全检查,确保生产正常进行	(1) 操作刹把、司钻操作台,判断井下情况进行应急处理 (2) 搬家安装计划的制定及实施,包括按顺序对井架、底座、动力系统等进行拆卸、安装和调试,以及井架起放操作 (3) 本班安全生产管理工作,检查各安全生产工作落实执行情况,及时发现和处理不安全因素及钻井质量问题,协助带班队长组织班前班后会,审查工程班报表和活动记录并签字 (4) 本班组各岗位的交接班事宜,监督和指导本班组成员安全、高效地进行作业,确保人身、井下和设备安全 (5) 钻井设备、工具、仪器仪表维护保养,填写维护保养记录,确保设备运转正常	(1) 岗位HSE巡回检查记录; (2) 设备运转保养记录本
	负责班组管理	组织本班分工协作地进行生产,带领全班人员按班组作业计划和队领导生产指令,贯彻执行钻井设计、技术措施、操作规程,安全准时、保质保量地完成本班生产任务	岗位作业指导书	严格按照岗位作业指导书标准要求,完成本班工作任务

续表

职责类别	工作职责	工作任务	工作标准	工作结果
业务风险管控职责	落实安全生产检查，强化隐患排查治理工作	参加队内自查自改，及时发现、处置或报告事故隐患	公司事故隐患判定标准和管理办法	钻井队事故隐患台账
	负责属地范围内危险源管控工作	参与属地，岗位危害因素识别活动	掌握本岗位危险危害因素要点及防范措施	危害因素辨识、评估及控制清单
	积极参加各种 QHSE 活动，自觉提升管控能力	增强自身 QHSE 意识和防护能力	专项活动方案	安全活动记录
	在高风险作业过程中管控岗位风险	认真学习并能掌握特殊工况、关键工序等作业规程，按标准完成作业	作业指导书和五种风险控制工具	安全措施落实和直接作业操作情况

任务3　钻井作业场所常见的危险、职业危害因素认知

钻井作业是一项高危工作，工作场所常见的危险、职业危害因素需要引起高度重视。首先，钻井作业中常见的危险包括高温、高压、有毒气体等，这些因素可能导致火灾、爆炸等严重事故。其次，长时间暴露在噪声、振动等环境中也会对钻井作业人员的健康造成危害，引发职业病。此外，狭小的作业场所、不稳定的地形等也增加了钻井作业人员受伤的风险。

为了确保钻井作业的安全，钻井承包商应该提供必要的安全培训和装备，确保钻井作业人员了解并遵守相关安全规程。钻井作业人员也应该严格按照操作规程进行作业，保持警惕，及时发现并报告危险情况，才能有效预防和减少钻井作业场所的危险和职业危害因素带来的风险。

钻井作业场所常见的危险、危害因素包括以下各类。

一、机械伤害

机械伤害可能发生在设备摆放、立放井架、起下油管、井口操作等施工作业过程中，若违反操作规程等可能造成机械伤害；设备运转时或在提升过程中，因岗位人员操作失误、站位不合理和防护不当，可能造成机械伤害；设备维修时因岗位人员误操作，容易发生设备或工具对人身造成的机械伤害。

二、物体打击

作业队在作业过程中，因固定不牢靠，可能出现修井设备构件、油管杆、钻杆、吊卡等物体的坠落，易造成落物打击，导致人员伤亡。另外，在压裂施工时，井口为高压区作业时，有其特殊要求，如果违章在高压区域穿行或逗留，极易引发高压流体伤害。

三、高空坠落

井架天车出现钢丝绳跳槽或上抽油机拔驴头销子，特别是遇大风、雨雪天气作业时若防护栏、盘梯存在故障或人员未系安全带、保险绳，可能发生高空坠落，造成人员伤亡。

四、车辆伤害

人员上下班、物资运输、搬迁等过程中，企业机动车辆在行驶中可能发生交通事故，造成人员伤亡和财产损失。

五、触电

在搬运设备和起放井架过程中，岗位工人未发现周围有高压输电线路，可能发生触电事故。

六、噪声危害

作业设备在运行过程中会产生噪声，操作人员长期处于此环境中，会引起听力损坏，严重的甚至造成职业性噪声耳聋。

七、灼烫

锅炉车在刺油管和抽油杆的过程中，如果岗位工人操作不当，可能造成灼烫。

八、淹溺

淹溺主要发生在污油池设施中，若此处无防护栏或防护失效以及工作人员违章操作，极易发生淹溺事故。

九、起重伤害

起重伤害通常发生在起重作业中，可能涉及重物（吊钩、吊重或吊臂）坠落、夹挤、物体打击、起重机倾翻等多种情况。

十、坍塌

坍塌指物体在外力或重力作用下，超过自身的强度极限或因结构稳定性破坏而造成伤害的事故，如挖沟时的土石塌方、脚手架坍塌、堆置物倒塌等。

十一、井喷

井喷指地层流体（油、气、水）无控制地进入井筒，使井筒内的修井液喷出地面的现象（本书所说的井喷指的都是地面井喷）。地层流体从井喷地层无控制地流入其他低压地层的现象叫地下井喷。

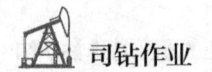

通常情况下，造成井喷的主要原因包括：

(1) 压井液密度低，井底压力小于地层压力。

(2) 压井被气侵。

(3) 起管柱过程中没有灌注足够的压井液。

(4) 井内油层处于多层开采，地层压力系数相差大，造成井内液柱下降；上提管柱时，井内大直径工具(封隔器解封不彻底)产生抽吸作用。

(5) 稠油开发井还有如下原因：地层蒸汽吞吐造成层间串通，一口井注气，另一口井作业，则易发生井喷；冲砂作业时，周边井注汽，当冲开砂埋油层时，则易发生井喷。

十二、火灾和爆炸

火灾和爆炸主要指在石油、天然气等资源开采过程中可能因多种因素而发生的火灾和爆炸事故。引发火灾的点火源主要包括以下几种：

(1) 静电火花。工作人员未按要求着装，易产生静电，设备设施没有按规定安装防静电接地装置或者失效，导致静电聚积放电，产生火花。

(2) 明火火源。危险区域内动火作业，违章进行用火作业，违章使用明火(使用火柴、打火机、吸烟等)。

(3) 雷击。若设备设施未做防雷接地或者防雷接地装置失效，在遭遇雷击时，容易引发火花。

(4) 电气火花。如果未按要求使用防爆电器或者电器防爆失效、电器短路等原因都有可能导致电气火花。

(5) 机械火花。使用非防爆工具或器具等敲击、碰撞、摩擦引起的火花。

十三、中毒和窒息

作业过程中的中毒事故包括由硫化氢、一氧化碳、二氧化碳、二氧化硫等引起的中毒、窒息事故。这类事故可能发生在井喷或酸化压裂时。如果空气中天然气、硫化氢等浓度超标，操作人员未按规定配备、穿戴呼吸器等个体防护用品，那么也可能发生人员中毒、窒息。

项目实施

引导问题1：钻井作业的环境特点有哪些？

_____
_____
_____
_____
_____

引导问题 2:"四不放过"的原则包括什么?

___

___

___

___

引导问题 3:说一说造成井喷的主要原因包括哪些?

___

___

___

___

项目评价

序号	评价项目	自我评价	教师评价
1	学习准备		
2	引导问题填写		
3	规范操作		
4	完成质量		
5	关键操作要领掌握		
6	完成速度		
7	管理、环保节能		
8	参与讨论主动性		
9	沟通协作		
10	展示汇报		

说明:表格中每项 10 分,满分 100 分。学生根据任务学习的过程与结果真实、诚信地完成自我评价,教师根据学生学习过程与结果客观、公正地完成对学生的评价

课后习题

一、选择题

1. 当人体发生单相触电或线路漏电时能自动切断电源的装置是(　　)。
A. 漏电保护器　　　　　B. 熔断器　　　　　C. 电磁继电器

2. 主要用于无骨折和无关节损伤的四肢出血的止血方法是(　　)。
A. 加压包扎止血法　　　　B. 屈肢加垫止血法　　　　C. 指压动脉止血法
3. 钻穿油气层时没有发生井涌、气侵条件下的井口处动火是(　　)。
A. 三级动火　　　　　　　B. 二级动火　　　　　　　C. 一级动火

二、判断题
1. 灯具开关、电源插座及其他电气开关不能安装在可燃物材料上。　　　　(　　)
2. 触电后首先应迅速脱离电源，然后根据触电者的伤害程度采取相应的措施，若伤势较轻，可使其安静地休息 1~2h 并严密观察。　　　　　　　　　　　　　　(　　)
3. 雷雨天气对作业人员有潜在危害。　　　　　　　　　　　　　　　　(　　)
4. 消防工作贯彻"预防为主，防消结合"的方针。　　　　　　　　　　　(　　)
5. 夜间抽汲作业要有足够的照明条件。　　　　　　　　　　　　　　　(　　)
6. 伤员呼吸困难时，一般不宜采取平卧位，可取半卧位、侧卧位等。　　(　　)
7. 施工设计应有防火、防爆措施，井场应按规定配备消防器材。　　　　(　　)

项目 3　职业病防治认知

📖 知识目标
(1) 了解钻井作业人员职业病特点。
(2) 了解钻井作业职业病预防的权利。
(3) 掌握钻井作业劳动过程中职业病的防护与管理方法。

🎯 能力目标
(1) 钻井作业过程中，能够进行突发环境事件的处理。
(2) 能够有针对性地进行现场职业病前期预防。
(3) 根据不同的职业病分类，能够采取相应的防治措施。

🎯 素质目标
(1) 通过了解钻井作业人员职业病防治的权利，培养学生爱岗敬业、勇于奉献的工作精神。
(2) 通过了解钻井作业职业病防治的原则，使学生形成"预防为主、防治结合"的职业病防治理念。
(3) 通过学习钻井作业职业病防治危害因素，强化学生职业病防控意识和职责使命担当。

任务 1　了解职业病预防的权利

一、职业禁忌

不得安排有职业禁忌的劳动者从事其所禁忌的作业；对在职业健康检查中发现有与所从事的职业相关的健康损害的劳动者，应当调离原工作岗位，并妥善安置。

二、职业健康检查

对从事接触职业病危害的作业的劳动者，用人单位应当按照国务院卫生行政部门的规定组织上岗前、在岗期间和离岗时的职业健康检查,并将检查结果书面告知劳动者。职业健康检查费用由用人单位承担。用人单位不得安排未经上岗前职业健康检查的劳动者从事接触职业病危害的作业。对未进行离岗前职业健康检查的劳动者不得解除或者终止与其订立的劳动合同。职业健康检查应当由取得《医疗机构执业许可证》的医疗卫生机构承担。卫生行政部门应当加强对职业健康检查工作的规范管理,具体管理办法由国务院卫生行政部门制定。

用人单位应当为劳动者建立职业健康监护档案,并按照规定的期限妥善保存。职业健康监护档案应当包括劳动者的职业史、职业病危害接触史、职业健康检查结果和职业病诊疗等有关个人健康资料。劳动者离开用人单位时,有权索取本人职业健康监护档案复印件,用人单位应当如实、无偿提供,并在所提供的复印件上签章。

三、劳动者享有的职业卫生保护权利

(1) 获得职业卫生教育、培训。
(2) 获得职业健康检查、职业病诊疗、康复等职业病防治服务。
(3) 了解工作场所产生或者可能产生的职业病危害因素、危害后果和应当采取的职业病防护措施。
(4) 要求用人单位提供符合防治职业病要求的职业病防护设施和个人使用的职业病防护用品,改善工作条件。
(5) 对违反职业病防治法律、法规以及危及生命健康的行为提出批评、检举和控告。
(6) 拒绝违章指挥和强令进行没有职业病防护措施的作业。
(7) 参与用人单位职业卫生工作的民主管理,对职业病防治工作提出意见和建议。用人单位应当保障劳动者行使前款所列权利。因劳动者依法行使正当权利而降低其工资、福利等待遇或者解除、终止与其订立的劳动合同的,均属无效行为。

任务2 了解职业病前期预防和劳动防护

一、职业病前期预防

用人单位应当依照法律、法规要求,严格遵守国家职业卫生标准,落实职业病预防措施,从源头上控制和消除职业病危害。

产生职业病危害的用人单位的设立,除应当符合法律、行政法规规定的设立条件外,其工作场所还应当符合下列职业卫生要求:
(1) 职业病危害因素的强度或者浓度符合国家职业卫生标准;
(2) 有与职业病危害防护相适应的设施;
(3) 生产布局合理,符合有害与无害作业分开的原则;
(4) 有配套的更衣间、洗浴间、孕妇休息间等卫生设施;
(5) 设备、工具、用具等设施符合保护劳动者生理、心理健康的要求;

（6）法律、行政法规和国务院卫生行政部门关于保护劳动者健康的其他要求。

二、劳动过程中的防护与管理

产生职业病危害的用人单位，应当在醒目位置设置公告栏，公布有关职业病防治的规章制度、操作规程、职业病危害事故应急救援措施和工作场所职业病危害因素检测结果。对产生严重职业病危害的作业岗位，应当在其醒目位置，设置警示标识和中文警示说明。警示说明应当载明产生职业病危害的种类、后果、预防以及应急救治措施等内容。

对可能发生急性职业损伤的有毒、有害工作场所，用人单位应当设置报警装置，配置现场急救用品、冲洗设备、应急撤离通道和必要的泄险区。对放射工作场所和放射性同位素的运输、储存，用人单位必须配置防护设备和报警装置，保证接触放射线的工作人员佩戴个人剂量计。对职业病防护设备、应急救援设施和个人使用的职业病防护用品，用人单位应当进行经常性的维护、检修，定期检测其性能和效果，确保其处于正常状态，不得擅自拆除或者停止使用。

用人单位应当采取下列职业病防治管理措施：
（1）设置或者指定职业卫生管理机构或者组织，配备专职或者兼职的职业卫生管理人员，负责本单位的职业病防治工作；
（2）制定职业病防治计划和实施方案；
（3）建立、健全职业卫生管理制度和操作规程；
（4）建立、健全职业卫生档案和劳动者健康监护档案；
（5）建立、健全工作场所职业病危害因素监测及评价制度；
（6）建立、健全职业病危害事故应急救援预案。

任务3　钻井作业中的职业危害、职业病及防治措施认知

一、噪声聋

1. 噪声聋的定义

噪声聋属于慢性过程，患者初期除主观感觉耳鸣外，无耳聋感觉，交谈及社会活动能正常进行。随着病程的进一步发展（继续长时间在噪声环境下工作），当听力损失到语言频段且达到一定程度时，患者主观感觉语言听力出现障碍，表现出生活交谈中的耳聋现象，即所谓的噪声聋。

职业性噪声聋是指人们在工作过程中长期接触生产性噪声而发生的一种进行性感音性听觉障碍。职业性噪声聋患者与其接触噪声的时间、强度特别是噪声作业工龄有极大的关系。由于生产性机械产生的噪声均为连续稳态性，因而对听力的损伤是一种慢性渐进式的。一般在一到两年的接噪时间内不会有耳聋的情况（我国 GBZ 49—2014《职业性噪声聋的诊断》规定是三年）。职业性噪声聋症状轻的，脱离工作环境再加对症治疗是可以康复的。噪声作业工龄较长、听力损伤严重的治愈比较困难，极个别病例可以留下终身残疾。

而140dB以上的强噪声所造成的急性听力损伤，叫作爆震性耳聋。爆震性耳聋在短时间内便可造成听力损伤或严重损伤，是区别于职业性噪声聋不同的特点。病人在临床上可有鼓膜穿孔、内耳出血、耳痛、耳鸣、眩晕、耳聋等，心血管系统、消化系统及内分泌系统等也可出现不同的症状。生产性噪声主要分为机械性、空气动力性、电磁性等。爆震性噪声主要是指生产设备爆炸、开山炸石、火炮发射及燃放响声超过120dB的烟花爆竹等突发性噪声。

2. 噪声聋的预防

耳蜗损伤目前还没有理想的治疗方法，因此，关键还在于预防。对于从事爆震的职业者，应加强预防知识的宣教，以便发生急性事故时不至慌乱。平时应佩戴防护用品如耳塞、耳罩、防声帽等；缺乏防护材料而预知即将遇到爆震时最简单的防护方法是将棉花球塞于耳道内；在紧急情况下，可用两小手指分别塞入两侧外耳道口内，及时卧倒，背向爆炸源，采用张口呼吸可减轻受伤的程度。耳塞隔声效果一般可达20~35dB。耳罩隔声效果高于耳塞，可达30~45dB，但使用不便。棉球塞耳可隔声10~15dB。

慢性声损伤性耳聋是一种因长期接触噪声刺激所发生的一种缓慢进行性感音神经性听觉损伤听力损失，又称噪声性聋。由于长期遭受生产噪声刺激所发生的一种缓慢进行性感音神经性听觉损伤称为职业性噪声聋。在强噪声环境下工作除干扰交谈、妨碍听清信号而影响工作效率外，还可能导致人身伤亡事故。

噪声广泛地存在于人们的工作过程和环境中，噪声聋是常见的职业病之一。它对人体多个系统，如神经、心血管、内分泌、消化系统等都可造成危害，但主要的和特异性损伤是在听觉器官。

3. 健康监护

对噪声环境下作业的工人均应进行就业体检，在职业档案内建有听力记录，定期体检，以便及时发现噪声敏感者和早期听力损伤者，并根据不同的情况予以适当的处理，如加强个人听力防护措施、对症治疗或调离噪声作业环境等。同时，将各种病因引起的永久性感音神经性听力损失（250Hz、500Hz和1000Hz中任一频率的纯音听阈>25dBHL[1]），以及有各种能引起内耳听觉神经系统功能障碍的疾病，均列为职业禁忌症。

个人听力防护措施：在噪声环境下作业的工作人员必须一进场地就做好个人的听力防护，包括佩戴防声耳塞、耳罩或防声帽等。

二、硫化氢中毒

硫化氢是具有刺激性和窒息性的无色气体。低浓度接触仅有呼吸道及眼的局部刺激作用，高浓度时全身作用较明显，表现为中枢神经系统症状和窒息症状。硫化氢具有臭鸡蛋气味，但极高浓度很快引起嗅觉疲劳而不觉其味。

1. 中毒表现

急性硫化氢中毒一般发病迅速，出现以脑和（或）呼吸系统损害为主的临床表现，亦可伴有心脏等器官功能障碍。临床表现可因接触硫化氢的浓度等因素不同而有明显差异。

---

[1] dBHL是指分贝听力水平，全称为"Decibel Hearing Level"。

1) 轻度中毒

轻度中毒主要是刺激症状，表现为流泪、眼刺痛、流涕、咽喉部灼热感，或伴有头痛、头晕、乏力、恶心等症状。检查可见眼结膜充血、肺部可有干啰音，脱离接触后短期内可恢复。

2) 中度中毒

接触高浓度硫化氢后以脑病表现显著，出现头痛、头晕、易激动、步态蹒跚、烦躁、意识模糊、谵妄，癫痫样抽搐可呈全身性强直阵挛发作等；可突然发生昏迷；也可发生呼吸困难或呼吸停止后心跳停止。眼底检查可见个别病例有视神经乳头水肿。部分病例可同时伴有肺水肿。脑病症状常较呼吸道症状出现为早。X射线胸片显示肺纹理增强或有片状阴影。

3) 重度中毒

接触极高浓度硫化氢后可发生电击样死亡，即在接触后数秒或数分钟内呼吸骤停，数分钟后可发生心跳停止；也可立即或数分钟内昏迷，并呼吸骤停而死亡。死亡可在无警觉的情况下发生，当察觉到硫化氢气味时可立即嗅觉丧失，少数病例在昏迷前瞬间可嗅到令人作呕的甜味。死亡前一般无先兆症状，可先出现呼吸深而快，随之呼吸骤停。

2. 现场急救

1) 现场抢救

因空气中含极高硫化氢浓度时常在现场引起多人电击样死亡，如能及时抢救可降低死亡率。应立即使患者脱离现场至空气新鲜处。有条件时立即给予吸氧。

2) 维持生命体征

对呼吸或心脏骤停者应立即施行心肺脑复苏术。对在事故现场发生呼吸骤停者如能及时施行人工呼吸，则可避免随之而发生心脏骤停。在施行口对口人工呼吸时，施行者应防止吸入患者的呼出气或衣服内逸出的硫化氢，以免发生二次中毒。

3) 以对症、支持治疗为主

高压氧治疗对加速昏迷的复苏和防治脑水肿有重要作用。凡昏迷患者，不论是否已复苏，均应尽快给予高压氧治疗，但需配合综合治疗。对中毒症状明显者需早期、足量、短程给予肾上腺糖皮质激素，有利于防治脑水肿、肺水肿和心肌损害。对有眼刺激症状者，立即用清水冲洗，对症处理。

3. 防护措施

1) 呼吸系统防护

空气中浓度超标时，佩戴过渡式防毒面具(半面罩)。紧急事态抢救或撤离时，建议佩戴氧气呼吸器或空气呼吸器。

2) 眼睛防护

佩戴化学安全防护眼镜。

3) 身体防护

穿防静电工作服。

4）手防护

戴防化学品手套。

5）其他

工作现场严禁吸烟、进食和饮水。工作完毕，淋浴更衣，及时换洗工作服。作业人员应学会自救互救。进入罐、限制性空间或其他高浓度区作业，须有人监护。

项目实施

引导问题1：简述钻井作业职业病的危害因素。

引导问题2：谈一谈离岗前进行职业病检查的重要性。

引导问题3：简述噪声聋有哪些预防措施。

项目评价

序号	评价项目	自我评价	教师评价
1	学习准备		
2	引导问题填写		
3	规范操作		

续表

序号	评价项目	自我评价	教师评价
4	完成质量		
5	关键操作要领掌握		
6	完成速度		
7	管理、环保节能		
8	参与讨论主动性		
9	沟通协作		
10	展示汇报		

说明：表格中每项10分，满分100分。学生根据任务学习的过程与结果真实、诚信地完成自我评价，教师根据学生学习过程与结果客观、公正地完成对学生的评价

课后习题

判断题

1. 水井酸化不会产生剧毒硫化氢气体。（　　）
2. 从业人员在取得特种作业操作资格证后，不必参加班组或有关部门组织的安全学习。（　　）
3. 施工过程中挥发的伴生气体二氧化碳本身没有毒性，因此对人体无害。（　　）
4. 使用有毒、有害原料进行生产或者在生产中排放有毒、有害物质的企业，应当不定期实施清洁生产审核。（　　）
5. 获得合格劳动保护用品是从业人员的安全生产权利。（　　）
6. 硫化氢是一种神经毒剂，亦为刺激性和窒息性气体，可与人体内部某些酶发生作用，抑制细胞呼吸，造成组织缺氧。（　　）
7. 作业过程中的中毒事故包括由硫化氢、一氧化碳、二氧化碳、二氧化硫等引起的中毒、窒息事故。（　　）
8. 伤员呼吸困难时，一般不宜采取平卧位，可取半卧位、侧卧位等。（　　）
9. 司钻平稳操作，井口操作人员要密切配合，并有人指挥。（　　）

项目 4　应急预案处理认知

📖 知识目标
(1) 了解危害识别和风险评估的概念及其在 HSE 管理体系中的重要性。
(2) 掌握钻井作业中常见的危害类别及其可能造成的后果。
(3) 熟悉工作危害分析法(JHA)的步骤及其在危害识别和风险评估中的应用。
(4) 了解风险评估过程中确定危害的可能性数值(L)和确定危害后果严重性数值(S)的方法。
(5) 掌握如何根据危害的风险度(R)确定重大危害清单,并制定管理方案。

✈ 能力目标
(1) 能够运用工作危害分析法(JHA)对钻井作业活动进行危害识别和风险评估。
(2) 能够根据风险评估结果,提出有效的风险削减或控制措施。
(3) 能够编制风险评估报告,并提交给管理者代表进行审核。

🎯 素质目标
(1) 培养安全意识,认识到危害识别和风险评估对预防钻井事故的重要性。
(2) 增强团队合作和沟通能力,以便在危害识别和风险评估过程中有效地与团队成员合作。
(3) 提高问题解决能力,学会针对识别出的危害提出切实可行的改进措施。
(4) 培养持续学习和改进的态度,以便在实际工作中不断优化危害识别和风险评估流程。

任务 1　了解危害识别与风险评估

危害是可能造成人员伤害、职业病、财产损失、环境破坏的根源或状态。危害识别是认知危害的存在并确定其特征的过程。风险是发生特定危害的可能性和发生事件结果的严重性的结合。风险评估是依照现有的专业经验、评价标准和准则,对危害识别结果作出风险程度判断的过程。

危害识别和风险评估是 HSE 管理体系中一项非常重要的工作,是 HSE 体系建立与运行的基础。钻井作业事故发生的概率大,是油田企业安全管理的重点。钻井队应定期地、有计划地实施危害识别和风险评估，不断地消除或削减风险，把风险降低到最低程度。

一、危害的类别

1. 危害的类别特征

(1) 火灾爆炸。
(2) 物体打击。
(3) 机械伤害。
(4) 触电。
(5) 灼烫。
(6) 起重伤害。
(7) 高处坠落。
(8) 中毒和窒息。
(9) 生理机能伤害。
(10) 工程事故，如卡钻、井下落物、井喷。
(11) 设备腐蚀。
(12) 其他。

2. 危害可能造成的后果

(1) 人身伤害，包括脑外伤、骨折、切断伤和人体软组织挫裂伤、内脏器官伤害等，按严重程度分死亡、重伤、轻伤。
(2) 疾病，包括职业病、急性中毒、传染病和其他疾病。
(3) 停产。
(4) 财产损失。
(5) 违反法规、标准。
(6) 公司形象受损，受到上级或政府部门的通报批评、考核处罚、社会的指责等。

二、作业活动采用的危害识别法

作业活动包括日常操作，作业，设备设施的安装、搬迁、开停工、检查维修，机关后勤服务人员的活动，外来人员(承包商、协作单位人员)的活动等。

作业活动常采用工作危害分析法(job hazard analysis, JHA)进行危害识别和风险评估，也称为 JSA(job safety analysis)。

工作危害分析法(JHA)是一种通过表格形式，较细致地分析工作过程中存在危害的方法。它首先把一项工作活动分解成几个步骤，识别每一步骤中存在的危害和可能发生的后果，然后再进行评估。

工作危害分析法(JHA)的分析步骤如下：

(1) 确定危害识别和风险评估的对象，如某钻井队。
(2) 调查并列出该钻井队的所有作业活动清单，可用表格或网络图的形式。表 1-4-1 是某钻井队作业活动清单的范例。分解作业活动时，同类型的作业活动可进行合并。

表1-4-1 钻井队作业活动分解表

作业工序	作业单元	作业活动
正常钻进	接钻头	吊钻头装卸器入转盘
		吊钻头入装卸器
		对扣、上扣、紧扣
		提钻头出装卸器
		钻头入井
	下钻	…
		…
		…
		…
	…	…
		…
		…
		…
		…

（3）按顺序选定作业活动。

（4）作业活动分解。将作业活动分解为若干个相连的工作步骤，即首先做什么，其次做什么，最后做什么等。

（5）识别。识别每一个步骤的危害或潜在事件，该步骤可能发生什么事故。比如操作者被什么东西打着、碰着；操作者会跌倒吗；有无危害暴露，如可燃气体、酸、碱、辐射、粉尘、噪声等。

（6）识别危害后果。识别每一个步骤的危害后果，主要包括人身伤害、财产损失、造成装置停产或工作间断等。识别后果时应根据本单位制定的判别标准将后果细化或量化到某一等级，如死亡、轻伤、财产损失小于1万元、停产1天、不符合行业标准、受上级批评等。

（7）识别现有安全控制措施，主要包括是否有制度规程、员工胜任情况、安全检查情况、危害发生的频率如何，是否有监测、报警、联锁、泄压等硬件防范设施等。在识别现有安全控制措施时，应对照上级制定的可能性判别标准进行判别。钻井队对作业活动的危害识别范例，见表1-4-2。

表 1-4-2　工作安全分析表

日期：　　　　　　　　　　　　　　　　　　　　　　　　　　　　　　　　　　　　　编号：

单　　位		工作任务简述		
分析人员		作业人员		特种作业人员资质证明
序号	工作步骤	危害描述		危害预防、控制措施

保存单位：　　　　　　　　　　　　　　　　　　　　　　　　　　　　　　　保存期限：三年

三、风险评估

1. 确定危害的可能性数值(L)

对分析出的每一个特定危害，按识别出的现有安全控制措施的五个方面（危害发生的频率、安全检查、安全制度和规程、员工胜任情况、现有防范控制设施），对照本单位制定的危害发生的可能性评价表，分别赋分值，取五项中的最大值为该项危害的可能性数值。

2. 确定危害后果的严重性数值(S)

对分析出的每一个特定危害，按识别出的危害后果，对照公司制定的危害发生的严重性评价表，从人身伤害、财产损失、停工停产、违反法规、公司形象受损五个方面分别赋分值，取五项中的最大值为危害的严重性数值。

3. 确定危害的风险度(R)

特定危害的风险度 R 为发生危害的可能性数值 L 与危害后果的严重性数值 S 的乘积，即 $R=L \cdot S$。

4. 制定建议改正措施

根据风险度的大小，"现有安全控制措施"栏识别出的问题，对危害提出建议改正措施。建议改正措施应具体，可操作性强。

5. 确定重大危害清单和制定管理方案

对于风险度(R)大于15、严重性数值(S)等于5、可能性数值(L)大于4的危害，初步确定为重大危害。将初步确定的重大危害进行统计后，在危害识别小组分析的基础上，报告管理者代表，由管理者代表召集有关部门审定，确定重大危害清单。

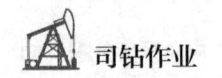

四、对重大危害制定目标、指标和管理方案

1. 目标的确定

按人身伤害、财产损失、停工停产、违反法规、公司形象受损五个方面制定公司的 HSE 目标值。

2. 指标和绩效参数的确定

根据重大危害确定为达到目标的分项指标,绩效参数为分项指标的统计单位,各分项指标应能够进行统计和考核。

3. 管理方案的制定

管理方案的制定旨在削减或消除重大危害的风险。它包括隐患治理、安全检查、安全教育、程序文件、运行控制文件、作业指导书,以及事故预案制修订等方面的制定和具体实施计划。为保障管理方案的高效执行,必须确保项目、资金、进度、负责人和责任部门的全面落实。

五、编写风险评估报告

风险评估报告是对整个风险评估的全面总结,是风险评估结果的记录,风险评估报告要交管理者代表审核、确认。

任务2 了解作业风险及控制

风险控制是指风险管理者采取各种措施和方法,消灭或减少风险事件发生的各种可能性,或者减少风险事件发生时造成的损失。

风险控制的四种基本方法是:风险回避、损失控制、风险转移和风险保留。

钻井作业常见风险削减措施主要有以下几类。

一、井下落物的削减措施

(1) 由于一次开钻时井口裸露面较大,所以钻台上的井口工具、手拿工具应归位放置,以防止掉入井口。

(2) 禁止在钻台下、井口附近存有可能落入井内的较大石块或其他杂物。

(3) 钻具螺纹要上紧,防止落入井内。

二、人身伤害的削减措施

(1) 各岗位操作人员均应在安全的位置工作,井架上的任何部位都应连接牢固,不得有未固定的物件,防止高空落物造成伤害。

(2) 开泵要平稳,防止憋泵。开泵时,高压管线附近、水龙带下、泵附近以及安全阀泄压管线附近均不得有人。

(3) 起吊重物必须有专人指挥,使用的绳套和绞车绳索应有足够的安全系数,防止脱钩或吊索拉断造成伤人事故。

（4）防止机械伤害。工作人员必须穿戴合格的劳动保护用品，不得在高压、旋转部位工作。

三、机械伤害及物体打击的削减措施

（1）严禁在机械旋转或运动部位工作或停留。

（2）起吊单根时，必须有专人指挥。所用吊索、吊具必须认真检查且有一定的安全系数。起吊时，吊物下不得有人工作或走动。

（3）钻台上可移动物件必须放在安全的位置，防止掉下钻台。

（4）井架上任何活动零件必须系好保险绳，对井架各部螺丝定期进行检查。

四、卡钻的削减措施

在钻进过程中，由于其他原因造成中途停钻循环或未及时活动钻具，都有可能造成沉砂卡钻、黏吸卡钻、落物卡钻或坍塌卡钻等事故。针对这几种卡钻的预防措施是：

（1）沉砂卡钻。提高钻井液黏度和切力，增大排量，延长循环时间。

（2）黏吸卡钻。提高滤饼质量，要求滤饼薄而坚韧，并具有良好的润滑性。保证井身轨迹，加紧活动钻具。

（3）落物卡钻。保证井口不落物，钻水泥塞时应反复划眼，防止套管鞋处水泥掉块。

（4）坍塌卡钻。提高滤饼质量，保证钻井液密度和失水量，平衡底层侧压力，保护井壁，防止坍塌。

五、井喷的预防措施

（1）认真贯彻执行 SY/T 5974—2020《钻井井场设备作业安全技术规程》，充分认识到井喷给钻井和人民生命财产带来的损失。

（2）打开油气层前，应根据实际情况适当提高钻井液密度。

（3）必须做到坐岗观察，及时发现溢流，尽早控制溢流。

（4）关闭封井器时，应尽可能采取软关井的方法，防止损坏井口装置。

（5）关闭封井器后应有专人观察套管压力的变化，防止由于气体的滑脱上升，使套压升高至超过井口装置的承压能力，导致井口损坏或造成伤人事故。

（6）坐岗观察人员应佩戴便携式硫化氢监测仪，及时监测有无硫化氢溢出。

（7）一旦发生溢流或井喷关井时，井架工应按正确的逃生路线回到地面，井口工作人员在抢接回压阀或旋塞时应特别注意人身安全，其他岗位人员也不要慌不择路，造成其他意外伤害。

（8）关井后，如果套管压力升高到规定套压值后，打开节流阀泄压，防止憋坏井口装置。

（9）有硫化氢气体逸出时，必须使用防护用具。

（10）有天然气逸出时，特别注意防止着火或爆炸。

（11）一旦发生井喷失控，全井人员应迅速撤离到安全区域。

六、井漏的预防措施

打开油气层后会发生溢流或井喷。为防止发生溢流，需提高钻井液密度，但如果遇到异常低压地层还可能发生井漏。在打开油气层后防止井漏的措施归纳为以下几点：

（1）打开油气层后，应停泵观察井口液面的上升或下降情况，观察钻井液液面的变化情况。

（2）打开油气层时，应适当降低排量和泵压。

（3）开泵要平稳，下放钻具要慢，不得猛刹猛放。

（4）适当降低钻井液密度，提高切力和黏度。

（5）准备充足的低于原密度的钻井液。

（6）一旦发生井漏，停泵观察漏失量，确定正确的堵漏措施。

任务3　了解环境因素识别与环境影响评价

环境因素是环境管理体系的管理核心。组织应采取合适的识别评价程序，建立有效的识别评价机制，组织全员识别出其活动、产品或服务过程中方方面面的环境因素，通过系统、科学的方法对环境因素进行评价，确定出需要优先解决的重要环境因素，对这些环境因素进行改进或控制，以不断提高组织的环境绩效。

一、环境因素识别的基本要求

（1）环境因素识别应覆盖本组织对环境管理造成直接影响和具有潜在影响的所有活动、产品或服务中的各个方面。

（2）环境因素的识别应考虑正常、异常、紧急三种状态和过去、现在、将来三种时态。

（3）环境因素识别要体现全过程环境管理思想，考虑大气排放、水体排放、固体废弃物管理、噪声污染、资源能源的消耗、相关方环境影响等方面。

（4）环境因素识别人员要熟悉本部门的各项业务活动或本车间的工艺过程，认真填写环境因素识别记录。

二、环境因素识别的基本步骤

（1）选择和确定活动、产品和服务。

（2）针对每一活动过程，列出其投入和产出，投入重点是原材料和能源，产出重点是产出物和废物。

（3）确定过程活动所伴随的环境因素。

（4）确定由于环境因素造成的环境影响。

三、环境因素识别的方法

用于环境因素识别的方法很多，主要有：（1）过程分析法；（2）物料分析法；（3）产品生命周期分析法；（4）问卷调查法；（5）专家咨询法；（6）现场观察和面谈；（7）头脑风暴法；(8) 查阅文件及记录法；(9) 测量法；(10) 水平对比和纵向对比法。

这些方法各有利弊，在实用、有效、简便等方面，上述任何一种方法都不能完全满足要求。实际操作时往往依据各企业的资源和实际情况需要选择上述几种方法进行合理有效的组合使用。

四、环境影响评价

人类生存和发展的一切活动都伴随着资源的消耗和废物的产生，环境问题是永无止境的。重要环境影响的概念是相对的，环境因素的划分标准和方法以及重要环境因素也是相对的。

环境因素评价的依据有：
(1) 有关国家、地方及行业的环境保护法律、法规和标准的要求。
(2) 环境影响的范围。
(3) 环境影响的程度大小。
(4) 环境影响的持续时间。
(5) 社会和公众的关注程度和环境敏感点。

上述各种评价依据和方法，单一使用很难满足要求，组织可根据需要选择其中几种结合使用。

环境因素识别完成后，企业要根据自身的环境现状、所在地域和社会条件、适用法律法规、自身的环境价值观、经济和技术条件等主客观因素，选择适用于自身的评价方法对重要环境因素进行评价。

任务4　认识"两书一表"

HSE 作业指导书、HSE 作业计划书和 HSE 现场检查表简称 HSE"两书一表"，是基层组织 HSE 管理的基本模式，是 HSE 管理体系在基层的文件化表现，是适应国内外市场需要、建立现代企业制度、增强队伍整体竞争能力的重要组成部分。

HSE 作业指导书（以下简称指导书）是对常规作业的 HSE 风险管理。它通过对常规作业中危害因素辨识、风险评估、风险削减或控制以及事故应急等风险管理过程，把制定出的 HSE 风险削减或控制措施以及应急处置措施，落实到相应的操作规程或岗位责任中去，通过岗位员工履行岗位职责、执行操作规程实现对该常规作业 HSE 风险的控制及突发事故的应急。

HSE 作业计划书（以下简称计划书）是针对随时变化的情况，由基层组织结合具体施工作业情况和所处环境等特定条件，为满足新项目作业的动态风险管理要求，在进入现场或从事作业前所编制的 HSE 具体作业文件。编制计划书的基础是指导书，主要针对指导书中没有涉及的内容，即对由于人、机、料、法、环的变更而引发的新增风险的动态管理。

HSE 现场检查表（以下简称检查表）是在现场施工过程中实施检查的标准，涵盖指导书和计划书的主要检查要求和检查内容，根据施工作业现场具体情况，事先精心设计的一套与"两书"要求相对应的检查表格。

"两书一表"中的指导书、计划书和检查表同属HSE管理体系中的作业文件层次。其中,指导书主要是用来规范基层岗位员工的操作行为,通过强化"规定动作",减少并最终杜绝"自选动作",实现对专业常规作业风险的管理,即指导书主要是用于规范基层岗位员工安全行为的作业文件;检查表则是实现对设备、设施以及施工作业现场安全状态的检查与管理,即岗位员工按照检查表规定的巡回检查路线和检查内容,检查本岗位所使用或管理的设备、设施等的安全情况,从而达到对物的不安全状态控制;计划书是对具体项目或活动的新增风险的动态管理,它既具有防范人员的不安全行为的效力,也具有控制物的不安全状态的作用。

一、HSE作业指导书

1. HSE作业指导书的主要内容

HSE作业指导书主要包括:(1)岗位任职条件;(2)岗位职责;(3)岗位操作规程;(4)巡回检查路线及主要检查内容;(5)应急处置程序。随着基层岗位员工掌握程度和接受能力的提高,可逐步完善指导书的相关内容。对条件成熟的单位,应把现行的作业程序、设备操作规程、工艺技术规程,以及应知应会知识等文件进行清理,充实指导书的内容,减少基层文件重复现象,确保指导书在规范基层岗位员工操作行为上具有唯一性和权威性。

2. HSE作业指导书的编制与使用

指导书应根据基层组织的性质编制,同一类型的基层组织可以编制一类指导书。应在企业或企业所属二级生产技术部门牵头组织下,人事、企管法规、生产、技术、设备、工艺、标准及安全环保等相关职能部门参加,成立编制工作组。编制时,首先对基层组织现有的操作规程、规章制度等相关作业文件进行清理。根据对本专业风险的辨识、评估所制定出的风险削减与防范措施,对需要收入指导书的操作规程、规章制度进行修改和完善,然后按照指导书的内容要求进行汇总和整合。编制完成后,由主管生产技术的领导牵头,HSE主管部门组织,各有关部门和基层岗位员工参加,对指导书进行审核,并组织培训。

指导书应印发到基层岗位员工,内容较多时可按分册管理,相关人员应人手一册。使用过程中,要定期强化培训。各有关业务主管部门应及时收集有关信息,协调解决文件执行中的问题,按照文件控制程序进行管理。

二、HSE作业计划书

1. HSE作业计划书的主要内容

HSE作业计划书的内容主要包括:(1)项目概况、作业现场及周边情况;(2)人员能力及设备状况;(3)项目新增危害因素辨识与主要风险提示;(4)风险控制措施;(5)应急预案。以上五部分是计划书的建议内容,基层组织可以参照上述内容编制计划书。没有编制指导书的基层组织,或是由不同单位基层组织新组建的项目部,在各自的指导书存在很大差异不便执行时,应按照上述内容,把指导书中有关内容一并考虑,编制计划书。

2. HSE作业计划书的编制与使用

在内容上,计划书应满足"适时、实用、简练"的要求。计划书的编制应在基层组织主要负责人(队长、项目经理)的主持下,对项目(活动)在人员、环境、工艺、技术、设备设施等方面发生变化或变更而产生的危害因素进行辨识,由生产技术人员、班组长、关键岗位员工及安全员共同参与编制。计划书编制完成后,应组织培训,并告知相关方。

为进一步简化计划书的编制内容,切实提高计划书的针对性和可操作性,基层组织可根据以下几种情况编制计划书。

(1) 作业周期长、作业场所相对固定的作业项目(钻的探井和重点井,井下大修、试油,以及炼化装置停工检修等),应在施工前编制项目计划书,并在计划书中增加风险管理单。在施工过程中,应定期组织危害识别活动,对随着时间变化而带来的新增危害因素进行辨识,在原计划书基础上,制定相应的风险削减及控制措施,填写风险管理单,作为对原计划书的补充。

(2) 作业周期长、作业场所移动的作业项目(物探作业、管道建设施工等),应在施工前编制项目计划书,并在计划书中增加风险管理单。在施工过程中,对随着时间、环境变化而带来的新增危害因素进行辨识,在原计划书基础上,制定相应的风险削减及控制措施,填写风险管理单,作为对原计划书的补充。

(3) 作业周期短、作业场所移动且在同一区块内作业的项目(钻开发井,井下小修、压裂,以及测井、录井、固井等在同一区块作业),应在施工前编制区块计划书,并在计划书中增加风险管理单。在同一区块施工过程中,对随着时间、环境变化而带来的新增危害因素进行辨识,在原区块计划书基础上,制定相应的风险削减及控制措施,填写单井风险管理单。

(4) 作业周期短、作业场所相对固定的作业活动(生产辅助性作业、炼化装置临时检维修等),在作业前必须开展危害识别活动,填写风险管理单,也可将风险削减及控制措施纳入"作业许可"、"施工方案"或"工作单"等相关文件中。

除此之外的其他情况,基层组织可参照上述要求,结合作业活动的性质特点进行策划、编制。

规范HSE"两书一表"的目的是加强基层HSE风险管理,通过对制度、规程的执行,规范人的操作行为,通过对设备设施的检查,控制物的不安全状态,实现"设备无隐患、工艺无缺陷、人员无违章、班组无事故"。各单位应结合自身实际情况,编制并运行HSE"两书一表"。对基层HSE作业文件及内容可予以简化,在具体形式上也可以按照本单位的习惯去表达,向员工易理解、愿接受、能执行的方向努力,使"两书一表"更加具有适用性和操作性,做到重点突出、规定详细、操作简便。

任务5 编制应急预案

一、制定应急预案是国家法规和社会责任的要求

应急是发生事故后的补救措施,用于救助人员生命、减少损失。我国2007年11月1日起施行了《中华人民共和国突发事件应对法》,对突发事件的预防与应急准备、监测与预

警、应急处置与救援、事后恢复与重建等应对活动进行了明确规定。

生产经营单位安全生产事故应急预案是国家安全生产应急预案体系的重要组成部分。制订生产经营单位安全生产事故应急预案是贯彻落实"安全第一、预防为主、综合治理"方针，规范生产经营单位应急管理工作，提高应对风险和防范事故的能力，保证职工和公众生命安全，最大限度地减少财产损失、环境损害和社会影响的重要措施。

二、应急预案基本术语和定义

应急预案是针对可能发生的事故，为迅速、有序地开展应急行动而预先制定的行动方案。应急预案是根据危险源、可能发生事故的类别、危害程度而制定的事故应急救援预案。在重大事故发生时，就能按应急预案及时采取必要的措施，按照正确的方法和程序进行救助和疏散人员，有效地控制事故扩大，减少损失。

应急预案应形成体系，针对各级各类可能发生的事故和所有危险源制定专项应急预案和现场应急处置方案，并明确事前、事发、事中、事后的各个过程中相关部门和有关人员的职责。对于生产规模小、危险因素少的生产经营单位，综合应急预案和专项应急预案可以合并编写。

综合应急预案是从总体上阐述处理事故的应急方针、政策，应急组织结构及相关应急职责，应急行动、措施和保障等基本要求和程序，是应对各类事故的综合性文件。

专项应急预案是针对具体的事故类别(井喷、硫化氢逸出与中毒、火灾爆炸、危险化学品泄漏等事故)、危险源和应急保障而制定的计划或方案，是综合应急预案的组成部分，应按照综合应急预案的程序和要求组织制定，并作为综合应急预案的附件。专项应急预案应制定明确的救援程序和具体的应急救援措施。

三、应急预案的编制格式

企业综合应急预案的编制格式如下(专项应急预案的编制格式可从简)：

（1）总则。
①编制目的；②编制依据；③分类与分级；④适用范围；⑤工作原则；⑥应急预案体系；⑦应急启动条件。

（2）组织机构与职责。
①组织机构；②职责；③应急值班人员守则。

（3）预测与预警。
①预报；②预测；③预警；④预警解除。

（4）应急准备。

（5）应急报告与应急指令。
①应急报告；②应急指令。

（6）应急处置。

（7）应急终止与后期处置。
①应急终止；②后期处置。

(8) 应急保障。

①队伍保障；②财力保障；③物资保障；④通信保障；⑤技术保障；⑥基本生活保障；⑦人员防护。

(9) 监督管理。

①预案演练；②宣传和培训；③责任与奖惩；④预案管理。

(10) 附则。

四、应急处置

1. 钻井队应急处置

处置程序如图1-4-1所示，仅供参考。

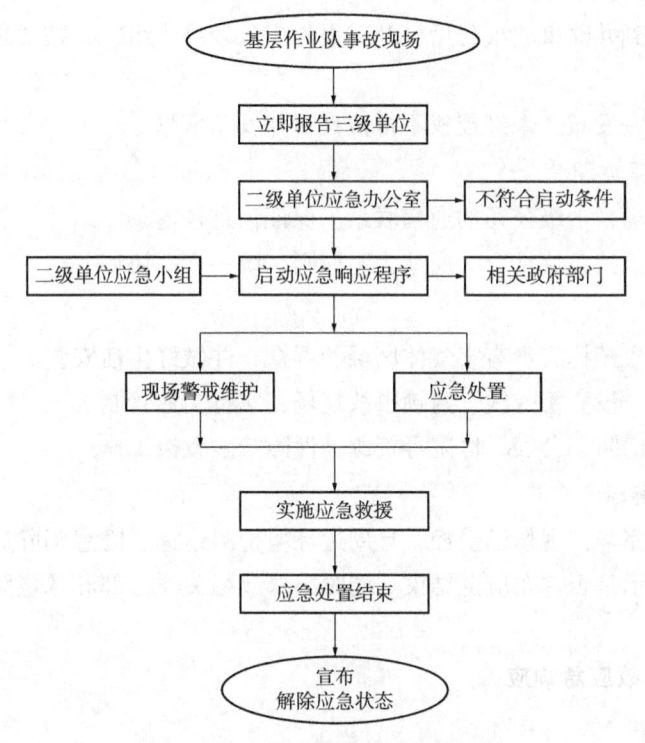

图1-4-1　钻井队应急处置流程图

2. 井喷应急响应

1) 预测与预警

钻井队发生井喷事故后，应立即向项目部和应急办公室汇报，并请求支援。

应急办公室核实情况后，评估事故级别，并向应急领导小组报告，同时做好应急准备。

事故单位需及时反映事态进展，提供进一步情况和资料，并指定专人与应急办公室保持联系。

发生各级井喷事故，必须向××钻探工程有限公司和属地油田公司应急办公室报警。

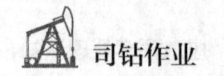

2）报警内容

包括事故单位、时间、设备、地理位置、井身结构、流体情况、有无有毒气体、人员伤亡、环境影响等。

3）应急响应

分级响应：各级应急机构根据井喷事故级别分级响应，启动相应应急预案。

启动条件：发生井喷事故或井涌可能转变为井喷事故时，由应急领导小组长决定启动本预案。

响应程序：应急办公室根据应急领导小组指示，及时掌握事故进展，通知相关人员，提供抢险指导和物资支援。

4）应急信息报告与处置

应急办公室接到井喷事故报告后，及时报告应急领导小组，并按要求向上级和属地油田公司汇报。

信息处置需统一发布，未经授权不得擅自对外发布信息。

5）通信与指挥协调

建立与事故现场、上级公司的通信联系，保证信息畅通。

应急救援指挥坚持条块结合、属地为主原则，统一指挥协调。

6）紧急处置

迅速组织撤离含超标有毒有害气体区域的群众，并做好生活安置。

划定危险区域，设立警戒线，封锁事故现场，实行交通管制。

协调地方政府消防、公安、医院等资源，保障抢险救援工作。

7）应急状态解除

井喷事故处理完毕，现场已受控，且周边环境检测达标、隐患消除后，应急指挥部向应急领导小组长请示是否宣布应急结束。同时，事故相关项目部和基层队需派人协助事故调查。

3. 人身伤害事故应急响应

1）预测与预警

监测与报告：公司质量安全环保科和 HSE 监督站监督施工单位对高危作业进行危害识别、制定预防措施，并汇总分析日常检查情况，发现隐患并制定管理措施，及时上报应急办公室。

预警级别与发布：人身伤害事故分为四级（Ⅰ级至Ⅳ级）。预警对应红、橙、黄、蓝四色，可升级、降级或解除。应急办公室根据预警级别或事态判断，通知相关单位启动预案或采取防范措施，并连续跟踪事态。

2）分级响应

根据事故危害程度，事发单位应启动相应级别预案，并上报至公司或公司应急办公室和应急领导小组。

3）报告与处置

事故报告分初报、续报、处理结果报告，按要求上报。现场负责人应进行急救并联系救援机构。

4）判断与记录

应急办公室接警后判断事故性质、危害程度，组织上报并决定是否请求政府支援，保存相关记录。

5）应急预案启动

应急领导小组接报告后，如需启动预案，则下达命令并向上级和地方政府报告。

6）信息披露

事件信息按公司程序披露，指定发言人，信息收集、整理由应急办公室负责。

7）应急状态解除

应急指挥部确认现场控制、污染源消除、防护措施到位后，向应急领导小组报告，由应急领导小组组长下达应急终止指令。

项目实施

引导问题1：请简述井喷事故应急处置流程的主要步骤，并讨论在实际操作中如何确保每一个步骤的有效执行。

_____
_____
_____
_____
_____

引导问题2：请结合钻井作业实例，说明如何使用工作危害分析法（JHA）进行危害识别和风险评估，并提出相应的风险控制措施。

_____
_____
_____
_____
_____

引导问题3：请讨论HSE作业指导书、HSE作业计划书和HSE现场检查表在钻井作业安全管理中的作用，以及如何在实践中有效运用"两书一表"来提高安全管理水平。

_____
_____

项目评价

序号	评价项目	自我评价	教师评价
1	学习准备		
2	引导问题填写		
3	规范操作		
4	完成质量		
5	关键操作要领掌握		
6	完成速度		
7	管理、环保节能		
8	参与讨论主动性		
9	沟通协作		
10	展示汇报		

说明：表格中每项 10 分，满分 100 分。学生根据任务学习的过程与结果真实、诚信地完成自我评价，教师根据学生学习过程与结果客观、公正地完成对学生的评价

课后习题

1. 请详细阐述井下作业中防火防爆的一般规定，并讨论在紧急情况下如何快速有效地进行应急处置。

2. 假设你是一名钻井队的安全工程师，请编写一份关于钻井作业中某特定危害的风险评估报告，包括危害识别、风险评估、风险控制措施等内容。

3. 选择某一钻井作业环节，编制一份 HSE 作业指导书，明确岗位任职条件、岗位职责、操作规程、巡回检查内容及应急处置程序。

4. 为提高钻井队应对突发事件的能力，请设计一份应急预案演练计划，包括演练目标、演练内容、参与人员、时间地点及评估标准等。

5. 针对某一钻井作业区域，进行环境因素识别，并对识别出的重要环境因素进行评价，提出相应的环境管理对策和措施。

项目 5 班组管理认知

📖 知识目标
(1) 理解班组安全制度的重要性，掌握建立班组安全制度的基本内容和方法。
(2) 熟悉班组安全管理方法，包括岗位培训、班前会和班后会、安全活动、事故应急演练、安全检查和安全分析等内容。
(3) 了解突发公共事件的分类及应急预案的基本概念和组成要素。
(4) 掌握司钻在应急管理中的五大应知职责，以及"四个一"应急管理知识。
(5) 了解应急预案演练的必要性，以及演练后评估和修改预案的方法。

✈ 能力目标
(1) 能够根据班组实际情况，建立和完善符合安全生产要求的班组安全制度。
(2) 能够有效实施班组安全管理方法，提高班组的安全生产水平。
(3) 能够识别突发公共事件的类型和级别，并根据应急预案采取相应的应对措施。
(4) 能够组织并参与应急预案的演练，提高应对突发事故的能力。
(5) 能够根据演练结果对应急预案进行评估和修改，完善预案的实用性和有效性。

🎯 素质目标
(1) 培养高度的安全意识和责任感，将安全生产放在首位。
(2) 形成良好的团队合作精神，积极参与班组安全管理和应急演练活动。
(3) 提升应急管理和事故处理能力，有效应对各类突发事故，减少损失和人员伤亡。
(4) 培养持续学习和改进的态度，不断完善班组安全管理和应急预案。
(5) 强化风险识别和预防措施的制定，提升班组的整体安全风险防范能力。

任务 1 了解如何建立班组安全制度

建立和完善与安全生产密切相关的各项管理制度，按照符合安全生产的科学规律进行生产活动，是搞好班组安全建设的重要保证。班组安全制度应包括：
(1) 建立健全安全生产责任制度。班组中每个职工在各自范围内明确安全生产。

(2) 建立岗位设备巡回检查制度。对岗位生产设备的运转情况,进行定时、定点、定路线、定项目的巡回检查,以便及时发现异常情况,进而采取措施消除隐患,排除故障,防止事故的发生。

(3) 建立严格的交接班制度。交接班时必须切实把设备运转情况、工艺指标、异常现象及处理结果、存在问题、处理意见,以及生产的原始记录、生产指示、岗位的维修工具等都逐一交接清楚。防止因交接班不清楚而危及生产安全。

(4) 建立安全技术岗位练兵制度。开展岗位技术练兵,是实现安全生产的重要手段。一方面要通过技术练兵,使职工熟练地掌握正常生产的操作技能,防止因误操作而引起事故;另一方面又要针对发生事故或发生异常情况时所应采取的紧急处理措施,进行事故应急的模拟训练,努力提高职工的安全技术水平和对事故发生的应变处理能力。

(5) 建立健全设备维护保养制度。设备安全、正常运转,是生产安全的物质基础,必须健全设备的维护保养制度,并严格执行。

(6) 建立严格劳动保护用品的使用制度。劳动保护用品是保护职工安全健康的辅助手段,班组要组织职工正确穿戴劳动保护用品。劳动保护用品穿戴不齐全,不正确的不得上岗。

任务2 掌握班组安全管理方法

一、岗位培训

安全意识教育是指安全生产方针政策、法规、劳动纪律、规章制度等教育。这些教育都要结合本班组的实际生产情况学习和教育。司钻或兼职安全员要在每周至少一次的安全活动日讲解安全技术方面的知识。岗位培训的内容是:
(1) 本班组安全工作概况、工作性质及作业范围;
(2) 本岗位使用的机械、设备、工器具的性能,防护装置的作用和使用方法;
(3) 本班组作业环境,事故多发地点及危险场所;
(4) 讲解操作规程、岗位责任制和有关安全工作注意事项;
(5) 个人防护用品、用具的正确使用和保管。

二、班前会和班后会

作业前必须坚持开好班前会(站班会),做到"三查"(查衣着、查安全用具、查精神状态),进行"三交"(交任务、交安全、交技术)。结合当班工作任务、工作特殊环境,做好安全措施准备,讲解安全注意事项。下班后应召开班后安全小结会即班后会,做好"三评"(评任务完成情况、评工作中安全情况、评安全措施执行情况),总结经验教训,开展批评与自我批评。

三、安全活动

班组应根据本单位的部署,结合班组实际,认真组织本班组的安全活动。通过安全活动对班组人员进行一次集中深入的安全思想和安全知识宣传教育，对班组安全生产工作进行一次全面系统的回顾、检查和总结，找出问题，提出并落实改进措施，进一步搞好班组安全工作。班组必须坚持每周至少一次两小时左右的安全活动制度。安全活动主要是对本班组每周的安全工作情况进行讲评，找出存在的问题，总结经验教训，以便改进工作，同时布置下周安全工作。

四、事故应急演练

应急预案是综合性的事故应急预案，这类预案详细描述事故前、事故过程中和事故后何人做何事、什么时候做，如何做。这类预案要明确制定每一项职责的具体实施程序。应急管理预案包括事故应急的四个逻辑步骤：预防、预备、响应、恢复。事故应急预案演练是对班组人员进行安全技能培训的有效方法，能提高处理突发性事故的能力，应该结合岗位实际情况，定期组织班组人员演习，演习结束后应进行评价，并写出书面总结。

五、安全检查

通过经常性和规范性的安全检查，可以及时发现和查明各种"险情"和"隐患"，并采取相应的措施，加以有效地防范和整改。检查内容主要包括三个方面，即人、物、环境。

首先是人的检查。人是引发事故的主要因素。班组职工对安全工作的重视程度，可以说是企业安全工作好坏的关键。司钻应把"安全第一，预防为主"落实到班组，及时制止不安全行为或者采取有效的安全防范措施，就不会有事故隐患存在，安全生产就有了保障。检查人的安全思想是否牢固，安全管理是否存在薄弱环节，作业人员的操作是否符合安全规程、作业指导书及工艺等是否符合要求。

其次是物的检查。除人的因素外，事故往往是因为存在物的不安全因素所致。司钻和职工在开工之前，须检查设备和工具是否完好正常，不能带"病"生产。即钻井设备是否处于安全状态，是否存在缺陷及不完善的情况。

最后是环境检查。环境尤其是生产环境，如：作业的温度、气候、现场作业时的照明、噪声、设备振动及有害气体等，都有可能产生伤亡事故。这就要靠班组在抓生产的同时管理好生产环境，使职工一进入作业面时，就感到心情舒畅，有安全感。在操作中一些安全意识淡薄的人，认为有一点小问题、小毛病不要紧，拿起来就操作，在这节骨眼上，班组长就要永记"小洞不补，大洞吃苦"这句名言，这个苦就是事故之苦，是流血、伤亡之苦。

六、安全分析

司钻带领班组对每天的作业都应进行安全评判分析，总结经验教训，分析不安全情况和存在的问题，确认研究对策。安全分析应有记录。针对本班组作业中的危险项目、要害部位和关键环节，研究和制定相应的对策，使人人确认和知晓，以便在作业中进行重点检查、重点防范，达到安全生产的目的。

司钻要把安全工作落到实处，在接到本月任务后，要先了解生产方案、生产顺序、作业环境、设备性能以及保养情况、人员合理安排与使用等有关安全的问题,做到心中有数,方能做好事故预防工作。

任务3　牢记司钻在应急管理中的五大应知职责及"四个一"

按照各类突发公共事件的性质、严重程度、可控性和影响范围等因素,总体预案将突发公共事件分为四级,即Ⅰ级(特别重大)、Ⅱ级(重大)、Ⅲ级(较大)和Ⅳ级(一般),依次用红色、橙色、黄色和蓝色表示。突发公共事件分以下四类:

(1) 自然灾害:主要包括水旱灾害、气象灾害、地震灾害、地质灾害、海洋灾害、生物灾害和森林草原火灾等。

(2) 事故灾难:主要包括工矿商贸等企业的各类安全事故、交通运输事故、公共设施和设备事故、环境污染和生态破坏事件等。

(3) 公共卫生事件:主要包括传染病疫情、群体性不明原因疾病、食品安全和职业危害、动物疫情以及其他严重影响公众健康和生命安全的事件。

(4) 社会安全事件:主要包括恐怖袭击事件、经济安全事件、涉外突发事件等。

一、司钻在应急管理中的五大应知职责

应急预案在应急系统中起着关键作用,它明确了在突发事故发生之前、发生过程中以及结束之后,谁负责做什么、何时做,以及相应的策略和资源准备等。应急预案为突发事故应对预先做出的详细安排,是开展及时、有序和有效的事故应对工作的行动指南。应急预案是安全生产工作的重要组成部分,预案制定得好,准备充分,救援及时,就能减少损失和人员伤亡。司钻作为班组基层组织一把手的职责体现在:

(1) 对本班组应急负全面责任;

(2) 组织全班职工学习应急预案;

(3) 负责组织救人、逃生等演练,并对演习效果进行评价和改进;

(4) 发生突发事故后,向上级汇报;

(5) 发生突发事故后,立即组织班组职工救人、逃生,集中后清点人数,发现未到者及时向上级汇报。

二、在应急管理中司钻组织本班职工掌握"四个一"

1. "一图"——逃生路线图

所有作业现场发生突发事故,班组员工除了抢救身边的伤者,最重要的任务不是救灾抢险,而是逃生,这是现代应急管理的基本原则,是以人为本的具体体现。既然是逃生,就要事先熟悉现场逃生路线,班组应急演习也是为了熟悉这条逃生路线,否则乱了方向会造成人员伤害。

2. "一点"——紧急集合地点

紧急集合地点是逃生路线的终点。重要作用体现在:紧急疏散后,集中到此点,便于

应急指挥部门点名，核实员工人数，如有缺员，可以立即展开寻救。紧急集合地点位置的正确及员工了解都显得十分重要。

3. "一号"——报警电话

这里的"一号"是指单位应急指挥中心。

4. "一法"——常用的急救方法

突发事件发生后，如何在第一时间内对伤者采取急救措施，争取挽救伤者的机会，对于减少人员伤亡起着重要的作用。正因为发生突发事故后，班组员工的首要任务是抢救身边的伤员，所以掌握硫化氢、有毒气体、触电、机械外伤、烧烫伤、中暑、中毒等一些常见的急救方法非常必要。

应急预案的演练是必需的过程，井队应定期组织应急预案的演练，特别是井队中的防井喷事故应急预案、防硫化氢事故应急预案、人员伤害事故应急预案等，只有通过演练才能检验预案是否可行、合理、实用；演练后对应急预案进行评估，通过应急能力与资源发生的变化、组织机构或人员发生变化、救援技术的改进等评估，要明确在发生什么事故时可以由内部救援力量来解决，发生什么事故时应请求社会力量的支持；评估后找出存在的不足并进行修改，修改的依据是预案演练过程中发现的问题。危险设施和危险物的应急预案应及时通知到相关部门和有关人员。

司钻工是班组的核心，既是生产者，又是管理者，具有承上启下的特殊作用。因此，要抓好班组安全管理，必须要树立安全"第一责任人"的形象。在实现安全管理目标的过程中始终要把安全放在首位，安全目标是班组技术与管理水平的综合反映，应从班组的实际出发，制定相适应的安全目标。

项目实施

引导问题1：如何根据班组的实际情况，制定符合安全生产要求的设备巡回检查制度？

引导问题2：在班组安全活动中，如何有效结合案例分析进行安全教育和技能提升？

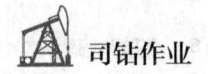

引导问题3：在应急预案演练中，如何评估演练效果，并提出改进建议？

项目评价

序号	评价项目	自我评价	教师评价
1	学习准备		
2	引导问题填写		
3	规范操作		
4	完成质量		
5	关键操作要领掌握		
6	完成速度		
7	管理、环保节能		
8	参与讨论主动性		
9	沟通协作		
10	展示汇报		

说明：表格中每项10分，满分100分。学生根据任务学习的过程与结果真实、诚信地完成自我评价，教师根据学生学习过程与结果客观、公正地完成对学生的评价

课后习题

1. 简述班组安全制度包括哪些主要内容，并说明其重要性。
2. 简述班前会和班后会在班组安全管理中的作用，并举例说明其具体应用。
3. 结合一个具体的安全事故案例，分析事故发生的原因和预防措施。
4. 制定一份符合班组实际的设备维护保养制度，并说明其制定依据和执行要点。
5. 设计一份班组安全活动计划，并说明其活动目的、内容和实施步骤。

项目 6 钻井设备认知

> 📖 **知识目标**
>
> (1) 能够准确描述钻机的主要系统(起升系统、旋转系统、钻井液循环系统、传动系统、控制系统)及其组成部分和各自的功能。
> (2) 能够识别并解释井架、天车、绞车、游动滑车、大钩、转盘、水龙头、钻井泵、动力机和联动机等主要钻井设备的基本组成及其功用。
>
> ✈ **能力目标**
>
> (1) 能够根据所学知识，分析钻机各系统是如何协同工作以完成钻井作业的。
> (2) 能够运用所学知识，解决实际钻井过程中可能遇到的问题，如设备故障排查、系统优化建议等。
>
> 🎯 **素质目标**
>
> (1) 培养学生的专业素养，使其对钻井设备及钻机的主要系统有深入的理解，为今后从事相关工作打下坚实基础。
> (2) 提升问题解决能力，通过分析和解决实际问题，培养其创新思维和实践能力。
> (3) 增强团队合作精神和沟通协调能力，在团队中能够有效地发挥作用。

任务 1 了解钻机的主要系统

一、起升系统

起升系统是由绞车、井架、天车、游动滑车、大钩及钢丝绳等组成。其中天车、游动滑车、钢丝绳组成的系统称为游动系统。起升系统的主要作用是起下钻具、控制钻压、下套管以及处理井下复杂情况和辅助起升重物。

二、旋转系统

旋转系统是由转盘、水龙头、井内钻具(井下动力钻具)等组成。其主要作用是带动井内钻具、钻头等旋转，连接起升系统和钻井液循环系统。

三、钻井液循环系统

钻井液循环系统是由钻井泵、地面管汇、立管、水龙带、钻井液配制净化处理设备、井下钻具及钻头喷嘴等组成。其主要作用是冲洗净化井底、携带岩屑、传递动力。

四、传动系统

传动系统是由动力机与工作机之间的各种传动设备(联动机组)和部件组成。其主要作用是将动力传递并合理分配给工作机组。

五、控制系统

控制系统由各种控制设备组成。通常是机械、电、气、液联合控制。机械控制设备有手柄、踏板、操纵杆等；电动控制设备有基本元件、变阻器、电阻器、继电器、微型控制等；气动(液动)控制设备有气(液)元件、工作缸等。

任务2　掌握钻井主要设备的基本组成及功用

一、井架

井架的基本组成是主体、天车台、人字架、二层台、立管平台和工作梯等。其主要功用是安放天车，悬吊游动滑车、大钩、吊环、吊卡、吊钳等起升设备与工具，存放钻具。

二、天车

天车的基本组成是天车架、滑轮、滑轮轴、轴承及轴承座等。其主要功用是与游动滑车组成游动系统。

三、绞车

绞车是钻机的核心设备。主要由支撑系统(焊接的框架式支架或密闭箱壳式座架)、传动系统(由2~5根绞车轴轴承、链轮、齿轮、链条等组成，一般绞车都有传动轴、猫头轴和滚筒轴，JC45型绞车还有输入轴和中间轴)、控制系统(包括牙嵌、齿式、气动离合器，司钻控制台，控制阀等)、制动系统(也叫刹车系统，包括刹把、刹车带、主刹车、辅助刹车及气刹车装置等)、卷扬系统(包括主滚筒、副滚筒、各种猫头等卷绳装置)、润滑及冷却系统等组成。其功用是起下钻具和下套管，控制钻压，上卸钻具螺纹，起吊重物和进行其他辅助工作。

四、游动滑车

游动滑车的基本组成包括上横梁、滑轮、滑轮轴、侧板组、轴承、下提环及侧护罩等。其主要功用是与天车组成游动系统。

五、大钩

DG-350大钩的基本组成有吊环、吊环销、吊环座、定位盘、弹簧、筒体、钩身、轴承及制动锁紧装置等。其主要功用是悬挂水龙头和钻具；悬挂吊环、吊卡等辅助工具，可起下钻具和下套管；起吊重物，安装设备或起放井架等。

同游动滑车合在一起的大钩习惯上叫游车大钩。

六、转盘

转盘是一个能把动力机传来的水平旋转运动转化为垂直旋转运动的减速增扭装置。不同型号的转盘结构组成差别较大。大型转盘的组成一般包括底座(壳体)、转台、负荷轴承、防跳轴承、水平轴(主动轴或快速轴)、大小锥齿轮等。其功用是在转盘钻井中，传递扭矩、带动钻具旋转；在井下动力钻井中，承受反扭矩；在起下钻过程中，悬挂钻具及辅助上卸钻具螺纹；在固井井中协助下套管；协助处理井下事故，如倒螺纹、套铣、造螺纹等。

七、水龙头

水龙头是钻机旋转系统的主要设备，是旋转系统与循环系统连接的纽带。水龙头类型不同，结构不同，但都由固定部分、旋转部分、密封部分组成。其基本组成有壳体、中心管、轴承(主轴承、防跳轴承、扶正轴承)、冲管、密封盒等。其主要功用是悬挂钻具，承受井内钻具的重量；改变运动形式；循环钻井液。

动力水龙头由动力装置、水龙头、导轨小车和钻杆操纵装置组成。可省去转盘、方钻杆及旋螺纹器。

八、钻井泵

钻井泵是循环系统的心脏。钻井泵类型很多，结构相差很大，主要有单缸单作用立式柱塞泵、双缸双作用卧式活塞泵、三缸单作用卧式活塞泵。其基本组成有缸体、活塞(柱塞)、固定阀(吸入阀)、游动阀(排出阀)、阀室、吸入管、排出管、曲柄、连杆、活塞杆(柱塞杆)等。其主要功用是给钻井液加压，提供必要的能量。

九、动力机

柴油机：是将柴油燃烧产生的热能转化为机械能的动力设备。ZI2V190B是我国自行设计的大功率柴油机，目前使用较多。主要由两个机构(曲柄连杆机构、配气机构)和五大系统(进排气系统、润滑系统、冷却系统、燃料系统、启动系统)组成。

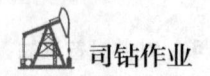

电动机：是将电能转化为机械能的动力设备，分直流电动机、交流电动机。石油钻井中使用较多的是三相异步交流电动机。

燃气轮机：是将天然气转化为机械能的动力设备。

十、联动机

联动机是指连接动力机和工作机的传动装置。其基本组成有并车、倒车、减速增矩、变速变矩及方向转换装置等。联动机的主要功用是将动力机发出的动力分配给各工作机。

项目实施

引导问题1：请你详细描述钻机的主要系统（起升系统、旋转系统、钻井液循环系统、传动系统、控制系统）及其各自在钻井作业中的关键作用，并解释这些系统是如何相互协同工作的？

_____
_____
_____
_____

引导问题2：钻井设备中的井架、天车、绞车、游动滑车、大钩、转盘、水龙头、钻井泵等关键部件有哪些基本组成，并且它们在钻井过程中分别起什么作用？请逐一进行说明。

_____
_____
_____
_____

引导问题3：如果在实际钻井作业过程中遇到设备故障，你如何利用所学的知识来排查问题并给出有效的解决方案？请结合具体的设备（绞车、转盘或钻井泵等）可能出现的问题进行案例分析。

_____
_____
_____
_____
_____

项目评价

序号	评价项目	自我评价	教师评价
1	学习准备		
2	引导问题填写		
3	规范操作		
4	完成质量		
5	关键操作要领掌握		
6	完成速度		
7	管理、环保节能		
8	参与讨论主动性		
9	沟通协作		
10	展示汇报		

说明：表格中每项10分，满分100分。学生根据任务学习的过程与结果真实、诚信地完成自我评价，教师根据学生学习过程与结果客观、公正地完成对学生的评价

课后习题

1. 填空题：钻机的主要系统包括_____系统、_____系统、钻井液循环系统、传动系统和控制系统。其中，_____系统的主要作用是带动井内钻具、钻头等旋转。

2. 选择题：以下哪个设备不属于钻机的旋转系统(　　)？
   A. 转盘　　　　B. 水龙头　　　　C. 井内钻具　　　　D. 钻井泵

3. 简答题：请简述钻井液循环系统在钻井过程中的作用。

4. 分析题：如果钻井过程中，水龙头出现故障，请分析这可能对整个钻井作业造成哪些影响？并提出可能的应对措施。

项目 7　常用钻具及钻井工具认知

> **知识目标**
> (1) 了解常用钻具及钻井工具。
> (2) 掌握常用钻具及钻井工具的工作原理。
>
> **能力目标**
> (1) 具备使用常用钻具及钻井工具的能力。
> (2) 掌握常用钻具及钻井工具的使用要求。
>
> **素质目标**
> (1) 树立安全意识、环保意识。
> (2) 培养勇于奋斗、乐观向上精神。

任务 1　了解钻头

在钻井过程中钻头是破碎岩石的主要工具，井眼是由钻头破碎岩石而形成的。一个井眼形成得好坏、所用时间的长短，除与所钻地层岩石的特性和钻头本身的性能有关外，更与钻头和地层之间的相互匹配程度有关。钻头的合理选型对提高钻进速度、降低钻井综合成本起着重要作用。

一、刮刀钻头

1. 定义

刮刀钻头是旋转钻井中使用最早的一种钻头，如图 1-7-1 所示。通常由刮刀片、喷嘴、分水帽和钻头体四部分组成，有二翼刮刀、三翼刮刀和四翼刮刀之分。其在泥岩、砂岩、泥质砂岩、页岩等软或中软地层中使用，可得到很高的机械钻速和钻头进尺。

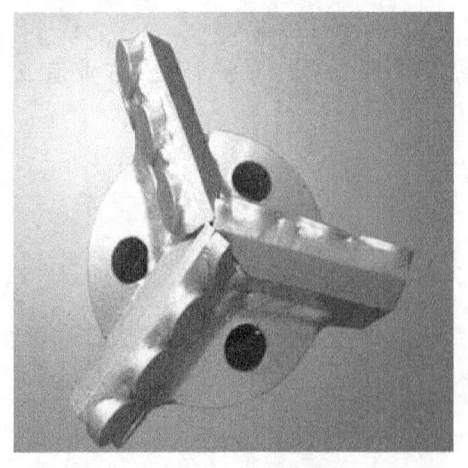

图 1-7-1　刮刀钻头

2. 结构

常用的刮刀钻头为三翼刮刀，由上钻头体、下钻头体、刀片及喷嘴四部分组成。

3. 工作原理

刮刀钻头在井底工作时，在钻压的作用下。刀刃吃入岩层，然后在扭矩的作用下，刀刃旋转切削破碎岩石。

4. 使用要求

（1）刮刀钻头要放在钻头盒内与钻铤连接，旋紧螺纹。

（2）起出和下入井的刮刀钻头要认真丈量外径。

（3）下井刮刀钻头直径不得大于起出刮刀钻头直径。

（4）刮刀钻头的钻井参数要符合设计参数，遇到夹层或软硬交错地层要轻压(30~50kN)钻进。刮刀钻头每钻完1个单根划眼1次(上部未成岩除外)。

（5）遇阻或泵压升高，要多次划眼，直至正常为止。

（6）刮刀钻头使用到后期要注意观察泵压。如果钻井时泵压超过正常泵压，必须起钻检查钻头。

二、牙轮钻头

1. 定义

牙轮钻头是使用最广泛的一种钻井钻头。如图1-7-2所示。牙轮钻头工作时切削齿交替接触井底，破岩扭矩小，切削齿与井底接触面积小，比压高，易于吃入地层；工作刃总长度大，因而相对减少磨损。牙轮钻头能够适应从软到坚硬的多种地层。

2. 工作原理

牙轮钻头主要是靠切削齿的冲击和压碎作用来破碎岩石，还可通过牙轮轴线的轴移、复锥和超顶的设计使牙轮在井底滚动的同时产生滑移，从而使切削齿对岩石产生剪切和刮挤作用，扩大岩石破碎效率。

图1-7-2 牙轮钻头

3. 牙轮钻头的选择

选择入井牙轮钻头型号时除考虑地层岩性、钻头特点和使用效果分析对比外，还要考虑：

（1）浅井段，岩石胶结疏松，宜选用能取得较高机械钻速的钻头。

（2）深井段，起下钻行程时间长，宜选用进尺指标较高的钻头。

（3）出井钻头外排切削齿严重磨损时，宜选用带有保径齿的钻头。

（4）含有石英砂岩夹层的地层，宜选用带保径齿的镶齿钻头。

（5）易斜井段，宜选用具有较小滑动量结构、切削齿多而短的钻头。

（6）钻页岩占多数的地层或采用高密度钻井液钻井时，宜选用镶楔形齿的钻头。

（7）钻石灰岩地层，宜选用镶双锥齿和抛射体形齿的钻头。

（8）钻含泥页岩类较多的地层或采用较大密度的钻井液钻井时，宜选用具有较大滑动量的镶齿钻头。

（9）钻石灰岩、砂岩和其比例较大的地层时，宜选用滑动量较小的镶齿钻头。

（10）钻坚硬及高研磨性地层，宜选用纯滚动的球齿或双锥齿镶齿钻头。

4. 使用要求

（1）钻头的型号、尺寸应与地层岩性、井下的要求相符合。正常情况下，同一尺寸、同一类型的钻头直径误差应在±1.5mm 之间。

（2）螺纹、焊缝应完好。

（3）滚动轴承钻头的轴承要灵活，间隙不超过标准。

（4）密封轴承压力平衡系的压盖小孔和泄压阀小孔应保持通畅。

（5）牙齿镶嵌质量及牙齿要完整。

（6）水眼畅通，尺寸应符合要求，安装要牢靠。

（7）接钻头时要选用合适的钻头装卸器。上扣时要让牙轮掌吃力，而不是让牙轮吃力。

（8）下钻操作要平稳。遇阻时不能猛顿硬压。密封镶齿钻头下钻速度不宜过快，特别在有阻卡的井段。硬地层井段要控制下钻速。

（9）钻头下到井底，轻压活动牙轮后，再逐渐加压进行钻进。

（10）送钻要均匀，防止溜钻和顿钻。

（11）钻头尚未用到后期而发生蹩跳钻时，应立即分析原因，检查地层有无变化，井壁有无垮塌，钻头是否泥包等。

（12）掌握好起钻时间，做到适时起钻。

三、金刚石钻头

1. 定义

做切削刃的钻头称为金刚石钻头。该钻头属一体式钻头，整个钻头没有活动的零部件，结构比较简单，具有高强度、高耐磨和抗冲击的能力，是 20 世纪 80 年代世界钻井三大新技术之一，如图 1-7-3 所示。

2. 工作原理

1) PDC 钻头

PDC 钻头实质上就是具有负切削角度的微型切削片刮刀钻头。其工作原理与刮刀钻头基本相同。在钻压和扭矩的作用下，PDC 复合片吃入地层，充分利用复合片极硬、耐磨（磨耗比是碳化钨的 100 多倍）、自锐的特点，犁削、剪切地层，破碎岩石。

2) TSP 钻头

TSP 钻头的工作原理与天然金刚石钻头

图 1-7-3 金刚石钻头

的工作原理基本类似。其破岩机理主要以犁削和切削为主,辅以研磨和压碎等形式破岩。

3) 天然金刚石钻头

由于岩石性质及钻头条件的复杂性,国内外对天然金刚石钻头破岩机理存在不同的观点,如研磨、剪切、压碎、犁削等,目前还没有统一的解释。但可以归纳如下:在钻压作用下,天然金刚石钻头吃入地层并通过钻头扭矩使前方岩石内部发生破碎或塑性流动,使岩石脱离岩石基体,形成岩屑。

任务2 了解钻具

一、方钻杆

在旋转钻井中,方钻杆上接水龙头,下接井内钻柱。通过方补心,将转盘旋转运动传递到方钻杆,从而带动钻柱旋转,如图1-7-4所示。

二、钻杆

钻杆是旋转钻井中的主要工具。它由无缝钢管制成,连接在钻铤和方钻杆之间。用来将转盘的扭矩传递至井下的钻铤和钻头,以实现钻进。根据螺纹部分管壁加厚的位置不同可分为内加厚、外加厚和内外加厚三种形式。钻杆的钢级可分为 D-55、E-75、X-95、C-105、S-135,现在常用的为 C-105、S-135 钢级的内外加厚钻杆。

图 1-7-4 方钻杆　　　　　　图 1-7-5 钻铤

三、钻铤

钻铤是一种管壁较厚、单位质量比普通钻杆大的无缝钢管,用强度较高的钢材制成,如图1-7-5所示。钻铤上面连接钻杆,下面连接钻头,其主要作用是利用本身的重量为钻头提供钻压,以破碎岩石,实现钻进。

四、接头

(1) 护接头:方钻杆、震击器、螺杆动力钻具的连接接头,用于保护特殊工具的螺纹。

（2）特种接头：有特殊作用的接头，如单流阀接头、防喷接头、扶正器等。

（3）转换接头：连接不同的类型、规范、扣型，将钻具组成钻柱的接头叫转换接头。

任务3　了解井口工具

一、吊钳

1. 定义

吊钳是用于石油天然气钻井和修井作业中旋紧或卸开钻柱、套管、油管等连接螺纹的工具，如图1-7-6所示。

2. 分类

（1）多扣合钳；

（2）单扣合钳。

二、吊卡

1. 定义

吊卡是一种用来吊起钻杆、油管和套管等管材的工具，如图1-7-7所示。

图1-7-6　吊钳 　　　　　　图1-7-7　吊卡

2. 分类

（1）钻杆吊卡；

（2）套管吊卡；

（3）油管吊卡。

三、吊环

1. 定义

吊环是石油、天然气钻井和井下修井作业过程中起下钻柱的主要悬挂工具之一。其下端挂于吊卡两侧吊耳中，上端挂在大钩的两侧耳环内，主要用于悬挂吊卡。

2. 分类

(1) 单臂吊环；

(2) 双臂吊环。

四、卡瓦

1. 定义

卡瓦是用来卡住并悬挂下井的钻杆、钻铤、动力钻具、套管等管柱的工具。

2. 分类

1) 按作用原理分类

(1) 机械卡瓦；

(2) 气动卡瓦。

2) 按结构分类

(1) 三片式；

(2) 四片式；

(3) 多片式。

3) 按用途分类

(1) 钻杆卡瓦；

(2) 钻铤卡瓦；

(3) 套管卡瓦。

五、安全卡瓦

安全卡瓦是防止无台肩或无接头的管柱或工具发生滑脱落井的保险卡紧工具，是用于防止钻具从卡瓦中滑脱的重要辅助工具。

六、方补心及小补心

1. 定义

方补心是旋转钻井中传递转盘功率、驱动方钻杆旋转的工具。小补心又名垫叉，是用于 88.9mm、73mm 等小钻具钻井时，防止吊卡落井的工具。

2. 分类

1) 按驱动方钻杆的不同类型分类

(1) 六方式；

(2) 四方式。

2) 按结构分类

(1) 对开式；

(2) 滚子式。

3) 按用途分类

(1) 方补心；

(2) 小补心。

4) 按钻机钻盘的不同类型分类

(1) 柱销式；

(2) 普通式。

七、旋扣器

旋扣器是一种连接钻杆和钻头的装置，主要用于钻井过程中实现钻杆与钻头的快速连接和分离。

钻杆气动旋扣器：用来旋紧和卸开钻杆接头螺纹的钻井工具。

方钻杆旋扣器：用于钻井中连接方钻杆与钻杆单根。

任务4 认识井口机械化工具

井口机械化工具主要用于钻进接单根、起下钻、下套管作业中上卸扣。采用液压或气动控制，可大大降低钻井工人的劳动强度、节省钻井时间和提高钻井效率。

一、钻杆动力钳

1. 液压系统的安装

(1) 油泵：由电驱动时，要注意电气的安装；由钻机动力驱动时，应找正好皮带。

(2) 管线：安装时要注意管线是否清洁，要防止破坏钳子上的四条管线(高压油管、低压油管、液马达泄油管、气管)。

2. 钳子的调平

钳子调平是一个极其重要的问题。钳子不平不仅会出现打滑，而且会造成钳子的损坏。

管路接好后把移送缸和钳尾接起来。通气将钳子送至井口(井口应有钻杆便于调节)，调节钳子高度，使钳子底部与吊卡上平面保持一定距离(40mm)。钳子缺口进入钻杆后，可站在钳头前边观察左右平不平。如不平转动吊杆上螺旋杆，改变吊装钢丝绳的左右位置来调平，左右基本调平后，观察上下钳两个堵头螺钉是否分别与钻杆内外螺纹接头贴合，若有一个没贴合则说明钳子不平。可用调节吊杆的调节丝杆的办法把钳头调到使内外螺纹接头与上下两堵头螺钉相贴合。一般钳头上平面与转盘平面平行即可。

3. 试运转

(1) 接好气管线后，操作高低挡气阀，观察下钳夹紧缸气阀和移送缸气阀是否灵活和漏气。

(2) 用低挡空转1~2min，低挡空转压力在2.5MPa以内。

(3) 用高挡空转 1~2min，高挡空转压力在 5MPa 以内。
(4) 马达正反转试验，并试验钳头复位机构。
(5) 将钳子送入井口，下钳卡住接头。用高挡试验上扣和卸扣压力(不用低挡，以免损坏接头)，并调好上卸扣压力(上扣压力在上扣溢流阀调节，卸扣压力在总溢流阀调节)使其符合该井的需要。

二、套管钳

1. 套管钳的安装

1) 钳子的悬吊

(1) 将单滑轮(负载 3t)固定在天车底部大梁上。
(2) 用直径不小于 1/2in 钢丝绳穿过滑轮，钢丝绳的一端则固定于底座大梁上，钳子的高度应与起下套管时接头的平均高度相同。

2) 钳子的调平

钳子吊起后必须进行调平，否则容易出现钳牙打滑。前后水平由钳子的吊架与钳身连接处的左右两个水平螺钉来调整。横向水平由吊架上部的调平螺杆来调整，转动螺杆即可调平。

3) 尾绳的连接

尾绳直径不应小于 5/8in，尾绳的一端与钳尾的扭矩表油缸拉环相连，另一端固定于钻台或井架上。

4) 扭矩油缸加油

当油缸的活塞杆拉出长度达到 30mm 时就必须加油，在加油口安装上接头后用 SYB-1 手动油泵加油到扭矩指针动作后即可。

2. 操作规程

1) 对操作者的要求

(1) 基本了解钳子总体结构和性能；
(2) 熟悉钳子上液压换向手柄和变速气阀手柄的使用；
(3) 明确操作顺序和安全要求；
(4) 熟悉仪表的作用。

2) 操作顺序

(1) 安装相应套管尺寸的颚板。注意两件颚板是不同的，钳牙挡块应在下方，装反了钳牙要掉下来。
(2) 将液压换向阀手柄和变速气阀手柄置于中间位置。
(3) 启动液压动力站和接通压缩空气。
(4) 推动或拉动液压换向手柄应能听到液压马达转动声，钳头缺口齿轮不转动。
(5) 将变速气阀手柄置于高速或低速位置，推动或拉动液压换向手柄，钳头缺口齿轮正反转灵活(注：由于采用气胎离合器，可以在不停车的情况下变速)。

3) 工作过程

（1）将缺口齿轮的缺口与颚板架缺口对正。
（2）根据工作要求将逆止销杆插入上扣或卸扣孔内，调整刹带的松紧。
（3）将齿轮缺口与壳体缺口对正。
（4）拉开安全门将钳子推入套管，关好安全门。

任务5 认识螺杆钻具

一、定义

螺杆钻具是一种以钻井液为动力，把液体压力能转为机械能的容积式井下动力钻具。当钻井泵泵出的钻井液流经旁通阀进入马达，在马达的进、出口形成一定的压力差，推动转子绕定子的轴线旋转，并将转速和扭矩通过万向轴和传动轴传递给钻头，从而实现钻井作业。

二、螺杆钻具的工作原理

螺杆钻具的工作原理是高压钻井液流进螺杆钻钻具，经定子（橡胶衬套）与转子（螺杆）之间的螺旋通道向下挤压，在定子与转子间形成高压腔室和低压腔室。转子在压差作用下发生位移，即产生偏心扭矩。钻井液继续下行，又产生新的高压和低压腔室，在压差作用下，迫使转子产生新的位移。钻井液不断下行，新的高压腔室和低压腔空室便不断形成，转子在压差作用下不断发生位移，从而使转子工作。简述为钻井液流过马达，在马达的进出口形成压力差，推动转子旋转，并将扭矩和转速通过万向轴和传动轴传递给钻头，即将液体的压力能转化为机械能。

三、螺杆钻具的使用方法

1. 地面检查

钻具在钻台上应按下述方法进行试验：
（1）提升短节将钻具提起坐入转盘卡瓦内，装上安全卡瓦，卸去提升短节。
（2）检查旁通阀：用木棒下压旁通阀阀芯，从上部注满水，此时旁通阀不漏，水面无明显下降。然后松开阀芯，阀芯复位，所注水应从旁通阀口均匀流出。
（3）接上方钻杆，卸去安全卡瓦。下放钻具使旁通阀阀口处于转盘下易于观察的位置。
（4）开泵：逐渐提高排量直到旁通阀关闭、马达启动为止（记下该排量值）。不停泵上提钻具至能看见转动为止。在此过程中可能有部分钻井液经轴承流出，观察钻具运转情况。停泵前应再下放钻具，让旁通阀阀口位于转盘以下，检查停泵时是否有钻井液经旁通阀阀口流出。
（5）地面检查结束后，用吊钳卡住驱动接头，用钻头盒把钻头和钻具接上，大钳只可咬在旋转传动轴驱动接头上（应保证传动轴驱动接头相对于上面的壳体逆时针转动，防止内部螺纹松扣）。使用弯接头时，定位键必须和工具面对正，如果要用单流阀，可直接安装在旁通阀上方。

2. 钻具下井

（1）下放钻具应小心地控制下放速度，防止撞到砂桥、井壁台阶和套管鞋上使钻具损坏。下钻遇阻，应开泵循环，慢慢划眼通过。若带有弯接头或弯壳体的钻具遇阻时应周期性地转动钻具组合，慢慢通过，防止划出新井眼。

（2）深井和高温井，下放钻具进行中途循环。防止钻具堵塞，或因高温造成钻具定子损坏。

（3）在井内，钻井液若不能迅速地通过旁通阀阀口流进钻柱中，应减慢下钻速度或不时停下来充灌钻井液。下钻时，注意不可顿钻或将钻具直接坐入井底。

任务6 认识震击器

一、定义

在钻井作业中，由于地质构造复杂（井壁坍塌、裸眼中地层的塑性流动和挤压）、技术措施不当（停泵时间过长、钻头泥包等），常常发生钻具遇阻卡钻，震击器是解除卡钻事故的有效工具之一。

二、常用的震击器类型

1. 随钻震击器

随钻震击器主要由随钻上击器和随钻下击器两个独立的部分组成。随钻上击器主要由芯轴、刮子、刮子体、芯轴壳体、花键体、延长芯轴、密封装置、压力体、密封体、浮子、冲管、冲管体等组成。随钻下击器主要由上接头、刮子、连接体、密封盒、调节环、卡瓦芯轴、卡瓦、滑套、套筒、芯轴接头、花键体、芯轴、芯轴壳体等组成。其工作原理是当需要上击时，快速提拉钻柱，钻柱伸长，积蓄很大能量，一旦锁定机构解脱。钻柱的弹性力使震击头碰撞产生强大的上击作用；当需要下击时，则迅速下放钻具，利用钻具上部的重力即可产生向下的震击作用。

2. 油压上击器

油压上击器主要由震击杆、刮子、密封盒、上缸套、中缸套、导向杆、活塞、下接头等组成。其工作原理是震击杆与上、中缸套组成充满耐磨液压油的空腔，活塞与活塞环在空腔内向上运动时产生液阻，使钻具有足够的时间储能。随着液压油从活塞环窄缝中泄流，活塞缓慢上行至泄油腔。当液压油的约束被解除后，钻具储存的弹性能被释放，巨大的冲击力打击到与上缸套连接的被卡钻具上，从而使钻具解卡。

油压上击器主要用于处理卡钻及打捞和地层测试中遇卡时上击解卡，打捞时安装在打捞工具和安全接头的上面。离卡点越近，震击效果越好。

为了获得较大的震击力，通常在上击器上方加3~5根钻铤，对浅井或斜井还需安装

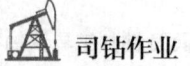

一个加速器。上提钻柱产生的拉力不得超过震击器的最大载荷。

3. 下击器

下击器根据结构不同，分为开式下击器和闭式下击器。

开式下击器主要由上接头、震击总成、震击杆、筒体、下接头总成等组成。震击杆为六方柱体，以便传递扭矩，震击总成为震击杆的支点，同时起隔离管内、外钻井液的作用。其工作原理是上提钻具后，迅速下放钻具，利用上部钻具的重力和弹性伸缩产生向下的强烈震击，从而使钻具解卡。

闭式下击器在紧螺纹和卸螺纹时，大钳不得打在油塞和中筒外螺纹圆周上，大钳离开外螺纹端面至少 100mm。闭式下击器下接安全接头，当震击无效时，以便丢掉被卡钻具，以增加冲击力。震击前要计算闭式下击器关闭和打开的方向并做出明显的标记。当一次震击无效时，上击和下击均可重复进行。

4. 地面震击器

地面震击器主要由上接头、震击器接头、冲管、上套筒、中心管、密封盒、垫片、卡瓦、卡瓦芯轴、滑套、调节环、下套筒和下接头等组成。其工作原理是当上提震击器中心管总成时，摩擦卡瓦上行到下套筒小锥端，即被调节环下端面顶住。继续上提，迫使摩擦卡瓦挠性变形而扩张，钻柱伸长。当提到调节拉力时，卡瓦芯轴从摩擦卡瓦中滑脱。伸长的钻柱突然收缩而产生强烈的下击作用，从而使钻具解卡。

项目实施

引导问题1：简述常用的钻头。
_____
_____
_____
_____

引导问题2：简述螺杆钻具的工作原理。
_____
_____
_____
_____

引导问题3：简述螺杆钻具的使用方法。
_____

项目评价

序号	评价项目	自我评价	教师评价
1	学习准备		
2	引导问题填写		
3	规范操作		
4	完成质量		
5	关键操作要领掌握		
6	完成速度		
7	管理、环保节能		
8	参与讨论主动性		
9	沟通协作		
10	展示汇报		

说明：表格中每项 10 分，满分 100 分。学生根据任务学习的过程与结果真实、诚信地完成自我评价，教师根据学生学习过程与结果客观、公正地完成对学生的评价

课后习题

1. 简述刮刀钻头的结构。
2. 简述牙轮钻头的工作原理。
3. 简述金刚石钻头的工作原理。
4. 什么是吊钳？
5. 什么是吊卡？
6. 简述钻杆动力钳的安装。
7. 简述套管钳的安装。

项目 8　钻井技术认知

📖 知识目标

(1) 了解井斜的危害并掌握井斜的原因及规律。
(2) 了解喷射钻井技术的工作原理和喷嘴结构。
(3) 了解定向钻井的适用范围并掌握定向井的类型。
(4) 了解取心工具并掌握取心工艺。

🚀 能力目标

(1) 掌握井眼轨迹控制方法并熟悉井斜的危害。
(2) 掌握喷射钻井的技术特点和如何优化水力参数。
(3) 掌握定向井的适用范围及类型,以及造斜工具的类型。
(4) 掌握取心工具的组成和提高取心率的方法。

🎯 素质目标

(1) 钻井作业涉及高风险因素,因此,提高学生的安全意识至关重要。学生应了解钻井作业中的安全规范,掌握安全操作技能,并能够在紧急情况下采取正确的应对措施。

(2) 钻井技术需要多个部门和人员协同作业,因此,学生应具备良好的团队协作精神和沟通能力。能够与他人有效沟通,共同解决问题,确保钻井作业的顺利进行。

(3) 随着科技的不断发展,钻井技术也在不断创新。学生应具备创新思维和实践能力,能够不断探索新的钻井方法和技术,提高钻井效率和安全性。

(4) 钻井技术作为能源开采领域的重要组成部分,对于社会和环境具有重要影响。因此,学生应具备良好的职业道德和责任感,能够遵守行业规范,关注环境保护和可持续发展。

任务 1　了解防斜钻直井技术

钻井作业不但要求钻速快,而且要求井身质量好。井身质量的好坏是油气井完井质量的前提和基础。它直接关系到油气田的勘探和开发工作是否成功。如何控制井眼轨迹与井眼轨道近似重合在一条铅垂线上的钻井技术称为直井技术。一般来说，实钻轨迹总是偏离设计轨道的，超出允许范围的井斜会造成多方面的危害。

一、井斜的危害

1. 对勘探开发的影响

对于勘探工作来说，井斜角度大了会使井深发生误差，使所得的地质资料不真实。同时，由于井底远离设计井位，会错过油气层，造成勘探工作的失误，这对断块小油气田显得格外重要；如果井斜过大，也会打乱油气田开发的布井方案。

2. 对钻井施工的影响

如果井斜角度过大，会恶化钻柱的作业条件，使得钻柱易发生疲劳而损坏，从而引发井壁坍塌及键槽卡钻等事故。同时，井斜过大也会使得下套管作业变得困难，套管下入后难以保持居中，这将直接影响固井质量。不良的固井质量往往会导致固井窜槽和管外冒油、冒气等问题。

3. 对采油工艺的影响

井斜过大会直接影响分层开采及分层注水作业的正常进行，如下封隔器困难、封隔器密封不好等抽油井常引起油管和抽油杆的磨损和折断，甚至造成严重的井下事故。

二、井斜的原因及规律

钻井实践表明，影响井斜的原因是多方面的，如地质因素、钻具结构、钻进技术、操作技术及设备安装质量等。

1. 地质因素对井斜的影响

影响井斜的地层因素包括地层倾角、层状结构、各向异性、岩性软硬交替及断层等。其中起主要作用的是地层倾角，其他因素对井斜的作用都与地层倾角紧密相连。当地层倾角小时，井眼一般沿上倾方向偏斜；当地层倾角大于60°时，井眼将向下倾方向偏斜；地层倾角在45°～60°之间为不稳定区，井眼有时向上倾斜、有时向下倾斜。

1）倾斜层状地层对井斜的影响

钻头在倾斜的层状地层中钻进时，每当钻至不同岩层的交界面时，该处的岩层无法长时间承受施加的钻压，导致岩层倾向于沿垂直层面方向破碎。在井眼向上倾的一侧，小斜台很容易被钻掉。而在井眼向下倾的一侧，残留的小斜台则像小变向器一样，对钻头施加一个横向力，促使钻头偏向上倾方向，从而导致井斜。此外，这种情况还会减小井眼的有效直径，可能诱发后续的其他事故。

2）地层各向异性

由于岩层的成层状况、层理、节理、纹理以及岩石的成分、结构、胶结物、颗粒大小等因素造成岩层在不同方向上的强度不同，称为地层各向异性。一般来说，垂直地层层面的强度较小，钻进时钻头将沿着这个破碎阻力最小的方向倾斜。

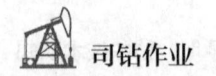

3)岩性软硬交错对井斜的影响

当钻头由硬地层进入软地层时，井眼有向地层下倾方向倾斜的趋势。但是，当钻头快钻出硬地层时，此处岩石不能再支撑钻头的重负荷，岩石将沿着垂直于岩层面方向发生破碎，在硬地层一侧留下一个台肩，迫使钻头回到地层上倾方向。所以钻头由硬地层进入软地层也有可能向地层上倾方向发生倾斜。

此外，断层也常常会引起井斜。这是由于多数断层在发生错动时，往往不是沿一个面，而是沿一个破碎带。很明显，破碎带的岩石疏松，当钻头进入破碎带时受力不均，工作不稳定，也容易产生井斜。

2. 钻具结构对井斜的影响

当下部钻具弯曲时，会引起钻头倾斜，导致井底切削不均，新钻的井眼可能会偏离原有井眼的轨迹。这种弯曲使钻头受到侧向力的影响，迫使钻头进行侧向切削，同样导致新钻井眼偏离原井眼方向。产生下部钻具弯曲的主要原因是钻具和井眼之间有一定的间隙，这为钻具弯曲提供了空间。一旦施加的压力超过某一临界值，钻柱便可能发生弯曲。

3. 钻井技术对井斜的影响

井眼扩大也是井斜的重要原因。井眼扩大后，钻头在井眼内左右移动，靠向一侧，钻头轴线与井眼轴线不重合，导致井斜。

4. 操作技术及设备安装质量对井斜的影响

当下入井内的钻具本来就是倾斜和弯曲的时，会导致井斜；在安装设备时，天车、游车和转盘三点不在一条铅垂线上，转盘安装不平也会引起钻具一开始就倾斜。

在实际钻井施工中，上述因素一般不是独立存在的。其中只有地层因素是客观存在的，是无法改变的，其他原因则可人为控制。

三、井眼轨迹的控制方法

控制井斜的方法通常采用防斜钻具，以减小钻头上的增斜力，或增大减斜力，使井斜不超过一定允许范围，同时又允许加大钻压以提高钻速。此外，还需要掌握井下地层变化规律，在特定钻井条件下采取有效钻进技术措施与操作技术，才能取得预期的效果。

1. 钟摆钻具

钟摆钻具的工作原理：在下部钻柱的适当位置安装一个扶正器，当发生井斜时，该扶正器支撑在井壁上形成支点，使下部钻柱悬空。该扶正器以下的钻柱就好像一个钟摆，产生一个钟摆力。钻具是利用斜井内切点以下钻铤重量的横向分力把钻头推向井壁下方，以达到逐渐减小井斜的效果。运用这个原理组合的钻具称为钟摆钻具。

2. 满眼钻具

满眼钻具的工作原理：满眼钻具一般由几个外径与钻头直径相近的稳定器与一些外径较大的钻铤组成。为了发挥满眼钻具的防斜作用，在钻具上至少要有三个稳定点，即除靠近钻头有一个稳定器外，其上面应再安放两个稳定器才能保持有三点接触井壁。

3. 钟摆—满眼钻具组合

在井斜严重的地层，用满眼钻具钻进时，井斜要逐渐增大，当接近或达到设计允许极限时，必须改用钟摆钻具控制钻压，使井斜缓慢地降下来。但是，一旦恢复满眼钻具钻进时，钻具组合下至钟摆钻具钻进井段，要遇阻甚至卡钻。为了避免这种情况的发生，在钟摆钻具降斜时可将原满眼钻具接在钻铤段之上，组成钟摆—满眼钻具组合方式，这样在恢复满眼钻具钻进时，一般只需在钟摆钻铤长度井段划眼。

4. 其他纠斜方法

偏重钻铤是在普通钻铤的一侧钻一排孔眼，造成一边重一边轻。当钻具旋转时就产生一个离心力，转速越高，离心力越大，钻具每转一圈就会有一次钟摆力和离心力的重合。这样，对井壁产生较大的冲击纠斜力，使井斜角减小。同时，由于这种周期性的旋转不平衡性使下部钻柱发生强迫振动，这种弹性的横向振动大大提高了钻头切削井壁下侧的纠斜能力。此外，由于离心力的作用，使偏重钻铤的重边在旋转时永远贴向井壁，从而使下部钻柱具有公转的运动特性，消除了自转时对井斜的影响，这样就使偏重钻铤在直井中更具有防斜作用。

偏重钻铤是一种有效的防斜钻具，可用于易斜地区，并能使用较大钻压。无论是在开钻时就下井使用，还是在钻开易斜层之前下井使用，它都有良好的防斜效果。它既可用于防斜，也可用于纠斜。当井斜角达到规定限度前，可用偏重钻铤在较高钻压下纠斜，而且效果很好。

在钻定向井时，如需减斜或者要将井眼恢复垂直，使用偏重钻铤也很有效，而且还可以使用较大钻压。

四、自动垂直钻井系统

在钻井过程中，当井眼偏离垂直方向而向某一方向造斜时，其内部的电子控制电路检测到井斜传感器测出的井斜信号，并通过控制电磁阀的电流，改变4个液缸内的压力，推动其上面4个可伸展的翼肋，使其压靠并支撑井壁，同时利用井壁的反作用力推动钻头沿井斜相反的方向钻进。由于电子控制电路实时采集井斜数据，并对液缸加以控制，就保证了钻头始终以垂直状态钻进。

任务2 了解喷射钻井技术

一、喷射钻井技术的工作原理

1. 喷射钻井技术的特点

喷射钻井技术的实质，就是在一定的机泵条件、钻具结构、井身结构等条件下，按井段优选排量和喷嘴直径，在较高的泵压下，使钻井泵的水功率充分发挥和合理分配，即钻头压力降或钻头水功率占总泵压或泵功率的一半以上。

2. 影响井底净化的主要因素

在钻进过程中，及时把钻头破碎的岩屑携带到地面是安全、快速钻进的重要条件之一。否则，钻头将重复破碎这些岩屑，不仅造成钻头磨损加剧，还可能导致钻头齿泥包，进而降低机械钻速。此外，钻井液密度和黏度也会随之升高，液柱压力上升，这将增加井底岩石的抗压强度和围压，从而降低钻头的破岩效率。这些因素还容易引发钻井事故，导致钻井成本增加。

3. 射流的结构和特性

喷射钻井与普通钻井的区别主要在于钻头喷嘴。钻井液在高压作用下，由钻头喷嘴处产生一束高速射流，正是这束高速射流的水力作用使钻井速度大幅度提高。

4. 射流对井底的净化作用

1) 射流的冲击压力作用

射流的冲击压力在井底是极不均匀的。它在射流冲击面积内动压力高，在非射流冲击面积区域内动压力低；在射流冲击面积内的中心处动压力高，在射流冲击面积边缘处动压力低；钻头的旋转又使井底本来就不均匀的动压力更不均匀。由于射流在井底极不均匀的动压力，使井底岩屑受力不均，产生翻转，为了克服了岩屑压持效应而跳离井底。

2) 漫流的横推作用

在井底只有部分面积承受较大的冲击压力作用，分布在其余面积上的井底岩屑靠射流在井底产生的漫流清除。

5. 射流的破岩作用

高压射流除了具有对井底的净化作用外，射流的破岩作用也是喷射钻井提高机械钻速的原因。

1) 射流的直接水力破岩作用

喷射钻井实践证明，当钻井液射流的水功率足够大时，高压、高速的钻井液射流同样可以把井底岩石破碎。在岩石强度较低的地层钻进时，射流的冲击压力超过地层岩石的破碎压力，射流就能直接破碎岩石，这在软地层和浅层钻进中效果特别明显。

2) 射流的辅助破岩作用

在岩石强度较高的地层钻进，钻头破碎井底岩石时，其下面的基岩会出现微裂缝，高压射流流体挤入基岩微裂缝形成水楔使裂缝扩大，从而使岩石强度降低，提高钻头的破碎效率。

二、喷射钻头的喷嘴

1. 喷嘴结构及其水力特性

喷射钻头的喷嘴是形成高速射流的关键元件。喷嘴结构是否合理，直接影响射流的质量，从而也决定了水力功率的利用率和喷射钻头的工作效率。

喷嘴的水力特性是指它形成的射流扩散角的大小、等速核长度以及流量系数的大小。从提高射流对井底的水力作用、改善井底净化条件出发，要求喷嘴具有较高的流量系数、较长的等速核和较小的射流扩散角。影响喷嘴射流水力特性的主要因素是喷嘴结构。

2. 喷嘴的布置

喷嘴的布置主要包括喷嘴的数量、位置、方向、尺寸匹配和喷距等几个方面。只要喷嘴布置合理，将会使液流形成一个良好的井底流场，从而有利于净化井底、提高钻速。

所谓井底流场是指钻头螺纹平面到井底之间的空间内钻井液的流动状态及其规律。井底流场的液流由喷嘴的下行射流、井底漫流和牙爪与井壁间的上返液流三部分组成。这三部分液流统称为井底水力冲洗系统。试验研究表明，当喷嘴的数量及其布置方案不同时，所产生的井底流场也不同，岩屑在井底的运移方向、路线和距离也不相同，好的喷嘴布置方案应在井底产生一个好的井底流场，以便能够及时有效地净化井底。

三、水力参数优化设计

水力参数优化设计是指在一口井施工之前，根据水力参数优化的目标，对钻进每一井段时所采取的钻井泵工作参数（排量、泵压、泵功率等）、钻头和射流水力参数（喷速、射流冲击力、钻头水功率等）进行设计和安排。分析钻井过程中与水力因素有关的变量可以看出，当地面机泵设备、钻具结构、井身结构、钻井液性能和钻头类型确定以后，真正对水力参数大小有影响的可控参数就是钻井液排量和喷嘴直径。因此，水力参数优化设计的主要任务也就是确定钻井液排量和选择喷嘴直径。

进行水力参数优化设计，要进行以下四个方面的工作：
(1) 确定最小排量 Q_a；
(2) 计算各井段循环压耗系数；
(3) 选择缸套直径和确定最高泵压；
(4) 排量、喷嘴直径及各项水力参数的计算和确定。

任务3　了解定向井钻井技术

一、定向井的适用范围

定向井的适用范围可以归结为地面环境条件限制，地下地质条件要求，钻井技术需要，经济、有效勘探开发油气藏的需要等方面。

1. 地面环境条件限制

油田埋藏在高山、城镇、森林、沼泽等地貌复杂的地下，或井场设置和搬家安装遇到障碍物时，通常在其附近打定向井。油田埋藏在农田、草场等地下，为少占耕地常在一个井场打丛式定向井。在海洋、湖泊、盐田、河流等水域上勘探开发油气田，往往会建立海上平台、人工岛或从岸边打定向井、丛式井、大位移井等。

2. 地下地质条件要求

直井难以穿过的复杂层、盐丘、断层等常采用定向井。

3. 钻井技术需要

到井下事故无法处理或不易处理时，常采用定向钻井技术，如井下落物侧钻、井喷着火打救援井等。遇高陡构造，在定向井建井周期或钻井成本优于直井时，也常采用定向井。

4. 经济、有效勘探开发油气藏的需要

原井钻探落空或钻遇油水边界、气顶时，可在原井眼内侧钻定向井；遇多层系或断层断开的油气藏，可用一口定向井钻穿多组油气层；对于裂缝性油气藏可打定向井（水平井）穿遇更多裂缝；低压、低渗稠油单斜油藏，采用定向井可最大限度地穿透产层。采用水平井可大幅度提高单井产量和采收率，并能有效地开发边际油气藏，或用二次完井开发老油田而取得经济效益。受某些客观条件的限制，为了提高采收率，可打多底井和丛式井。

二、定向井的类型

定向井按轨道形状可以分为二维定向井和三维定向井（包括纠偏井和绕障井）；按井眼最大井斜角大小，可以分为常规定向井、大斜度井、水平井、上翘井；而水平位移与垂深之比不小于2.0的井称为大位移井。常规定向井最大井斜角在15°~60°之间，大斜度井最大井斜角在60°~85°之间，而水平井和上翘井的最大井斜角分别在85°~95°和95°~120°之间。

三、造斜工具简介

1. 常规定向、造斜工具

1）定向接头

国内常用的定向接头有两种：定向直接头和定向弯接头。定向直接头用于弯壳体螺杆钻具定向钻进，定向弯接头用于直壳体螺杆钻具定向钻进。

2）可变径稳定器

可变径稳定器是一种在钻井过程中控制和调整井眼井斜角的工具。通过调整稳定器外径的大小，改变下部钻具的井斜控制能力，从而控制井眼的井斜角。

3）非旋转套管防磨接头

FM型非旋转套管防磨接头主要由心轴，上、下挡环和外部非旋转防磨套等组成。心轴和外部不旋转防磨套之间，外部非旋转防磨套和上、下挡环之间设计有轴承摩擦。

2. 井底动力钻具造斜工具

井下动力钻具（井下电动机）有三种，分别是涡轮钻具、螺杆钻具和电动钻具，其工作特点是在钻进过程中，动力钻具外壳和钻柱不旋转，有利于定向造斜。

3. 转盘钻造斜工具

转盘钻造斜工具包括变向器、射流钻头、底部钻具组合（BHA）、导向式电动机等，其工作特点是在钻进过程中，井内钻具带动钻头旋转破岩。

4. 导向式电动机

（1）组成：弯外壳电动机加两个以上扶正器。

（2）工作方式：滑动钻进—定向造斜；旋转钻进：增、降、稳。

四、定向井轨迹控制

定向井的轨迹控制可分为三个阶段，即直井段控制、定向造斜段控制和后续井段定向控制。

1. 直井段控制

实际钻成的直井,并非绝对的垂直。由于底部钻具组合(BHA)特性及地层造斜效应的综合作用,钻头总有偏离垂直轨道的趋势。因此,实际钻井中允许直井在一定的范围内偏离铅垂方向。所谓直井的防斜打直,就是在充分认识地层等诸种因素的影响规律基础上,试图采用合理的措施(BHA与操作参数),纠正钻头过大的侧向力,将实钻井眼轨迹有效地控制在允许的井斜角和井眼曲率范围之内。

2. 定向造斜段控制

直井段不存在井斜方位角,所以开始造斜时就需要"定向",定向的实质就是造斜时使造斜工具的工具面处在预定的定向方位线上。定向和造斜的过程统称为定向造斜。定向造斜段控制的主要内容是井斜角和井斜方位角,该井段也是增斜井段的一部分。如果定向造斜段的井斜方位角有偏差,则会给后续井段的轨迹控制造成困难。因此,定向井的施工中定向造斜段是关键,一定要把好这一关。

3. 后续井段定向控制

定向井的后续井段包括增斜井段、稳斜和降斜井段。这三种井段(不含造斜段)的施工多采用转盘钻井方法,这种方法钻速快,施工简便,成本低,避免了井下很多复杂情况及事故的发生,充分发挥了旋转钻井的优越性。

任务4　了解取心钻井技术

取心钻井是一种利用特殊设计的钻头,对井底岩石进行环状切削,以形成圆柱形岩心样本,随后从井内提取出来的技术。

钻井取心可有效地获取研究地下岩层和储层的层位资料,直接揭示地下岩层的沉积特性、岩性特征、地下构造情况,准确预测生油层和储油层特征,为油气田勘探开发提供基础数据。在油气田勘探、开发各阶段,为查明储油、储气层的性质或从大区域的地层对比到检查油气田开发效果,评价和改进开发方案,每项研究步骤都离不开对岩心的观察和研究。

一、取心工具及其使用

1. 取心工具的组成

取心工具种类很多,基本组成包括三个部分:取心钻头、岩心筒及其悬挂装置、岩心爪。

1) 取心钻头

取心钻头用于钻取岩心。取心钻头通过环状切削破碎井底岩石,在中心部位形成岩心柱。岩心收获率的大小、钻进的快慢都与钻头质量和选择有关。取心钻头的结构设计要有利于提高岩心收获率。钻头钻进时应平稳以免振动损坏岩心,钻头外缘与中心孔应同心,钻头水眼位置应使射流不直射岩心处并减少漫流对岩心的冲蚀。钻头的内腔应能使岩心爪尽量靠近岩心入口处，这样可使岩心形成后很快经岩心爪进入岩心筒而被保护起来，同时可使割心时尽量靠近岩心根部减少井底残留岩心。

2) 岩心筒及其悬挂装置

岩心筒及其悬挂装置包括内岩心筒、外岩心筒、内岩心筒悬挂总成、内外岩心筒扶正器和分流头及回压阀等部件。

3) 岩心爪

岩心爪的作用是在取心钻进结束后用以割断岩心，并在起钻时承托已割取的岩心以防脱落。岩心爪有多种不同的类型以适应不同的地层及取心工具结构。

2. 取心工具分类

(1) 常用取心工具按工具结构可分为单筒取心工具和双筒取心工具。单筒取心工具无内岩心筒，双筒取心工具有内岩心筒和外岩心筒。

(2) 按取心长度可分为短筒取心工具和中长筒取心工具。短筒取心工具一般钻进取心为一个单根长度以内，即取心钻进时不接单根。中长筒取心工具是指钻进中途要接单根的取心工具，可连续取心钻进几十米至上百米。

(3) 按割心方法可分为加压式取心工具、自锁式取心工具和差动式取心工具。

(4) 按取心方式可分为常规取心工具和特殊取心工具。

3. 取心工艺

1) 准备工作

井眼必须清洁、畅通。保证井眼畅通、井底清洁，起下钻遇阻遇卡井段必须处理正常；出井钻头外径不得小于取心钻头外径，否则将用与取心钻头外径相适应的钻头通井。钻井液按设计要求处理其性能。

取心前，必须对绞车刹车系统、钻井泵、仪表、传动系统、动力系统、动力设备、钢丝绳等设备进行检查，确保设备能正常运转和工作，保证取心工作顺利进行。

2) 取心工具的组装及下钻

(1) 组装。

短筒取心工具应在地面组装好，上、下钻台应平稳，出入井口用游车提吊；无台肩的外筒出井口时必须使用安全卡瓦。长筒取心工具应在井口连接。内筒螺纹用链钳上紧；外筒螺纹用大钳按紧扣扭矩值要求上紧。

(2) 下钻。

下钻操作要平稳，严禁猛刹、猛放、猛顿。遇阻不超过50kN，经上下活动无效时，应循环钻井液，不硬压强下。钻头离井底最后一根单根应接方钻杆循环下入，如遇阻可轻压慢转划眼到底。严重遇阻井段，应下牙轮钻头通井，不能用取心钻头大段划眼。

(3) 取心钻进。

钻进前实探井底，校对到底方入，循环15~30min后卸方钻杆投球，同时调好方入；投球10min后，校好灵敏表，按指令调好转速、泵冲数；正常后，下入钻具取心，转动并慢放钻具到井底试运转，待转动平稳，用10~30kN钻压取心；取心0.3m后，按每次

10kN 钻压逐渐加压到规定钻压；如果地层为特别疏松的砂岩，一开始就可加足钻压，无须取心。

取心钻进由正副司钻操作，均匀送钻，不能随意将钻头提离井底，注意各种参数变化，遇异常情况及时向钻井监督反映。

(4) 割心。

如果取心钻进到达规定井深，就要进入割心阶段。国内采用的割心方式主要有差动式、机械加压式和水力推进式三种。

(5) 起钻和出心。

割心完毕应及时起钻，如果在油气层井段，按井控工作细则进行。起钻操作平稳，不猛刹，猛顿，用液压大钳或旋绳卸扣，防止甩掉岩心。起钻过程中应及时向井内灌满钻井液。

(6) 井下情况的判断及处理。

钻时变化是判断卡心与否的重要依据。一般来讲，钻时增加到正常钻压的 1.5 倍时，应引起足够的重视，并进行综合分析和处理。若怀疑钻遇泥岩夹层，应与泥岩地层对比。可加密钻时记录进行分析，判断是否卡心。转盘负荷轻，扭矩小，几乎不波动，可能卡心。泵压忽高忽低，起钻。钻时为零，可能卡心。返出岩屑明显增多，可能卡心、磨心。一旦判断卡心，应果断割心。

泵压升高，或是钻头底面磨损，或是流道被堵，或是内筒串松扣引起轴向间隙减小；泵压下降，应怀疑循环短路。无论哪种症状，都应立即起钻。

二、提高岩心收获率

影响岩心收获率的因素是多方面的，包括地层因素、岩心直径、取心钻进参数和井下复杂情等。一般来说，提高岩心收获率要制订合理的取心作业计划，正确地选择取心钻头和取心工具，工具在下井前应仔细检查；制订合理的取心钻进参数，严格执行操作技术规范，并认真总结经验，不断提高取心工艺技术水平。

项目实施

引导问题 1：了解防斜钻井技术，概括井斜的危害及如何控制井眼轨迹。

引入问题 2：了解喷射钻井技术的原理及喷射钻头的喷嘴。

引入问题 3：了解定向钻井技术的概念及适用范围，以及定向井的类型及造斜工具的介绍。

引入问题 4：了解取心钻井技术及取心工具的组成和分类。

项目评价

序号	评价项目	自我评价	教师评价
1	学习准备		
2	引导问题填写		
3	规范操作		
4	完成质量		
5	关键操作要领掌握		
6	完成速度		
7	管理、环保节能		
8	参与讨论主动性		
9	沟通协作		
10	展示汇报		

说明：表格中每项 10 分，满分 100 分。学生根据任务学习的过程与结果真实、诚信地完成自我评价，教师根据学生学习过程与结果客观、公正地完成对学生的评价

课后习题

1. 简述井斜的危害。
2. 简述井眼轨迹的控制方法。
3. 简述喷射钻井的工作原理。
4. 简述水力参数优化设计。
5. 什么是定向钻井?
6. 简述定向井轨迹控制阶段。
7. 简述取心工具的分类。
8. 简述取心工艺的过程。

项目 9　固井作业认知

📖 知识目标
(1) 了解固井的目的；
(2) 了解固井的步骤；
(3) 掌握固井的方法。

✈ 能力目标
(1) 具备固井施工的基本理论；
(2) 掌握固井工程质量要求。

◎ 素质目标
(1) 培养固井安全操作意识；
(2) 培养创新精神。

任务 1　了解固井施工

为了达到加固井壁，保证继续安全钻进，封隔油、气和水层，保证勘探期间的分层测试及在整个开采过程中合理的油气生产等目的而下入优质钢管，并在井筒与钢管环空充填好水泥的作业，称为固井工程。

一、固井的目的

(1) 封隔易坍塌、易漏失的复杂地层，巩固所钻过的井眼，保证钻井顺利进行；
(2) 提供安装井口装置的基础，控制井口和保证井内钻井液出口高于钻井液池，以利钻井液流回钻井液池；
(3) 封隔油、气、水层，防止不同压力的油气水层间互窜，为油气的正常开采提供有利条件；
(4) 保护上部砂层中的淡水资源不受下部岩层中油、气、盐水等液体的污染；
(5) 油井投产后，为酸化压裂进行增产措施创造了先决有利的条件。

二、固井的步骤

1. 下套管

套管与钻杆不同，是一次性下入的管材，没有加厚部分，长度没有严格规定。为保证固井质量和顺利地下入套管,要做套管柱的结构设计。根据用途、地层预测压力和套管下入深度设计套管的强度,确定套管的使用壁厚,钢级和丝扣类型。

2. 注水泥

注水泥是套管下入井后的关键工序,其作用是将套管和井壁的环形空间封固起来,以封隔油、气和水层,使套管成为油、气通向井中的通道。

3. 井口安装和套管试压

下套管注水泥之后,在水泥凝固期间就要安装井口。表层套管的顶端要安套管头的壳体。各层套管的顶端都挂在套管头内,套管头主要用来支撑技术套管和油层套管的重量,这对固井水泥未返至地面尤为重要。套管头还用来密封套管间的环形空间,防止压力互窜。套管头还是防喷器、油管头的过渡连接。陆地上使用的套管头上还有两个侧口,可以进行补挤水泥、监控井况。注平衡液等作业。

4. 检查固井质量

在安装好套管头和接好防喷器及防喷管线后,需要进行套管头密封的耐压力检查,以及与防喷器连接的密封试压。探套管内水泥塞后要进行套管柱的压力检验,钻穿套管鞋2~3m后(技术套管)要做地层压裂试验。生产井要做水泥环的质量检验,用声波探测水泥环与套管和井壁的胶结情况。待固井质量的全部指标合格后,才能进入到下一个作业程序。

三、固井的方法

1. 内管柱固井

把与钻柱连接好的插头插入套管浮箍或浮鞋的密封插座内,通过钻柱注入水泥进行固井作业,称为内管柱固井。内管柱固井主要用于大尺寸(16~30in)导管或表层套管的固井。

2. 单级双胶塞固井

首先下套管至预定井深后装水泥头、胶塞(顶塞和底塞),循环水泥,打隔离液,投底塞,再注入水泥浆,然后投顶塞,开始替钻井液。底塞落在浮箍上被击穿。顶底塞碰压,固井结束。

3. 尾管固井

尾管固井是用钻杆将尾管送至悬挂设计深度后,通过尾管悬挂器把尾管悬挂在外层套管上,首先坐封尾管悬挂器,然后开始注水泥、投钻杆胶塞顶替、钻杆胶塞剪断尾管胶塞后与尾管胶塞重合,下行至球座处碰压,固井结束。

任务2　了解固井质量要求

一、固井工程质量要求

(1) 到达地质、工程设计要求。
(2) 表层套管、技术套管能满足正常的钻井生产与井控防喷需要。
(3) 油层套管能经受合理的射孔、酸化、压裂考验,满足正常条件下的注水开采需要。

二、表层套管固井质量要求

(1) 套管下至设计井深,并保证套管下入基岩到达规定值,套管接箍端面与地面平齐。
(2) 水泥浆返至地面,或经水泥回填等补救返至地面,确保表套稳固。
(3) 表层套管要确保不漏、不溜、不晃动,满足后期的作业和生产。

三、技术套管固井质量要求

(1) 对于 API 系列套管,用双轴应力校核的平安系数应该符合表 1-9-1 规定。

表 1-9-1 平安系数(Ⅰ)

系数名称	系数范围	系数名称	系数范围
抗挤平安系数	1.000~1.125	抗拉平安系数	1.8~2.0
抗内压平安系数	1.6~1.8		

(2) 假设采用原井眼尺寸的裸眼口袋,对浅于 600m 的技术套管,裸眼口袋不超过 3m;600~800m 之间的技术套管,裸眼口袋不超过 4m;超过 800m 的技术套管,裸眼口袋不超过 4.5m。
(3) 水泥塞高度不超过 20m。
(4) 水泥返高到达设计要求。

四、油层套管固井质量要求

(1) 套管串结构必须按设计编号排列入井。
(2) 对于 API 系列套管,用双轴应力校核的平安系数应符合表 1-9-2 规定。

表 1-9-2 平安系数(Ⅱ)

系数名称	系数范围	系数名称	系数范围
抗挤平安系数	一般为 1.125	抗拉平安系数	1.8~2.0
抗内压平安系数	1.10~1.33		

(3) 套管下至设计深度,裸眼口袋不得少于 2m。
(4) 水泥返高。
表层:设计返高到地面,封固段长度到达设计要求的 80%。
油层:设计返高到地面(可采用分级固井工艺)。实际返高:常规井油顶以上封固段长度到达设计要求的 80%(或返高至表套内),水平井油顶以上封固段长度到达设计要求的 90%(或返高至表套内)。漏失井按水泥返高确定补救方式。
(5) 返高不够及井口处理方式:表层固井,井口用水泥填充牢固,未返至地面的必须从环空中灌(挤)水泥浆,灌(挤)满为止。油层固井,进行井口填注处理,未返至表套以内的,要采取从井口反灌(挤)水泥、插管法注水泥、二次射孔固井等补救措施,水泥返至表套以内。

(6) 对于采用裸眼完井方式,而技术套管兼顾上部油层的固井,适用于油层套管固井质量标准。

(7) 固井后,管内及管外环形空间不冒油、气、水,满足后期的作业和生产。

(8) 油层套管试压。试压标准:常规井、水平井试压压力 20MPa,试压 30min,压降<0.5MPa 为合格。常规井、水平井均需固井作业完成后 48~72h 内进行试压。

(9) 完井井口固定,采用套管头,套管头安装要做到平、正、牢;或采用焊环形铁板加井口灌注水泥中任意一种。

(10) 油层套管接箍端面距地面 0.3m 左右。

五、水泥封固质量鉴定

(1) 表层固井(采用水泥车固井)和油层固井应该进行三样测井,表层固井三样检测可在完井测井时进行;油层固井三样检测应在注水泥碰压后 48~72h 内进行;特殊固井(尾管、分级固井、长封固段、缓凝水泥等)声幅测井时间依据具体情况而定,解释不降级。

(2) 水泥环质量鉴定以声幅测井(CBL)为准,参照变密度曲线综合鉴定。

(3) 声幅测井曲线必须测至井底。

(4) 油层套管固井,水泥环声幅测井质量鉴定,主要针对封隔油气层段局部。

(5) 表层封固质量标准

套管鞋处封固良好,不窜漏,套管不晃动,套管头不下沉、井口不出水,满足后续钻井生产需要。封固段达一开井深的 80% 以上。

(6) 油层封固质量标准。

常规井非油层段:最上部油层顶界以上 50m 至水泥返高,封固合格井段占非油层段总封固段长的 80% 以上。连续封固不合格井段小于 50m,封固不合格井段间隔大于 30m。

常规井油层段最上部油层顶界以上 50m 至阻流环(水平井至 A 点),各油层(含差油层、油水同层和含油水层等)及顶、底界上、下连续 30m 封固合格(其余井段连续封固不合格井段小于 20m,封固不合格井段间隔大于 30m)。封固合格井段占油层段总封固段长的 85% 以上。

水平井:按常规井油层封固合格标准执行。

项目实施

引导问题 1:简述固井的步骤。

_____
_____
_____
_____

引导问题2：简述固井的方法。
_____
_____
_____
_____

引导问题3：简述固井工程质量要求。
_____
_____
_____
_____
_____

项目评价

序号	评价项目	自我评价	教师评价
1	学习准备		
2	引导问题填写		
3	规范操作		
4	完成质量		
5	关键操作要领掌握		
6	完成速度		
7	管理、环保节能		
8	参与讨论主动性		
9	沟通协作		
10	展示汇报		

说明：表格中每项10分，满分100分。学生根据任务学习的过程与结果真实、诚信地完成自我评价，教师根据学生学习过程与结果客观、公正地完成对学生的评价

课后习题

1. 简述固井的目的。
2. 简述表层套管固井的质量要求。
3. 简述技术套管固井的质量要求。

项目 10　钻井复杂情况及事故处理案例

📖 **知识目标**
(1) 了解卡钻的危害。
(2) 了解井漏的原理。
(3) 了解井下落物的原因及处理方法。

✈ **能力目标**
(1) 会调整钻井工程设施。
(2) 掌握分析测井事故的原因。
(3) 掌握预防落物发生的方法。

◎ **素质目标**
(1) 钻井作业涉及高风险因素，因此，提高学生的安全意识至关重要。学生应了解钻井作业中的安全规范，掌握安全操作技能，并能够在紧急情况下采取正确的应对措施。
(2) 钻井技术需要多个部门和人员协同作业，因此，学生应具备良好的团队协作精神和沟通能力。能够与他人有效沟通，共同解决问题，确保钻井作业的顺利进行。
(3) 随着科技的不断发展，钻井技术也在不断创新。学生应具备创新思维和实践能力，能够不断探索新的钻井方法和技术，提高钻井效率和安全性。
(4) 钻井技术作为能源开采领域的重要组成部分，对于社会和环境具有重要影响。因此，学生应具备良好的职业道德和责任感，能够遵守行业规范，关注环境保护和可持续发展。

任务 1　了 解 砂 卡

钻井过程中，由于各种原因造成钻具陷在井内不能自由活动的现象，称为卡钻。钻具在井内不能起出，甚至无法下放或转动，有的卡钻还无法循环钻井液。这是钻井工作中一种常见的事故。主要有键槽卡钻、沉砂卡钻、井塌卡钻、压差卡钻、缩径卡钻、落物卡钻、砂桥卡钻、泥包卡钻及钻具脱落下顿卡钻等。地层构造情况、钻井液性能不良、操作不当等都可能造成卡钻，必须针对具体情况进行分析，以便有效地解卡。

一、卡钻分类

实际钻井过程中，主要有六类卡钻，下面分别探讨一下这六类卡钻是如何造成的。

1. 砂卡

（1）在生产过程中，地层砂随油流进入井内，随着流速的变化，部分砂子逐渐沉淀，从而埋住部分生产管柱，造成卡钻。

（2）冲砂时，泵排量低，冲砂液携砂性能差，冲砂工作不连续，使用直径较大的其他工具代替冲砂工具等，造成冲起的砂子重新回落并沉淀造成卡钻。

（3）压裂设计有误，施工不连续，加砂量过大，压裂后排液过猛等造成卡钻。

（4）其他原因：注水井排液速度过快；修井时未及时向井内充补压井液造成井喷；注采过程中工作制度不合理等均可造成卡钻。

2. 蜡卡

原油中含蜡量过高，随着原油从井底向井口流动，井筒温度逐渐降低，当温度低于蜡的凝析点时，蜡质物质便开始沉积在管壁上，如采取套管生产，清蜡工作不及时，便可造成卡钻。

3. 封隔器卡

由于分采分注或套管试压等工作需要，往往需下封隔器配合完成。一旦解封失效，就可造成卡钻。常见的如封隔器胶皮老化而不能收回，卡瓦片不能有效回收等。

4. 水泥卡

（1）打完水泥塞后，没有及时反洗井或上提管柱，水泥固封将井下管柱卡住。

（2）憋压挤水泥时，没有检查上部套管的破损，使水泥浆上行至套管破损位置而短路，将上部管柱固封在井里造成卡钻。

（3）挤水泥时间过长或添加剂用量不准，使水泥浆在施工中凝固。

（4）井下温度过高，对水泥浆又未加处理，或井下遇到高压盐水层，使水泥浆性能变坏，以至早期固结。

（5）计算错误，或挤注水泥时发生设备故障造成管柱或封隔器固封在井中。

（6）在注水泥后，未等井内水泥凝固，盲目探水泥面，误认为注水泥失败，此时即不上提管柱，又不洗井，造成卡钻。

（7）挤注水泥候凝过程中，由于井口渗漏，使水泥浆上返，造成井下管柱固封。小件落物卡在修井施工中，因操作失误或检查不细，致使一些手工具（管钳、牙板、扳手等）、辅助工具（大钳牙块、液压钳牙块、气动卡瓦牙块）、井口螺栓等掉入井内造成卡钻。

5. 钢丝卡

由于清蜡和测试过程中的失误，导致钢丝意外落入井中。在打捞时，因判断不准，打捞工具下得太深，超过了鱼顶位置，导致钢丝缠绕在钻具上。当尝试上提时，钢丝因缠绕而成团,最后导致卡钻。

6. 套管卡

(1) 对井下情况掌握不准,误将工具下过套管破损处,造成卡钻。

(2) 在进行井下作业等施工活动时,不慎将套管损坏,导致井下工具无法顺利取出来。

(3) 构造运动、泥页岩蠕变、井壁坍塌等方面的因素造成套管损坏,致使井下工具无法正常取出来。

(4) 对规章制度执行不严、技术措施不当,均会造成套管损坏而卡钻,如注水井排液降压时,由于放压过猛会使套管错断。通井时通井规直径不符合标准,选用工具不当等均会造成卡钻。

二、卡钻的解卡

卡钻是经常发生的事故之一。卡钻后如果操作得当,对井内的情况作出正确的分析,从而采用合适的处理方法及时、有效地处理卡钻事故,就能挽救损失。卡钻的处理方法较多,应根据卡钻的类型及原因,卡点深度等综合考虑并分析研究选择不同的解卡方式,解除卡钻。

1. 活动解卡

在井内管柱及设备能力允许范围内,通过上提下放反复活动管柱,以达到解卡目的。活动解卡适用于各种管柱或落物卡钻。

2. 震击解卡

将震击器、加速器等与打捞工具一起下井,当捞上并抓紧落物后,根据井况,通过操作,对被卡管柱进行连续上击或下击,将卡点震松以达到解卡目的。震击解卡适用于落物被砂卡、化学堵剂卡,物件卡及套管损坏卡等。

3. 倒扣解卡

在井内被卡管柱较长,活动解卡无法解卡时可采用反扣打捞工具,将被卡管柱捞获分别倒出,以分解卡点力量,达到解卡目的。倒扣解卡适用于活动解卡和震击解卡无效时的各种类型卡钻。

4. 套铣解卡

采用合适的套铣工具,将卡点周围的致卡物套铣干净,达到解卡目的。套铣解卡适用于砂、水泥、封隔器及小件落物卡等。

5. 浸泡解卡

对卡点注入相溶的解卡剂,通过浸泡一定时间,将卡点溶解,以达到解卡目的,浸泡解卡适用于蜡卡、滤饼卡、水泥卡等。

6. 磨蚀解卡

利用磨铣工具,对卡点进行磨铣,以达到解除卡钻的目的。磨蚀解卡适用于打捞物内外打捞工具无法进入及其他工艺无法解卡时使用。

7. 爆炸解卡

用电缆将一定数量的导爆索下至卡点处,引爆后利用爆炸震动,可使卡点钻具松动解

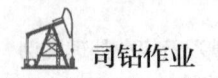

卡，爆炸解卡适用于卡点较深的管柱卡。

以上几种方式，单一的解卡方式不一定能达到目的，根据井况，可将两种或几种方式交替使用，最终达到安全解除卡钻的目的。

任务2 了解井漏

井漏是指在钻进、固井、测试或修井等井下作业中，各种工作液（钻井液、水泥浆、完井液及其他流体等）在压差作用下直接进入地层的一种井下复杂情况。井漏是钻井工程中常见的井内复杂情况，多数钻井过程都有不同程度的漏失。严重的井漏会导致井内压力下降，影响正常钻井、引起井壁失稳、诱发地层流体涌入井筒并井喷。

井漏包括渗透性滤失、裂缝性滤失、溶洞性滤失。

一、井漏发生原因

（1）所钻地层存在自然的漏失通道，如高渗透地层、裂缝性地层和溶洞性地层；钻井液性能不好或者操作不当也会人为产生漏失通道。

（2）所钻地层压力亏空，或者钻井液密度过高，产生较大压差。

（3）钻井液黏度切力过大，造成开泵压力过大，产生压力激动而憋漏地层。

（4）钻井液携沙性能不好，井壁不干净，或者失水过大，滤饼厚，再加上下钻和开泵等操作不当，产生压力激动。

二、井漏处理措施

1. 降低钻井液密度

降低钻井液密度是减少井筒静液柱压力的唯一手段。根据裸眼井段各地层的孔隙压力、坍塌压力、漏失压力、破裂压力，确定合理的防喷、防塌、防漏的最低安全钻井液密度；钻井液密度的降低可通过固控设备清除钻井液中的固相成分来实现，也可向钻井液中补加胶液、低密度钻井液、黏土浆等来降低钻井液密度。在降低钻井液密度时应分阶段缓慢降低，同时要确保钻井液的其他性能不能有太大的波动；降低钻井液的密度时应同时降低排量，循环观察，不漏后再逐渐提高排量至正常值。改变钻井液的黏度和切力，一是提高钻井液的黏度、切力，在上部大尺寸井眼钻井中，当钻遇胶结性差、渗透性好的砂岩地层或砾石层井漏时，往往通过提高钻井液的黏度、切力，以增大钻井液在漏失通道中的流动阻力来制止井漏。二是降低钻井液的黏度、切力，在深井小井眼钻井中发生井漏时，可通过降低钻井液的黏度、切力来减小环空压耗和激动力来制止井漏。

2. 调整钻井工程措施

（1）降低排量来减少环空循环压耗。

（2）控制钻进速度减少钻井液中岩屑浓度、降低环空液柱压力，同时让钻井液有充分的时间在钻出的新井眼井壁形成滤饼。

（3）简化钻具结构，在满足井眼轨迹的条件下，可通过简化钻具结构，即尽量少加钻铤和扶正器来增大环空横截面积，降低环空循环压耗，同时还可防止起下钻过程中剥落漏层滤饼。

(4) 起钻静置。

(5) 强行钻进（清水强钻），准备一定量的高黏清扫液。

(6) 随钻堵漏（漏速小于 $30m^3/h$）。

(7) 桥浆堵漏适用于砂泥岩地层引起的孔隙性漏失、裂缝性地层引起的压差性漏失。

(8) 水泥浆堵漏适用各种漏失通道的需要。对于大裂缝或溶洞等引起的严重井漏、破碎性地层引起的诱导性井漏，首先考虑水泥浆堵漏。

任务3 了解井下落物

井下落物是钻井施工中常见的复杂情况和事故，正确预防和处理关系到一口井的成败。井下落物可分为以下几种情况：(1) 钻具断落；(2) 电缆断落；(3) 仪器（包括光杆状工具）掉落；(4) 不规则物体落井。以下根据不同情况分述其产生的原因、预防措施及处理办法。

一、钻具断落

1. 产生原因

造成钻具断落事故的原因主要有疲劳破坏、腐蚀破坏、机械破坏及事故破坏，但它们之间不是独立存在的，往往是互相关联互相影响的。

1）疲劳破坏

疲劳破坏是钢材破坏的最基本、最主要的形式。钻具在长期工作中承受拉伸、压缩、弯曲、扭切等复杂应力，而且在某些区域还产生频繁的交变应力，当这种应力达到一定的程度和足够的交变次数时，便产生疲劳破坏。

2）腐蚀破坏

氧气、二氧化碳、硫化氢、溶解盐类、酸类均可对钢材造成腐蚀和电化学腐蚀，各类腐蚀最终导致金属材料表面出现凹坑、本体变薄，引起应力集中，强度降低或造成疲劳破坏。

3）机械破坏

钻具制造中形成的缺陷如轧制过程形成的夹层；调制过程发生结晶组织变化；壁厚不匀以及内外螺纹强度配比不当等。处理卡钻事故时，若不恰当地用蛮力活动，即当应力超过钻具屈服强度时，钻具就会变形，当应力超过其破裂强度时，就会把钻具（钻杆）拉断。钻具在搬运或使用过程中遭受了外伤时，外伤处往往会成为应力集中点，再由此向外扩展。而且各种腐蚀也容易从这里开始，造成钻具的局部损坏。钻进时若加压过大，或发生连续别钻，或在遇阻遇卡时猛扭，会使得钻杆内螺纹胀大、胀裂，导致钻具脱落。在接头或钻杆加厚部分的内径突变处，流动的钻井液易形成涡流，冲蚀管壁，甚至会把管壁刺薄刺穿，降低钻杆的抗拉抗扭强度，使钻具容易从此处折断。把不同钢级、不同壁厚、不同等级的钻杆混合使用,强度最弱的钻杆总是首先遭到破坏。

4) 事故破坏

顶天车、单吊环起钻及其他原因顿钻都可能引起钻具折断,称为事故倒扣。在处理卡钻事故中,为了套铣或侧钻,不得不将一部分钻具倒入井中(过失倒扣)。由于操作者的失误,在高扭矩下不控制倒车,或者下反螺纹钻具时,用转盘上扣,将钻具倒开。

2. 钻具事故的预防

要想不发生或少发生钻具事故,就必须正确使用钻具,并做好日常工作中的维护与管理工作。

(1) 钻具应按钢级、壁厚、新旧程度分段连接。每根钻杆在适当部位打上钢模(包括钢级、壁厚、编号),并登记卡片。

(2) 钻具上下钻台,外螺纹、内螺纹必须戴好保护器,并且要平稳起下,不许碰撞钻杆两端的接头。

(3) 钻具连接前,要将外螺纹、内螺纹及肩面清洗干净,仔细检查,认为没有问题,即可涂好合格的螺纹脂,进行连接。

(4) 上扣、卸扣时,绝不允许大钳咬钻杆本体。

(5) 当钻具悬重超过1100kN时,井口不许用短体卡瓦夹持钻具,以免挤伤钻杆。此时应改用长体卡瓦或用双吊卡进行起下钻和接单根等工作。

(6) 旋扣时,外螺纹接头、内螺纹接头必须对中。当有摇摆和阻卡现象时,不能快速旋扣。当发现有咬扣现象时,必须卸开重上。

(7) 旋扣时,必须用双钳按标准扭矩紧扣。

(8) 鼠洞接单根及井口接钻铤提升短节时也必须用大钳紧扣。

(9) 要避免产生刻痕,特别是横向刻痕,这些刻痕大部分是由大钳、卡瓦和井下落物造成。

(10) 除处理事故外,弯钻杆不许下井。

(11) 在任何情况下,都不允许超过钻具的屈服强度提拉、扭转。

(12) 使用高矿化度钻井液时,应加防腐剂,以保护钻具。

(13) 钻井液的pH值应维持在9.5以上,这样可以减少腐蚀和断裂。

(14) 钻遇硫化氢气体,应坚决压死。如必须在硫化氢环境中工作,应使用E级钢以下的钻杆。

(15) 进行井下测试时,钻杆在硫化氢环境中暴露的时间不得超过1h。可以打入抑制缓冲液,在钻杆关闭后,可通过循环短节进行钻柱循环。

(16) 在井中使用钻具时,要实行定期上下倒换制度,抽上加下,或抽下加上均可,目的是改变钻具的受力状态,使整套钻具的各个部分的受力趋于均匀。

(17) 执行错扣检查制度,如果是三个单根组成一个立柱的话,每起一趟钻,错一个单根扣,三趟钻即可错完。

(18) 要执行定期探伤制度。钻具的暗伤,特别是螺纹部分的暗伤,必须用超声波或磁粉进行探伤。钻铤和各种连接接头的螺纹,每运转200~300h应探伤一次。

(19) 在腐蚀性的作业环境中，最好使用有内涂层的钻杆。
(20) 各种连接接头必须定期卸开检查，如有问题，应及时予以更换。
(21) 要经常用肉眼观察，钻具表面有无麻坑、横向刻痕和裂纹，接头肩面是否平整，宽度是否超过允许值，螺纹是否磨尖、磨平、变形及损伤，钻具是否弯曲，接头是否偏磨，发现以上情况，应将该钻具降级使用，或送管子站进行修理。
(22) 钻进时防止过多的跳钻、别钻及过大的扭矩。
(23) 下反扣钻具时，不许用转盘正转上扣。
(24) 处理事故时，不许强扭、强拉。
(25) 井下有别劲时，防止无控制打倒车。
(26) 防止顿钻及单吊环起钻。

3. 钻具事故的处理

出了钻具事故，只好打捞。有各种打捞工具和辅助打捞工具，分述如下：

1) 公锥、母锥

公锥、母锥是常用的打捞工具。使用时应注意：

(1) 公锥从内径打捞，一般用于壁厚较厚的部位，如接头、接箍、加厚部位等。

(2) 无论公锥还是母锥，造扣后应密封鱼头，准备循环钻井液或注解卡剂，因此，最好不要用带排屑槽的公锥、母锥。

(3) 使用公锥时，虽然可以带安全接头，但最好不要把公锥扔到井下，堵塞内部通道，所以开始造扣时，不可造扣过多，以不超过 3 扣为限，便于解脱。解脱公锥时，上提 100kN 以上的拉力，强转即可。

(4) $3\frac{1}{2}$in 以下的公锥易断，宜慎用。

2) 卡瓦打捞筒

卡瓦打捞筒是从落鱼外径抓捞落鱼的一种工具。由于它和落鱼的接触面积大，能经受强力提拉、扭转和震动。由于它设计有可靠的密封件，能密闭筒体与鱼顶之间的环空，可以实现憋泵与循环。由于每套工具可以配备数种不同尺寸的卡瓦，所以它打捞的适用范围较广，钻铤、钻杆本体、钻杆接头、套管、油管及其接箍均可打捞。卡瓦打捞筒抓捞和释放落鱼均较方便，而且内径大，不妨碍其他作业，所以在现场得到了较广泛的应用。

二、电缆和仪器落井

测井中的复杂问题，另有专章论述，本节只讨论电缆及仪器落井问题。一般来说，测井仪器或电缆遇卡，采用穿心打捞方法是可以解除的，但由于种种原因，电缆与仪器断落于井中的事也是常有的，就使事故更加复杂化，这就需要设法打捞。

电缆落井比钻具落井更难处理，因为不知道鱼顶的确切位置，也无法依据地面仪表进行判断，工具下浅了捞不住，工具下深了，有可能被盘绕的电缆咬住，脱不了钩，反而把钻具又卡在井内。同时电缆很轻，不可能用钻井指重表进行判断，下钻遇阻或上提遇阻都是电缆堆集成团的显示，因此对电缆的打捞绝不可掉以轻心。

1. 测井事故发生的原因

测井仪器下得去而起不出，电缆的极限拉力有限，在上起遇阻时，拉少了不解决问题，拉多了会把电缆拽断，使问题更为复杂，这是一个非常棘手的问题。仪器遇卡的原因主要有：

（1）由于长期起下钻的磨损，会把套管鞋磨破，形成纵向破口，仪器上起至破口时被卡。

（2）裸眼井段的井径不规则，大小井径相差悬殊，形成许多壁阶。在井斜较大壁阶较突出的井段，仪器上下运行均可能遇阻。

（3）井壁坍塌：井壁坍塌现象是经常发生的，只不过有大小之分而已，如果在电测进行期间，适逢井壁大量坍塌，则仪器很可能被塌块所阻。

（4）钻井液性能不好，特别是切力太小，钻屑和塌块携带不干净，也不能均匀地分散在井筒内的钻井液中，而容易沉降堆积在一起，形成砂桥，阻碍了仪器的运行。另外，钻井液的固相含量大、滤失量大、形成的井壁滤饼厚，也容易把电缆黏附在井壁上。

（5）地面操作失误：如转盘转动将电缆绞断；绞车工操作失误把仪器从井口拽断；天、地滑轮固定不好，使电缆从井口折断等也是常有的事。

（6）仪器下行遇阻时，未及时发现，电缆下入过多，盘结成团，则上起遇阻甚至起不出来。

（7）在测井过程，发生井涌、井喷，来不及起出测井仪器，只好把电缆剁断，扔入井中，进行紧急关井。

2. 测井事故的预防

（1）钻井一开始就要为完井做准备，要严格控制井身质量，力争做到井斜变化率小，井径扩大率小，为顺利测井与固井创造条件。

（2）搞好钻井液性能，使其与地层特性配伍，减少垮塌，并具有良好的携砂能力，能把钻屑与垮块排到井筒以外。在测井以前，要充分循环钻井液，把积砂冲洗干净，使全井筒钻井液性能均匀稳定。

（3）如果钻井施工时间过长，应对套管采取保护措施，如在钻杆上装胶皮护箍或防磨接头，减少对套管的磨损。套管鞋应用套管接箍制作，不能用套管护箍代替，下部必须车成45°斜坡。管鞋与套管连接后，必须用电焊段焊，以防脱落。

（4）测井前起钻，应控制起钻速度，防止因抽吸而导致井壁不稳。对井底500m井段最好短程起下钻一次，确证畅通无阻，当井下稳定时，再进行测井。

（5）起钻时要连续灌入钻井液，保持环空液面不降，液柱压力不降，在测井过程中上起电缆时也要灌入钻井液，不使松散地层垮塌。

（6）每次测井前，钻井队要向测井队详细交接明确井下情况，如井深、井径、套管鞋深度、起下钻遇阻遇卡位置、井内落物、钻井液性能及其他异常显示，以作为测井队的参考。

（7）连续测井时间不可过长，如在24h内测不完所有项目，应在通井循环钻井液后再测。

(8) 上提仪器遇阻，应耐心活动，上提拉力不应超过电缆极限拉力，绝不允许将电缆拉断。

(9) 在靠近仪器的电缆上应有不少于两个非常明显的记号，仪器到井口附近时必须慢起，绞车司机要听井口工的指挥，防止拽断电缆。

(10) 仪器与电缆的连接处应是一个弱点，上提到一定拉力时，应从此处脱节，而不应破坏电缆。

(11) 有些井段，下行时遇阻，上行时并不遇阻，可以多次试下，甚至改变仪器结构再下。有些井段下行遇阻，上行也遇阻，这就应引起足够的警惕，最好是通井循环划眼后再测，不要在不安全的环境下进行测井工作。

(12) 做好地面的一切防范工作，如天、地滑轮固定要牢靠，转盘一定要锁死，在测井期间，钻台上不许进行有碍测井的工作。

(13) 测井队的绞车司机、井口工、仪器操作员必须严守岗位。钻井队在钻台上也必须有专人值守，以便随时与测井队配合。

3. 落井电缆与仪器的处理

1) 落井电缆的打捞

（1）内钩捞绳器。如图 1-10-1 所示，内钩捞绳器也叫内捞矛，是把厚壁钢管割开，内壁上焊上挂钩制成，挂钩沿顺时针方向倾斜，电缆被挂钩挂住之后，在转动扭矩的作用下，钩体向内收缩，使打捞更为可靠。

（2）外钩捞绳器。如图 1-10-2 所示，外钩捞绳器也叫外捞矛，是由接头、挡绳帽、本体和捞钩组成。本体的锥体部分焊有直径为 $\phi15mm$ 的捞钩，捞钩与本体轴线呈正旋方向倾角，挡绳帽的外径应比钻头直径小 8~10mm，圆周可以开 6~8 个水槽，挡绳帽的用途是不让电缆挤过挡绳帽而造成卡钻。这种工具也可以在现场用废公锥自行制造。

图 1-10-1 内钩捞绳器　　图 1-10-2 外钩捞绳器

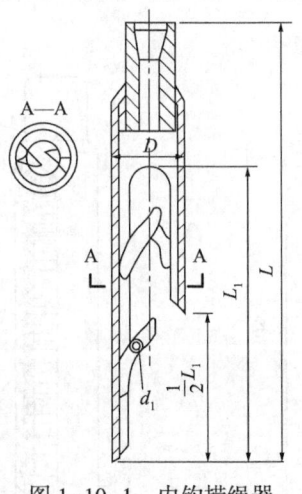

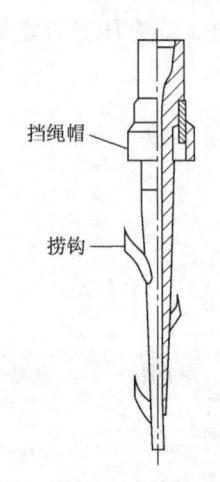

2) 落井仪器的打捞

（1）卡瓦打捞筒。一般用螺旋卡瓦打捞筒，它和钻具卡瓦打捞筒的结构和作用原理一样，只是卡瓦内径要根据仪器外径来选定。如果采用穿心打捞方法，如同顺藤摸瓜，这种工具是很有效的，如果说在大井眼中打捞落井仪器，不好对正鱼头，其效果较差。

(2) 卡板打捞筒。如图 1-10-3 所示，是专门用来打捞光杆状落物的工具，而且对相关尺寸的要求没有卡瓦打捞筒那么严格，只要落物一进卡板就能捞着。

(3) 卡簧打捞筒。如图 1-10-4 所示，卡簧打捞筒是用套管割制的，制作和使用都十分方便，在现场没有更好的工具时，可以用它来打捞。注意：为了循环钻井液，磨铣砂桥或电缆，可以把几个窗口堵死。

(4) 三球打捞筒。如图 1-10-5 所示，三球打捞器是由上接头、球体、钢球、阻球短节、加大引鞋等几部分组成。上接头与打捞管柱相连，球体内均布三个等直径斜孔，各装一个大小一致的钢球，与工具水眼相交汇，阻球短节上端面与球体相连，引鞋的尺寸要比井径小 10mm 左右。打捞器靠三个钢球在斜孔中的位置来改变公共内切圆直径的大小，从而实现落物的打捞。当光杆落物进入引鞋后，推动钢球沿斜孔上升，内切圆直径增大，当光杆通过球体进入上接头后，三个钢球依靠其自重沿斜孔回落，停靠在光杆本体上，内切圆直径减小，上提钻具，斜孔中的三个钢球在斜孔的作用下，给落物以径向夹紧力，从而抓紧落鱼。

(5) 钢丝环打捞筒。如图 1-10-6 所示，它是由上接头、筒体、钢丝环、背帽、引鞋等组成，上接头有螺纹与钻具及筒体相连，筒体内部装有钢丝环，各环上的径向方向穿有 1~1.5mm 钢丝若干，作为卡取落物之用。在筒体下端装有背帽，其作用是压紧钢丝环，防止由于引鞋脱落后钢丝环掉入井中，在背帽下部用引鞋与筒体相连，引鞋除有引导落物进入打捞筒内的功能外，尚有压紧背帽的作用。

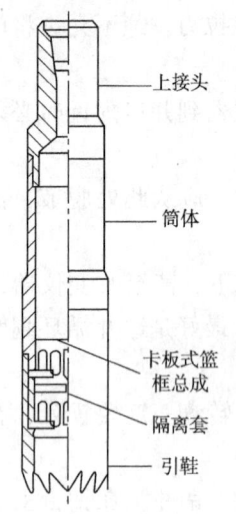

图 1-10-3 卡板式打捞筒

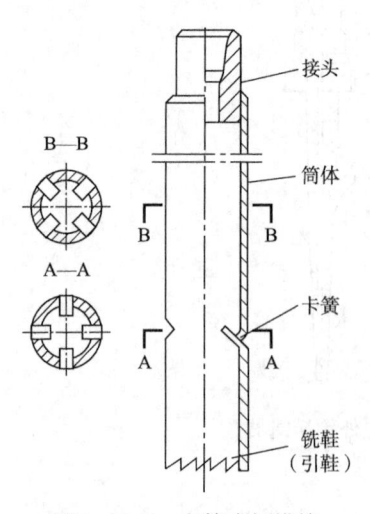

图 1-10-4 卡簧式打捞筒

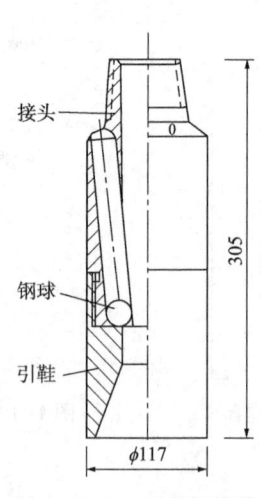

图 1-10-5 三球打捞筒

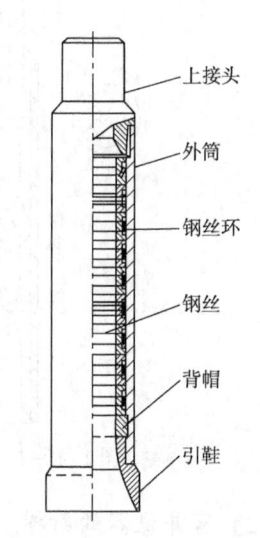

图 1-10-6 钢丝环打捞筒

如果没有现成的钢丝环打捞筒，现场也可以自己制造，即根据井径选用合适的套管。在本体上割孔，插入钢丝焊牢，即可下井使用。

三、不规则落物落井

不规则落物指钻头、牙轮、刀片、卡瓦牙、钳牙及从井口落入的各种手工具等，因为它体积小、又无抓捞部位，所以必须用特殊的办法进行处理。

1. 落物发生的原因

（1）产品质量有问题：如牙轮钻头、刮刀钻头在厂家规定的参数内运行时，仍然发生整体掉落或部分掉落事故，除某些外界因素影响外，主要是产品质量上存在某种缺陷而引起的。

（2）使用参数不当：过高的钻压，过高的转速，使钻头过早地产生疲劳现象。送钻不均，使钻头产生冲击负荷。溜钻、顿钻、又使钻头在短期内承受超过其设计能力的巨额载荷。这些都足以造成钻头事故。

无论是牙轮钻头的牙轮还是刮刀钻头的刀片，都不可能在同时间内全部落井，总是先有一个或半个落井，而操作者不查，在井下已有别钻、跳钻或进尺锐减的情况下，仍不甘心起钻，而要反复试探，这样就把第二个、第三个牙轮或刮刀片别入井下，使事故更加恶化。

（3）超时使用：任何钻头在一定的钻进方式下都有一个可供参考的使用寿命，但不是固定不变的，它和钻遇的地层条件、钻进参数、钻井液性能、井底温度、井底清洁程度都有密切关系；而且同一个厂家生产的钻头，其质量也非整齐划一，工作寿命也是有区别的。所以应根据钻头在井下的实际工作情况分析判断，决定起钻时间。发现异象如进尺减慢、扭矩增大、转速不匀、别钻、跳钻等应结合地层情况进行分析，如果及时停钻，绝不会发生问题。

（4）钻头与接头连接螺纹的规范不一致，或者是在大扭矩下使内螺纹胀大，或者不加控制地打倒车造成整个钻头落井。

（5）顿钻造成钻头事故。

（6）从井口落入物件。在起下钻、接单根及其他作业过程中，井口工具及其零件落入井中的机会较多，大者如卡瓦、吊卡，小者如榔头、撬杠、卡瓦牙、吊钳牙等。还有，在钻具断落的情况下，仍盲目地投入测斜仪及憋压钢球等，这些物件往往会落入环空。

2. 预防井内落物的措施

（1）防止从井口落入任何物件：首先对井口常用的专用工具如吊卡、卡瓦、安全卡、吊钳等进行仔细地检查，每一个螺钉、轴销、穿销、都要紧固齐全。一般情况下，井口不许使用撬杠、榔头等工具，不得已而用时，要采取防掉措施，如盖好井口、拴紧保险绳等。上卸钻头必须使用钻头盒。双吊卡起下钻要用小补心。总之，要堵塞一切可能落物的漏洞。

（2）钻头使用要根据井下实际情况掌握，若井下有异常情况如别钻、跳钻、扭矩增大、应仔细判断是什么原因造成的，一般有三种情况：①井下有落物，调整钻压、转数不起作用，进尺锐减或无进尺；②钻遇特殊地层，如钻遇砾石层就会跳钻，钻遇某些泥页岩层也会别钻，但有进尺，且钻速基本均匀，调整钻压转数后会见到明显效果；③钻头早期磨损，如轴承旷动、牙轮互咬、牙轮卡死、都会发生别钻、跳钻现象，但有进尺而钻速降低。遇到这些情况，如果一时判断不清，虽然钻头使用时间不够，也要及早起钻。

（3）井下情况不正常，如悬重下降、泵压下降、在地面查不出原因时，绝对禁止从钻具水眼内投入任何物件如测斜仪、憋压钢球等。

（4）表层套管和技术套管的套管鞋必须与管体本身连接牢固，并且用黏结剂粘牢或用电焊焊死，套管鞋与井底的距离越小越好，而且应坐在不易垮塌的砂岩井段，因为这部分的水泥石往往固结不好，很容易掉水泥块和套管鞋，给正常钻进带来困难。

（5）钻头的配合接头螺纹规范必须与钻头连接螺纹的规范一致，防止整个钻头脱扣入井。

（6）刮刀钻头在井下所受扭力较大，其连接螺纹应适当加强。

井下落物多种多样，打捞工具也要随机应变，最重要的是了解清楚情况，才能得心应手。有些工具还可以自己创造。往往"土工具"也能解决大问题。这是一个广阔的天地，希望你发挥自己的聪明才智。

任务4　了解井下复杂情况及事故处理

钻井作业过程中，可能会遇到各种各样的井下复杂情况。这些情况既可能是由人为操作不当引起的，也有可能是由于地质条件的复杂性所导致的。人们在处理这些复杂情况的实践中积累了大量的经验和处理方法，这些经验和方法为后人在从事钻井作业中提供了大量可借鉴资料和财富。

复杂情况是一个量的概念，它在不断地向人们提供信息，告诉作业人员井上、井下情况，当这个量积累到一定程度，就要发生质的转变——形成事故。这个积累过程有长有短，表现出来的各种现象有的明显，有的不明显；有的表现出来的是真相，而有的表现出来的则是假象，需要去粗取精，去伪存真。当然，在处理复杂情况时，人为的因素（指挥与操作）极为重要，正确的判断、正确的处理措施、正确的操作这三点是解决问题的根本，缺一不可。第一点则来源于数据的准确记录和收集；第二点则来源于丰富经验和处理方法的积累；第三点则来源于组织、应变能力和操作的技能。

下面分别描述几种常见的井下复杂情况。

一、井塌

井塌的发生与所钻地层的岩性有关，与地层应力有关。

井塌的发生一般是由于钻井液的液柱压力不能平衡地层压力或不能平衡地层的坍塌压力所造成。当然有些井塌是由于地层的岩性水敏性较好，钻井液中的水进入地层，造成井壁剥落。

1. 井塌现象

1）钻进和循环

（1）振动筛处岩屑返出量比正常返出量增多；

(2) 岩屑形状和大小发生变化;
(3) 泵压增加或憋泵,泵压增加的量值与井塌严重程度成正比;
(4) 顶驱/转盘扭矩增加,扭矩增加的量值与井塌严重程度成正比,严重时,顶驱/转盘有被憋死的可能。

2) 接立柱或单根
(1) 卸扣,如果钻具上没有浮阀,有钻井液从钻杆水眼返出;
(2) 接立柱或单根后,开泵可能有憋泵和憋转现象;
(3) 接立柱或单根后,可能有阻卡现象。

3) 起、下钻
(1) 起钻遇卡,开泵遇卡现象减轻;
(2) 下钻遇阻,井底沉砂较多。

2. 渤海湾井塌实例

从一般意义上来说,井塌可以发生在任何地层,只要条件满足。目前从渤海湾所钻的井的资料看,明化镇组、馆陶组和东营组容易发生井塌,而以东营组井塌为最,而且处理井塌难度较大,成本较高,如果处理不当,可转化为井塌卡钻的恶性事故。

3. 发生井塌的可能原因
(1) 钻井液液柱压力不足以平衡地层压力(由井漏造成井塌);
(2) 钻井液液柱压力不足以平衡地层坍塌压力;
(3) 钻井液失水较大;
(4) 地层对钻井液中自由水反应比较敏感;
(5) 钻井液对地层的抑制性能较差;
(6) 裸眼暴露时间过长;
(7) 井温较高,钻井液不适;

4. 预防井塌基本原则
(1) 正确的钻井工程设计和钻井液设计;
(2) 维持良好的钻井液性能;
(3) 提高钻井速度;
(4) 随时观察返出岩屑的变化,如有井塌的迹象,应立即进行处理;
(5) 现场储备足够的钻井液材料。

5. 处理井塌的基本原则
(1) 井塌发现得越早,处理越及时,井塌就越容易处理;
(2) 首先要保证循环通道的畅通,其次是活动钻具,因为这是复杂情况和事故的分界线,钻具被卡(埋),复杂情况转为事故;
(3) 如果井塌比较严重,想尽办法将钻具提至安全井段或套管鞋内,而后再进行处理;
(4) 当井塌比较严重,又没有较好的方法抑制时,让其坍塌,并不断地循环出沉砂,坍塌压力释放完后会达到一个压力平衡,然后再进行下一步作业。

二、井涌

井涌是由于钻井液液柱压力低于地层压力，地层流体进入井筒。

每一个从事钻井工作的人都应该十分清楚地认识到：井涌如果发现和处理不及时，方法不正确，所带来的后果是十分严重的，损失是巨大的。

井涌被发现得越早，地层流体可能进入井内的就越少，井口压力可能就越低，处理井涌的风险就越小，人们的心理压力也就越小。

所以，人们的警惕性和安全意识要高，仪表和报警装置要灵敏可靠，井控设备要始终保证正常，处于随时可用状态。

井涌是复杂情况，发生井涌不一定是坏事。

1. 井涌的征兆

（1）井口钻井液返出流量增加；

（2）钻井液池钻井液体积增加；

（3）停泵，井口仍有钻井液溢出；

（4）机械钻速增加，有可能发生井涌；

（5）起钻时灌入的钻井液量少于应该灌入量；

（6）下钻时钻井液应返出的量多于应返出的量；

（7）进入钻井液的地层流体使钻井液一些性能发生变化。

2. 引发井涌的可能因素

（1）由于钻井工程设计预测的地层压力偏低，使得钻井液密度不足以平衡地层压力；

（2）抽吸造成液柱压力低于地层压力，如钻具泥包、起钻速度较快都是抽吸的必要条件；

（3）起钻未能有效地灌钻井液，或计量不准确，实际灌入量与应该灌入量相差甚远；

（4）起钻时人为灌钻井液量不足，造成钻井液液柱压力低于地层压力（小尺寸井眼尤为敏感）；

（5）井漏，钻井液液柱压力不足以平衡地层压力；

（6）压力激动（一般压力激动是人为造成的，如下放钻具过快、关井的形式、开泵速度过快等凡是能引起井下钻井液液柱压力突变的）造成井漏；

（7）钻井液密度严重不均匀，如替换新浆、因卡钻向井内泵入解卡剂或柴油等；

（8）下套管循环钻井液，没有将套管内的空气排出而被压入环空，这一气柱随着在环空中的上移，体积迅速膨胀，使钻井液液柱压力快速降低而发生井涌。

3. 处理井涌的一般原则

发现井涌后，应立即采取有效措施控制地层流体进一步进入井筒，即尽量减少地层流体进入井内，在尽可能短的时间内，配制压井钻井液进行循环压井，彻底将井涌抑制住，并将地层流体循环出井。

但要特别注意的是：在发现井涌到整个压井过程结束，一定要控制套管压力，使其对裸眼段低压层所产生的压力低于地层的漏失压力。

三、井喷

井喷是井内地层流体失去控制。井喷大多数是由井涌处理不当所致。

井喷是恶性事故，海上如果发生井喷其处理难度要远远大于陆地，所造成的经济损失、环境污染、社会负面影响更大。

井喷的形式有两种：井上井喷和井下井喷，这两种井喷对于钻井平台来说处理起来都十分困难，井上井喷是由于井口防喷系统失效，无法控制井下流体的喷出；而井下井喷是井口防喷系统有效，但可能是由于操作失误或井身结构设计不合理，两个甚至几个不同的压力体系的地层在同一井段，当井下高压流体压裂裸眼段低压渗透层，就造成井下井喷。

1. 引发井喷的可能因素

（1）未能及时发现钻井液体积增加，大量地层流体进入井眼，这时关井，对地面防喷设备和裸眼地层产生的回压增大，从而造成压井困难，并在处理过程中极容易造成防喷器被刺坏而失效或将地层压漏。

（2）起钻至钻铤处发生井涌，这时的防喷器都不能有效地进行关井，如果操作失误，钻具被喷出井眼的可能性很大，使井喷着火的可能性增大。

（3）地面防喷系统不能有效地工作，如：

① 防喷器密封件损坏；

② 储能器不能正常工作；

③ 阻流管汇故障，如弯头、阀门、阻流阀、法兰刺坏；

④ 防喷器组及套管头试压不合格；

⑤ 防喷器组安装不合理。

（4）空井，而这时的井口装置没有安装盲板或剪切闸板防喷器。

（5）关井操作失误，造成井控设备失效的假象，使决策人下达错误指令。

（6）压井操作失误，回压将承压能力较弱的地层压漏，造成井下井喷。

（7）下套管循环钻井液，没有将套管内的空气排出而被压入环空，这一气柱随着在环空中的上移，体积迅速膨胀，使钻井液液柱压力快速降低而发生井涌，如果没有安装相应的防喷器芯子，使井口防喷系统失效。

（8）所使用的防喷系统压力等级较低，不足以高压井控。

2. 处理井喷的一般原则

（1）首先是尽可能防止因井喷而着火；

（2）打救援井，以减少或截断油气源；

（3）由井喷造成井塌，将井眼埋死；

（4）利用井喷的间歇时间进行压井；

（5）对于井下井喷，要根据漏失层的具体情况进行压井作业或堵漏以提高漏失层的承压能力，而后进行压井作业。

四、浅层气和浅层气井喷

浅层气和浅层气井喷单独作为一个内容进行介绍，是因为浅层气的特点和浅层气的防喷技术以及处理方法与井喷的防喷技术截然不同。

浅层气可以通过浅层地震解释，作业者会根据浅层地震资料在可能的情况下，将井位错开浅层气显示活跃的地方，但不管是否避开浅层气活跃井位，都要遵守下面的原则：对作业人员和钻井平台必须要有足够的安全保障措施和设备，如果没有，就必须暂时放弃。

有的资料上把井的安全排到第二位，但是一般发生了浅层气井涌的井，如果喷出大量的砂石，基于安全和成本等因素综合考虑，多半要放弃这口井，这都是由浅层气的特性所决定的。

浅层气如果埋藏深度小于50m，对于渤海湾软泥和砂的这种地层，则不适应提前下隔水导管，因为小于50m的水泥封固，导管鞋处的承压能力很弱，如果发生浅层气井涌，极易将导管鞋处压漏，与大海串通。

原则：对浅层气井涌，只能采取引导防喷，不能采取压井。

1. 浅层气井涌特点

（1）埋藏深度较浅，几十米或上百米，面积大小不十分确定；

（2）浅层气能量大小预测不准确，一经钻开，就会全部释放；

（3）浅层气井喷时间取决于储量的大小，但不会太长，不久就会衰竭；

（4）由于井较浅，钻井液密度较小，一旦钻开浅层气层，从发现征兆到喷出时间很短，几乎没有反应的时间；

（5）浅层气井喷会将钻井液以及砂石一同喷出，当钻井液喷完后，而后的砂石极易将导流管线堵塞；

（6）浅层气是易燃气体；

（7）地层较松散，承压能力较弱，如果关闭分流器导流受到阻碍产生回压，极易将隔水导管鞋处或其他薄弱处憋漏。

2. 钻前准备工作

（1）根据地震资料进行分析，根据亮斑的明亮程度对照现有的资料进行对比，以判断浅层气能量的大小，确定最终的井位；

（2）在钻井工程设计中，对井身结构设计，井控设备设计，施工技术措施，放喷技术措施都要进行详尽地描述；

（3）对所有施工人员进行技术和风险交底，应急方案等；

（4）模拟预防与浅层气相关的各种演习；

（5）如果平台海水管线不能直接向钻井泵供应足够排量的海水，就应提前考虑在钻井液池内备满海水。

3. 一开钻遇浅层气应注意的事项及处理方法

（1）因为是敞开式，所以水越深，就越安全，水越浅，就越危险；能量越大就越危险，能量越小，也就越安全。故一开应注意以下几点：

① 选择白天和风向好的时间开钻，否则宁可推迟开钻时间；

② 如果地震资料显示的亮斑十分明显，则采用先小钻头钻至设计井深，而后再扩眼。因为裸露面积越小，浅层气释放的能量相对就要小。

（2）开钻组合要求必须安装浮阀，钻具组合尽可能简单。

（3）控制机械钻速，时时观察海面情况，如有异常，立即停钻观察，进行大排量循环。

（4）如果在起、下钻中发现异常，应立即停止起、下钻作业，进行大排量循环排气。

（5）因为井非常浅，采用重钻井液压井不会有什么效果，只有大排量循环，以充分混合砂石排出井眼，并辅助排气，支撑井壁，降低因砂石喷出可能带来的危险。

（6）如果浅层气喷出的能量太大，挟带出的泥沙已经接触船底或更高，应立即在钻台喷淋海水关闭钻台以及平台的非防爆电源。

（7）如果平台上已有浅层气气味，应关闭各舱口的进风风机，关闭生活区的水密门。

（8）平台人员立即做好撤离平台的准备，同时要求值班船备车随时撤人；如果海面气化比较严重，则应考虑使用直升机撤离。

4. 二开钻遇浅层气应注意的事项及处理方法

二开如果没有安装分流器，如果发生浅层气井涌是十分危险的，因为浅层气直接沿隔水导管直冲转盘底部，这种情况下，只能泵入压井钻井液，最理想的是将井涌压住，否则将导管鞋或地层压漏，以使浅层气从它处分流，这种做法风险极大，可能还来不及作出反应，浅层气就已喷出井口。

探井和有浅层气预报的井，一般二开都安装分流器，二开应注意以下几点：

（1）按照规定对分流器进行功能试验，以保证分流器及放喷阀联动可靠；而后对分流器和放喷阀进行试压，试验压力一般在 200~250psi。

（2）放喷管线一般要求直径在 10~12in，不能有弯头；如果预测浅层气能量较大，可以设计安装两个放喷管线。

（3）钻具结构要求简单，并在钻头附近安装浮阀。

项目实施

引导问题 1：了解卡钻的危害及如何控制卡钻。

引入问题 2：了解井漏的原理。

引入问题3：了解井眼的修整。

引入问题4：了解地面复杂情况及事故的处理。

📋 项目评价

序号	评价项目	自我评价	教师评价
1	学习准备		
2	引导问题填写		
3	规范操作		
4	完成质量		
5	关键操作要领掌握		
6	完成速度		
7	管理、环保节能		
8	参与讨论主动性		
9	沟通协作		
10	展示汇报		

说明：表格中每项10分，满分100分。学生根据任务学习的过程与结果真实、诚信地完成自我评价，教师根据学生学习过程与结果客观、公正地完成对学生的评价。

✏️ 课后习题

1. 简述卡钻的分类及处理方法。
2. 如何调整钻井工程措施来制止井漏？
3. 井塌现象有哪些？

项目 11　钻井司钻安全操作认知

📖 知识目标
(1) 了解设备的搬迁与安装。
(2) 了解钻进阶段的内容。
(3) 了解顶部驱动系统的操作。
(4) 了解设备的检修与保养。

✈ 能力目标
(1) 会钻井工艺基本流程。
(2) 掌握钻井防喷的措施。
(3) 掌握倒划眼的操作。

🎯 素质目标
(1) 钻井作业是一项高风险作业，因此，提高学生的安全意识至关重要。学生应了解钻井作业中的安全规范，掌握安全操作技能，并能够在紧急情况下采取正确的应对措施。

(2) 钻井技术需要多个部门和人员协同作业，因此，学生应具备良好的团队协作精神和沟通能力。能够与他人有效沟通，共同解决问题，确保钻井作业的顺利进行。

(3) 随着科技的不断发展，钻井技术也在不断创新。学生应具备创新思维和实践能力，能够不断探索新的钻井方法和技术，提高钻井效率和安全性。

(4) 钻井技术作为能源开采领域的重要组成部分，对于社会和环境具有重要影响。因此，学生应具备良好的职业道德和责任感，能够遵守行业规范，关注环境保护和可持续发展。

任务 1　安装、拆卸的基本要求

上岗人员必须按规定佩戴劳保用品。
(1) 在高处作业时，务必系好安全带，确保工具通过保险绳固定，并将零配件妥善放置于工具袋中。严禁工具、零配件上抛下扔。在进行高处作业时，严禁在作业区域的正下方及其附近进行其他作业、停留和通过。

（2）采用吊车吊装、拆卸设备时应有专人按 GB/T 5082—2019《起重机手势信号》中规定的手势信号指挥吊车吊装、拆卸。

（3）在进行抽穿大绳、钻机上下钻台等作业时，应由熟悉生产流程且具有丰富工作经验的队干部或工长指挥。指挥人员需确保所有参与者明确指挥信号和口令。

（4）绞车滚筒使用的钢丝绳应符合相应的标准要求。确保钢丝绳无打扭、无接头、无电弧烧伤、无退火、无挤压变形等缺陷。所有受拉力的钢丝绳应使用与绳径相匹配的绳卡进行固定，且绳卡的方向需一致，数量达到要求。绳卡的鞍座应位于主绳段上，以确保安全和稳固。

（5）在起重吊装作业过程中，严禁直接用手推拉设备。应采用游绳牵引的方式进行操作。

（6）遇有六级(含六级)以上大风、雷电、暴雨、雾、雪或沙暴等恶劣天气，且能见度低于 30m 的情况下，应立即停止所有设备吊装、拆卸以及高处作业。

（7）井架及其任何部位都严禁放置未被固定可靠保险绳的工具和其他零配件物品，以防止坠落造成伤害和损坏。

（8）吊装、搬运盛放液体的容器(水罐、油罐、钻井液罐、钻井液储备罐等)时，应将容器内的液体放净或回收空，无残余物。

（9）搬迁车辆进入井场后，严禁将吊车停放在架空电力线路下方进行作业。吊车停放位置(包括起重吊杆、钢丝绳和重物)严禁靠近高低压输电线路。若必须在输电线路近旁作业时，应严格按相关规定保持足够的安全距离。如无法确保安全距离，应与相关电力部门联系，安排停电后，再进行吊装、拆卸工作。

（10）在井场内施工作业时，应掌握各种管线及电缆线的分布情况，严禁重载物直接碾压。

（11）井场值班房、发电房、油罐区距井口不少于 30m，发电房与油罐区相距不少于 20m，锅炉房距井口不少于 50m。

一、钻台设备的安装与拆卸

穿抽大绳，以及塔型井架穿钢丝绳前应检查游车的滑轮转动及松旷情况，并将游车固定于井架大门前井架底座上，自升式井架在穿大绳前，应将游车放置于规定位置。钢丝绳应放在可以旋转的架子上，边穿边转动。用人力拉棕绳引绳上井架时，上下工作人员应相互配合，防止棕绳引绳突然断掉而产生意外。大绳死绳端缠绕固定器应按规定的圈槽排满，用压板加双螺母紧固，并加 2 只绳卡卡牢。开槽的绞车滚筒初始缠绳不应少于 1¾ 层，不开槽的绞车滚筒初始缠绳不应少于 1⅛ 层。严禁用拖拉机穿大绳。抽大绳应用相应的棕绳牵引或用专用装置，不应让其自由下落。绞车上、下钻台(以大庆 130 型钻机为例)起吊绞车采用 2 根等长，直径为 28mm、长度为 9m 的钢丝绳套，牵引绳套采用直径为 19~22mm、长度为 60m 的钢丝绳，两端各卡 3 只绳卡。绞车上、下钻台用的导向滑轮，公称载荷不小于 200kN，转动灵活，并用直径不小于 19mm 的钢丝绳固定于井架底座，钢丝绳缠绕底座4圈后用3只绳卡卡牢。拖拉机应工作正常,刹车、牵引架、牵引钩可靠。天车、游车的滑轮转动灵活,井架大门上方的钻杆固定牢固。游车穿大销子后,加穿保险销。在牵引钢丝绳的两侧各10m内,严禁有人停留或工作。拖拉机工作时两侧的门应打开。总指挥员应站在井架梯子上指挥,不应站在钻台上指挥。上起游车时,大门前的拖拉机应绷拉绞车,绞车的护罩必须齐全完好。绞车就位后,应先将钢丝绳卡牢,再松开活绳头,活绳端用专用压板加2只绳卡固定牢固。绞车、辅助刹车的安装(以大庆130钻机为例,其他型号的绞车安装见相应说明书):绞车一般采用直径127mm钢管压杠2根,8只直径为36mm提环螺栓加方木固定,四角用直径为19mm的钢丝绳双根和花篮螺栓固定,或用U形螺栓固定。

二、绞车的安装与拆卸

(1) 刹带调节螺栓并帽与钻机底座间隙3~5mm,调节扳手两把卡住调节螺母,锁好保险销。

(2) 刹车钢带及两端销孔无变形、无裂纹、刹带顶丝完好,刹带下严禁有杂物和油污。

(3) 刹带片厚度不得小于18mm,螺栓弹簧垫齐全、紧固、无碎片。

(4) 刹带曲轴套无松动,润滑灵活,曲轴下严禁有杂物和油污。

(5) 刹车销子、垫片、开口销安装齐全,符合标准,匹配相当。

(6) 刹车鼓紧固无松动,无明显龟裂现象,磨损厚度不超过8mm。

(7) 刹车气缸螺栓、销子齐全紧固,严禁电焊,进排气符合要求,不漏气,刹车可靠,气缸下无杂物。

(8) 刹把灵活、气刹、电磁刹车灵敏。刹车后刹把与钻台面呈40°~50°夹角。气压表完好,灵敏,示值正确。绞车护罩、转盘链条护罩、传动链条护罩齐全完好,固定牢固。辅助刹车安装牢固,不渗不漏,水刹车离合器摘挂灵活,若采用电磁涡流刹车,则电气部分应由持证专业电工安装。

(9) 绞车在固定时,应用水平尺测量校平。首先以滚筒面为标准,水平误差不大于2mm。其次以校正好的转盘链轮为基准,使两链轮的偏差和斜差不大于2mm。

(10) 绞车拆卸时,应依次将护罩、外接管线、绳索、链条及绞车固定件拆除。绞车下钻台方法与绞车上钻台方法一样,只是动作方向相反,绞车被缓慢地往地面下放。绞车平稳落地后,用拖拉机拉游车时,拉绳应拴牢,游车下放到地面后,用绳索将游车固定于井架底座上。

三、转盘的安装

首先将转盘下面和大梁表面上的泥土、杂物清理干净,保证结合面贴合良好。以钻台面为基准,用水平尺测量校平,水平误差不得大于2mm(不平时要用钢板垫平)。在井架四个大腿同样高度对角拉两根线,进行转盘校正,在两线的交点向下引垂线,使转盘的中心处于垂线上,然后找出井架底座左右两侧的大梁中点拉直线,使转盘外壳两边中点也处在这条直线上。

　　大庆130型钻机转盘的固定通常在转盘四角用直径19mm双股钢丝绳及花篮螺丝与井架底座拉紧，在四角焊上固定档铁。为防止因链条拉力使绞车和转盘发生相对位移，用直径28mm的钢丝绳套把转盘和转盘大梁牢牢地捆在一起，钢丝绳的连接处用3个与绳径相符的绳卡卡固。

　　F320钻机和JZ-45钻机的转盘均用8只M48的调节丝杠，在4个方向上对称找正和顶紧。其他型号钻机的转盘固定参见说明书进行。

　　大钩及吊环安装。用气（电）动小绞车把大钩提环提正。取下游动滑车吊环销子，打开吊环。慢慢下放游车，并配合推拉游车，使大钩提环进入游车的吊环内。在无压紧的情况下，扣上游车吊环，穿好吊环大销子，戴好螺帽，上好保险销。吊环无变形、裂纹，保险绳用直径12.7mm的钢丝绳绕三圈，卡3只绳卡。

　　水龙头及风动旋扣短节的安装。水龙头鹅颈管法兰盘密封面平整光滑。提环销锁紧块完好紧固。各活动部位转动灵活，无渗漏。风动旋扣短节的风动马达固定牢固，旋扣短节的外壳用直径12.7mm的钢丝绳与水龙头外壳连接牢。

　　防碰天车的安装。气动防碰天车的引绳用直径为6.4mm的钢丝绳，上端固定，下端用开口销连接，松紧适当，不与井架、电缆摩擦。机械防碰天车灵敏、制动快，重砣用直径12.7mm的钢丝绳悬吊于钻台下，距地面不小于2m。防碰天车挡绳距天车滑轮应不小于6m。将三通气开关牢牢地固定在绞车底座上，并将重锤连接在开关的操作手柄上。用气管线分别将刹车气缸、高低速与三通气开关连通并上紧螺纹。

四、大钳的安装

　　大钳的钳尾销应齐全牢固，小销应穿开口销。B型大钳的吊绳是直径为12.7mm的钢丝绳，悬挂内、外钳的滑车其公称载荷应不小于30kN。滑车固定采用直径为12.7mm的钢丝绳绕两圈卡牢，大钳尾绳采用直径为22mm的钢丝绳固定于井架大腿上，内钳尾绳长7m，外钳尾绳长8m，两端各卡3只相匹配的绳卡。液气大钳的吊绳采用直径为16mm的钢丝绳，两端各卡3只绳卡。液气大钳移送气缸固定牢固，各连接销应穿开口销。悬挂液气大钳的滑车其公称载荷应不小于50kN。

五、小绞车的安装

　　气（电）动绞车的安装应牢固、平稳、刹车可靠，吊绳用16mm的钢丝绳，配双向钩，钢丝绳长度以100m为宜。小绞车固定一般采用4只U形卡子（或4个M20的螺栓）分别将小绞车的底座四角固定在钻台右侧高压立管附近，并将倒顺开关装在小绞车附近（以操作者能方便自如地操作为宜）、固定牢靠。将50kN的滑轮用直径为12.7mm的钢丝绳套缠绕3圈后，固定在小绞车一侧的井架天车大梁上，并封口。将准备好的小绞车起重钢丝绳穿过载荷为50kN的滑轮，然后将一端固定在小绞车滚筒上，另一端连接在吊钩上，并用相应的绳卡卡牢。接通小绞车的控制开关，若是电动小绞车应有防水、防触电等措施。

六、大门绷绳及防喷盒的安装

大门绷绳用滑车的公称载荷应不小于50kN,用直径为19mm的钢丝绳绕两圈后,将其卡固于井架前大门人字架横拉筋上。大门绷绳坑距井口中心不小于30m,坑深2m,宽0.8m,长1m。悬挂防喷盒的滑车公称载荷应不小于10kN,滑车的固定采用直径为12.7mm的钢丝绳绕两圈后卡牢。各底座连接螺栓及柴油机、联动机固定压板应加双螺母拧紧,万向轴两端连接螺栓必须加弹簧垫拧紧,联动机顶杠应灵活好用,锁紧螺母拧紧。所有管路应清洁、畅通,排列整齐,各连接处应密封、无渗漏。油罐至机房、发电房的油管线埋地深度应不小于200mm,或用钢管护套穿越道路。柴油机周围1.5m,水箱前2m范围内不应安装其他装置或堆放物品。柴油机的各种仪表完好,即灵敏度、准确度、油温、水温、机油压力符合要求,机体无渗漏。压风机、空气干燥装置的安全阀、压力表灵敏可靠。截止阀、单向阀、四通阀灵活好用,所有护罩齐全、牢固。

七、机房设备的拆卸

机房设备拆卸前应先切断电源,拆下全部油、气水管路,分类存放。吊装不带底座的Z12V-190型柴油机时,要通过机体前后端面上的起重吊挂,用起重吊杠和钢丝绳吊装,不应在其他部位吊装,搬运时柴油机与其支架要用螺栓紧固。吊装带底座的Z12V-190型柴油机配套机组时,要通过底座前后起重吊环用钢丝绳吊装,不应通过机体上的部位吊装。搬运前,应将与柴油机相连接的外排气管,万向轴等附加装置全部拆除,传动皮带用棕绳绑扎牢固,并将柴油机上所有油、水、气进出口用塑料布或其他合适的材料密封。

八、钻井泵的安装与拆卸

钻井泵就位时,应用两根等长且直径不小于19mm的钢丝绳吊装。钻井泵在固定前应找平、找正。钻井泵的前后不平度每米不大于3mm;左右不平度每米不大于2mm;钻井泵皮带轮左右偏差和斜差不大于2mm。钻井泵与联动机之间用顶杠顶好并锁紧,转动部位应采用全封闭护罩,固定牢固无破损。钻井泵的安全阀应垂直安装,并戴好护帽,钻井泵安全阀杆灵活无阻卡,剪销式安全阀销钉应按缸套额定压力穿在规定的位置上,弹簧式安全阀应将其开启压力调至钻井泵缸套额定压力的105%~110%范围内。钻井泵安全阀泄压管一般采用直径为75mm的无缝钢管制作,其出口应通往钻井液大罐,出口弯角度应大于120°,管线应采取保险措施固定牢靠。预压式空气包应配灵敏度高、准确度高、示值清楚的压力表,空气包应充装氮气,严禁充装易燃易爆气体。充装压力为钻井泵工作压力的30%。拉杆箱内不得有阻碍物。钻井泵内的钻井液应放净,冬季应将吸入阀、排出阀取出。

九、地面高低压管汇安装

高低压阀门组及地面高压管汇按标准打好水泥基础,基础间隔4~5m,并用地脚螺栓卡牢。高压软管的两端用直径不小于16mm的钢丝绳缠绕后与相连接的硬管线接头卡固,或使用专用软管卡固。高低压阀门手轮齐全、开关灵活、无渗漏。

十、立管及水龙带安装

用直径 19mm 的钢丝绳套牢固地拴在立管弯脖以下 3m 处，绳套要有足够的强度，不得有断丝、松散、硬伤或严重锈蚀等缺陷。用钩子挂上已拴好的立管绳套上，在立管顶端以下 4m 处和立管下端以上 1m 处各拴一根牵绳。由数人拉牵绳，配合小绞车将立管起到适当的高度时(不得让立管碰挂井架)，立管平台上的操作人员应立即使弯头进入井架以内并摆正。立管下端与高压管汇连接在一起并用大锤将活接头砸紧，立管上端用正反螺栓吊在井架的横拉筋上，并把螺栓上紧。立管中间用 4 只直径为 20mm"U"形螺栓紧固，立管与井架间应垫方木或专用立管固定胶块。"A"形井架的立管在各段井架对接的同时对接，并上紧活接头，水龙带在立井架前与立管连接好，用棕绳捆绑在井架上。立管压力表宜安装在离钻台面 1.2m 高处，表盘方向以便于司钻观看为宜，压力表要求示值准确、灵敏。水龙带应用直径为 12.7mm 的钢丝绳缠绕作保险绳。绳扣间距为 0.8m，两端固定牢靠，一端固定在水龙头的支架上，另一端固定在立管弯管上，安装保险绳的自由度，不得妨碍水龙带的运动。或采用安全管卡防脱，其卡紧力以不损伤水龙带为宜。

十一、钻井液净化设备的安装与拆卸

钻井液罐的安装应以井口为基准，或以 2 号钻井泵为基准，确保钻井液罐、高架槽有 1∶100 的坡度。高架槽应有支架支撑，支架应摆在稳固平整的地面上。振动筛至钻台及钻井液罐应安装 0.8m 宽的人行通道，靠钻井液池一侧应安装 1.05~1.20m 高的护栏，人行通道和护栏应坚固不摇晃。振动筛、除砂器、除泥器及离心机等电气设备应由持证电工安装，电机的接线牢固、绝缘可靠。安装在钻井液罐上的除泥器、除砂器、除气器、离心机及混合漏斗应与钻井液罐固定。传动、转动护罩齐全，完好。振动筛找平，找正后用压板固定。除砂泵应用地脚螺丝固定在水泥基础上或用压板螺丝固定在可折叠式的金属底座上，其底座平面不得高于循环罐底座平面。除砂泵的皮带轮与 1 号联动机加长轴皮带轮按标准校正后固定。皮带轮的松紧度要适当。上下循环罐的梯子应不少于 3 个，罐上的照明要良好，钻井液搅拌枪定位销应齐全、可靠。钻井液罐的吊装应使用直径不小于 22mm 的钢丝绳，钻井液罐的过道、支撑拆卸后应绑扎牢固。搬迁时，连接在钻井液罐上的振动筛、除砂器、除泥器、除气器、离心机、混合漏斗、配药罐及照明灯具等附件均应拆除。

十二、井控装置的布置及安装要求

液压防喷器远程控制台距井口应不小于 25m。放喷管线与油罐距离应大于 3m。放喷管线出口距井口应不小于 75m，放喷管线一般采用通径不小于 78mm 的高压管线(通常应用 127mm 的钻杆连接出口处留有 127mm 钻杆螺纹)防喷管线的布局要考虑当地季节风向、居民区、道路、设施等情况，转弯夹角不小于 120°，每隔 10~15m 用水泥基墩加地脚螺栓或用地锚固定。安装防喷器的井，下技术套管(或表层套管)时应准确计算联入，确保放喷管线不高于井架船形底座 150mm。防喷器安装应与天车、井口对正，中心偏移不大于

10mm，四角用花篮螺栓固定。安装防喷器底法兰的套管接箍，应是原套管接箍，不应在套管本体上重新焊接接箍。放喷、节流、压井管汇内无异物，各阀门灵活好用，并经试压合格。液压控制管汇确保接头清洁，外螺纹接头涂好密封脂。

十三、钻机气路的安装

准备好各气控管线，气控元件，将气管线用气吹干净，将气控元件及连接螺纹刷洗干净，并涂好润滑脂。准备好足够的气管线卡子。

安装方法：

（1）按照绞车气路的安装图，用气管线将各阀件及执行元件连接起来。

（2）经验安装：安装人员可根据自己的经验和司钻操作台上各气开关的作用，顺着操作台内的气管线找出接头，与被作用离合器的快速放气阀或继气器相连接；开关的进气管线接头与总气管线上的分支接头相连接，操作台的总气管线接头与机房的总气管线接头相连接，然后再根据与两端作用相吻合的关系，一直把气路全部安装好。气路安装完毕，应对各处执行机构进行静压试验和运转试验后方可投入正式使用。

十四、指重表安装

用直径38~51mm的金属管材或专用支架，牢固地树立在绞车水刹车一侧的井架底座外，作为指重表的固定支柱。用螺栓、压块或固定卡子将仪表箱固定在树立好的支柱或专用支架上。将液压管线分别与指重表和传感器连接牢固。向传感器内注入适量的传压液。

任务2　钻井工艺基本流程

钻井工艺流程是指钻井工艺的流程方法。

一、钻井施工工序

钻井是一项系统工程，是多专业、多工种利用多种设备、工具、材料进行的联合作业。同时它又是多程序紧密衔接、多环节环环相扣的连续作业。施工的全过程都具有相当的复杂性。每一口井的完成包括钻前工程、钻进工程和完井作业三个阶段。每一项工程阶段又有一系列的施工工序。其主要工序一般包括：定井位、道路勘测、基础施工、安装井架、搬家、安装设备、一次开钻、二次开钻、钻进、起钻、换钻头、下钻、完井、电测、下套管、固井作业等。

1. 钻前作业

钻前作业的主要工作在于准备钻井条件。钻前作业的主要工作有：修筑简易公路搬运井架等钻井设备、平整井场安装井架、钻井用水和器材的准备等。

钻前作业包括以下内容：测定井位，落实水源，修筑道路，基础施工，井架安装，钻机搬迁与安装，土方工程施工，全套水、电、讯路的铺设，安装防冻保温设施，，备齐开钻钻具和用料，做好开钻井口准备(包括下导管和冲鼠洞)。

2. 钻表层

地表地层一般比较松软，在钻开后必须进行专门的加固处理才能继续向深部钻进。这种加固一般采用下入大尺寸的表层套管并用水泥将套管与地层紧密胶结(称固井)来完成。因此，钻地表地层(现场惯称"一开")时，必须使用大尺寸钻头，并且钻进深度适当(太浅则松软地层未加固好影响后续钻进，太深则增加成本造成浪费，一般在二十米到一二百米左右)。一开钻达硬地层后，即下套管固表层，待固井水泥凝固后再继续钻进。

3. 进抵目的层的钻进

表层固好后，就使用较一开小一定尺寸的钻头向地层深部钻进(简称"二开")。这时一般需要进行地质资料的连续录取并在需要的时候或需要的井段对有关的地质资料进行加密录取，以解决地质研究与钻井工程的相关需要问题。在钻达目的层之前，在遇到某些特殊情况如易垮塌层、高产水层、异常高压(或低压)层等在钻进中难于控制的层段时，还需要下入技术套管固井后，再用较"二开"更小的钻头向目的层钻进(习称"三开")。在钻达目的层后，一般要进行许多特别要求项目的资料录取(如取岩心、测井等)。

4. 中途测试

某些探井在钻达设计目的层位以前可能发现良好的油气显示，这时可以根据需要停钻，利用钻杆做地层流体从井底流向井口的导管，进行以证实地层含油性和产能为主要目的的测试。这就是中途测试，中途测试结束后一般都要继续钻进。

5. 完井电测

在探井钻进的过程中，若发现有价值的油气水层时，可以视具体情况随时安排需要项目的测井，但这种情况一般不多，若非特别紧急或重要，一般都安排在终钻时与其他重要层段一起进行电测。在一口井完钻时，一般都要进行一次系统全面的测井，以取得该井全井多个项目的电测资料。这种测井称为完井电测，以与其他测井相区别。完井电测可取得全井各层段系统的测井资料，对井下地层的详细划分对比、目的层的岩性物性含油气性认识等都有着极重要的意义，是钻井中所必须录取的重要资料。

6. 固井与完井

对已钻成的井眼进行井壁加固称为固井。钻开目的层并建立目的层与井筒的连通方法的作业称为完井。完井的目的是建立保证油气顺畅地从地层流向井筒的通道和加固油层部位的井壁。

完井工程是指从完钻井深至交井的工程阶段。完井方法有以下四种：

(1) 裸眼完井，是指油气层井段不下套管封隔的完井方法。

(2) 射孔完井，是指钻穿油气层，将油层套管下过油气层底部，固井封隔油气层，再用射孔器射穿油气层井段的套管与水泥环，以形成油气流入井内通道的完井方法。

(3) 贯眼完井，是钻穿油气层后将带孔眼(或割缝)套管下至油气层底部，油气层以上井眼注水泥封隔的完井方法。

(4) 衬管完井，是钻至油气层顶部、下油层套管，注水泥封隔，再用小钻头钻穿油气层，下入带孔眼(或割缝)的衬管的完井方法。

二、钻井施工操作——"钻进接立根"的操作

钻完井中立根，坐放卡瓦，停止钻井液循环。用顶驱主电机和背钳卸开顶驱保护接头与钻杆的连接扣。提升顶驱使吊卡离开钻杆接头至二层台位置，操作【吊环回转】开关，将吊环倾斜臂向左或向右转到井架工所需方向。操作【吊环倾斜】到"前倾"，使吊卡靠近二层台所要接入的立根处，井架工将立根放进吊卡中并扣好吊卡。操作【吊环倾斜】到"后倾"，使吊卡大致回到井眼中心后，按下【吊环中位】按钮，这时吊环倾斜油缸处于浮动状态。上提顶驱将立根脱离立根盒，立根回到中位。当立根下端外螺纹对准钻杆内螺纹时，缓慢下放顶驱，将立根外螺纹插入钻杆内螺纹；用液压大钳上紧立根下端与钻杆的连接扣。继续缓慢下放顶驱，使立根上端内螺纹插入顶驱对扣导向口，直到顶驱保护接头外螺纹进入立根内螺纹为止。用顶驱主电机和背钳旋扣和紧扣。遥控打开上防喷器。上提顶驱，取出卡瓦，开泵建立钻井液循环，恢复钻进。

注意：不及时收回吊环倾斜臂，下放顶驱时会造成压坏顶驱倾斜油缸和小操作台事故。

1."钻进接单根"的操作

钻完井中单根，坐放卡瓦，停止钻井液循环。遥控关闭上防喷器。用顶驱主电机和背钳卸开顶驱保护接头与钻杆的连接扣。提升顶驱使吊卡离开钻杆接头至钻台面上适当高度。操作【吊环倾斜】"前倾"，使吊卡摆至鼠洞中单根接头处，将单根扣入吊卡。上提顶驱将单根提出鼠洞后，操作【吊环倾斜】到"后倾"，使吊卡大致回到井眼中心后，按下【吊环中位】按钮，这时吊环倾斜油缸处于浮动状态，单根回到中位。当单根下端外螺纹对准钻杆内螺纹时，缓慢下放顶驱，将单根外螺纹插入钻杆内螺纹；用液压大钳上紧钻杆扣。继续缓慢下放顶驱，使单根上端内螺纹插入顶驱对扣导向口，直到顶驱保护接头外螺纹进入单根内螺纹为止。用顶驱主电机和背钳旋扣和紧扣。遥控打开上防喷器。上提顶驱，取出卡瓦，开泵建立钻井液循环，恢复钻进。

2."倒划眼"的操作

建立钻井液循环。【旋转方向】开关选择"正向"旋转，按工程要求设定【钻井扭矩限定】值，缓慢旋转【转速设定】手轮，启动钻井电机，调节速度手轮使转速达到工程所需转速。在钻井液循环和钻具旋转的同时，提升顶驱进行倒划眼。倒划眼至提出一个钻杆立根或单根时，停止钻井液循环和顶驱旋转，坐放卡瓦。用顶驱电机和背钳卸开立根或单根上端内螺纹与顶驱保护接头的连接扣。用液压大钳卸开立根或单根下端与钻杆的连接扣，用吊卡提起立根或单根，排放好。下放顶驱至保护孔接头插入钻杆内螺纹为止，用顶驱电机和背钳旋扣和紧扣。恢复钻井液循环，旋转活动钻具，继续倒划眼。

注意：倒划眼并不影响正常起下钻排放立根，即并不用接单根。

3."上扣"的操作

将【转速设定】"手轮回零，【旋转方向】开关置"停止"位。旋转【上扣扭矩限定】手轮设定上扣扭矩值（此值为事先预设好的，一般情况下不允许改动）。操作【回转头锁紧】开关置"锁紧"位，指示灯亮，表明此时锁紧操作完成。如果此时指示灯没亮，应重新进行锁紧操作，直到指示灯亮，只有完成锁紧操作后，才可以进行背钳夹紧操作。【旋转方向】开

关置"正转"位；【操作选择】开关置"旋扣"模式，此时系统正向旋扣，当旋扣扭矩达到 5kN·m 时(此扭矩值为已设定好的值)，降速停车，旋扣完成。"操作选择"开关置"扭矩"模式，同时左手按下【背钳】按钮；此时系统切换到上扣工作方式，首先将背钳夹紧，延时后系统以手轮给定的上扣扭矩设定值正向旋转上扣，达到设定扭矩后，系统自动停止运行；观察扭矩表的上扣扭矩达到设定值后，左手松开【背钳】按钮，背钳松开，右手【操作选择】开关扳到"钻井"模式。【回转头锁紧】开关置"松开"位，回转头松开锁紧，锁紧指示灯灭，上扣完成。

4. "卸扣"的操作

停止钻井液循环，坐放卡瓦，此时指重表指示 25t 左右。遥控关闭上防喷器，将【转速设定】手轮回零。操作【回转头锁紧】开关置"锁紧"位，锁紧指示灯亮，表明此时锁紧操作完成。【旋转方向】开关置"反转"位。【操作选择】开关置"扭矩"模式，同时左手按下【背钳】按钮。首先背钳将钻杆内螺纹接头夹紧，延时后系统将以最大不超过 75kN·m 的扭矩卸扣，当系统转速高于设定转速时，系统装置自动停车。左手松开【背钳】按钮，右手【操作选择】开关置"旋扣"位，延时后开始卸旋扣。待扣全部退出后，【旋转方向】开关置"停止"位，【操作选择】开关置"钻井"模式。【回转头锁紧】开关置"松开"位，回转头松开锁紧，锁紧指示灯灭，缓缓提升顶驱，卸扣完成。

注意：

(1) 上、卸扣时，必须保持悬重 25t 左右(游车、大钩、顶驱静止时的总质量)。

(2) 回转头锁紧时，回转头会做小幅度旋转，小心不要伤人或碰坏设备。

(3) 背钳操作，必须在回转头锁紧操作完成并确认已锁紧且指示灯亮之后才能进行，以保证设备和人身的安全。

5. "起钻"的操作

将顶驱主轴与钻杆连接丝扣卸开后，提升顶驱，操作【吊环倾斜】到"前倾"，使吊卡扣入钻杆接头。提升顶驱至二层台以上，井口坐放卡瓦，下放顶驱。用液压大钳卸开立根下端的连接扣。适当上提顶驱，井口人员将立柱推向立根盒，适当下放顶驱将立柱排放入立根盒。操作【吊环倾斜】到"前倾"，使吊卡靠近二层台，井架工打开吊卡拉出钻杆。操作【吊环倾斜】到"后倾"，使吊卡大致回到井眼中心后，按下【吊环中位】按钮，这时吊环倾斜油缸处于浮动状态。下放顶驱到井口钻杆接头处，操作【吊环倾斜】"前倾"，使吊卡扣住钻杆接头。

6. "下钻"的操作

提升顶驱至二层台位置，操作【吊环回转】，将吊环倾斜臂向左或向右转到井架工所需方向，操作【吊环倾斜】到"前倾"，使吊卡靠近二层台所要下放的钻杆处，井架工将钻杆放进吊卡中并扣好吊卡。操作【吊环倾斜】到"后倾"，使吊卡大致回到井眼中心后，按下【吊环中位】按钮，这时吊环倾斜油缸处于浮动状态。上提顶驱将立根脱离立根盒，立根回到中位。当立根下端外螺纹对准钻杆内螺纹时，缓慢下放顶驱，将立根外螺纹插入钻杆内螺纹；用液压大钳上紧钻杆立根下端的连接扣。提升钻柱，起出卡瓦；下放钻柱到井口，坐好卡瓦。松开吊卡，操作【吊环倾斜】向后稍倾，离开钻杆，上提顶驱到二层台。

注意：

（1）起、下钻的过程中，顶驱过二层台位置时，吊环倾斜臂不及时收回到中位，会造成压或顶坏倾斜油缸和二层台小操作台的事故。因此，严禁在伸出吊环倾斜臂，吊环倾斜时上提或下放顶驱过二层台位置。

（2）操作回转头和吊环倾斜臂时，必须确认在附近没有障碍和人员的情况下，方可进行。

（3）起、下钻过程中如遇阻，顶驱可在井架任一高度用顶驱主电机将顶驱接到立根上，立即建立钻井液循环和旋转活动钻具，进行划眼作业。

7. "井控防喷"的操作

1) 钻进或划眼时进行井控防喷

在钻进或划眼时发生井喷等紧急情况下，按下【井控】按钮后，顶驱系统会自动进入井控状态：

（1）启动液压泵（不管之前状态）。

（2）停止钻井泵（如果给出干接点信号才起作用）。

（3）停止驱动装置（快速停车）。

（4）关闭上防喷器。

注意：上防喷器在钻井过程中或钻井泵运行状态下禁止关闭，否则会憋压、憋泵，发生事故。

2) 起、下钻时进行井控防喷

（1）起、下钻过程中一旦发现井涌，立即坐放卡瓦，将顶驱与钻柱对好扣。

（2）用顶驱电机和背钳进行旋扣和紧扣。

（3）遥控关闭上防喷器。

（4）根据情况使钻柱下放到钻台面，坐放卡瓦，手动关闭下防喷器。

（5）如果需要，再从上、下防喷器接头处卸开，在下防喷器的上部接入需要的转换接头、止回阀、循环短节等。

（6）按井队常规井控程序，进行正常井控处理。

3) "下套管"的操作

（1）必须使用较长的吊环（3.8m以上）。

（2）可以利用遥控上防喷器控制灌浆过程。

（3）可以利用吊环倾斜臂抓取套管及套管旋扣时进行扶正，防止错扣、乱扣发生。

8. "回转头"的操作

在吊环上不承重时，司钻可以根据钻井的要求转动【吊环回转】开关，使吊环向前、后、左、右回转到所需的方向；在使用吊环倾斜臂后，应待【吊环倾斜】按钮回中位，再按【吊环中位】按钮后，才能转动回转头。

注意：在【吊环倾斜】按钮未回"中位"及未按【吊环中位】按钮前，严禁用吊环提升超过500kg的重负荷（如：钻铤、加重钻杆等，特别在起钻和上、卸钻头时，严禁在钻具下端还未放到位时操作吊环倾斜机械臂）。严禁在吊环承受负荷时转动顶驱回转头及主轴！

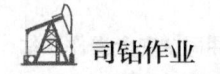

9. 其他注意事项

禁止吊环与井架及其他设备发生干涉、碰撞；上提下放顶驱时，注意不要挂游动的电缆、光缆、液压管线等（特别是刮风天气），不要让钢丝绳磨游动的电缆、光缆、液压管线，防止损坏。顶驱系统运行时，禁止关闭风机。在使用震击解卡过程中，严禁使用顶驱；在任何情况下，均不应当使用地面震击器，否则会对顶驱装置产生伤害。在系统运行状态，操作【系统总起开关会造成故障停机。顶驱保护接头下方没有钻具时，严禁使用【背钳】按钮，防止钳牙损坏保护接头丝扣。系统出现紧急情况需要紧急停止时，操作人员可就近按下【急停】按钮，顶驱系统所有设备快速停机。注意：无紧急情况下的正常运转或正常停机，严禁按下【急停】按钮。顶驱司控台出现报警、任何异常声音、任何异常动作时，应尽快将顶驱停下，并通知顶驱现场工程师（技师）；在顶驱现场工程师（技师）处理后，得到顶驱现场工程师（技师）同意使用顶驱时，方可继续使用顶驱。禁止顶驱带故障运行。特殊情况时，必须在顶驱现场工程师（技师）对故障了解后并同意运行的前提下，方可运行。禁止任何形式的顿钻发生。严禁非操作人员随意乱动顶驱司控台上的各种可动元件！严禁用水冲洗司控台表面和擅自打开司控台！严禁任何的人为或其他形式的顶驱损伤！

三、钻井井别

石油和天然气的勘探和开发中钻成井眼所采取的技术方法主要包括井身设计、钻头和钻井液的选用、钻具组合、钻井参数配合、井斜控制、钻井液处理、取岩心以及事故预防和处理等。石油钻井工艺的特点是井眼深、压力大、温度高、影响因素多等。以往主要靠经验钻井，20世纪50年代开始研究影响钻井速度和成本的诸因素及其相互关系，钻井新技术、新理论不断出现。因井眼方向必须控制在允许范围内，所以根据油气勘探、开发的地质地理条件和工程需要，分直井和定向井两类，后者又可分为一般定向井、水平井、丛式井等。

1. 直井

直井的井眼沿铅直方向钻进并在规定的井斜角和方位角范围内钻达目的层位，对井眼曲率和井底相对于井口的水平位移也有一定的要求。生产井井底水平位移过大，会打乱油田开发的布井方案；探井井底水平位移过大，有可能钻不到预期的目的层。井的全角变化率过大会增加钻井和采油作业的困难，易导致井下事故。影响井斜角和方位角的因素有地质条件、钻具组合、钻井技术措施、操作技术以及设备安装质量等。为防止井斜角和井眼曲率过大，必须选用合理的下部钻具组合。常用的有刚性满眼钻具组合和钟摆钻具组合两种。前者可采用较大的钻压钻进，有利于提高钻速，井眼曲率较小，但不能纠斜；后者需控制一定的钻压，响钻速，但可用来纠斜。

2. 定向井

定向井是沿预先设计的井眼方向（井斜角和方位角）钻达目的层位的井。主要用于：

（1）受地面地形限制（如油田埋藏在城镇、高山、湖泊或良田之下）的情况；

（2）海上丛式钻井；

（3）地质构造特殊（如断层、裂缝层，或地层倾角太大等）的情况；

(4) 处理井下事故，如侧钻，为制止井喷着火而钻的救险井等。

定向井的剖面设计，一般由直井段、造斜段、稳斜段和降斜段组成。造斜和扭方位井段常用井下动力钻具(涡轮钻具或螺杆钻具)加弯接头组成的造斜钻具。当井眼斜度最后达到或接近水平时称为水平井。定向钻进时，必须经常监测井眼的斜度和方位，随时绘出井眼轨迹图，以便及时调整。常用的测斜仪有单点、多点磁力照相测斜仪和陀螺测斜仪。近年来，还使用随钻测斜仪，不需起钻就可随时了解井眼的斜度和方位，按信号传输方式分有线及无线两种，前者用电缆传输信号，后者用钻井液脉冲、电磁、声波等。

3. 丛式井

丛式井又称密集井、成组井，是指在一个位置和限定的井场上向不同方位钻数口至数十口定向井，可使每口井沿各自的设计井身轴线分别钻达目的层位，通常用于海上平台或城市、良田、沼泽等地区，可节省大量投资，占地少，且便于集中管理。

四、钻井方法

1. 喷射钻井

喷射钻井是指将钻井泵输送的高压钻井液通过钻头喷嘴形成高速冲击射流，直接作用于井底，充分利用水力能量(一般使泵水功率的50%以上作用于井底)，使岩屑及时冲离井底或直接破碎地层，可大幅度提高钻井速度。合理的工作方式是采用较高的泵压、较低的排量和较小的钻头喷嘴直径。

2. 地层孔隙压力预测和平衡压力钻井

地层孔隙压力预测是指用地震、测井和钻进时的资料(机械钻速、页岩密度、钻井液密度、温度等)进行综合分析，预测地层孔隙压力和判断可能出现的异常压力地层，及时采取措施以防止突然发生井喷、井漏和井塌等井下复杂情况。根据已知的地层孔隙压力和地层破裂压力，确定合理的钻井液密度和套管程序。在井内钻井液液柱压力和地层孔隙压力近似平衡的条件下进行钻井，称平衡压力钻井。可显著提高钻速，也有利于发现油气藏。

3. 取岩心技术

取岩心技术是指按设计要求从井下钻取所需层位的岩石样品(岩心)，为勘探和开发油气藏取得第一性资料。常用的取心工具主要由取心钻头、岩心筒、岩心抓和接头等部件组成，取心钻进时，钻头连续呈环形切削井底的岩石，使钻成的柱状岩心不断进入岩心筒。为适应特殊需要，还有密闭取心、保持压力取心和用于极疏松和破碎地层的取心工具(橡皮套取心工具)等。

任务3　认识测井与完井

地球物理测井简称测井，是在勘探和开采石油、煤及金属矿体的过程中，利用各种仪器测量井下岩层的物理参数及井的技术状况，分析所记录的资料，进行地质和工程方面的研究。按测井方法的物理基础主要有电法测井、放射性测井、声波测井以及地层倾角测井等。在油、气田测井中，测井资料主要用于地层对比，划分油、气、水层；确定储层的孔隙度、含油饱和度、渗透率等重要参数；在油、气田开发过程中，研究油、气、水的动态及井的状况，为制订开发方案提供依据；使用测井和地质、物探、开发资料，进行区域地质的综合研究及油藏描述。

测井运用物理学的原理和方法，使用专门的仪器设备，沿钻井（钻孔）剖面测量岩石的物性参数，包括电阻率，声波速度，岩石密度，射线俘获及发射能力等参数。根据这些参数，了解井下地质学信息及资源赋存状态。工程人员根据对这些信息的研究，发现并评价资源（包括石油、天然气、煤、金属、非金属、地热、地下水等资源）的储量和赋存状态。在此基础上，制定各种资源的合理有效的开发方案。也就是说，地球物理测井是包括油气藏、煤、水资源、金属及非金属等各种资源勘探开发极其重要的技术手段。甚至在城市的市政规划中地基勘测、高速铁路建设及地铁建设中也发挥着重要的作用。

岩石和矿物有不同的物理特性，如导电特性、声波特性、放射性等。这些特性统称为岩石和矿物的物理性质。在地球物理勘探中相应地建立了许多种测井方法，如电法测井、声波测井、放射性测井和气测井等。

地球物理测井的应用范围如下：确定井剖面的岩石性质，评价油（气）、水层，发现煤、金属、放射性等矿藏，并确定其埋藏深度及有效厚度；测量计算储量所需要的各种地质参数，如岩性成分、孔隙度、饱和度、渗透率煤田储量计算参数等；确定地层倾角、岩层走向和方位，以及钻孔倾角和方位角，研究沉积环境等；检查井下技术情况，如检查固井质量和套管破裂情况等；发现和研究地下水源（淡地层水）。

地球物理测井方法于1927年由法国人斯伦贝谢兄弟（现在全球最大的油田技术服务公司斯伦贝谢创始人）C. Schlumberger 和 M. Schlumberger 创始。1939年翁文波在中国开始地球物理测井工作，测井仪器由刘永年设计制造，使用的测井方法有自然电位测井法和视电阻率测井法。这些测井方法主要用来鉴别岩性、划分油（气）、水层、煤层，寻找金属矿藏以及地层对比等。

20世纪50年代初期，出现了声波测井、感应测井、侧向测井、自然伽马测井（放射性测井）等，并开始采用单一岩性的测井解释模型和简单的数理统计方法，对岩层作物理参数计算以进行半定量或定量解释。但这些测井和解释方法对于碳酸盐岩、泥质砂岩以及其他复杂岩性的油（气）层评价仍然十分困难。60年代后期，相继出现了岩性—孔隙度测井系列（中子测井、密度测井、声波测井等）、电测井系列（深、浅侧向测井，深、中感应测井，微侧向测井），以及地层倾角测井，对单一岩性与复杂岩性地层进行岩性、物性、含油（气）性等作定量解释，同时开展了以地层倾角测井为核心的地质分析。70年代末期出现了数控测井仪，应用电子计算机处理和解释测井信息，实现了测井系列化、数字化。

分类一般按所探测的岩石物理性质或探测目的可分为电法测井、声波测井、放射性测井、地层倾角测井、气测井、地层测试测井、钻气测井等。

一、电法测井

根据油（气）层、煤层或其他探测目标与周围介质在电性上的差异，采用下井装置沿钻孔剖面记录岩层的电阻率、电导率、介电常数及自然电位的变化。电法测井包括以下几种：电阻率测井使用简单的下井装置(电极系)探测岩层电阻率，以研究岩层的电性特征。由于影响因素较多，其测量结果称为视电阻率。电阻率测井按其电极系的组合及排列方式不同，又分为梯度电极系测井及电位电极系测井。微电极测井在电阻率测井的基础上发展了微电极测井。它用于测量靠近井壁附近很小一部分滤饼和冲洗带地层的电阻率，能较准确地指示滤饼的存在及划分渗透性地层，能区分储层中的薄夹层(非渗透层)以及准确地确定地层厚度。

侧向测井是一种聚焦电阻率测井方法，主要用于高电阻、薄地层及盐水钻井液测井。根据同性电相斥的原理，在供电电极(又称主电极)的上方和下方装有聚焦电极，用聚焦电流控制主电流路径，使它只沿侧向(垂直井轴方向)流入地层。由于侧向测井电极系结构不同(如双侧向电极系的浅侧向电极系和深侧向电极系)，聚焦电流对主电流的屏蔽作用大小不同，因而它们具有不同的径向探测深度。感应测井是一种探测地层电导率的测井方法。该方法根据电磁感应原理，测量地层中涡流的次生电磁场在接收线圈中产生的感应电动势，以确定地层的电导率。它是淡水钻井液井和油基钻井液井有效的一种测井方法。同时它特别适用于低电阻率岩层的探测，包括离子导电的含高矿化度地层水的油(气)、水层和电子导电的金属矿层。介电测井是探测岩石介电常数的一种测井方法。由于水的介电常数远远大于油(气)和造岩矿物的介电常数，所以它可用于判断油田开发中出现的水淹层，并提供估计油层残余油饱和度及含水量多少的可能性。自然电位测井沿钻孔剖面测量移动电极与地面地极之间的自然电场。自然电位通常是由于地层水和钻井液滤液之间的离子扩散作用及岩层对离子的吸附作用而产生的。因此，自然电位曲线可用来指示渗透层，确定地层界面、地层水矿化度以及泥质含量。在油(气)井中，它与电阻率测井组合，可以划分油(气)、水层并进行地层对比等。

二、声波测井

利用岩石的声波传播特性研究钻孔剖面岩层地质特征和井下工程情况。声波测井按其探测目的不同，可分为声速测井和声幅测井两类。常用的声波测井方法有：声速测井(纵波速度和横波速度)、声幅测井、声波变密度测井(或称微地震测井)、声波电视测井等。声速测井记录声波沿井壁各地层滑行时经过某一长度所需要的时间，主要用于确定岩性、孔隙度和指示气层。它与密度测井进行综合解释，可以确定地层声阻抗和灰层的灰分，同时还可以合成垂直地震剖面。声幅测井测量声波初至波前半周幅度的衰减。分为裸眼声幅测井及固井声幅测井。裸眼声幅测井主要用来寻找钻孔剖面上的裂缝带；固井声幅测井主要用于检查固井质量及确定水泥返回高度。声波变密度测井是一种全波波形测井。在套管井中，它能检查套管与水泥环和水泥环与地层胶结程度的好坏，也是检查固井质量的有效方法之一。在裸眼中，它用于确定岩石的横波速度，计算岩石弹性参数(泊松比、杨氏模量、切变模量等)，对于评价煤层的岩石强度特别有用。声波电视测井利用超声波的传播与反射，来反映井壁物体形象的测井方法。主要用途是：拍摄井下套管的照片，以检查套管射孔后的质量及套管的工程问题；在裸眼井内拍摄井下碳酸盐岩层和煤层的井壁照片，

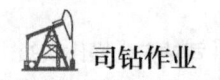

以确定岩层裂缝及溶洞的形状。

三、放射性测井

测量井剖面岩石的天然放射性射线强度，或测量经过放射性源照射后，岩石所产生的次生放射性射线强度，用以发现放射性矿藏，确定岩石成分，计算岩石物性参数，判断气层等（见核子地球物理勘探）。

四、地层倾角测井

测量地层的倾角与方位角，能够确定真实的地层倾角和方位角的变化。可用于研究构造变化，确定断层、不整合、交错层、沙坝、岩礁，以及研究地质沉积环境等。此外，地层倾角测井还可以探测井壁附近地层裂缝带，确定裂缝走向和方位，通常又称为裂缝识别测井。

五、数据处理

测井数据处理的对象是记录在磁带上的由测井仪器所获得经过采样的各种物理信息。在磁带上记录的有地层电阻率、电导率、岩石体积密度、声波时差、自然电位以及人工放射性和自然放射性射线强度等。测井数据的处理是通过由不同功能的环节组成的流程来实现。通常包括以下几个主要环节：(1)野外磁带的检查与预处理。野外磁带的检查，是用程序将磁带上记录的数据打印出来，以检查各种数据文件的鉴别号、深度值、采样间距、采样数据是否合理、准确。预处理的目的是，将野外磁带处理成便于计算机使用的室内磁带。其内容是改变记录格式，对野外磁带数据进行转换、刻度、校正及归类排列，从而得到采样间距一致、深度对齐、数据正确的室内磁带。(2)处理。应用各种测井分析程序对室内磁带上的测井数据进行自动处理解释，获得钻孔中目的层的有效孔隙度、含水饱和度、原始油气体积、可动油气体积、渗透率、次生孔隙度指数、岩石矿物成分等十几个地质参数，并以数据或连续曲线图的方式显示出来。处理中，还可以采用交会图技术，检查原始测井数据质量，选择解释模型及解释参数等。

六、完井

完井(well completion)是钻井工程的最后环节。在石油开采中，油、气井完井包括钻开油层，完井方法的选择和固井、射孔作业等。对低渗透率的生产层或受到钻井液严重污染时，还需进行酸化处理、水力压裂等增产措施，才能算完井。

对完井的基本要求是：(1)最大限度地保护储层，防止对储层造成伤害。(2)减少油气流进入井筒时的流动阻力。(3)能有效地封隔油气水层，防止各层之间的互相干扰。(4)克服井塌或产层出砂，保障油气井长期稳产，延长井的寿命。(5)可以实施注水、压裂、酸化等增产措施。(6)工艺简单、成本低。

完井的工艺内容主要包括：钻开生产层、连通井眼和生产层(即完井方法，包括下套管、固井、射孔的全部工艺过程或是下筛管、砾石充填的工艺过程)、安装井口装置、试采等。这些工艺过程分别由不同的生产部门承担。

所谓完井方法，是指油气井井筒与油气层的连通方式，以及为实现特定连通方式所采用的井身结构、井口装置和有关的技术措施。

不同地区、不同油气层、不同类型的油气井，所采取的完井方法是不同的。但选择完井方法的总原则应该满足下面要求：能够有效地连通油气层与井眼，油气流入井内的阻力尽可能小；能够有效地封隔油、气、水层，不发生互相窜扰，对多油气层要满足分层开采和管理的要求。能够克服或减小油气层井壁坍塌和出砂的影响，保证油气井能够长期稳定生产，并且完井方法尽可能使工艺简单、成本低。

根据生产层的地质特点，采用不同的完井方法：

1. 射孔完井法

即钻穿油、气层，下入油层套管，固井后对生产层射孔，此法采用最为广泛。

射孔完井是国内外最为广泛和最主要使用的一种完井方式。其中包括套管射孔完井和尾管射孔完井。

1) 套管射孔完井

套管射孔完井是钻穿油层直至设计井深，然后下油层套管至油层底部注水泥固井，最后射孔，射孔弹射穿油层套管、水泥环并穿透油层某一深度，建立起油流的通道。

套管射孔完井既可选择性地射开不同压力、不同物性的油层，以避免层间干扰，还可避开夹层水、底水和气顶，避开夹层的坍塌，具备实施分层注、采和选择性压裂或酸化等分层作业的条件。

2) 尾管射孔完井

尾管射孔完井是在钻头钻至油层顶界后，下技术套管注水泥固井，然后用小一级的钻头，穿油层至设计井深，用钻具将尾管送下并悬挂在技术套管上。尾管和技术套管的重合段一般不小于50m。再对尾管注水泥固井，然后射孔。

尾管射孔完井在钻开油层以前上部地层已被技术套管封固，因此，可以采用与油层相配伍的钻井液以平衡压力、低平衡压力的方法钻开油层，有利于保护油层。此外，这种完井方式可以减少套管重量和油井水泥的用量，从而降低完井成本，目前较深的油、气井大多采用此方法完井。

2. 裸眼完井法

即套管下至生产层顶部进行固井，生产层段裸露的完井方法。此法多用于碳酸盐岩、硬砂岩和胶结比较好、层位比较简单的油层。优点是生产层裸露面积大，油、气流入井内的阻力小，但不适于有不同性质、不同压力的多油层。根据钻开生产层和下入套管的时间先后，裸眼完井方式有两种完井工序：

一是钻头钻至油层顶界附近后，下技术套管注水泥固井。水泥浆上返至预定的设计高度后，再从技术套管中下入直径较小的钻头，钻穿水泥塞，钻开油层至设计井深完井。

有的厚油层适合于裸眼完成，但上部有气顶或顶界邻近又有水层时，也可以将技术套管下过油气界面，使其封隔油层的上部分然后裸眼完井。必要时再射开其中的含油段，国外称为复合型完井方式。

裸眼完井的另一种工序是不更换钻头，直接钻穿油层至设计井深，然后下技术套管至油层顶界附近，注水泥固井。固井时，为防止水泥浆损害套管鞋以下的油层，通常在油层段垫砂或者替入低失水、高黏度的钻井液，以防水泥浆下沉。或者在套管下部安装套管外封隔器和注水接头，以承托环空的水泥浆防止其下沉，这种完井工序一般情况下不采用。

裸眼完井的最主要特点是油层完全裸露，因而油层具有最大的渗流面积。这种井称为水动力学完善井，其产能较高。裸眼完井虽然完善程度高，但使用局限很大。砂岩油、气层，中、低渗透层大多需要压裂改造，裸眼完成即无法进行。同时，砂岩中大都有泥页岩夹层，遇水多易坍塌而堵塞井筒。碳酸盐岩油气层，包括裂缝性油气层，如70年代中东的不少油田，我国华北任丘油田古潜山油藏、四川气田等大多使用裸眼完井。后因裸眼完井难以进行增产措施和控制底水锥进和堵水，以及射孔技术的进步，现多转变为套管射孔完成。水平井开展初期，80年代初美国奥斯汀的白垩系碳酸盐岩垂直裂缝地层的水平井大多为裸眼完井，其他国家的一些水平井也有用裸眼完井，但80年代后期大多为割缝衬管或带管外封隔器的割缝衬管所代替。特别是当前水平井段加长或钻分支水平井，用裸眼完井就更少了，因为裸眼完井有许多技术问题难以解决。

3. 割缝衬管完井法

1) 割缝衬管完井工序

一是用同一尺寸钻头钻穿油层后，套管柱下端连接衬管下入油层部位，通过套管外封隔器和注水泥接头固井封隔油层顶界以上的环形空间。

此种完井方式的井下衬管损坏后无法修理或更换，因此一般都采用另一种完井工序，即钻头钻至油层顶界后，先下技术套管注水泥固井，再从技术套管中下入直径小一级的钻头钻穿油层至设计井深。最后在油层部位下入预先割缝的衬管，依靠衬管顶部的衬管悬挂器（卡瓦封隔器），将衬管悬挂在技术套管上，并密封衬管和套管之间的环形空间，使油气通过衬管的割缝流入井筒。这种完井工序油层不会遭受固井水泥浆的损害，可以采用与油层相配伍的钻井液或其他保护油层的钻井技术钻开油层，当割缝衬管发生磨损或失效时也可以起出修理或更换。

2) 割缝衬管的技术要求

割缝衬管的防砂机理是允许一定大小的，能被原油携带至地面的细小砂粒通过，而把较大的砂料阻挡在衬管外面，大砂粒在衬管外形成"砂桥"，达到防砂的目的。

由于"砂桥"处流速较高，小砂粒不能停留在其中。砂粒的这种自然分选使"砂桥"具有较好的流通能力，同时又起到保护井壁骨架砂的作用。割缝缝眼的形状和尺寸应根据骨架砂粒度来确定。

4. 砾石充填完井法

在衬管和井壁之间充填一定尺寸和数量的砾石。

一般所说的完井指的是钻井完井，也就是油气井的完成方式，即根据油气层的地质特性和开发开采的技术要求，在井底建立油气层与油气井井筒之间的合理连通渠道或连通方式。

而现在完井的意义有一定的扩展，包括钻井完井和生产完井。生产完井主要指的是钻井完井之后如何选择管柱、井口，选择什么样的管柱、井口等来达到油气井的正常生产。

对于胶结疏松砂严重的地层，一般应采用砾石充填完井方式。它是先将绕丝筛管下入井内油层部位，然后用充填液将在地面上预先选好的砾石泵送至绕丝筛管与井眼或绕丝筛管与套管之间的环形空间内构成一个砾石充填层，以阻挡油层砂流入井筒，达到保护井壁、防砂入井之目的。砾石充填完井一般都使用不锈钢绕筛管而不用割缝衬管。其原因如下：

（1）割缝衬管的缝口宽度受加工割刀强度的限制，最小为0.5mm。因此，割缝衬管只适用于中、粗砂粒油层。而绕丝筛管的缝隙宽度最小可达0.12mm，故其适用范围要大得多。

（2）绕丝筛管是由绕丝形成一种连续缝隙，流体通过筛管时几乎没有压力降。绕丝筛管的断面为梯形，外窄内宽，具有一定的"自洁"作用，轻微的堵塞可被产出流体疏通，它的流通面积要比割缝衬管大得多。

（3）绕丝筛管以不锈钢丝为原料，其耐腐蚀性强，使用寿命长，综合经济效益高。

为了适应不同油层特性的需要，裸眼完井和射孔完井都可以充填砾石，分别称为裸眼砾石充填和套管砾石充填。

任务4 石油钻井机械设备故障预防与维护保养

在石油钻井机的工作生产过程中，钻机是钻井机械设备中最重要的机械，而石油钻井机械设备比较复杂，由八大系统组成。钻井机是钻井工作中必不可少的机械设备，因此，对石油钻井机械设备的保养和维护对于其发挥效能、提高使用率、保持设备正常运行状态、延长使用寿命、提高工程质量，以及控制生产成本都具有至关重要的作用。钻机在生产中出现的故障可以集中体现钻井机械所出现的故障，以钻机为主要研究对象，较常出现的机械故障类型主要有：损坏型、退化型、松脱型、失调型、杜塞与渗透型、性能衰退或功能失效型等。主要体现在传动系统常见故障机理、天车及游车常见故障机理、绞车常见故障机理、钻井泵常见故障机理。

一、石油钻井机械设备故障的预防

石油钻井机械故障大部分都是由于机械之间的摩擦造成的。机械零部件的磨损预防工作主要有以下几种：（1）合理地润滑设备零件。根据工作实际分析，过半的磨损都是没有对设备进行润滑。因此，保持各个零部件的空隙，是维护机械设备的精密性与准确性的保证。有了空隙就可以避免震动等原因造成设备零件的磨损，合理的润滑可以起到保护作用。也是控制零件温度的措施，增加设备的使用率。根据环境和季节不同，也要选择不同的润滑剂牌号。润滑剂的选择应该符合相关规定。（2）操作程序必须规范。石油钻采设备的操作规范直接影响着机械设备的故障率。这一点主要体现在日常操作设备中。例如：在启动机械设备前，需检测冷却液的量；在预热阶段也要等冷却液与机油达到一定温度之后，才能开始正常的工作。如果违反了操作程序就会造成机械设备的严重损耗。

二、石油钻井机械设备的保养与维护

首先，加强对工作人员的进修与培训。不断提高工作人员的业务技术能力是机械维护

的现实保障。有关的设备管理部门组织专业技术培训工作是推进技术进步的方针。应根据不同岗位、职务进行多样化、多形式的知识和能力的培训。对在岗员工定期进行培训与提升，提高设备管理人员与设备维修具体操作人员的专业水平和岗位技能。加强对维修技术人员的职业道德的培养，提高整体工作人员的综合素质。只要不断提高设备管理人员与操作、维修人员的专业水平和岗位技能，对设备管理人员和操作、维修人员的业务进修学习要进行考核记录到技术培训档案，这样才能减少人为方面的操作失误。其次，加强钻机维护的方法。石油钻机成套钻井设备。转盘钻机是成套钻井设备中的基本形式，也称为常规钻机。近年来世界各国研制了多样的具有特殊用途的钻机，如沙漠钻机、小井眼钻机等。对各种钻机要保持表面的清洁，不能有钻井液，污垢，油泥等污渍。对钻机各部件轴承部位应该特别注意，如：摩擦部位，动力头和油泵，齿轮箱等，对高于70℃的地方要降温。避免过热引起机械损伤。对其他运动件，一旦听到异常响声应立即停机检查处理。经常检查各软管有无干裂、起包、老化等情况。经常检查密封圈、组合垫圈的状态。注意滤芯指针的指示工作，当指到红区，应立即停机，更换滤芯。

三、加强石油钻井机械设备保养与维护的具体措施

首先，经常检查设备密封的情况。发现设备密封处有漏油应及时地进行停机处理，并定期地对各个连接处的连接固件进行检查，发现有松动的，要及时加固。其次，强制修理法，即使设备在合理使用情况下也要对照设备的维修说明书强制维修。这种方法能够防患于未然，不足之处是可能会存在过度维修，增加修理费。为此，事先应对各类设备进行编号登记，制定各类设备计划维修的固定顺序、计划维修间隔期及其维修工作量。操作人员发现设备存在一些异常声音和现象的情况下，根据设备检查结果进行具体修理。其三，机械维修保养与设备安全管理并重。石油企业的设备管理不善可能导致设备出现故障，造成企业财产遭受损失。石油企业设备安全管理工作主要有：制定专门的安全生产责任制，明确安全职责；根据企业规模和设备管理要求编制安全操作规程手册，强化员工防护意识；设备操作人员要熟悉钻井机械设备的技术性能结构原理，避免发生误操作。其四，合理配置设备维修与保养资源。加强社会化维修的意识，营造公平竞争的维修市场。加强配件管理，建立信息平台，互通有无，使资源得到有效利用。其五，控制维修成本。企业应编制设备维修计划，选择合理的维修与保养方法，以提高维修质量、减少停机损失、节省维修成本，创造条件实现设备同步维修。最后，加强费用的审核、跟踪控制。企业的维修计划为维修成本确定了目标，为使这个目标得以实现，必须加强维修过程中的费用的跟踪和监督控制。监督控制工作需要动力、企管、财务管理部门及相关使用单位共同努力才能实现。

总而言之，石油钻井设备的管理与维护是企业发展的需要，是石油企业能否正常工作的环节，要充分考虑到石油企业的实际特点，执行相关管理规范，加强设备操作与管理人员的信息沟通与反馈，在平时要做好监督检查的工作，把这种监督检查规范融入企业的日常管理中去。

项目实施

引导问题1：了解设备的搬迁与安装。

_____

_____

_____

_____

引入问题2：了解顶部驱动系统的操作。

_____

_____

_____

_____

引入问题3：了解测井与完井的内容。

_____

_____

_____

_____

引入问题4：了解设备使用维护常用量。

_____

_____

_____

_____

项目评价

序号	评价项目	自我评价	教师评价
1	学习准备		
2	引导问题填写		
3	规范操作		
4	完成质量		
5	关键操作要领掌握		

司钻作业

续表

序号	评价项目	自我评价	教师评价
6	完成速度		
7	管理、环保节能		
8	参与讨论主动性		
9	沟通协作		
10	展示汇报		

说明：表格中每项 10 分，满分 100 分。学生根据任务学习的过程与结果真实、诚信地完成自我评价，教师根据学生学习过程与结果客观、公正地完成对学生的评价

课后习题

1. 放喷管线转变夹角不小于多少度？
2. 测井按所探测的岩石物理性质或探测目的分类有哪些？

项目 12　电驱动钻井设备认知

> 📖 **知识目标**
> （1）了解电驱动钻机；
> （2）了解直流电动钻机；
> （3）了解交流变频电驱动钻机；
> （4）了解网电式钻机。
>
> ✈ **能力目标**
> （1）具备分析问题和解决问题的能力；
> （2）认识电驱动钻井设备。
>
> 🎯 **素质目标**
> （1）培养创新思维；
> （2）培养集体意识。

任务 1　认识电驱动钻机

一、机械钻机

机械钻机采用机械原理实现钻孔功能，动力来源通常是手动或者刀架的移动。机械钻机适用于简单的钻孔任务，例如一些简单的螺钉固定等操作。其优点是价格低廉、结构简单，可靠性高，适合于一些小规模的钻孔工作。一些操作简单、没有太高要求的作业场所，常用机械钻机完成。但是，机械钻机的精度要求不高，钻孔深度和角度控制难度较大，细小的孔径效果差，生产效率不高。

机械钻机的主要配置包括刀架、手柄、减速齿轮等。其中，刀架是钻孔的主要功能部件，手柄和减速齿轮则在操作上起到协助作用。根据具体需求，机械钻机还提供不同形式的刀具，以满足不同的钻孔需求。

二、电驱动钻机

电驱动钻机是一种利用电动机为主发动机，利用钻头旋转来实现钻孔的钻孔设备。相比于机械钻机，电驱动钻机的操作更加简单方便，在精度和效率上也远比机械钻机高。电驱动钻机在现代生产中，广泛用于精密的钻孔任务，例如汽车、飞机等制造行业，以及一些对精度有较高要求的工程项目。

电驱动钻机的主要配置包括电动机、传动机构、手柄、限位器等。电驱动钻机的驱动方式不同，因此它的钻头形状和芯片质量也需要进行专门设计和制造，以保证高精度的钻孔效果和操作效率。

三、机械钻机和电驱动钻机的对比

机械钻机和电驱动钻机是两种不同类型的钻孔设备，它们在使用中有明显的区别：

（1）驱动方式不同。机械钻机使用机械装置进行钻孔，电驱动钻机则采用电机进行驱动。

（2）适用范围不同。机械钻机适用于一些简单的钻孔任务，电驱动钻机则适用于需要较高效率、较大精度和更大深度的钻孔工作。

（3）配置不同。机械钻机的配置较为简单，包括刀架、手柄、减速齿轮等，而电驱动钻机需要更多的传动机构和限位器等辅助设备。

机械钻机和电驱动钻机各有优缺点，应根据具体的钻孔要求进行选择。机械钻机适用于一些简单的钻孔任务，价格低廉、结构简单，可靠性高；电驱动钻机则适用于需要较高效率、较大精度和更大深度的钻孔工作，操作简单，效率高，精度较高。在实际应用中，应根据具体要求进行选择，并合理配置配件，以保证钻孔效果和操作效率。

任务2　认识交流变频电驱动钻机

一、交流变频电驱动钻机工作原理

交流变频电驱动钻机通过采用PWN技术和矢量技术进行变频控制，其原理是通过整流技术把油田电网供电工频变成直流，然后进行逆变变成可调的交流。通过应用可关断全控技术，由于可关断器件不需要辅助换流电路、全控器件开关频率高、可信度高、驱动电路容易实现等优越性能，避免了以往容易形成逆变电路等相关问题。通过采用PWN技术可以使电机脉动力矩减小，谐波分量减少，进而满足供电要求。除此之外，PWN技术在调节频率的同时，通过控制输出电压脉冲的宽度，调节输出交流电压的幅值，实现在逆变桥同时调节输出频率及电压。矢量控制技术通过对三相电机的3/2变换把三相的量，解耦成类似直流电机的励磁分量及转矩分量，并对其独立控制，再经过2/3变换成交流供电的三相量来控制电机，保证了力矩控制的线性关系，从而达到直流电机的控制特性。

二、交流变频电驱动钻机起升系统

起升系统是钻机的主要机组之一，它是一个复杂的机械振动系统。钻机起升系统是指柴油机—减速器—离合器—滚筒—钢丝绳—井架—天车—游车—大钩—钻柱。钻机的起升系统是钻机的核心，它的工作性能直接影响到整个钻机的工作性能。交流变频电驱动钻机与传统机械驱动钻机的起升系统相比，它的起升系统中绞车采用的是电机驱动方式，不是传统机械驱动钻机通过柴油机和链条传动箱传动方式。钻机在起下钻的初始运动阶段，随着加速的作用对钻柱的冲击同时所伴随的振动是十分突出的。基于交流变频电驱动钻机的特性，电机可以安装在钻井平台上，其传动效率以及动力特性相较传统机械驱动钻机有很大的优势。通过相关研究发现，交流变频电驱动钻机在起升过程中存在一定的动载，而且动载系数随着起升条件的改变而改变。

三、交流变频电驱动钻机自动送钻技术

目前世界上最先进的钻井设备基本是由美国相关的公司设计制造的，Varco公司生产了采用交流变频技术的绞车，其最大额定功率为5300kW，在同类产品中屈指可数。国内通过引进和借鉴国外的先进经验，在全数字交流钻机研制方面也取得了较大的成果。随着人工智能在能源领域的不断发展，未来如何大规模，集中式地对几百台自动送钻系统进行控制。实现智能化、网络化的自动送钻群控系统将成为主要的研究目标。同时可以对钻井过程中得到的一些数据整理为相关数据库，进而进行相关的深度学习。

四、直流钻机与交流变频钻机比较分析

1. 功率方面

直流钻机的功率比较大，可达到几十千瓦。直流钻机采用的是直流电源，其电流和电压比较高，因此功率比较大。而交流变频钻机的功率相对较小，一般不超过几千瓦。虽然交流变频钻机采用的是变频器控制，功率变化较大，但表现出的控制精度和稳定性更高。

2. 控制方面

直流钻机具有良好的控制性能。直流电源的响应速度快，因此可以实现更快的控制响应速度和更高的控制精度。而交流变频钻机采用的是变频器控制，其响应速度慢于直流钻机，但可以实现更加灵活的控制方式和更加高效的电能利用。

3. 稳定性方面

直流钻机的稳定性较高，可以实现较为精确的控制。但由于直流电源的特殊性质，其稳定性受到电源波动的影响，容易受到电源抖动等因素的干扰。交流变频钻机采用的是变频器控制，其稳定性更强，不易受到电源波动等因素的影响，因此可以实现更加稳定的控制。

五、直流钻机与交流变频钻机的优缺点

直流钻机的优点是控制精度高，响应速度快，功率大，但其缺点是成本高、稳定性差。交流变频钻机的优点是稳定性好、控制方式灵活、成本较低，但其缺点是响应速度相对较慢、控制精度相对较低。

任务3　认识网电钻机

目前油田开发过程中新上钻机大多为电动钻机。电动钻机主要将过去柴油机驱动的钻机设备改为电动机驱动。一套典型的70D(70指钻机最大钻井深度为7000m，D指电动钻机)钻机主要有以下负荷构成：钻井泵3×1200kW，绞车2×1000kW，转盘1×600kW，其他负荷240kW，合计装机容量约为6000kW。

一、网电钻井技术概括

钻井勘探作为油田开发的一个重要组成部分，打造绿色钻井，节能、清洁、高效生产成为钻井行业发展的新目标，对钻机的节能和环保性能提出了更高要求。利用网电钻井是由网电替代传统的柴油发电机给钻井系统提供动力，实现"油改电"的转换。网电钻井是钻井勘探行业节能减排的一个重要举措，也是钻井行业节约成本增加效益的一个重要举措。目前，作为钻井队供电的主要设备是主发电机和备用发电机，正常工作采用柴油机驱动，柴油消耗量大，备用机组为保证发电机工况正常，需定期进行启动试验和充电操作，维护工作量较大。柴油机存在着冬季难启动，故障率较高等问题，常常会影响钻井队的正常生产。我国经过多年的电力建设改造，系统供电能力大大提高，线路基本达到双电源、短线路、轻负荷的要求。能够降低生产成本，减少系统运行维护费用，提高用电的安全性、可靠性。因此网电钻井具有诸多优势。

二、网电钻机用电特征

(1) 用电负荷高，考虑到电机备用及负荷率，实际钻机期间最大负荷为2000kW。
(2) 负荷波动大，波动周期短，在提钻和下钻过程中负荷变化范围为200~2000kW，周期不到1h。
(3) 供电电压为两个等级，6台主设备电动机供电电压为交流600V，全部采用变频驱动控制，其他辅助负荷供电电压为400V。
(4) 在无电网的区域由柴油发电机组发电驱动电机钻井。

三、网电钻机供电方式

网电钻机供电高压设备房应具备以下条件：
(1) 高压房主变容量不小于3150kV·A且具备600V和400V两种电压输出功能。
(2) 高压房高低压侧应具备完整的保护功能，确保发生故障时不对电网造成冲击。
(3) 电机启动必须全部采用变频软启，以减轻对电网的冲击。
(4) 低压侧应具备无功补偿和谐波抑制设备，以提高功率因数和减小谐波污染。

四、网电钻机的优点

(1) 节能减排效果显著：不使用柴油节约石油资源，减少温室气体排放。

(2)减少钻井作业现场柴油污染、噪声污染,提高清洁生产水平,改善工作环境,减少对井场周边自然环境影响。

(3)相对于柴油机,电机结构简单,维护方便,减少设备维护的工作量,明显减少工作人员工作强度和工作环境。

(4)工业电网电压稳定可靠,提高钻机的可靠性和安全性故障率低。

项目实施

引导问题1:简述机械钻机和电驱动钻机的对比。
_____
_____
_____
_____

引导问题2:简述交流变频电驱动钻机工作原理。
_____
_____
_____
_____

引导问题3:简述网电钻机用电特征。
_____
_____
_____
_____
_____

项目评价

序号	评价项目	自我评价	教师评价
1	学习准备		
2	引导问题填写		
3	规范操作		

续表

序号	评价项目	自我评价	教师评价
4	完成质量		
5	关键操作要领掌握		
6	完成速度		
7	管理、环保节能		
8	参与讨论主动性		
9	沟通协作		
10	展示汇报		

说明：表格中每项 10 分，满分 100 分。学生根据任务学习的过程与结果真实、诚信地完成自我评价，教师根据学生学习过程与结果客观、公正地完成对学生的评价

课后习题

1. 机械钻机的主要配置包括什么？
2. 电驱动钻机的主要配置包括什么？
3. 简述直流电机的优势。
4. 简述直流钻机与交流变频钻机的优缺点。
5. 简述网电钻机的用电特征。

项目 13　钻井新工艺认知

> 📖 **知识目标**
> （1）了解小井眼钻井技术；
> （2）了解大位移井钻井技术；
> （3）了解欠平衡钻井技术。
>
> ✈ **能力目标**
> （1）具备探究学习的能力；
> （2）掌握钻井新工艺技术。
>
> 🎯 **素质目标**
> （1）培养团队合作精神；
> （2）树立钻井施工环保意识。

任务1　认识小井眼钻井技术

一、小井眼钻井技术概述

所谓小井眼，国外定义为90%以上井段直径小于177.8mm（即7in）的井眼，国内有些学者则认为：穿过目的层的井段是用小于7in钻头钻成的井眼。

小井眼钻井的优点如下：

（1）井场占地面积小，一般不到1200m²，特别适用于农耕区钻井，节约土地；

（2）钻井设备轻，钻机及辅助设备不足200t，易于搬运安装；

（3）钻井作业人员少，每24小时只需6~8人；

（4）岩屑量少，不足常规井的10%，便于废物处理，利于环保；

（5）消耗性材料（如钻头、套管、钻井液处理剂、水泥等）费用只占常规井的45%，可节约大笔成本。

二、小井眼钻井技术目前存在的问题

1. 牙轮钻头效率较大幅度下降

牙轮钻头直径缩小会产生明显的弱点。首先是轴承弱和牙掌单薄，因而钻头寿命短，

易发生掉牙掌事故。其次是牙齿短及水力能量低，因而机械钻速下降。

2. 环空压耗较大幅度增加

小井眼环空压耗的上升是由于环空间隙小及高速转速造成的。环空压耗较大幅度增加带来以下后果：

(1) 在小井眼中喷射钻井效率降低；

(2) 允许选择的排量范围缩小。

3. 井控问题激化

小井眼中井控问题激化是以下原因造成的：

(1) 在钻井液的当量循环密度(ECD)中，动压力所占比重增大，当停泵以后，井内只有静液柱压力，井底压力较大幅度下降；

(2) 当钻柱上提时，小井眼中抽汲作用加大，使井底压力进一步降低；

(3) 环空容积较常规井眼大幅度减少，从涌到喷的时间缩短很多。

基于以上原因，使小井眼中井喷的危险性加大。解决以上问题的途径如下：

(1) 完善的井口装置。在目地层压力较高时，要装全半封、全封、环形三套封口器，并配有除气器。

(2) 使用早期监测井涌系统，即 EKD(early kick detact) 系统。

(3) 动力压井法。即利用环空动压力较大的特点，可先用较低密度钻井液压住井喷，然后加大到要求密度值。

4. 对固井质量的要求更加严格

小井眼固井质量突出的原因如下：

(1) 小井眼常用于开发低渗透低产油田，而这种油井常要求固井射孔后压裂投产，对水泥环的质量要求高；

(2) 小井眼的水泥环薄，一般都低于最薄 1in 的要求，能否经得住射孔及压裂的考验；

(3) 注水泥时易发生漏失。

5. 增加了定向井、水平井轨迹控制的难度

难度来自两方面：一是反扭转角不易估算准，虽然小尺寸井下动力钻具工作扭矩相应减少，但是小尺寸钻杆抗扭转变形的能力也相应减弱，外界因素(如井斜、方位的变化、钻井液性能等)对反扭转角的影响也加大。二是转盘转动不易使工具面角到位。这种情况随着井深及井斜加大而越趋严重。

任务2 认识大位移井钻井技术

一、大位移井的概念

大位移井也称为延伸井，或大位移延伸井，是在定向井、水平井和深井钻井技术的基础上发展起来的一种新型钻井技术，集中了定向井、水平井和超深井的所有技术难点。

大位移井是指水平位移与垂深之比不小于2的井；特大位移井是指水平位移与垂深之

比大于3的井。也有学者把位移大于3000m的井定义为大位移井。

由于我国国内装备和配套工艺及工具限制,目前把水平位移与垂深之比不足2但水平位移较大的井统称为大位移井。

二、大位移井的特点

(1)水平位移大,能较大范围地控制含油面积,开发相同面积的油田可以大量减少陆地及海上钻井的平台数量。

(2)钻穿油层的井段长,可以使油藏的泄油面积增大,可以大幅度提高单井产量。

三、大位移井的用途

(1)用大位移井开发海上油气田。从钻井平台上钻大位移井,可减少布井数量,减少井投资。

(2)用大位移井开发近海油气田。以前开发近海油气田要建人工岛或固定式钻井平台,现在凡距海岸10km左右油气田均可从陆地钻大位移井进行开发,不需要复杂的海底井和海底集输管线。

(3)开发不同类型的油气田。几个互不连通的小断块油气田,几个油气田不在同一深度,方位也不一样,可采用多目标三维大位移井开发。

(4)保护环境。可在环保要求低的地区用大位移井开发环保要求高的地区的油气田。

四、大位移井的关键技术

1. 钻井装备

(1)顶部驱动装置是钻大位移井的必备工具之一,可节省钻井时间20%以上,并能有效地减少或避免井下复杂情况。顶驱装配"柔性扭矩"装置,可有效避免大位移井钻具的振动损坏。

(2)使用大直径、抗高扭矩钻杆,遥控可变径稳定器和井下液力加压器。

(3)使用非旋转钻杆护箍,可减轻套管磨损98%,降低钻具扭矩30%。

(4)使用特殊减磨带的钻杆,如ARNCO100XT减少套管磨损85%~95%,降低扭矩30%。

2. 配套钻井技术

配套钻井技术包括井眼轨道设计、钻柱设计、管柱的摩阻和扭矩设计、轨迹控制、井壁稳定及井眼净化、固井完井等。

任务3　认识欠平衡钻井技术

一、欠平衡钻井的概念

地层流体受负压差的作用,向井筒内连续流动的条件下,所进行的有控制的钻井过程，称为欠平衡钻井。

欠平衡钻井的内容包含以下两个主要方面：井筒环空中循环介质的当量循环密度一定要低于所钻地（储）层的孔隙压力当量密度，这个差值即为欠压值；地层流体一定要有控制地流入井筒并把它循环到地面再分离出来。

对于油气勘探来说，它是一种油气层识别技术；对于油气开发来说，它是一种油气层保护技术；对于钻井工程来说，它是二次井控技术、保护油气层钻井技术、防漏技术和提高机械钻速的方法。

欠平衡钻井技术的应用拓宽了勘探领域，提高了勘探开发效果。勘探上，提高低压、复杂岩性、水敏性、裂缝性等类储层油气发现和保护；开发上，通过有效地保护储层，提高单井产量，降低开发综合成本；工程上，解决低压地层漏失问题，提高机械钻速、减少压差卡钻。

二、欠平衡钻井的优点

（1）及时发现和有效保护油气层，节省储层改造费用；
（2）提高钻速和钻头寿命；
（3）杜绝或减少井漏、压差卡钻等；
（4）对产层进行随钻测试；
（5）能够避免井喷；
（6）缩短勘探周期，提高勘探效率。

三、欠平衡钻井的分类与特点

根据油气藏类型、地层压力以及采用的钻井液密度不同，欠平衡钻井分为液体欠平衡钻井和人工诱导的欠平衡钻井。

（1）液体欠平衡钻井是指以液体钻井液为循环介质的欠平衡钻井；
（2）人工诱导的欠平衡钻井是指由于地层压力太低，必须采用特殊的钻井循环介质和工艺才能建立欠平衡，如气体、雾化、泡沫、充气钻井液等。

气体钻井：包括空气、天然气、废气和氮气钻井，密度适用范围为 $0\sim0.02\text{g/cm}^3$。

雾化钻井：密度适用范围为 $0.02\sim0.07\text{g/cm}^3$，气体体积为混合物的 $96\%\sim99.9\%$，常规的雾化钻井液含液量少于 2.5%。

泡沫钻井液钻井：包括稳定和不稳定泡沫钻井，密度适用范围为 $0.07\sim0.60\text{g/cm}^3$，井口加回压时密度可达 0.8g/cm^3，气体体积为混合物体积的 $55\%\sim97.5\%$。

充气钻井液钻井：包括通过立管注气和井下注气两种方式。井下注气技术是通过寄生管、同心管等在钻进的同时往井下的钻井液中注空气、氮气，是应用广泛的一种欠平衡钻井方法。其密度适用范围为 $0.7\sim1.0\text{g/cm}^3$，气体体积低于混合物体积的 55%。

四、欠平衡钻井井控与常规井控的区别

欠平衡钻井井控与常规钻井井控的区别见表1-13-1。

表 1-13-1　欠平衡钻井井控与常规井控的区别

区别参数	欠平衡钻井井控	常规钻井井控
钻井液密度	降低有效钻井液密度，有意识地使地层流体流入井内	调高钻井液密度，防止地层流体流入井内，从而避免井涌的发生
地层流体流入井内时	继续钻进，钻具可以离开井底	停止钻进，钻具不可以离开井底
钻进液漏失时	有钻井液漏失时，继续钻进	钻井液漏失时，停止钻进
地层压力	保持井底压力低于地层孔隙压力	保持井底压力稳定并稍高于地层孔隙压力
井口防喷器组和节流压井系统	是常用的控制设备	是必备的安全设备

任务4　认识膨胀管技术

最早研究成功和使用膨胀管技术的是苏联，当时是利用这项技术来堵漏。在钻入漏失层或溶洞后，因漏失而无法钻进时，下膨胀管（当时称为异型管）并用液压扩张膨胀管借以封隔漏失层或溶洞，在封隔完成了漏失层或溶洞后，可以继续钻进。

20世纪80年代，壳牌公司开始研究膨胀管技术。最初的意向是开发一种实用的膨胀管技术。1999年又有两家合资公司投入了膨胀管产品的开发和应用队伍中。随着技术的发展，膨胀管的种类在不断增加，用途和使用范围也在不断扩大。目前已形成了一种独特的膨胀管技术，膨胀管已由最初的堵漏发展到完井、修补射孔套管、替代尾管和防砂等用途。

一、膨胀管原理

膨胀管是一种由特殊材料制成具有良好塑性的金属钢管，下入井内通过机械或液压的方法，使其在径向膨胀 10%～30%，以满足套管补贴、裸眼井段的封隔等不同工艺要求，膨胀后，屈服强度和抗拉强度均得到提高，达到或接近 N80 套管水平。

二、膨胀管类型

膨胀管主要分为割缝膨胀管和实体膨胀管两大类。

1. 割缝膨胀管

1）割缝膨胀管的原理和用途

割缝膨胀管是一种管体上带有纵向交错割缝的管子。

使用方法是：在割缝膨胀管下到预定位置后，通过下推或上提膨胀锥，驱动膨胀锥穿过膨胀管的管体，而使膨胀管扩大到预定的尺寸。割缝膨胀管的膨胀量取决于割缝的尺寸、割缝在管体上的位置、割缝的形状以及膨胀锥的尺寸。膨胀管的膨胀量可以达到膨胀管原始直径的200%。

膨胀原理是：只需要较小的力（约10t）就可弯曲两个交错割缝间的金属肋。弯曲割缝间的金属肋可以把割缝扩为菱形，从而使割缝管的直径增大而管材的厚度不变，但长度减少20%。

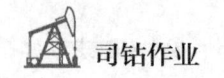

割缝膨胀管有下列三种主要用途：

（1）代替割缝衬管在不损失井眼尺寸的情况下临时封隔复杂层段。可以在设计时就决定应用割缝膨胀管，也可以在钻遇复杂层段时作为一种应急措施而临时决定使用这种技术。

（2）膨胀完井衬管的结构与普通割缝衬管的结构相似，可以作为常规割缝衬管的替代品。

（3）壳牌公司在割缝膨胀管的基础上研制出一种膨胀防砂网，在需要防砂完井的油井中可用膨胀防砂网代替普通防砂网，把特制的膨胀防砂网下到井内并通过扩管使膨胀防砂网贴到井壁上，可以对井壁提供更好的支撑，降低环空间隙，其效果要比砾石充填完井的防砂效果好。膨胀防砂网已成为一种新的防砂完井方法。

2）割缝数量和割缝形状对扩管的影响

扩割缝膨胀管所需要的力与管体上割缝的数量有关系。管体上的割缝越少，扩管所需要的力就越大。另外，管体上的割缝越少，在扩管期间管体就越容易破裂和损坏。然而在管体上增加纵向割缝的数量会降低管体的强度，使割缝膨胀管在悬挂和下井期间容易损坏。

在不增加割缝宽度的情况下，增加缝隙端部的宽度，也可降低护管所需要的力而且不会影响管体的整体强度。扩管所需要的力与相邻缝隙间连接肋的宽度呈函数关系。由于增大了缝隙端部的缝宽，会降低连接肋的有效宽度。此时有三种可行的选择，一是各缝隙的两端都比较宽；二是缝隙的一端比较宽；三是较宽缝隙的端部要与纵向缝隙的轴心对称。通常，加宽缝隙端部的方法是在缝隙的端部加横向割缝，也可以采用在缝隙端部钻圆孔等方式。

2. 实体膨胀管

1）实体膨胀管的结构和膨胀原理

实体膨胀管是由标准的管材钢轧制的无缝钢管。钢材经过特殊处理后增强了延展性和抗破裂韧性，降低了损伤敏感性。

实体膨胀管的膨胀原理是材料的三维塑性形变。扩实体膨胀管所需要的力约为割缝膨胀管的10~30倍，需要使用特制的高强度陶瓷膨胀锥来扩管。在扩管过程中实体膨胀管的长度和厚度都要减少。因而影响了膨胀管的强度和抗挤压能力。

实体膨胀管的基础理论是简单的。其复杂性来源于系统间的相互作用。实体膨胀管有五个主要因素即实体膨胀管系统、膨胀锥、螺纹、材料、环形密封，而这些因素是相互影响的。在扩管期间，由于膨胀锥的作用力使膨胀管膨胀，膨胀锥的表面直径、角度和材料特性决定了膨胀余量和膨胀后的松弛量。为保证膨胀余量大于松弛量，要进行预先计算。这样就能保证膨胀锥的回收而且保证膨胀误差在所要求的范围内。

膨胀锥半径、材料特性、膨胀率、环形密封材料、在裸眼和下套管井尺寸容限的综合作用决定了扩管力和膨胀容限。在设计过程中要考虑这些影响和这些因素的相互作用。

在应用时，为了容易扩张，选择具有较高延展能力的低屈服材料的实体膨胀管。扩张实体管所选用的能量与材料的屈服强度成比例。同样，对已知材料来说，外径的膨胀率与所施加的膨胀力成比例。屈服强度的选择范围为 4000~7000psi。

膨胀管的制造质量要高于 API 规范，特别是允许缺陷、厚度、屈服强度、延展性。均匀度和管材的圆度。在扩管过程中，由于是冷加工，所以材料的强度会增加。然而，扩管后材料的破裂强度要低于预膨胀材料的强度。

到目前为止，螺纹连接仍然为首选连接方式。对设计者的挑战是开发螺纹，这种螺纹预膨胀和膨胀后的特性要适应油井设计功能，而且与膨胀工艺相一致。

连接要是内平的，以便允许单一直径的扩管锥穿过接头。连接还要是外平的，以便施加恒定的扩张力就能使膨胀管扩开。扩螺纹所需要的能量不能超过扩管体所需要的能量。螺纹扩张后要保持与管体同样的力学特性，包括抗挤和抗暴能力以及抗张能力。接头在扩张前、扩张期间和扩张后必须保持不漏压，如果在采用液压扩管时发生漏压，要停止扩管。膨胀管的外接头要朝上以防止在扩管期间外接头和内接头脱扣。

金属对金属的单一膨胀不能提供可靠的密封，所以要用弹性密封来提供压力密封。对裸眼井来说，用水泥来密封膨胀管时，要使用适当的固井方法以防止水泥早凝。在大角度斜井和水平井中，固膨胀管时不能旋转或上下活动管柱，所以固膨胀管更困难。为此要预留一小的间隙以便兼顾水泥密封的完整性。

2) 实体膨胀管的用途

（1）修复。

实体膨胀管可用来封堵套管上的射孔孔眼和修补套管、油管或防砂网。修复时，实体膨胀管在套管或油管内以扩张的方式来封堵接头漏失、套管和油管因腐蚀或冲蚀所造成的漏失。可以使用厚壁管作为实体膨胀管，也可以使用薄壁管作为实体膨胀管。就薄壁管而言，可将其扩张为 3~4mm 的壁厚。25%~35% 的扩张率使薄膨胀管能穿过油管的接头、安全阀和内径。而当需要时，可在同一根管柱内加多层膨胀管内衬。厚壁和薄壁膨胀管都可用来封堵套管的射孔孔眼、封堵裸眼井中水层和气层以及修补损坏了的防砂网。

（2）建井。

实体膨胀管在裸眼井中可作为临时衬管或永久性衬管回接在以前下的套管柱上。在需要下应急衬管的情况下，实体膨胀管可作为临时衬管使用。例如，在深水和高压井中，当地层压力与破裂压力之间的差很小时，可作为临时衬管下到设计深度而不损失井眼尺寸。实体膨胀管可作为永久性衬管使用，包括回接到以前下入的套管或衬管上。

（3）发展单一直径的油井。

下套管完井，井眼的直径约损失 20%。利用膨胀管完井，井眼直径的损失约为 10%。采用单一直径的油井，不但省去了复杂的套管系列，而且可用减少岩石的切削量，提高钻速和加快建井速度。

实体膨胀管可用来实现单一直径的油井设计。其做法是按照实际需要设计一合理的单一尺寸的井眼。在钻完一段井眼后，下实体膨胀管，扩管并固井。然后用双中心钻头打下一段井眼，完钻后再下膨胀管并固井。由于双中心钻头钻出的井眼比钻头直径大，所以下膨胀管和扩管后仍能保持与上一井段同样的井眼直径。然后重复这种做法，直至达到设计深度。这就是单一直径的井眼。

项目实施

引导问题 1. 简述小井眼钻井技术。

_____
_____
_____

引导问题 2. 简述大位移井的特点。

_____
_____
_____

引导问题 3. 简述欠平衡钻井的优点。

_____
_____
_____

项目评价

序号	评价项目	自我评价	教师评价
1	学习准备		
2	引导问题填写		
3	规范操作		
4	完成质量		
5	关键操作要领掌握		
6	完成速度		
7	管理、环保节能		
8	参与讨论主动性		
9	沟通协作		
10	展示汇报		

说明：表格中每项 10 分，满分 100 分。学生根据任务学习的过程与结果真实、诚信地完成自我评价，教师根据学生学习过程与结果客观、公正地完成对学生的评价

课后习题

1. 简述大位移井的概念。
2. 简述大位移井的用途。
3. 简述欠平衡钻井的概念。
4. 简述膨胀管原理。
5. 简述膨胀管类型。
6. 简述割缝膨胀管的原理。
7. 简述割缝膨胀管的用途。
8. 简述实体膨胀管的原理。
9. 简述实体膨胀管的结构。
10. 简述实体膨胀管的用途。

项目 14　井场安全作业

> **📖 知识目标**
> (1) 掌握钻井井场安全用电基本要求；
> (2) 掌握钻井井场井喷事故预防；
> (3) 掌握钻井井场防火防爆基本知识；
> (4) 熟悉常见人身伤害事故预防相关知识。
>
> **🛩 能力目标**
> (1) 能够合理利用井场安全用电要求指导井场用电作业；
> (2) 能够根据相关知识理论，掌握预防井场井喷、防火防爆技术操作。
>
> **🎯 素质目标**
> (1) 结合案例，坚定学生们"不忘初心、牢记使命"的决心；
> (2) 强化安全红线意识，引导安全发展、安全生产意识；
> (3) 践行"学有所用，学以致用"，做到"志存高远，脚踏实地"。

任务 1　钻井井场安全用电认知

钻井作业是石油勘探开发的重要工作，井场中电气设备的安全运行对钻井作业的安全稳定至关重要。为了有效避免井场的电气安全事故，钻井井场须制定相关办法，对钻井井场用电作业的管理职责与人员要求以及电气设备的安装、控制、运行、维护、保护的相关内容与要求进行详细规定。

一、管理职责与人员要求

(1) 公司安全环保与节能处是安全用电办法的归口管理部门，负责组织安全用电办法的制订、修订，并对安全用电办法的执行情况进行监督检查。

(2) 公司装备处负责现场用电管理，并进行监督检查。

(3) 设备管理部门负责作业现场的用电管理以及作业许可的审批。

(4) 安全监管部门负责二级作业许可的现场监督以及作业现场安全用电情况的检查。

(5) 生产协调部门负责当施工现场采用工业电网供电时，与有关电力管理单位或部门的沟通管理。

(6) 施工作业人员应掌握现场安全用电基本知识；电气设备使用及管理人员应掌握相应设备的性能。

(7) 从事电气设备的安装、运行、维护检修、调试等相关作业的人员，应接受国家特种作业安全技术培训，并取得有效证件才能上岗工作。工作范围应与证件所标注的作业类别及准操项目一致。

(8) 安装、维修或拆除临时用电设备和线路，应由持有效电工证件的人员完成，并有专人监护。

(9) 井队应为电气作业人员配备绝缘防护用品、电气绝缘工具及常用仪表。各类用品应按有关规定使用，并定期进行电气性能试验。

(10) 钻井作业期间，钻井液罐区、柴油罐区、天然气罐区以及距井口 30m 以内区域的所有电气设备，如电机、开关、照明灯具、仪器仪表、电气线路以及插接件、各种电动工具等都应符合防爆要求，做到整体防爆。

二、电气设备的选型

1. 采用安全可靠的电气设备

钻井井场的电气设备须具备安全可靠的特性，确保其满足工作环境下的安全工作要求。应选择符合国家标准的产品，确保其质量、绝缘性能良好。在设备使用前，需要进行必要的安全检查，防止使用过程中出现危险。

2. 采用防爆电气设备

钻井作业往往会涉及到危险易燃物质，采用防爆电气设备可在很大程度上降低事故风险。在选购防爆电气设备时，应充分考虑钻井现场特定的使用环境，如钻井现场存在的腐蚀性、有毒环境、高温高压等，要求产品具备必要的防护等级和防爆标志，确保设备在高温高压环境下也能正常工作。

3. 采用品牌知名、售后服务良好的电气设备

在选购电气设备时，选择品牌知名、售后服务良好的供应商，将极大地加强设备的使用保障。

三、电气设备的维护

1. 建立健全设备维护机制

由持有效电工证件的专人定期对设备进行保养和维护，保证设备的正常运行状态。如出现电气设备故障，需要及时排查和处理，以免发生安全事故。漏电断路器应每年检测一次，检测不合格的应及时更换。钻井队每月应对漏电断路器做一次自检试验，并做好记录。

2. 定期进行电气设备绝缘测试

钻井井场中的电气设备工作环境苛刻，很容易引起设备损坏或者设备漏电现象。为此，需要定期对电气设备绝缘情况进行测试，以确保设备能够正常、安全地运行。电缆架空敷设若采用木杆，应选用未腐朽且末梢直径不小于 50mm 的木杆；若采用金属杆，固定橡套电缆处应作好绝缘处理。绑线不应使用裸金属线，线杆应埋设牢固。严禁将电气线路直接牵挂在设备、井架、绷绳、罐等金属物体上，井架上电缆易摩擦处应加绝缘护套管。

3. 理顺电气设备

井场线路安装应走向合理、整齐、规范，电缆敷设应考虑避免电缆受到腐蚀和机械损伤。在钻井井场工作环境中，设备的线路往往会比较复杂，为了避免线路混乱，需要对设备进行理顺，将电气线路清晰地标明在设备附近，以便按照正确的方式使用设备。

四、电气设备的安全使用

1. 合理用电

在电气设备使用过程中，应根据设备功率来选择合适的电缆进行连接，以免出现过载现象。并且应保证设备接地良好，降低漏电和电击的风险。井场防爆区电气配线与电气设备的连接应符合防爆要求，连接处应用密封圈密封。

2. 制定合适的使用周期

根据电气设备运行环境所需，制定合适的使用周期，不超过设备使用寿命，需要及时更换或维修电气设备。

3. 禁止随意改变设备接线

钻井井场中的电气设备的连接方式应在正常工作状态下保持稳定，井场线路安装应走向合理、整齐、规范。不得私自更改连线方式，需要严格按照设备的连接要求进行连接。井场防爆区电缆，原则上不应有中间接头。若必须有接头，连接方式及防爆保护措施应符合防爆要求，电缆接头要架空，并做好防水及绝缘。线路严禁从油罐区上方通过，架空线不应跨越柴油罐区、柴油机排气管和放喷管线出口。

五、电气安全检查

定期进行电气安全检查，遵循安全标准来保证设备在工作时的安全性。具体包括：

（1）对设备的绝缘阻值、线路连接、接地情况等进行检查，确保设备的安全工作。所有营区、生产区域内架设的电缆、动力线应保证无破皮、无绝缘皮老化或龟裂现象。各种密封插接件装配完后，应紧固到位。检查接地装置有无损伤、腐蚀现象。

（2）对设备工作参数进行监控和记录，及时发现设备的异常情况并加以处理。

（3）邀请权威检测机构进行定期检验，确保设备按照相关标准安全、稳定地使用。

六、电气安全教育

1. 电气安全工作培训

对于钻井井场中的所有作业人员，都进行必要的电气安全工作培训，在工作中严格遵守电气安全规范。

2. 电气安全知识宣传

在钻井井场中，进行必要的电气安全知识宣传活动，让作业人员充分了解电气安全事项，加强安全意识。

任务2　预防井喷事故

井喷是指在石油或天然气井中因井道压力失控而产生的大量产油或产气现象。井喷会导致生命财产损失，破坏环境，严重影响油气开采活动的正常进行。因此，预防和处理井喷事件是极其重要的任务。

一、井位现场勘查

Ⅰ级风险井，经建设方完成安全评估和审批后，由项目部申报，工程技术科牵头，会同区域井控管理中心、井控监督中心及公司安全部门、生产协调共同进行现场勘查，签发Ⅰ级风险井施工审批表后方可组织上钻机。Ⅱ级、Ⅲ级风险井，在项目部安全、工程、生产运行等部门进行现场勘查合格后方可上钻机。对井位进行详细的地质勘探和分析，识别潜在的井喷风险，并确定恰当的注水、调压和压裂操作。Ⅰ级风险井安装井控装置前的各次开钻由项目部主任工程师或副经理组织验收，以后各次开钻均由公司主管技术、安全的领导或其授权的代表组织开钻前验收。Ⅱ级、Ⅲ级风险井的各次开钻均由项目部主任工程师或副经理组织开钻前验收。

二、关键工序监管

Ⅰ级风险井下深表层套管、技术套管、油层套管及其固井期间，由项目部主任工程师或副经理现场监督。Ⅱ级、Ⅲ级风险井下各层套管及其固井期间，由项目部工程技术人员现场监督。Ⅰ级风险井安装井控设备由项目部主任工程师或副经理现场监督；Ⅱ级、Ⅲ级风险井安装井控设备由钻(修)井队干部现场监督。Ⅰ级风险井试压由项目部科级领导现场监督；Ⅱ级、Ⅲ级风险井试压由项目部工程师现场监督。Ⅰ级风险井钻开油气层前由公司技术、安全主管领导或其授权的代表人组织相关部门和项目部按照《钻开油气层检查验证书》要求的内容逐项检查验收、技术交底，并在《钻开油气层批准书》上签字认可后方可进行钻开油气层施工；Ⅱ级、Ⅲ级风险井由项目部主任工程师或副经理牵头，组织相关部门按照《钻开油气层检查验证书》要求的内容逐项检查验收、技术交底，并在《钻开油气层批准书》上签字认可，方可进行钻开油气层施工。安装采油树和采油树试压时，由项目部工程师现场监督。Ⅰ级风险井从二次开钻开始到交井期间，由施工单位副科级以上干部驻井指导生产。浅层气井、气井打开油气层后第一趟起钻，由项目部工程师驻井指导，严格控制起钻速度，加强坐岗观察，并随时做好控制井口准备。

三、控压钻井

控压钻井期间，项目部要有一名副科以上领导驻井组织施工，对施工期间的防喷、防火、防硫化氢中毒等安全生产工作负全责。工程技术科管理科负责审核钻井技术服务公司编制的控压钻井工艺技术实施方案,并对实施方案的缺欠提出修改意见,在征得公司总工程师同意后方可进行项目实施。施工前工程技术科、安全科及项目部主管领导和技术人员要参加建设方组织的开工验收和技术交底,并对施工期间的安全施工提出具体要求。钻井队要严格按照施工预案的具体要求组织施工,并对井控安全负主体责任。在井压管理方面,需要严格控制进入井中的液体和气体的流量和压力,以避免井道压力失控。要确保管柱正确安装,扭矩符合要求,并进行常规检查以确保安全。在开采高含气藏时,容易发生气体井喷。通过采用高效的排气和清除方式,如液下抽采和水力冲洗等方法,可以降低气体危险。

四、钻井替完井液

工程技术科负责项目设计的复核和技术措施制定,并对施工井队进行技术交底。替完井液,由项目部向公司技术和井控主管部门提出作业申请。经验收确认准备工作到位并经总工程师或其授权代表人批准后方可进行施工作业。替完井液、测后效、起钻及拆装井口等工序施工由项目部指派一名副科级以上干部驻井指挥。对设计采用油管替完井液的井,在完成通井起钻前,应进行测后效观察作业。确认无后效后,方可起钻、拆卸钻井井口、并立即安装油管防喷器。对设计采用"上固下不固"筛管完成井,在完成通井(或替完井液后)起钻前,应进行测后效观察作业。确认无后效后,方可起钻、拆卸钻井井口,并立即安装采油树。完成采油树安装后,应在建设方的指导和监督下,按设计要求执行下入生产管柱、安装采油树回收管线、液体回收罐、放喷硬管线等所有作业程序。

五、应急处置

在处理井喷问题时,首先需要确定井喷的类型和原因,确定井喷的类型有助于采取适当的措施,原因则可以通过分析井喷痕迹和数据来查明发生井喷的因素。发现溢流,应立即控制井口,同时上报上级单位和相关方。控制井口后,钻井队应不间断观察立压、套压的变化,并按照上级指示做好后续应急处置准备,在没有取得上级指示前井队无权采取进一步应急处置措施。在井喷事件发生后,需要加强监测和追踪工作,即使已经采取了防止井喷的措施,也需要持续关注井压的变化和井喷情况。以确保做出及时而有效的响应并更好地应对井喷事件。

任务3 井场防火防爆知识认知

火灾与爆炸这两种常见灾害之间存在着紧密联系,它们经常是相伴发生的。引发火灾、爆炸事故的因素很多,一旦发生事故,后果极其严重。为确保安全生产,必须做好预防工作,消除可能引起燃烧爆炸的危险因素。

一、管理机构建立

石油和天然气行业企业应当建立防火防爆安全生产管理机构,设立专门的防火防爆安全生产管理岗位。该岗位人员应负责行业中的防火防爆安全生产工作，明确职责和任务，适时发现和排出安全隐患。此外，该岗位人员应具备相关防火防爆安全生产知识和技能，并接受相关培训，从而能够适时有效地处置突发事件。

二、钻井、开发、储运场地建设

在石油和天然气行业中，钻井、开发、储运场地的建设是防火防爆安全生产的首要任务。为保证钻井、开发、储运场地安全，需要从以下几个方面进行规范。

1. 场地的规划设计

钻井、开发、储运场地应提前进行规划设计，确保场地符合国家和地方标准。场地的规划设计必须考虑场地的位置、周边环境、地质条件和场地特点等因素，订立合理的布局和容量指标，并按相关要求设立安全示范标志。

2. 设备的选择与安置

在选择和安置设备时，必须对设备的防火防爆性能进行评估。设备必须符合国家和地方的安全标准，设备的安装和使用必须合理规范，做到符合安全要求。在安装和使用设备时，必须对设备进行必要的防护和维护。

3. 防火防爆设施的建设

在场地建设过程中，必须建立完善的防火防爆设施。防火防爆设施包括自动报警装置、灭火系统、排风系统、防爆电器等。这些设施的建设是场地的紧要安全保障。钻井设备必须经过防爆认证，并符合相关安全标准。运输钻具时，要严格遵守装卸规程，避免钻具撞击、磨损或碰撞火源，确保钻具的安全。在钻井现场须设立消防设备，并进行日常管理维护。消防设备包括消防器材、水泵、水枪、消火栓、灭火器等。

4. 不安全化学品的管理

石油和天然气钻井、开发、储运过程中存在着大量的不安全化学品，对此必须做到严密管理。在不安全化学品使用过程中，必须严格遵守国家相关规定，保证化学品的安全使用，并做好监测和记录，适时清除化学废料。

三、防火防爆安全生产管理的实施

1. 管理制度建设

在钻井、开发、储运工作中，应建立健全运营管理制度，规范操作流程，明确职责分工，确保每个岗位的作业规范，为防火防爆安全生产管理供给保证。

2. 人员素养和技能培训

企业应大力加强员工的培训与管理。针对新员工，应严格落实聘用程序和入职规定，并对员工进行防火防爆安全生产培训，使其了解工作的风险，明确职责分工，并有效应对各种安全事故。此外，企业应定期开展培训，提升员工技能与素养，使每个人都能够在不安全情况下保证自身安全。

3. 安全小组建立

企业应当建立防火防爆安全生产小组，小组由熟习钻井、开发、储运等方面业务的专

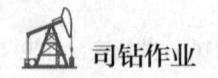

业人员构成，负责安全检查工作、风险评估与处理、整改和应急处理等工作。安全小组的建设将有助于提高企业应对不安全的能力，适时发现和处理安全隐患。

4. 安全应急预案

企业应订立完善的安全应急预案。安全应急预案必须考虑到钻井、开发、储运等不同环节的安全特点，明确事件的分级和处理标准，并合理规划应急预案与安全设备，使企业能够在碰到突发事件时做到快速响应，适时处理不安全。

四、监测和评估工作

1. 监测工作

企业应订立监测方案，建立实时监测系统，全面把握钻井、开发、储运等方面的工作情况。监测工作的重要任务是适时发现和处理安全隐患，提高安全监测和排查工作效率。

2. 评估工作

企业应定期开展防火防爆安全生产管理工作的评估工作。评估工作的一大目的是发现问题，找出工作中的漏洞和不足之处，适时加以矫正和改进。另一个目的是将企业的安全管理工作与国家标准、行业标准进行对标，不断提升安全水平。

任务4 预防常见人身伤害事故

钻井作业过程中涉及的人身伤害事故包括但不限于物体打击、车辆伤害、机械伤害、起重伤害、触电、火灾、高处坠落、中毒、爆炸等。

一、事故致因理论

1. 安全心理知识

发生事故的原因很多，但从事故分析来看，80%以上是由于操作人员违章和误操作起的。通过对违章人员调查和事故案例的分析表明，违章时的心理状态有以下6种：

（1）习以为常、麻痹侥幸心理。
（2）情绪干扰心理。
（3）好胜逞强、冒险蛮干心理。
（4）心情紧张、判断失误心理。
（5）逆反、对抗心理。
（6）技术不熟、盲目乐观心理。

2. 主要事故致因理论

事故发生有其自身的发展规律和特点，只有掌握事故发生的规律，才能保证生产处于安全可控状态。前人站在不同的角度，对事故进行了研究，给出了很多事故致因论，概括地讲，事故致因理论的发展经历了三个阶段：（1）以事故频发倾向理论和海因希因果连锁理论为代表的早期事故致因理论；（2）以能量意外释放论为主要代表的事故因理论；（3）现代的系统安全理论。

二、钻井现场风险

1. 地质及工艺风险

钻井过程中，地质条件变化可能导致地层突发情况，如井喷、地层塌陷等。钻井施工中的工艺选择包括钻头选择、钻进深度、温度控制等。这些因素对于施工质量和安全至关重要，可能会带来以下风险和危害：

（1）施工质量问题。不合适的工艺选择可能影响井筒的完整性和稳定性，从而缩短井筒的使用寿命。

（2）安全事故。某些工艺在操作过程中可能存在安全隐患，如高温高压作业可能导致人员烫伤、窒息等。

（3）成本增加。不合理的工艺选择可能导致能耗增加，从而提高施工成本。

评估地质及工艺风险需要进行地质勘探和分析，确保在钻井作业开展之前了解地质情况，并采取相应的安全措施。

2. 设备因素

钻井施工中所使用的设备包括钻机、钻井泵、发电机等。这些设备的正常运行对于施工的顺利进行至关重要。钻井作业中可能出现出现如钻井管断裂、井口设备故障等。需要进行定期检查与维护，确保设备正常运行。

3. 人员因素

钻井施工中的人员主要包括操作员、监督员和工程师等。这些人员须具备专业的技术知识和丰富的实践经验，以保证施工的安全和稳定。但是，如果人员技能水平不足或责任心不强，可能会带来以下风险和危害：

（1）操作失误。操作员如未严格按照操作规程进行，可能会导致设备损坏或人员伤亡。

（2）安全意识不足。部分人员对安全规定不够重视，易引发安全事故。

（3）监管不力。监督员和工程师如对施工过程监管不力，可能会遗漏潜在的安全隐患。

4. 环境因素

在钻井作业过程中可能遭遇如极端天气、地震等自然灾害，恶劣的环境可能增加施工难度，甚至引发伤亡事故，对钻井现场造成威胁。

三、钻井队人身伤害事故的预防措施

事故预防与控制包括事故预防和事故控制，前者是指通过采用技术和管理手段使事故不发生；后者是通过采取技术和管理手段，使事故发生后不造成严重后果或使后果尽可能减小。危险、有害因素的有效控制，可以很好地预防事故发生，即使发生了事故，由于采取了一定的控制措施，也可以使事故的损失降低，所以，在采取预防事故的措施时，应遵循如下基本要求：

（1）生产过程中产生危险和有害因素。

（2）排除工作场所的危险和有害因素。
（3）处置危险和有害物并降低到国家标准规定的限值内。
（4）预防生产装置失灵和操作失误产生的危险和有害因素。
（5）发生意外事故时，为遇险人员提供自救和施救条件。

为了预防事故和职业危害，确保作业人员的安全和健康，根据钻井作业的特点，按照事故预防和控制的基本原则，在施工过程中通常采取如下防范措施：

（1）逐步增强生产设施、关键装置的本质安全。
（2）采用安全防护装置。
（3）关键部位、关键装置采用检测报警装置、警示标志等措施，警告、提醒作业人员注意，以便采取相应的对策或紧急撤离危险场所。
（4）严格个人防护用品的使用，避免和减少职业伤害。
（5）开展全员危害辨识和风险评价，充分认识身边的危害，采取有效的控制削减措施。
（6）加大隐患治理的整治力度，从根本上消除隐患的存在。
（7）加强安全监督检查，严格考核力度，杜绝违章行为的发生，及时消除施工现场的安全隐患。
（8）加强基层安全教育和技能培训，逐步强化操作者的安全意识。基层安全教育和技能培训的主要形式有员工例行 HSE 培训、员工取证培训、员工日常 HSE 教育和员工 HSE 技能培训。
（9）制定、完善各项安全操作规程，使岗位工人的操作行为有章可依。
（10）进一步完善基层事故应急预案，加强演练培训，最大限度地降低事故的危害。

项目实施

引导问题1：电气安全检查包括哪些方面？

引导问题2：预防井喷事故可以从哪些方面入手？

引导问题 3：谈一谈如何实施防火防爆安全生产管理。

引导问题 4：谈一谈你对钻井现场风险点认识。

📋 项目评价

序号	评价项目	自我评价	教师评价
1	学习准备		
2	引导问题填写		
3	规范操作		
4	完成质量		
5	关键操作要领掌握		
6	完成速度		
7	管理、环保节能		
8	参与讨论主动性		
9	沟通协作		
10	展示汇报		

说明：表格中每项 10 分，满分 100 分。学生根据任务学习的过程与结果真实、诚信地完成自我评价，教师根据学生学习过程与结果客观、公正地完成对学生的评价

✏️ 课后习题

1. 电气设备的选型应遵循哪些原则？
2. 电气设备的安全使用应遵循哪些规定？
3. 钻井井场井喷事故的预防包括哪些方面？
4. 预防钻井队人身伤害事故应遵守哪些基本要求？

井下作业篇

项目 1　井下作业安全生产法律法规与安全管理规定认知

📖 知识目标
（1）掌握井下作业人员安全生产的权利和义务；
（2）了解井下作业安全管理制度。

✈ 能力目标
（1）能够合理利用《安全生产法》等相关法律法规维护自身权利；
（2）能够根据相关安全生产法律法规规范司钻作业行为。

🎯 素质目标
（1）让学生认识到遵守安全生产法律法规是作业人员的基本义务，也是维护安全的重要保障；
（2）引导学生树立正确的权利、义务观念；
（3）强化安全意识的培养，强化忧患意识，坚持底线思维。

任务 1　井下作业人员安全生产的权利和义务的认知

一、井下作业人员安全生产的权利

井下作业人员是司钻作业最直接的劳动者，是各项法定安全生产权利和义务的承担者。由于井下作业特殊的工作环境和条件，存在多项风险因素，为保障司钻作业的安全顺利开展和井下作业人员人身财产安全，我国制定了多项法律法规，对从业人员的安全生产权利、义务做了全面、明确的规定，为保障从业人员的合法权益提供了法律依据。《安全生产法》第六条规定，生产经营单位的从业人员有依法获得安全生产保障的权利，并应当依法履行安全生产方面的义务。

1. 获得安全保障、工伤保险和民事赔偿的权利

（1）生产经营单位与从业人员订立的劳动合同，应当载明有关保障从业人员劳动安

全、防止职业危害的事项，以及依法为从业人员办理工伤保险的事项。生产经营单位不得以任何形式与从业人员订立协议，免除或者减轻其对从业人员因生产安全事故伤亡依法应承担的责任。

（2）生产经营单位必须依法参加工伤保险，为从业人员缴纳保险费。

（3）因生产安全事故受到损害的从业人员，除依法享有工伤保险外，依照有关民事法律尚有获得赔偿的权利的，有权向本单位提出赔偿要求。

（4）生产经营单位与从业人员订立协议，免除或者减轻其对从业人员因生产安全事故伤亡依法应承担的责任的，该协议无效。

2. 了解危险因素、防范措施和事故应急措施的权利

（1）生产经营单位的从业人员有权了解其作业场所和工作岗位存在的危险因素、防范措施及事故应急措施，有权对本单位的安全生产工作提出建议。

（2）生产经营单位的从业人员有权了解其作业场所和工作岗位存在的危险因素和事故应急措施，并且生产经营单位有义务向从业人员事前告知有关危害因素和事故应急措施，否则，生产经营单位就侵犯了从业人员的权利，并对由此产生的后果承担相应的法律责任。

3. 对本单位安全生产的批评、检举和控告的权利

《安全生产法》规定，从业人员有权对本单位安全生产工作中存在的问题提出批评、检举、控告。井下作业人员是生产作业活动的基层操作者，对安全生产情况尤其是安全管理中存在的问题、现场隐患最了解、最熟悉，具有他人不可替代的作用。只有依靠他们并赋予其必要的安全生产监督权和自我保护权，才能做到预防为主、防患于未然，才能保障从业人员的人身安全和健康。

4. 拒绝违章指挥和强令冒险作业的权利

《安全生产法》规定，从业人员有权拒绝违章指挥和强令他人冒险作业。很多事故的发生都是由于企业负责人或管理人员违章指挥或强令从业人员冒险作业造成的，所以法律赋予了从业人员拒绝违章指挥和强令冒险作业的权利，不仅是为了保护从业人员人身安全，也是为了警示生产经营单位负责人和管理人员必须照章指挥，保证安全，并且不得因从业人员拒绝违章指挥或强令冒险作业而对其打击报复。

5. 紧急情况下停止作业或紧急撤离的权利

《安全生产法》规定，从业人员发现直接危及人身安全的紧急情况时，有权停止作业或者在采取可能的应急措施后撤离作业场所。生产经营单位不得因从业人员在前款紧急情况下停止作业或者采取紧急撤离措施而降低其工资、福利等待遇或者解除与其订立的劳动合同。

在作业的过程中，不可避免地存在诸如井喷、着火爆炸、有毒有害气体泄漏、危化品泄漏、自然灾害等自然或人为的危险因素，这些危险因素可能会对从业人员造成重大的人身伤害，法律赋予从业人员享有在发现直接危及人身安全的紧急情况时，有权停止作业或者在采取可能的应急措施后撤离作业场所的权利。

必须注意的是，井下作业人员在行使停止作业和紧急撤离权利时必须明确以下两点：

(1)该项权利不能被滥用。危及人身安全的紧急情况必须有确实可靠的直接根据,凭借个人猜测或者误判而实际并不属于危及人身安全的紧急情况除外。

(2)紧急情况必须直接危及人身安全,间接危及人身安全的情况应采取有效的应急抢险措施。

二、井下作业人员安全生产的义务

作为法律关系内容的权利与义务是对等的,《安全生产法》赋予了从业人员安全生产权利,也设定了相应的法定义务。从业人员在依法享有权利的同时也必须承担相应的法定义务。

1. 落实岗位安全责任,遵守国家有关安全生产的法律法规和规章制度

《安全生产法》规定,从业人员在作业过程中,应当严格落实岗位安全责任,遵守本单位的安全生产规章制度和操作规程,服从管理。生产经营单位应依法制定本单位的安全生产规章制度和操作规程,并明确各岗位的责任人员、责任范围和考核标准等内容。历史经验表明,从业人员违反规章制度和操作规程,往往是导致事故发生的主要原因。每一个从业人员都从不同的角度为企业的安全生产担负责任,每个人尽责的好坏影响生产经营单位安全生产的成效。因此,从业人员在作业过程中,应当根据自身岗位的性质、特点和具体工作内容,强化安全生产意识,提高安全生产技能,严格落实岗位安全责任,切实履行安全职责,做到安全生产工作"层层负责、人人有责、各负其责"。对生产经营单位的从业人员不落实岗位安全责任的,本法规定了法律责任,由生产经营单位给予批评教育,依照有关规章制度给予处分;构成犯罪的,依照刑法有关规定追究刑事责任。

2. 正确佩戴和使用劳动防护用品的义务

劳动防护用品是指由用人单位为劳动者配备的,使其在劳动过程中免遭或者减轻事故伤害及职业危害的个人防护装备。劳动防护用品是保护劳动者安全和健康的辅助性、预防性措施。从一定意义上讲,它是从业人员,尤其是井下作业人员防止职业毒害和伤害的最后一项有效的措施。劳动防护用品在劳动过程中,是必不可少的生产性装备,对生产经营单位来讲要按照有关规定发放充足,不得任意削减,作为从业人员要十分珍惜,正确佩戴和认真用好劳动防护用品。《安全生产法》规定,从业人员必须正确佩戴和使用劳动防护用品。《井下作业安全规程》规定,进入现场人员应正确穿戴和使用劳动防护用品及其他防护用具,并做好安全防护设施的维护。高处作业者应系安全带,并将随身携带的工具系上防掉绳,作业前将安全带在井架上系牢。

3. 接受安全培训,掌握安全生产技能的义务

《安全生产法》规定,从业人员应当接受安全生产教育和培训,掌握本职工作所需的安全生产知识,提高安全生产技能,增强事故预防和应急处理能力。

石油工程技术服务领域生产经营活动的技术复杂性,尤其是随着生产经营领域的不断扩大以及新材料、新技术、新装备的大量使用,生产经营活动对从业人员的安全素质要求越来越高,要适应日趋复杂的生产经营活动对安全生产技术知识和能力的要求,从业人员需要具备更加系统的安全知识,熟练的安全生产技能,以及对不安全因素和事故隐患、突发事件的预防、处理能力。《安全生产法》还规定,新招聘、转岗的人员必须接受专门的安全生产教育和业务培训。特种作业人员上岗前必须按照国家有关规定经专门的安全作业培训,取得相应资格,方可上岗作业。实践中,部分企业不重视安全教育培训,有的工人没有经过专门的安全生产教育,不具备应有的安全生产素质;有的不熟悉安全生产操作规程,一旦发生紧急情况往往不知所措,由此导致的事故教训十分惨痛。

4. 发现事故隐患或者其他不安全因素及时报告的义务

《安全生产法》规定,从业人员发现事故隐患或者其他不安全因素,应当立即向现场安全生产管理人员或者本单位负责人报告;接到报告的人员应当及时予以处理。井下作业人员处于安全生产的第一线,最有可能发现事故隐患或者其他不安全因素,防患于未然。其报告义务有两点要求:(1)发现上述情况后,应当立即报告,因为生产安全事故的特点之一是突发性,如果拖延报告,则事故发生的可能性加大;(2)接受报告的主体是现场安全生产管理人员或者本单位的负责人,以便对事故隐患或者其他不安全因素及时作出处理,避免事故的发生。接到报告的人员须及时进行处理,及时消除事故隐患。

应用案例

刹把击中头部致人死亡

【案例概况】

某年1月12日0:13左右,某钻井公司承钻的某井进行接单根作业,当班学习副司钻罗某操作刹把,上提方钻杆过程中将大方瓦带出,罗某即下放钻具,由于下放速度过快,猛压刹把,同时强挂低速离合器,刹把弹起击中罗某右面部太阳穴,罗某倒地死亡。

【案例解析】

1. 事故发生的原因

(1)罗某的安全意识差,操作刹把姿势违反 SY 5974—94《钻井作业安全规程》要求操作刹把时身体直立,距刹把 0.3m 的规定。

(2)井队执行制度不严,管理不到位,司钻擅离岗位,学习副司钻操作刹把时未在场监护。

(3)井队设备管理混乱,大方瓦未上锁销,绞车平衡梁中心销子磨损严重;生产经营单位的主要负责人未能督促、检查本单位的安全生产工作,及时消除生产安全事故隐患。

2. 教训和防范措施

(1)加大安全监督检查力度,增强员工执行各项制度的自觉性。

(2)严格执行《钻井作业安全规程》和各项技术操作规程。

(3)不断加强全员安全意识教育,强化员工安全生产技能和自我保护意识的培训,从本质上消除人的不安全行为。

(4)生产经营单位的主要负责人应组织建立并落实安全风险分级管控和隐患排查治理双重预防工作机制,督促、检查本单位的安全生产工作,及时消除生产安全事故隐患。

任务 2　井下作业安全管理制度的认知

石油与天然气工程服务涉及石油天然气勘探、开发、生产、炼制、储运、销售等多方面，生产现场具有点多面广、危险点源多、易燃易爆、工艺复杂等特点，稍有不慎就可能发生事故，造成人身伤害和财产损失。《安全生产法》规定各生产经营单位必须制定并落实本单位安全生产规章制度和操作规程。为了加强安全生产监督管理，落实国家安全生产法律法规和企业安全生产主体责任，防止和减少安全环保事故发生，保障员工和国家财产安全，国内三大油公司均制定了一系列 HSE 规章制度。HSE 管理体系是国际石油行业通行的一套用于油气勘探开发和施工行业的健康（health）、安全（safety）和环境（environment）三位一体的管理体系，也是当前国际石油、石油化工大公司普遍认可的管理模式。其管理体系的核心责任制，具有系统化、科学化、规范化、制度化等特点。它是一种事前通过识别与评价，确定在活动中可能存在的危害及后果的严重性，从而采取有效的防范手段、控制措施和应急预案来防止事故的发生或把风险降到最低程度，以减少人员伤害、财产损失和环境污染的有效管理方法。

国内三大石油公司的 HSE 管理具有自身的特点和独特的运行模式，不同企业根据自己的企业安全风险和管理特点表述不一致，但核心内涵是一致的。中国石油高度重视 HSE 管理工作，把 HSE 管理作为企业发展的战略基础，作为"天字号"工程摆在突出位置，在指导思想上，建立了"诚信创新业绩和谐安全"的核心经营管理理念，形成了"环保优先、安全第一、质量至上、以人为本""安全源于质量、源于设计、源于责任、源于防范"的理念，确立了"以人为本，预防为主，全员参与，持续改进"的 HSE 方针和"零伤害、零污染、零事故"的战略目标。下面对井下作业 HSE 管理制度的七个关键要素进行解读。

一、领导和承诺

"领导和承诺"是 HSE 管理体系建立与实施的前提条件。井下作业单位主要负责人的安全责任，主要包括：
（1）建立、健全本单位的安全生产责任制；
（2）组织制定本单位安全生产规章制度和操作规程；
（3）保障本单位安全生产投入的有效实施；
（4）督促、检查本单位的安全生产工作，及时消除安全生产事故隐患；
（5）组织制定并实施本单位的应急预案；
（6）及时、如实报告生产安全事故。
井下作业单位主要负责人应有明确的、公开的 HSE 承诺。承诺的基本内容包括：
（1）遵守国家和所在地法律法规及相关规定，尊重所在地风俗习惯；
（2）提供必要的人力、物力、财力资源，确保 HSE 目标的制定和实现；
（3）持续改进 HSE 管理体系。

二、健康、安全与环境方针

"健康、安全与环境方针"是 HSE 管理体系建立和实施的总体原则。该项包括以下两点：

（1）井下作业单位应开展安全文化建设，组织开展安全宣传教育活动，引导全体员工的安全态度和安全行为，形成具有本单位特色的安全价值观；

（2）井下作业单位的 HSE 方针应符合法律法规要求，与本单位生产实际相一致，并传达到员工。

三、策划

"策划"是 HSE 管理体系建立与实施的输入要素。该项包括：

（1）危害因素辨识、风险评估和风险控制。井下作业单位应每年组织 1 次全面的危害因素辨识活动，并形成危害因素清单，组织风险评估，进行分级管理，分级管控，制定重大危险源安全监控措施，及时登记建档，并按规定备案。

（2）法律法规和其他要求。井下作业单位应对现行的 HSE 法律法规、标准规范进行识别，列出所采用的法律法规、标准规范目录，并定期更新与公布。

（3）目标与指标。应根据本单位安全生产的实际，明确控制井喷、硫化氢事故（中毒）、人身伤亡、火灾爆炸、海上溢油、海难等 HSE 目标。应制定年度 HSE 指标，层层签订 HSE 责任书。

（4）计划与方案。应根据 HSE 目标和指标，制定年度 HSE 工作计划或工作要点；应对排查出的事故隐患编制隐患治理计划，制订隐患治理方案或监控措施，并予以实施。隐患整改要做到措施、责任、资金、时限和预案"五到位"。

四、组织结构、资源和文件

"组织结构、资源和文件"是 HSE 管理体系建立与实施的基础。该项包括：

（1）井下作业单位应成立 HSE 委员会、设置 HSE 管理部门，制定 HSE 生产责任制。

（2）提供相应的人力资源、物力资源，按照有关规定提取和使用安全生产费用，专款专用。

（3）按安全培训计划安排岗位员工进行培训，取得国家、行业要求的证书。

（4）编制管理手册、程序文件等体系文件，按文件管理制度进行管理。

五、实施和运行

"实施和运行"是 HSE 管理体系实施的关键。该项对设施完整性、承包商和供应商管理、社区和公共关系、作业许可、运行控制、变更管理、应急管理等 7 个方面作出了规定。中国石油对安全生产风险工作按照"分层管理、分级防控，直线责任、属地管理，过程控制、逐级落实"的原则进行管理，要求岗位员工参与危害因素辨识，根据操作活动所涉及的危害因素，确定本岗位防控的安全生产风险，并按照属地管理的原则落实风险防控措施。对安全环保事故隐患按照"环保优先、安全第一、综合治理；直线责任、属地管理、全员参与；全面排查、分级负责、有效监控"的原则进行管理。

六、检查和纠正措施

"检查和纠正措施"是 HSE 管理体系有效运行的保障。该项对监督检查和业绩考核、不符合、纠正措施和预防措施、事故报告、调查和处理、记录控制与内部审核等 5 个方面作出了规定。中国石油秉承"环保优先、安全第一、综合治理；直线责任、属地管理、全员参与；全面排查、分级负责、有效监控"的原则进行管理，要求各企业定期开展安全环保事故隐患排查，如实记录和统计分析排查治理情况，按规定上报并向员工通报。现场操作人员应当按照规定的时间间隔进行巡检，及时发现并报告事故隐患，同时对于及时发现报告非本岗位和非本人责任造成的安全环保事故隐患，避免重大事故发生的人员，应当按照中国石油事故隐患报告特别奖励的有关规定，给予奖励。

七、管理评审

管理评审是推进 HSE 管理体系持续改进的动力。该项包括：

（1）井下作业单位的主要负责人应每年至少组织 1 次 HSE 管理体系评审，对 HSE 方针、目标、资源配置、内部审核结果等进行评审，建立管理评审记录。

（2）根据管理评审结果所反映的趋势，对安全生产目标、指标、规章制度、操作规程等进行修改完善，持续改进，实现动态循环，不断提高 HSE 管理水平。

项目实施

引导问题 1：依据《安全生产法》，司钻作业生产经营单位的安全生产保障包括哪些方面？

引导问题 2：简述井下作业人员安全生产的权利和义务。

司钻作业

引导问题 3：谈一谈你对《井下作业 HSE 管理制度》的认识。

引导问题 4：谈一谈你对劳动保护相关知识的认识。

项目评价

序号	评价项目	自我评价	教师评价
1	学习准备		
2	引导问题填写		
3	规范操作		
4	完成质量		
5	关键操作要领掌握		
6	完成速度		
7	管理、环保节能		
8	参与讨论主动性		
9	沟通协作		
10	展示汇报		

说明：表格中每项 10 分，满分 100 分。学生根据任务学习的过程与结果真实、诚信地完成自我评价，教师根据学生学习过程与结果客观、公正地完成对学生的评价

课后习题

1. 井下作业人员安全生产的权利有哪些？
2. 井下作业人员安全生产的义务有哪些？
3. 说一说你对井下作业 HSE 管理制度的理解。
4. 井下作业 HSE 管理制度由哪些关键要素组成？

项目 2　井下作业安全设施与主要灾害事故防治

📖 知识目标
(1) 了解防喷安全设施的使用和维护；
(2) 掌握主要灾害事故及安全标志的识别；
(3) 了解常见的应急器材。

✈ 能力目标
(1) 具备防喷安全设施的使用和维护能力；
(2) 具备应急事故的处理能力；
(3) 具备灾害事故的防治能力。

🎯 素质目标
(1) 培养吃苦耐劳精神；
(2) 培养集体意识和团队合作精神。

任务 1　防喷安全设施的使用和维护

一、防喷器

1. 防喷器的定义

防喷器是油田常用的防止井喷的安全密封井口装置，如图 2-2-1 所示，适用于试油、修井、完井等作业过程中。防喷器将全封和半封两种功能合为一体，具有结构简单、易操作、耐高压等特点。

2. 防喷器的操作规程

(1) 根据设计要求正确选择防喷器。

图 2-2-1　防喷器

（2）检查防喷器，确保各部件齐全、完好。

（3）清理检查井口四通钢圈槽及钢圈并涂抹黄油，将钢圈放入四通钢圈槽内。

（4）将吊装绳固定在防喷器上，用牵引绳拴牢防喷器，拉住牵引绳，缓慢吊起防喷器。

（5）清理检查防喷器下法兰钢圈槽并涂抹黄油。将螺栓穿入防喷器两翼下方的法兰螺孔内，连接上部螺母。

（6）扶住防喷器缓慢下放，使螺栓穿入四通法兰螺孔，将防喷器坐在井口四通上，拆下吊装绳套。

（7）通过目测或转动确认钢圈入槽、上下螺孔对正。

（8）上全连接螺栓，依次对角均匀上紧。

（9）按井控标准试压合格后放净压力。

3. 注意事项

（1）防喷器型号必须与设计相符，且取得检验合格证。

（2）四通上法兰、防喷器钢圈槽应完好，无缺口、破损。

（3）钢圈应完好。

（4）防喷器安装方向应符合施工要求，不得妨碍开关。

（5）防喷器关闭时两边圈数应一致，关闭到位后回1/4圈。

（6）防喷器试压时各连接部位应密封、无渗漏。

（7）试压后应再紧固一次各连接螺栓，克服松紧不均现象。

二、环形防喷器的维护与保养

1. 清洁喷头

环形防喷器的喷头在使用过程中容易受到灰尘、油污等污染物的影响，从而影响其正常工作。因此应该定期对喷头进行清洁。清洁时应使用中性洗涤剂，不得使用含有酸碱性物质的清洁剂，以免损坏喷头表面的特殊涂层。如果发现有损坏或故障的喷头，应及时更换。

2. 定期维修

环形防喷器在长期的使用过程中，硬化、老化、松动等问题可能导致其出现故障。因此，应定期对设备进行检查和维修。具体的检查内容包括：检查喷头是否完好无损；检查压力计的读数是否正常。如果发现问题，应及时进行维修或更换部件，如图2-2-2所示。

图2-2-2 环形防喷器

三、闸板防喷器的使用与维护

（1）检查防喷器安装是否正确。壳体吊装耳在上部，各处连接螺栓对角依次均匀上紧。

（2）检查油路连接管线是否与防喷器所标识的开关一致。可由控制台以 2~3MPa 的控制压力对每种闸板试开关各两次，以排除油路中的空气，如闸板开关动作与控制台手柄指示不一致，应调整连接管线。

（3）对井口装置进行全面试压，试压标准应按有关井控规程条例执行。试压后对各连接螺栓再一次紧固，克服松紧不均现象。

（4）检查所装闸板芯子尺寸与井下钻具尺寸是否一致。

（5）检查各放喷管汇、压井管汇、节流管汇是否连接好。

（6）防喷器在进行地面检查试验时，应在防喷器内加满水，并且开关闸板活动一次，以排除闸板腔内闸板后部的空气。

任务2　井下作业施工主要灾害事故的识别及防治

一、井喷

1. 井喷的定义

地层流体（油、气或水）无控制地涌入井筒并喷出地面的现象称为井喷。

2. 井喷的原因

（1）由于对地层物性和压力系统认识的不足，忽视有高压油气层的存在，而在射孔中又采取井口无控制的电缆输送式射孔措施，如果又没有适当加大压井液密度，增加井底回压，那么高压油气层一旦射开，高压油气就会轻而易举地窜入井筒，毫无阻挡地喷出井口，从而造成井喷。

（2）在某些分层测试、分层改造、分层开采等作业中，往往要使用封隔器。在起封隔器时，由于封隔器胶筒收缩不好，加之上提速度过快，使封隔器像活塞一样，造成封隔器下部井筒形成真空，抽汲井筒液体和地层油气，低密度的油气上窜，降低井筒液体密度和回压，加速油气向井内浸入，从而造成井喷。

（3）在射孔和作业中有时会出现某层井漏现象（井内至少有两个层：一个是井漏层，另一个为高压油气层），当井内液体降至与油气层地层压力相当或更低的静液面时，井内液柱压力与地层压力失去平衡，地层的油气就进入井内，气体向上滑脱膨胀，液面上升外溢，井内压井液逐渐减少，回压随之降低，加速溢流速度，直至井喷。如果此时又进行起管作业，再增加抽汲和淘空作用，井喷将更为严重。

（4）由于固井质量太差，水泥环严重窜槽或水泥返高太低，当射开高压油气层时，油气就会沿着井眼和套管环形空间窜出地面，导致井喷。

（5）事前没有物资准备和技术保障，没有超前采取应急措施和安装防喷设施。

（6）井口装置和井控流程承压能力不够，在超载下不能有效地控制住井内高压流体。

（7）井口装置和井控管汇缺乏保养和检验，在应急使用时出现刺漏、故障和失灵。

（8）井口装置防喷配件虽然完好，但所用规格与井内管柱不配套或管柱变形，失去控制能力。

（9）队伍组织松散，抢救组织不力，采取措施不当，没有全力以赴，错失控制良机。

（10）思想麻痹，存在侥幸心理，放松对井喷的警惕性，在没有任何措施下敞开井口，进行某些冒险作业。

3. 井喷的危害

（1）浪费和毁坏油气资源。

（2）毁坏油井井身结构。

（3）吞噬井口设备。

（4）引起火灾事故。

（5）造成人员伤亡。

（6）污染环境。

4. 井喷的处理措施

一旦发生井喷事故要立即组织人力抢救，抢救得越早、越及时越好。井喷的处理措施如下：

（1）在井筒内没有油管的情况下要抢装总阀门。将井口和总阀门钢圈槽擦净，将钢圈放入井口钢圈槽，将总阀门全部打开，同时套管阀门也应全部打开，以减少油气上冲力。装好总阀门后关闭井口，接好管线，强行挤压井。

（2）在井筒有油管的情况下应立即抢装油管悬挂器。抢装悬挂器时应提前将套管阀门打开，以利于人员靠近。抢装好悬挂器后再抢装井口总阀门。

（3）井喷发生后为避免火灾事故，井场应立即熄灭炉火，切断电源，撤出与抢救井喷无关的设备。通井机也要视情况采取熄灭或撤出的对策。如果套管外已有大量油气喷出，要立即向井场外抢拖设备和管材。

（4）抢救井喷的时候应由有经验的技术人员统一指挥，并根据井喷情况配合使用救护车、消防车等。

5. 井喷的预防措施

预防井喷是井下作业中必须做到的工作。井喷有其自身的规律性，因此预防井喷、消灭井喷在井下作业中是完全能够做到的。预防井喷应从以下几个方面做起：

（1）选择密度适当、性能稳定的压井液压井，使压井后液柱压力略高于地层压力，一般为 1~1.5MPa。

（2）选用正确的压井方式和方法。循环压井中水泥车应保持足够的排量，并且应当一气呵成。对于高压气井，在压井前应用清水洗井脱气。当压井液进入管鞋部位时，出口阀门应进行控制，使进出口排量一致。

（3）坚持边起管柱边灌压井液。起管过程中应始终保持液面在井口。起管不灌压井液，或者起完管柱后再灌压井液，或者起出相当一部分管柱后再灌压井液的做法，都可能造成井喷事故。

（4）作业井井口安装高压防喷器，一旦井喷立即关防喷器。

（5）提前做好抢装井口的准备工作，钢圈、井口螺栓、井口扳手、悬挂器、总阀门、榔头等应提前备好,并放置在井口附近明显位置。

井喷是有前兆的。井喷前,井口往往有逐步加大的油气味,先出现液体溢流,随后溢流加大形成井涌,井涌后则是井喷。只要提前有所准备,完全可以在井喷前将井口阀门坐好,使井喷不发生。

二、硫化氢中毒

我国现已开发的油气田都不同程度地含有硫化氢气体,且有的含量极高。如中石油西南油气田中含硫化氢气田约占已开发气田的78.6%,其中卧龙河气田硫化氢含量高达10%(体积比),华北油田晋县赵兰庄气田,硫化氢含量高达92%(体积比)。硫化氢是仅次于氰化物的剧毒、易致人死亡的有毒气体。一旦含硫化氢气井发生井喷失控,将导致灾难性的悲剧。

1. 硫化氢的特性

硫化氢气体又称为酸性气体,具有以下特性:

(1) 硫化氢具有剧毒,是一种致命的气体。硫化氢的毒性仅次于氰化物,是一氧化碳(CO)的毒性的5~6倍。它对人体的致死浓度为500mg/m³,在正常条件下,对人的安全临界浓度不能超过20mg/m³。

(2) 硫化氢是无色气体,沸点约为-60℃。

(3) 硫化氢的相对密度为1.176,比空气密度大,因此在通风条件差的环境中,它极容易聚集在低凹处。

(4) 硫化氢在浓度为0.3~46mg/m³时有臭鸡蛋味;在浓度高于46mg/m³时,人的嗅觉迅速钝化而感觉不出硫化氢的存在。

(5) 当硫化氢的含量在4.3%~46%时,在空气中形成的混合气体遇火将产生强烈的爆炸。

(6) 硫化氢的燃点为260℃,燃烧时呈蓝色火焰,并生成危害人眼睛和肺部的二氧化硫。

(7) 硫化氢可致人眼、喉和呼吸道发炎。

(8) 硫化氢易溶于水和油,在20℃、1个大气压下,1体积的水可溶解2.9体积的硫化氢,随温度升高溶解度下降。

(9) 硫化氢及其水溶液对金属都有强烈的腐蚀作用,如果溶液中同时含有CO_2或O_2,其腐蚀速度更快。

2. 硫化氢对人体的危害

硫化氢被吸入人体,通过呼吸道,经肺部,由血液运送到人体各个器官。首先刺激呼吸道,使嗅觉钝化、咳嗽,严重时将被灼伤;眼睛被刺痛,严重时将失明;刺激神经系统,导致头晕丧失平衡,呼吸困难;心脏加速跳动,严重时,心脏缺氧而导致死亡。硫化氢进入人体,将与血液中的溶解氧发生化学反应。当硫化氢浓度极低时,它将被氧化,对人体威胁不大;而硫化氢浓度较高时,将夺去血液中的氧使人体器官缺氧而中毒,甚至导致死亡。

3. 硫化氢的中毒症状

1) 急性中毒

吸入高浓度的硫化氢气体会导致气喘、脸色苍白、肌肉痉挛。当硫化氢浓度大于 700mg/m^3 时,人很快失去知觉,几秒钟后就会窒息,呼吸系统和心脏停止工作,如果未及时抢救,会迅速死亡;而当硫化氢浓度大于 2000mg/m^3 时,人体只需吸一口硫化氢气体,就很难抢救而立即死亡。

2) 慢性中毒

人体暴露在低浓度硫化氢环境(如 50~100mg/m^3)下,将会慢性中毒,症状是头痛、晕眩、兴奋、恶心、口干、昏睡,眼睛感到剧痛,连续咳嗽、胸闷或皮肤过敏等。长时间在低浓度硫化氢条件下工作,也可能造成人员窒息死亡。当人受硫化氢伤害时,往往会神志不清、肌肉痉挛、僵硬、随之重重地摔倒、碰伤或摔死。

4. 硫化氢中毒的早期抢救措施

(1) 进入毒气区抢救中毒人员之前,应先戴上防毒面具,否则,抢救者也会成为中毒者。

(2) 应立即把中毒者从硫化氢分布的现场抬到空气新鲜的地方。

(3) 如果中毒者已经停止呼吸和心跳,应立即不停地进行人工呼吸和胸外心脏按压,直至呼吸和心跳恢复或者医生到达,有条件的可使用回生器(又称恢复正常呼吸器)代替人工呼吸。

(4) 如果中毒者没有停止呼吸,保持中毒者处于休息状态,有条件的可给予输氧。在叫医生或抬到医生那里进行抢救的过程中应注意保持中毒者的体温。

5. 护理注意事项

(1) 在中毒者心跳停止之前,当其被转移到新鲜空气区能立即恢复正常呼吸者,可以认为中毒者已迅速恢复正常。

(2) 当呼吸和心跳完全恢复后,可给中毒者喂些兴奋性饮料(如浓茶或咖啡),而且要有专人护理。

(3) 如果眼睛受到轻度损害,可用干净水彻底清洗,也可进行冷敷。

(4) 在轻微中毒的情况下,中毒人员没有完全失去知觉,如果经短暂休息后本人要求回岗位继续工作时,医生一般不要同意,应休息 1~2 天。

(5) 在医生证明中毒者已恢复健康可返回工作岗位之前,应把中毒者置于医疗监护之下。

(6) 在硫化氢毒气周围或附近的工作人员,都要掌握心肺复苏法(人工呼吸和心脏胸外按压法),并经常实习训练。

6. 含硫化氢油(气)区域井下作业施工安全注意事项

(1) 在生产区和生活区设有固定硫化氢探测、报警系统,当空气中硫化氢的浓度达到 10mg/m^3 时,能以光、声报警。

(2) 配备有便携式探测仪,以用来检测未设固定探头区域空气中硫化氢的浓度。

(3) 生产区和生活区应安装有风向标，并要求风向标安装在人员易于看到的地方。

(4) 配备足够数量的防毒面具，需要时能方便拿到。

(5) 配备有因硫化氢中毒而进行医治的药品和氧气瓶等。

(6) 生产区空气中硫化氢浓度超过 50mg/m³ 时，应设有"硫化氢"字样的标牌和矩形红色的标志。

(7) 施工作业所用设备应具有抗硫性能，如井口、管道、分离器、泵等设备应具有抗硫性能，避免因硫化氢对其腐蚀使管线破裂造成油气外流，从而导致对人身的危害。

任务3 生产、施工相关安全标志及其识别

一、安全色

安全色是用于表达安全信息含义的颜色，它们被设计为醒目且易于识别，以迅速指示危险和安全设备的位置，从而加强安全防范和预防事故。根据国家标准，中国规定的安全色有四种：红色、黄色、蓝色和绿色。

红色表示禁止、停止，用于禁止标志、停止信号、危险或提示消防设备、设施的信息。

蓝色表示指令、必须遵守的规定，一般用于指令标志。

黄色表示警告、注意。

绿色用于表示提示、安全状态、通行。

二、对比色

对比色也称为互补色，是指色相环上相距约180°的两个颜色，包括黑色、白色。

黑色用于安全标志的文字、图形符号和警告标志的几何边框。

白色用于安全标志中红、蓝、绿的背景色，也可用于安全标志的文字和图形符号。

安全色与对比色搭配使用，见表2-2-1。

表2-2-1 安全色与对比色

安全色	对比色	安全色	对比色
红色	白色	蓝色	白色
黄色	黑色	绿色	白色

安全色与对比色的相间条纹为等宽条纹，倾斜约45°。

(1) 黄色与黑色相间条纹，表示危险位置的安全标记。

(2) 红色与白色相间条纹，表示禁止或提示消防设备、设施位置的安全标记。

(3) 绿色与白色相间条纹，表示安全环境的安全标记。

(4) 蓝色与白色相间条纹，表示指令的安全标记，传递必须遵守规定的信息。

三、安全标志

安全标志是一种特殊的标志，用于向工作人员警示工作场所或周围环境的危险状况，并指导人们采取合理的安全行为。安全标志分为以下五种，彩图见封二。

（1）禁止标志：指不准许或制止某种行动的标志（图2-2-3）。

图2-2-3　禁止标志

（2）警告标志：警告标志的颜色为黄底、黑边、黑图案，形状为等边三角形，顶角向上（图2-2-4）。

图2-2-4　警告标志

（3）指令标志：指强制人们必须做出某种行为或动作的图形标志（图2-2-5）。

图2-2-5　指令标志

(4)提示标志:指向人们提供某种信息的图形标志。提示标志的几何图形通常是方形(图 2-2-6)。

图 2-2-6 提示标志

(5)消防安全标志:指由安全色、边框、图像为主要特征的图形符号或文字构成的标志,用以表达与消防有关的安全信息(图 2-2-7)。

图 2-2-7 消防安全标志

SY/T 6355—2017《石油天然气生产专用安全标志》规定了用于石油天然气勘探、开发、储运、建设等生产作业场所和设备、设施的专用安全标志(图 2-2-8)。

图 2-2-8　专用安全标志

任务4　防护器材的使用和维护

一、头部防护用品

1. 定义

头部防护用品是为防御头部不受外来物体打击和其他因素危害而采取的个人防护用品，如安全帽。

2. 安全帽的使用要求

（1）使用安全帽前应认真检查帽壳、帽衬、帽带、锁扣等，应无损伤。

（2）安全帽由个人负责保管，工作期间使用。安全帽不得无故损坏或丢失，严禁用安全帽充当坐垫使用，不得在安全帽上乱涂乱画或粘贴图文。

（3）安全帽帽带应系紧，必须保持安全帽的清洁，脏污时应使用中性清洁剂或用布擦干净。

（4）安全帽应在-10~50℃范围内使用，避免存放在酸、碱、高温、日晒、潮湿等场所，更不可和硬物放在一起。

（5）安全帽一经严重冲击应立即报废不得使用。使用时应将帽带、锁扣调整到合适位置，使安全帽不易脱落。

(6) 安全帽使用期限为 4~5 年，各部门职工配置的安全帽到期后应由安监部统一换发，并建立发放基础台账。

二、呼吸防护用品

呼吸防护用品是指防御缺氧空气和空气污染物进入呼吸道的防护用品。呼吸防护用品主要包括自吸过滤式防颗粒物呼吸器、正压式呼吸器等。

1. 自吸过滤式防颗粒物呼吸器

1) 定义

自吸过滤式防颗粒物呼吸器主要用于防护粉尘、烟、雾等颗粒污染物，通过人体自身呼吸来使用的呼吸防护用品。

2) 分类

（1）按面罩结构分类。

自吸过滤式防颗粒物呼吸器按照面罩结构分为随弃式面罩、可更换式半面罩和全面罩三类，部分随弃式面罩在罩体上镶嵌呼气阀。

随弃式面罩是一种以滤料为主体的不可拆卸式面罩，通常不能进行清洗或再次使用，一旦任何部件失效，该面罩将被废弃，如图 2-2-9 所示。

可更换式半面罩是能覆盖口和鼻，或覆盖口、鼻和下颌的密合型面罩，如图 2-2-10 所示。

全面罩是一种能够保护整个面部的呼吸防护用品，如图 2-2-11 所示。

图 2-2-9　随弃式面罩　　　图 2-2-10　可更换式半面罩　　　图 2-2-11　全面罩

（2）按照过滤元件分类。

自吸过滤式防颗粒物呼吸器按照过滤元件可分为 KN 和 KP 两类。

KN 类只适用于过滤非油性颗粒物。

KP 类适用于过滤油性和非油性颗粒物。

3) 使用要求

（1）随弃式面罩佩戴时应调整好头带位置，按照鼻梁的形状塑造鼻夹，确保气密性良好。

（2）随弃式口罩不可清洗，阻力明显增加时需整体废弃，更换新口罩。

（3）可更换式半面罩佩戴时应调节好头带松紧度，并做气密检查。

（4）使用自吸过滤式防颗粒物呼吸器时，随着颗粒物在过滤材料上累积，过滤效率通常会逐渐升高，吸气阻力随之逐渐增加，使用者感到不舒适时应及时更换。

2. 正压式呼吸器

1）定义

正压式呼吸器是一种能够给予患者正压气体进行呼吸辅助或治疗的医疗设备，如图2-2-12所示。

2）结构

正压式呼吸器由供气阀组件、减压器组件、压力显示组件、背具组件、面罩组件、气瓶和瓶阀组件、高压及中压软管组件构成。

3）使用要求

（1）应急用呼吸器应保持待用状态，气瓶压力一般为28~30MPa，低于28MPa时，应及时充气，充入的空气应确保清洁，严禁向气瓶内充填氧气或其他气体。

图2-2-12 正压式呼吸器

（2）应急用呼吸器应置于适宜储存、便于管理、取用方便的地方，不得随意变更存放地点。

（3）危险区域内，任何情况下，严禁摘下面罩。

（4）呼吸器严禁沾染油脂。

（5）进入危险区域作业，必须两人以上，相互照应。

（6）呼吸器及配件应避免接触明火、高温。

（7）听到报警哨响起，应立即撤出危险区域。

（8）气瓶压力表应定期由有资质的检验机构进行检测。

三、眼面部防护用品

1. 定义

眼面部防护用品是为了保护工人在劳动过程中眼睛和脸部免受危险因素伤害而设计的特殊装备。

2. 常用的眼部防护用品

1）防护眼镜

防护眼镜是个体防护装备中重要的组成部分，按照使用功能可分为普通防护眼镜和特种防护眼镜，如图2-2-13所示。

2）防护面罩

防护面罩是用来保护面部和颈部免受飞来的金属碎屑、有害气体、液体喷溅、金属和高温溶剂飞沫伤害的用具，如图2-2-14所示。

3）洗眼器

洗眼器是一种用于紧急情况下眼部冲洗的设备，可帮助快速清洁眼睛，减少眼睛受到污染物伤害的机会。

图 2-2-13　防护眼睛

图 2-2-14　防护面罩

3. 使用要求

（1）进行存在固体异物高速飞出风险的作业，如打磨、敲击作业时，作业人员要佩戴防冲击眼镜。

（2）进行存在液体喷溅风险的作业，如接单根作业（钻井液可能喷出）、固井配制配浆水（外加剂可能飞溅）时，作业人员应佩戴防喷溅眼罩。

（3）防护眼镜每次使用前后都应检查，当镜片出现裂纹或镜片支架开裂、变形或破损时，应及时更换。

（4）不应把近视镜当作防护眼镜使用。

（5）应保持防护眼镜清洁干净，避免接触酸、碱物质，避免受压和高温，当表面脏污时，应用少量洗涤剂和清水冲洗。

（6）洗眼器内的水应定期更换，以防止不清洁的水对人员造成二次伤害。

四、听力防护用品

1. 定义

听力防护用品是指保护听觉、使人耳免受噪声过度刺激的防护用品。

2. 常见的听力防护用品

1）耳塞

耳塞是一种可以放置在耳朵内部的小型装置，通常由硬塑料、软塑料或泡沫等材料制成。其作用是隔绝外界噪声，使人们更集中精力，提高听觉品质。此外，一些耳塞还可以用于防水，防止游泳或淋浴时水进入耳朵，如图 2-2-15 所示。

2）耳罩

耳罩是指一种可将整个耳廓罩住的护耳器。耳罩外层为硬塑料壳，内部加入吸音、隔音材料，如图 2-2-16 所示。

3. 使用要求

（1）佩戴泡沫塑料耳塞时，应先洗干净手，将圆柱体搓成锥体后再塞入耳道，让塞体自行回弹充满耳道。

图 2-2-15　耳塞　　　　　　　　图 2-2-16　耳罩

（2）使用耳罩时，应先检查罩壳有无裂纹和漏气现象，佩戴时应注意罩壳的方向，顺着耳廓的形状戴好。佩戴时应将连接弓架放在头顶适当位置，尽量使耳罩软垫圈与周围皮肤相互密合，如不合适，应移动耳罩或弓架直至调整到合适位置为止。

（3）无论戴耳罩还是耳塞，均应在进入噪声区前戴好，在噪声区不得随意摘下，以免伤害耳膜。如确需摘下，应在休息时或离开后，到安静处取出耳塞或摘下耳罩。耳塞或耳罩软垫用后须用肥皂、清水清洗干净，晾干后收藏备用。

五、手部防护用品

1. 定义

具有保护手和手臂的功能，供作业者劳动时戴用的手套称为手部防护用品，通常称为劳动防护手套。

2. 常用的手部防护用品

常用的手部防护用品有一般防护手套、耐酸碱手套、绝缘手套和电焊手套，彩图见封二。

1）一般防护手套

一般防护手套是指由纤维织物拼接缝制而成，具备一定的耐磨、抗切割、抗撕裂和抗穿刺性能，适用于一般生产作业活动的基础防护手套，如图 2-2-17 所示。

2）耐酸碱手套

耐酸碱手套是一款用于手部接触酸碱或需要浸入酸碱液中工作时使用的防护用品，如图 2-2-18 所示。

3）绝缘手套

绝缘手套是一种专为电工作业设计的手套，用于保护手或人体免受电击伤害。绝缘手套也被称为高压绝缘手套，是由天然橡胶制成，通过压片、模压、硫化或浸模成型为五指手套。绝缘手套是电力运行维护、检修试验中常用的安全工器具和重要的绝缘防护装备，如图 2-2-19 所示。

4）电焊手套

电焊手套是一种焊接工人工作用手套，耐火耐热，可为工人提供安全防护及作业舒适性。根据焊接工艺和火花飞溅大小，电焊手套大致可分为电弧焊手套和氩气焊手套，如图2-2-20所示。

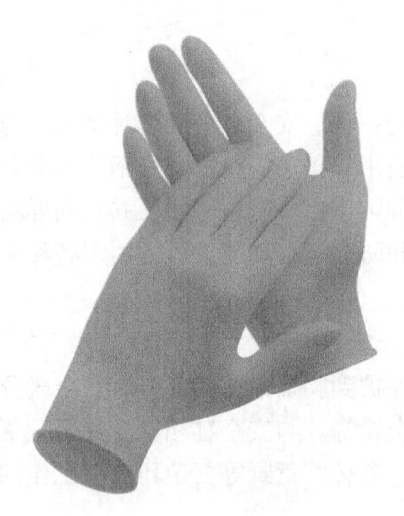

图 2-2-17　一般防护手套

图 2-2-18　耐酸碱手套

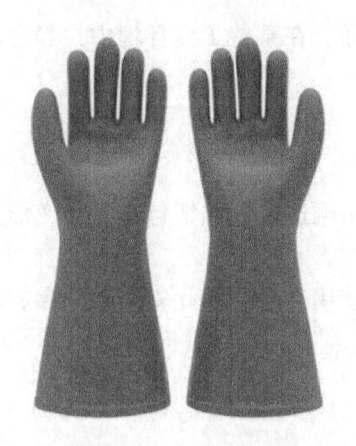

图 2-2-19　绝缘手套

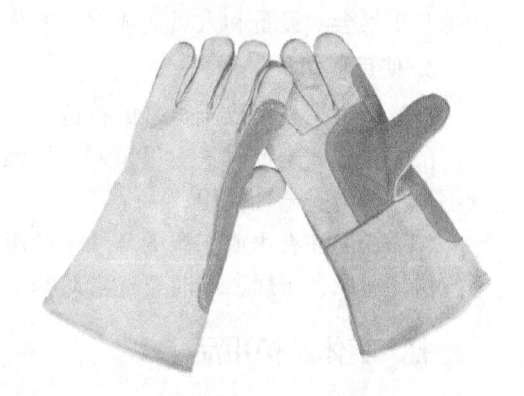

图 2-2-20　电焊手套

3. 使用要求

（1）首先应了解不同种类手套的防护作用和使用要求，以便在作业时正确选择，切不可把一般场合手套当作某些专用手套使用。如将棉布手套、化纤手套等作为电焊手套来用，耐火、隔热效果很差。

（2）在使用绝缘手套前，应先检查外观，如发现表面有孔洞、裂纹等应停止使用。

（3）绝缘手套使用完毕后，应按有关规定保存好，以防老化造成绝缘性能降低。绝缘手套使用一段时间后应复检，合格后方可使用。

（4）所有手套大小应合适，避免手套指过长而被机械绞或卷住，使手部受伤。

六、足部防护用品

1. 定义

足部防护用品是指防止生产过程中有害物质和能量损伤劳动者足部的护具。

2. 常见的足部防护用品

1）安全鞋

安全鞋是最常见的足部防护用品之一，也是最基本的一种。安全鞋分为多种类型，包括钢头鞋、合成材料鞋、复合材料鞋等。钢头鞋是一种使用较早的安全鞋，其钢头部分可以保护脚趾免受到撞击和挤压。合成材料鞋和复合材料鞋则比钢头鞋更轻便，并且同样具有足部防护的功能。这些安全鞋通常具有防滑、防静电和防穿刺等功能，可适用于各种不同的工作场合，如建筑工地、制造业、医疗机构等。

2）安全靴

安全靴是一种比安全鞋更高的防护用品，通常能够保护到脚踝以上的部分。安全靴分为多种类型，包括普通安全靴、防静电安全靴、防滑安全靴等。与安全鞋相比，安全靴更适合于需要进行脚踝以上防护的工作，例如适合在油田、森林、荒野等复杂环境下工作的人员使用。

3）静电消除鞋

静电消除鞋是一种用于防止静电产生和积累的防护用品。在某些工作环境中，静电的产生和积累会对设备和人员造成严重的伤害。

3. 使用要求

（1）不得擅自修改安全鞋的构造。

（2）穿着安全鞋时，应尽量避免接触锐器，经重压或重砸造成内部钢包头明显变形的鞋不得再作为安全鞋使用。

（3）长期在有水或潮湿的环境下使用会缩短安全鞋的使用寿命，因此安全鞋的存放场地应保持通风、干燥，同时要注意防霉、防虫蛀。

七、躯体防护用品

1. 定义

躯体防护用品主要是指躯体防护服装，就是用来覆盖劳动者的身体抵抗危险因子。

2. 常见的躯体防护用品

1）一般防护服

一般防护服是指在生产劳动期间为防肮脏、防机械磨损、防绞辗等伤害而穿用的服装。

2）防水服

防水服是指可以一定程度抵挡雨水的浸透起到防护作用的功能性服装，如图2-2-21所示。

3）防辐射铅衣

防辐射铅衣是一种常见的防护用品，具有保护人体免受辐射伤害的功能，如图 2-2-22 所示。

4）防静电服

防静电防护服是为防止服装上的静电积累，用防静电织物为面料而缝制的防护服，适用于电子、精密仪器、油田、石化、电力、煤炭等行业，如图 2-2-23 所示。

图 2-2-21　防水服　　　　图 2-2-22　防辐射铅衣　　　　图 2-2-23　防静电服

3. 使用要求

（1）使用者应穿戴符合自身身材的防护服，防止因过大或过小造成操作不便导致人身伤害。

（2）沾染油污、酸碱等有害物质的防护服应及时清理和清洗，防止造成皮肤伤害。

（3）防辐射铅衣的铅分布要均匀，正常使用时铅当量不应衰减。

（4）施工人员进入防静电区域前，首先穿戴好防静电服。穿戴防静电服时要拉好拉链，防静电服衣兜内不能携带易产生静电的物品或火种。禁止在易燃易爆场合穿脱防静电服。禁止在防静电服上附加或佩戴任何金属物件。

八、气体检测仪

1. 定义

气体检测仪是一种气体泄漏浓度检测的仪器仪表工具，包括便携式气体检测仪、手持式气体检测仪、固定式气体检测仪、在线式气体检测仪等。

2. 常见的气体检测仪

1）硫化氢气体检测仪

在钻井、井下作业现场，尤其是井下存在高含硫化氢风险的井，硫化氢可能侵入钻井液，随钻井液循环带出井口进入循环系统，并在井口、钻井液罐等处析出、积聚。因此，相关区域作业人员应佩戴便携式硫化氢气体检测仪。

2) 氧气含量检测仪

在经常使用氮气、惰性气体(氩气、氦气)等可能造成窒息的场所(如化验室、车间、厂房),应安装固定式氧气含量检测仪。对于一些临时性的受限空间作业(如清理钻井液罐、沉淀池等),在进入作业区域前,应进行强制通风,再使用便携式氧气含量检测仪进行检测,氧气含量符合要求后方可进入作业。

3) 可燃气体检测仪

可燃气体检测仪多用于钻井、井下作业现场等可能存在可燃气体析出、积聚的区域。

4) 四合一气体检测仪

四合一气体检测仪适用于以上单一或可能存在多种气体检测需求的现场。

3. 使用要求

(1) 首次使用前,须由有资质的检验单位对气体检测仪进行检定校准。

(2) 使用时,应在非危险区域开启气体检测仪,气体检测仪自检无异常,检查电量充足后方可佩戴使用。

(3) 严禁在危险区域对气体检测仪进行电池更换和充电。

(4) 应避免气体检测仪从高处跌落或受到剧烈振动。如意外跌落或受到剧烈振动,必须重新进行开机和报警功能测试。

(5) 气体检测仪的传感器要根据其使用寿命定期由有资质的单位进行检验和更换,出具检验合格报告后方可继续使用。

(6) 气体检测仪应建立台账和使用维护记录。

任务5 了解常见的应急器材

一、油气井抢喷装置

1. 结构及工作原理

油气井抢喷装置由抢喷支架、全封封井器、半封封井器、拆卸抓、套管支架等组成。

抢喷支架由下卡瓦、上轴套、支架、加压螺杆、调整螺杆、手轮、上卡瓦、销轴、限位器等组成。

全封封井器由壳体、闸板等组成。

半封封井器是专为光套管头井抢喷设计的套管外封井器,主要由壳体、压盖、V形密封圈组成。

工作原理:运用机械传动的工作原理,下卡瓦卡在原井口的套管短节上,使装置产生了牢固的立足点。通过旋转、加压、对中等动作,把封井器装在井口上,紧固后关闭封井器,完成抢险工作。

2. 操作方法

(1) 井口带法兰盘井抢喷。将抢喷装置固定在小推车上,卡瓦向上打上固定卡子。拔出下卡瓦轴销，下卡瓦可以沿着下轴销翻转90°。然后推至井口，将下卡瓦卡于井口套管短节或接箍的合适位置，将上轴销插入预备插孔，使支架与井筒成30°夹角，把上卡瓦置于井口反方向，此时，可以在不受井喷影响的情况下连接封井器等部件。预装的井口部件连接好后，拔出上轴销，上推支架至上限位点，再插入上轴销，然后顺时针旋转上卡瓦至限位点，封井器即可对中井口，气流便可通过敞开的封井器向上喷射。再旋转手轮将封井器压向井口，如钢圈槽不对中，可调整调节螺杆，如法兰孔对不上，可旋转封井器，井口螺栓上紧后，关闭封井器，抢喷任务完成。

（2）井口无法兰盘井抢喷。光套管头井井喷失控后，抢险难度更大，用老方法基本无能为力，使用该装置在封井器下平面连接三通和半封封井器，将套管头套入半封，然后关闭半封和全封封井器，井喷停止。这时即可通过三通放喷或泵入压井液，为安全可靠，关闭封井器前，应用钢丝绳、地锚加固抢喷装置。

（3）无套管阀门井抢喷。将调整螺套置于上方，用两条大螺栓将支架固定在井口法兰上平面上，支架方向与预装套管阀门方向一致，安装好预装的套管阀门，把阀门全部敞开，然后松开定位销，将套管阀门转至下方，此时气流穿阀门而过，正转调整螺杆，将阀门压入套管卡箍头，如钢圈不能进槽，可调整螺套，进槽后卡好卡箍，关闭阀门，抢喷结束。

（4）拆除废旧井口。抢喷工作前，需要先清理现场，冒喷拆除被刺坏的井口，带有很大危险性。应用时，将两只拆卸爪一端固定在预装的封井器法兰孔上，然后将拆卸爪另一端抓于法兰上两个对称的螺栓孔，调节调整螺杆，把上法兰抓紧，并通过装置手轮将上法兰盘压死，这时即可拆除所有的井口螺栓，然后使用抢险装置把废井口上提，旋转移开，完成废旧井口拆除工作。

二、高空作业逃生器

1. 结构及工作原理

高空作业逃生器由本体、开口销、销子、螺栓、防松螺母、T形座、延长管等部件组成。

工作原理：逃生器采用凸轮紧机构进行制动或调速滑行，当需要制动时，按铭牌所标示"紧"方向握紧刹把，减少制动块与凸轮之间的间隙，即增大摩擦力，夹紧逃脱绳即可缓速或停止滑行；当需要滑行时，按铭牌所示"松"方向适当松开刹把，增大制动块与凸轮块之间的间隙，即减少摩擦力，人随装置由于自重顺逃脱绳向下滑行，安全回到地面。

2. 操作方法

（1）逃生器通常是用活绳结悬挂在高空逃脱绳上或放在高空作业区适当位置。当发生意外紧急情况时，工作人员应立即撤到该处，先松开活绳结或挂上本装置，用左手握紧延长管，右手用力向朝着身体的方向抱紧刹把（注意：让手避开逃脱绳和主体的滚轮，若手在逃脱绳和主体的滚轮之间可能造成严重的伤害）。

（2）两腿骑在T形座上，再适当松开刹把，人随装置由于自重沿着逃脱绳迅速下滑，下滑过程中头应偏向延长管的左侧（注意：脸不要正对着延长管，以免因刹车过猛造成头部撞在逃生器上）。

（3）两眼注视地锚方向，以免撞在本体内的制动块，导致凸轮块与逃脱绳之间因摩擦而产生的青铜屑掉进眼里。用左手使身体紧靠延长管，并用右手握紧刹把，控制凸轮与逃脱绳之间的摩擦力（下滑速度视具体情况自行掌握）。在接近地面时，要用右手缓缓制动刹把，把速度减下来，以防撞在地锚上或因刹车过猛而摔下。

（4）一旦到达地面，应立即从逃生器上下来，快速转移到安全的地方。

3. 检查与维护保养

（1）经常检查逃生装置，以确保它的功能完好，特别要检查制动块的磨损情况，当制动块磨损后的厚度不足4mm时，不得使用本装置。

（2）确保刹把作用完好，滚轮转动自由，铰链、别针和夹子均保持完好，并检查T形座、延长管、本体。

（3）所有焊缝应保持完好、没有裂纹，并保证逃生器上没有补焊及其他结构改动，补焊或结构改动将减弱它的强度，若损坏或磨损请不要要试图修理，应立即更换新逃生器。

（4）检查逃脱绳及与它相连接部件的情况。应立即更换已磨损、打结及局部扭曲的逃脱绳；经常检查绳卡及其螺母的松紧；确保逃脱绳两端连接牢固。在冬天，请不要让逃脱绳上有结冰，通常采用锤子在逃脱绳上轻敲，以除去上面的结冰。

三、防爆工具

1. 常配备的防爆工具

常配备的防爆工具有铜质管钳（48in、36in、24in）、铜质榔头、铜棒、铜质开口扳手等。

2. 操作方法

（1）使用管钳、扳手等防爆工具时，要确认工具完好无损，破旧和损坏的工具可能在用力扳动时发生损坏，并导致人身伤害。

（2）管钳、扳手不能当榔头使用，否则容易损坏或者伤人。

（3）使用管钳或扳手拧紧或松开螺纹时，要先确认钳牙或调节螺母处无油污，以防滑脱；在确认不打滑后再用力施加扭矩，不可施力过猛，要逐渐加力，以避免由于钳牙滑动导致摔伤和碰伤。

（4）禁止采用扳把接加力管使用。

（5）每次使用完毕后，应进行擦拭、清洁，将旋转部件涂上黄油，妥善存放。

四、灭火器材

1. 灭火器的类型

1）按操作使用方法分类

（1）手提式灭火器：灭火剂充装量一般小于20kg，是能手提移动实施灭火的便携式灭火器，应用较为广泛。

（2）推车式灭火器：灭火剂充装量较大，一般在 20kg 以上，其操作一般需要两人协同进行，通过其上固有的轮子可推拉移动实施灭火。该灭火器灭火能力较强，特别适合应用于石油、化工等企业。

2）按充装的灭火剂分类

（1）水型灭火器：以清水灭火器为主，使用水通过冷却作用灭火。

（2）泡沫型灭火器：主要是空气泡沫灭火器，内装泡沫灭火剂，是灭火器的主要形式。

（3）干粉型灭火器：是我国目前使用比较广泛的灭火器，共有两种类型。①碳酸氢钠干粉灭火器，又称 BC 类干粉灭火器，用于扑救液体、气体和带电火灾，但要注意对固体火灾效果较差，不宜使用。②磷酸铵盐干粉灭火器，又称 ABC 类干粉灭火器，可扑救固体、液体、气体和带电火灾，应用范围较广。

（4）二氧化碳型灭火器：是气体灭火器，具有对保护对象无污染的特点，但灭火能力较差，使用时要注意避免对操作者的冻伤危害。

3）按驱动压力形式分类

（1）储气瓶式灭火器：将动力气体储存在专用的小钢瓶内，是和灭火剂分开储存的，有外和内两种形式。使用时是将高压气体释放出来充到灭火剂储瓶内，作为驱动灭火剂的动力气体。由于灭火器筒体不受压，有问题也不易被发现，突然受压有可能出现事故。

（2）储压式灭火器：将动力气体和灭火剂储存在同一个容器内，依靠这些气体或蒸气的压力驱动将灭火剂喷出。

2. 灭火器的用途

（1）普通干粉灭火器：属于中断燃烧的连锁反应灭火，主要用来扑救液体和气体火灾。

（2）手提储压式 ABC 干粉灭火器：是一种新型高效灭火器材，它适用于扑救木材等普通固体材料，乙醇、油类等可燃液体，电气设备等初起火灾。

（3）二氧化碳灭火器：属于窒息灭火，主要用于扑救贵重设备、档案资料、仪器仪表、600V 以下的电气设备及油类等火灾，但不能扑救钾、钠、镁等轻金属火灾。

（4）泡沫灭火器：能扑救一般固体物质的火灾，也能扑救油类等可燃液体火灾，但不能扑救带电设备和醇、酮、醚等有机溶剂的火灾。

3. 灭火器的操作方法

1）推车式灭火器

（1）把干粉车推或拉到现场；

（2）右手抓着喷粉管，左手顺势展开喷粉胶管，直至平直，不能弯曲或打圈；

（3）除掉铅封，拔出保险销；

（4）用手掌使劲按下供气阀门；

（5）左手把持喷粉枪管托，右手把持枪把用手指扳动喷粉开关，对准火焰喷射，不断靠前左右摆动喷粉枪，把干粉笼罩住燃烧区，直至把火扑灭为止。

2) 手持式干粉灭火器

（1）右手握住压把，左手托着灭火器底部，轻轻地取下灭火器；

（2）右手握着灭火器到现场；

（3）除掉铅封，拔出保险销；

（4）左手握着喷管，右手提着压把；

（5）在距火焰2m的地方，右手用力压下压把，左手拿着喷管左右摆动，喷射干粉笼罩住燃烧区，直至把火扑灭为止。

4. 灭火器的管理与检查

1）灭火器的管理

（1）灭火器应设置在位置明显和便于取用的地点。地点应干燥、通风、阴凉、无强腐蚀性，且不影响安全疏散。

（2）灭火器应设置稳固，铭牌朝外。

（3）手提式灭火器宜设置在挂钩、托架上或灭火器箱内，其顶部离地面高度应小于1.5m，底部离地面高度不小于0.15m；环境条件较好的场所，也可将灭火器放在地面上。

（4）灭火器应指定专人检查保养，实行挂牌管理；标签上应显示检查保养人、日期、药剂换装时间。

（5）灭火器应无锈蚀，喷口畅通，喷管完好、不刺漏，零部件齐全；室外的灭火器应有防雨、防晒、防冻等防护措施。

2）灭火器的检查与检验

（1）灭火器外观检查应每月一次，检查其铅封、防腐层、零部件、保养牌是否完整；压力表指针是否在绿色区域；摆放位置是否符合要求。

（2）二氧化碳灭火器每半年称重、检查一次，检查其刚性连接喷筒能否绕其轴线回转；行走机构是否灵活可靠；手持式干粉灭火器的年泄漏量是否小于灭火剂额定充装值的5%或50g（取两者中的较小值）；推车式干粉灭火器的年泄漏量是否小于灭火剂额定充装值的5%。

（3）干粉灭火器（含干粉灭火棒）每年检查一次干粉。检查其储压式灭火器压力表的指针是否在绿色区域；干粉是否结块；操作机构是否灵活，筒体密封是否可靠，器头螺母是否拧紧；出粉管、进气管、喷管、喷嘴、喷枪是否堵塞，出粉管防潮膜、喷嘴和防潮堵是否完好。

五、其他应急器材

（1）氧气袋（罐）、制氧机、空气增压舱；

（2）通信器材、卫星定位仪；

（3）各种绳索、信号弹；

（4）交通工具及担架；

（5）急救箱或急救包及外伤药械，救生衣、救生圈；

（6）警报器。

项目实施

引导问题 1. 简述防喷器的操作规程。

___

引导问题 2. 简述井喷的原因。

___

引导问题 3. 简述常见的应急器材。

___

项目评价

序号	评价项目	自我评价	教师评价
1	学习准备		
2	引导问题填写		
3	规范操作		
4	完成质量		
5	关键操作要领掌握		
6	完成速度		
7	管理、环保节能		
8	参与讨论主动性		

续表

序号	评价项目	自我评价	教师评价
9	沟通协作		
10	展示汇报		

说明：表格中每项 10 分，满分 100 分。学生根据任务学习的过程与结果真实、诚信地完成自我评价，教师根据学生学习过程与结果客观、公正地完成对学生的评价

课后习题

1. 防喷器的定义是什么？
2. 简述环形防喷器的维护与保养方法。
3. 简述闸板防喷器的使用和维护。
4. 简述井喷造成的危害。
5. 简述硫化氢中毒的早期抢救措施。
6. 简述警告标志的颜色和形状。
7. 什么是指令标志？
8. 什么是提示标志？
9. 什么是头部防护用品？
10. 简述安全帽的使用要求。
11. 按面罩结构分类，自吸过滤式防颗粒物呼吸器可分为哪些？
12. 简述常用的手部防护用品。
13. 简述常见的躯体防护用品。
14. 简述油气井抢喷装置的工作原理。
15. 简述高空作业逃生器的结构。
16. 简述手持式干粉灭火器的操作方法。

项目 3 井下作业常见事故预防及应急处置

> 📖 **知识目标**
> (1) 了解井下作业的危害因素和事故类型。
> (2) 明确井下作业施工过程中对危害因素的风险控制。
> (3) 知道井下作业过程中危害因素的预防措施。
>
> ✈ **能力目标**
> (1) 能够进行井下作业的危害因素和事故类型的分类。
> (2) 能够有针对性地进行危害因素的风险控制。
> (3) 根据不同施工情况,能够进行油气井压力控制并实施应急预案。
>
> 🎯 **素质目标**
> (1) 通过了解井下作业的危害因素和事故类型,锻炼学生统筹思维。
> (2) 通过明确井下作业施工过程中对危害因素的风险控制措施,激励学生发扬踔厉奋发、勇毅前行的铁人精神。
> (3) 通过学习井下作业过程中危害因素的预防措施,强化学生风险防控意识和职责使命担当。

任务 1 井下作业施工中的危险、有害因素和事故分类认知

井下作业施工具有流动性大、场所不固定、施工作业过程复杂性、多变性、突发性交错的特点,因此,在危险、有害因素辨识过程中,应重点从人、机、环、管四个方面对施工工艺、施工过程、设备设施、工作环境等全过程的危害因素进行辨识。结合油田井下作业施工的具体情况和特点,井下作业施工中的主要危险、有害因素和事故有以下几个方面:

一、机械伤害

在设备摆放、立放井架、起下油管、井口操作等施工作业过程中,若违反操作规程等

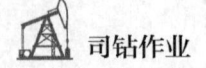

可能造成机械伤害；设备运转时或在提升过程中，因岗位人员操作失误、站位不合理和防护不当，可能造成机械伤害；设备维修时因岗位人员误操作，容易发生设备或工具对人身造成的机械伤害。

二、物体打击

作业队在作业过程中，因固定不牢靠，可能出现修井设备构件、油管杆、钻杆、吊卡等物体的坠落，易造成落物打击，导致人员伤亡；另外，在压裂施工时，井口是高压区，在高压区作业有其特殊要求，如果违章在高压区域穿行或逗留，极易引发高压流体伤害。

三、高空坠落

井架天车出现钢丝绳跳槽或上抽油机拔驴头销子时，特别是遇大风、雨雪天气作业时，若防护栏、盘梯存在故障或人员未系安全带、保险绳，可能发生高空坠落，造成人员伤亡。

四、车辆伤害

在人员上下班、物资运输、搬迁等过程中，企业机动车辆在行驶时可能发生交通事故造成人员伤亡和财产损失。

五、触电

在搬运设备和起放井架过程中，岗位工人未发现周围有高压输电线路，可能发生触电事故。

六、噪声危害

作业设备在运行过程中会产生噪声，操作人员长期处于此环境中，会导致听力损坏，严重的甚至可能造成职业性噪声耳聋。

七、灼烫

锅炉车在刺油管和抽油杆的过程中，如果岗位工人操作不当，可能造成灼烫。

八、淹溺

若污油池设施处无防护栏或防护失效以及工作人员违章操作，极易发生淹溺事故。

九、起重伤害

起重伤害通常发生在起重作业中，可能涉及重物（如吊钩、吊重或吊臂）坠落、夹挤、物体打击、起重机倾翻等多种情况。

十、坍塌

坍塌指物体在外力或重力作用下，超过自身的强度极限或因结构稳定性破坏而造成伤害的事故，如挖沟时的土石塌方、脚手架坍塌、堆置物倒塌等，不适用于矿山冒顶片帮事故和车辆、起重机械、爆破引起的坍塌。

十一、井喷

井喷是指地层流体（油、气、水）无控制地进入井筒，使井筒内的修井液喷出地面的现象（本书中井喷指的都是地面井喷）。地层流体从井喷地层无控制地流入其他低压地层的现象称为地下井喷。

通常情况下，造成井喷的主要原因包括：
(1) 压井液密度低，井底压力小于地层压力。
(2) 压井被气侵。
(3) 起管柱过程中没有灌注足够的压井液。
(4) 井内油层处于多层开采，地层压力系数相差大，造成井内液柱下降；上提管柱时，井内大直径工具（封隔器释封不彻底）产生抽吸作用。
(5) 对于稠油开发井，地层蒸气吞吐造成层间串通，一口井注气，另一口井作业，则易发生井喷；冲砂作业时，周边井注气，当冲开砂埋油层时，则易发生井喷。

十二、火灾和爆炸

在石油、天然气等资源开采过程中可能因多种因素而发生火灾和爆炸事故。引发火灾的点火源主要包括以下几种：
(1) 静电火花。工作人员未按要求着装，易产生静电，设备设施没有按规定安装防静电接地装置或者失效，导致静电聚积放电，产生火花。
(2) 明火火源。危险区域内动火作业，违章进行用火作业，违章使用明火（如使用火柴、打火机、吸烟等）。
(3) 雷击。若设备设施未做防雷接地或者防雷接地装置失效，在遭遇雷击时，容易引发火花。
(4) 电气火花。如果未按要求使用防爆电气或电气防爆失效、短路等原因都有可能导致电气火花。
(5) 机械火花。使用非防爆工具或器具等敲击、碰撞、摩擦等引起火花。

十三、中毒、窒息

作业过程中的中毒事故包括由硫化氢、一氧化碳、二氧化碳、二氧化硫等引起的中毒、窒息事故。这类事故可能发生在井喷或酸化压裂时。如果空气中天然气、硫化氢等浓度超标，操作人员未按规定配备穿戴呼吸器等个体防护用品，那么也可能发生人员中毒、窒息。

任务2　井下作业中危险、有害因素的风险控制

削减和控制危险、有害因素，是预防事故发生极为重要的一个环节。通常可采取以下危险、有害因素削减和控制措施。

一、改进生产工艺过程，实现机械化、自动化

(1) 生产工艺的选择具有成熟性和先进性，采用的设备、设施要力争实现本质安全，符合行业发展趋势，淘汰落后生产工艺和设备。

(2) 在经济许可条件下尽量采用机械化、自动化生产。设备、设施等方面的设计和布局要以人为本，符合人机工程学原理。

二、设置安全装置

(1) 设置防护装置、保险装置、信号装置、识别标志和危险警示标志等是预防事故的有效措施。

(2) 对于在现有经济技术条件下必然存在的危险、有害因素，可采用安全装置。

三、预防性的机械强度试验

(1) 对机械设备、装置的机械强度按照法律、法规和标准，进行机械强度试验是预防事故发生的有效措施。

(2) 机械可靠度随着时间的推移、使用中的磨损和受到多种因素影响逐渐降低。

(3) 进行预防性的机械强度试验可以及时发现事故隐患。

四、电气安全对策

电气安全对策主要有使用具有认证标志的电气产品、采用备用电源、电线电缆穿管埋地敷设、静电接地、安装避雷装置等。

五、机器设备的维护保养

(1) 由可靠性原理可知，设备进入耗损失效期以后，事故率与偶然失效期相比迅速增加，而延长设备偶然失效期的方法就是使用过程中的维护保养，也可以通过更换零部件延长设备寿命。

(2) 设备的维护检修是及时发现隐患、预防事故的有效措施。

六、工作地点的布置

(1) 作业场所中设备设施的相对位置和空间尺寸，在符合生产工艺要求的前提下，同时要符合人机工程学原理。

(2) 作业场所整洁、整齐、有序，不仅可降低能耗、提高劳动生产率、减少作业疲

劳，也是安全生产的重要保障条件。

七、个人防护用品

个人防护用品是防止伤害的必要手段。配备具有相应防护功能的个人防护用品，是保证劳动者安全的重要措施。如护目镜、防酸碱工作服、面罩、耳塞、手套等都属于个人防护用品。

任务3　井下作业过程中危险、有害因素的预防措施

针对油田井下作业过程存在的危险、有害因素，采取的预防措施如下：

一、井喷的预防措施

（1）加强对职工的井控知识培训，提高施工人员的技能。
（2）加大安全设施的配备，满足作业现场安全要求。
（3）按《工程设计》要求，安装相应井控装置，加强对井控装置的维护保养，确保可靠控制。
（4）按《地质设计》要求，维护好压井液性能，做好地层压力监测工作。
（5）控制起钻速度减少抽汲，按设计要求做好压井液及加重材料的储备，并按规定进行井喷应急预案演练。

二、H_2S中毒的预防措施

（1）加强对职工的H_2S知识培训，提高施工人员的技能。
（2）加大检测、防护设施的配备，满足作业现场安全要求。
（3）按设计要求配备固定式便携式H_2S监测仪，并保证完好。
（4）配备正压式空气呼吸器、设置风向标等气防设施，明确H_2S报警信号标出逃生路线。
（5）坚持坐岗制度，掌握压井液灌注量及液面变化情况，发现异常及时上报，并做好记录，控制起钻速度以防止抽汲。
（6）加强应急预案演练，使员工掌握H_2S防护知识、技能，能正确使用正压式空气呼吸器，施工时穿戴好劳动防护用品，作业时站在上风方向且工作时间不能太长，避免呼吸接触，工作完后洗手、洗澡，避免皮肤接触以及消化道吸收。
（7）发现人员中毒，应立即使其脱离现场，移至空气新鲜处，组织现场抢救并报警，抢救中毒人员时不要盲目直接进入危险场所，应首先做好个人防护，尽可能切断发生源，佩戴好呼吸器材。

三、机械伤害的预防措施

（1）加固锁紧件(如锁紧螺栓、锁紧垫片、开口销等)，以防止紧固件松脱。

(2) 缓冲装置以减弱机械的冲击力。

(3) 防过载装置(如保险销、摩擦离合器及电气过载保护元件等)能在设备过载时自动停机或自动限制负载。

(4) 安装限位装置(如限位器、限位开关等),以防止机器的动作超出规定的范围。

四、物体打击的预防措施

(1) 员工进入生产作业现场必须按规定佩戴安全帽。

(2) 安全通道上方应搭设防护设施,防护设施使用的材料要能防止高空坠落物穿透。

(3) 检修、生产作业中使用的绳索、滑轮、钩子等应牢固无损坏,以防止物件坠落伤人。

(4) 高处作业点的下方必须设置安全警戒线,以防物料坠落伤人。

(5) 拆除、拆卸作业时四周必须有明确的安全标志,并配备一定的人员指挥警戒。

五、高处坠落的预防措施

(1) 高处作业人员身体素质须满足登高要求,患有色盲、听觉障碍、高血压、心脏病、眩晕、精神病等其他生理缺陷的人不能从事高处作业。

(2) 严禁穿硬塑料底等易滑鞋,须佩戴统一发放的工作鞋。

(3) 作业人员严禁互相打闹,以免失足发生坠落危险。

(4) 进行高处作业时,应有牢靠的立足点并正确系挂安全带,并且有专人监护。

六、车辆伤害的预防措施

(1) 定期对车辆进行检查,包括发动机、制动系统、轮胎、照明等关键部位,以保证车辆各部件的正常运行,减少故障导致的交通事故。

(2) 严格遵守交通信号灯、车道规则以及保持安全车距,尤其在高速公路上,以确保能够在紧急情况下迅速反应。

(3) 禁止酒后驾车、疲劳驾驶、超速驾驶和无照驾驶等高风险行为,以减少事故发生的风险。

(4) 穿着鲜艳的衣服,使用安全的交通工具,如公交车、出租车或地铁,以提高可见性和安全性。

七、触电的预防措施

(1) 使用符合安全标准的电器,并确保正常运行。在使用电器之前,仔细阅读并遵守使用说明书。

(2) 避免在潮湿的环境下接触电器。湿润环境会导致电流更容易通过人体,增加触电风险。

(3) 在进行维修、安装或操作电器时,使用绝缘工具,如绝缘胶手套、绝缘工具等,以减少触电风险。

(4)在住宅和工作场所安装漏电保护器,及时检测到电流泄漏并切断电源,防止触电事故发生。

(5)定期检查电线、插头、插座和电器的状况,修理或更换损坏的部件,确保电器的安全使用。

八、噪声危害的预防措施

(1)采取技术措施,控制或消除噪声源,从根本上解决噪声危害。

(2)采用吸声、消声和隔声措施控制噪声的传播。

(3)定期委托职业卫生技术服务机构检测或不定期的日常监测,将噪声强度控制在国家标准范围内。

(4)佩戴有效的个人防护用品,最常用的如耳塞。

(5)定期对接触噪声工人进行听力检查,合理安排劳动和休息,休息时应离开噪声环境,使听觉疲劳得以恢复。

九、灼烫的预防措施

(1)做好现场标识和警示。在易发生灼烫事故的场所,应当设置醒目的标志和警示语,提醒人们注意安全,并且应当明确告知工作人员有关的注意事项和操作规程。

(2)使用符合标准的保护设备。如穿戴隔热手套、面罩、护目镜、防护服等个人防护设备,以及对灼烫危险区域进行隔离,设置防护栏杆或警示线等集体防护设备,避免人员直接接触高温物体。

(3)加强教育和培训。对从事高温作业的人员进行必要的安全教育和培训,使其了解高温作业的危险性和预防措施,提高其安全意识和防范能力。

十、起重伤害的预防措施

(1)起重作业人员须经安全技术培训考核合格,才能持证上岗。

(2)起重机械必须设有安全装置,如超载限制器、力矩限制器、极限位置限制器、过卷扬限制器、电气防护性接零装置缓冲器等。

(3)建立健全维护保养、定期检验、交接班制度和安全操作规程。

(4)开车前必须先打铃或报警。操作中接近时,也应给予持续铃声或报警。

(5)按指挥信号操作。对紧急停车信号,不论任何人发出,都应立即执行。

十一、坍塌的预防措施

(1)坑、沟、槽土方开挖,深度超过1.5m以下的,必须按规定放坡或支护。

(2)挖掘土方应从上而下施工,禁止采用挖空底脚的操作方法,并做好排水措施。

(3)基坑、井坑的边坡和支护系统应随时检查,发现边坡有裂痕、疏松等危险征兆,应立即疏散人员采取加固措施,消除隐患。

(4)安装和拆除大模板,吊车司机与安装人员应经常检查索具,密切配合,做到稳

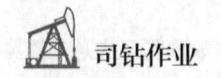

起、稳落、稳就位，防止大模板大幅度摆动，碰撞其他物体，造成倒塌。

任务4 常见事故应急处置程序认知

一、井喷及井喷着火应急处置程序

1. 起下管柱井喷及井喷着火应急处置程序

1）在起下油管过程中，发生溢流、井涌时处置程序

（1）井口操作人员立即向作业机操作手发出信号，操作手立即鸣笛报警（一声长笛，5s以上）。

（2）立即停止作业。

（3）班长和一岗位员工（或井口操作人员）立即抢装油管旋塞。

（4）油管旋塞安装后，班长指挥操作手下放至距井口10cm左右，发出关井信号（两声短笛，2s以上）。班长和一岗位员工（或井口操作人员）同步关防喷器两侧闸板使管柱居中，操作手下放旋塞座在吊卡上，关紧闸板。最后，班长迅速关闭旋塞。

（5）二岗位员工侧身关闭套管阀门。

（6）一岗位员工读取油管压力，二岗位员工读取套管压力，并分别向盯岗干部报告。

2）在起下油管过程中，发生井喷着火时处置程序

（1）盯岗干部（或班长）迅速向消防救援单位报警，之后迅速向队长报告，也可直接越级向本单位应急办公室报告。

（2）一岗位、二岗位员工迅速取下灭火器站在上风口救援井口火灾。

（3）井口火灾扑灭后，按井喷应急处置程序进行处置。

（4）如不能扑救井口火灾，班长迅速组织所有员工撤离到安全区域，清点人数。

（5）盯岗干部组织班长或一岗位员工迎接消防车和上级救援队伍。

2. 起下大直径工具（封隔器等）井喷及井喷着火应急处置

1）在起下大直径工具过程中，发生溢流、井涌时处置程序

（1）井口操作人员立即向作业机操作手发出信号，操作手立即鸣笛报警（一声长笛，5s以上）。

（2）立即停止起下管柱作业。

（3）班长和一岗位员工（或井口操作人员）立即抢装简易防喷装置或抢装管柱旋塞（旋塞阀下部接有外径与半封闸板尺寸一致的转换短节）。

（4）管柱旋塞安装后，班长指挥操作手下放至距井口10cm左右，发出关井信号（两声短笛，2s以上）。班长和一岗位员工（或井口操作人员）同步关防喷器两侧闸板使管柱居中，操作手下放旋塞座在吊卡上，关紧闸板。最后，班长迅速关闭旋塞。

（5）二岗位员工侧身关闭套管阀门。

（6）一岗位员工读取油管压力，二岗位员工读取套管压力，并分别向盯岗干部报告。

2) 在起下管柱过程中，发生井喷着火时处置程序

(1) 盯岗干部(或班长)迅速向消防救援单位报警，之后迅速向队长报告，也可直接越级向本单位应急办公室报告。

(2) 一岗位、二岗位员工迅速取下灭火器站在上风口救援井口火灾。

(3) 井口火灾扑灭后，按井喷应急处置程序进行处置。

(4) 如不能扑救井口火灾，班长迅速组织所有员工撤离到安全区域，清点人数。

(5) 盯岗干部组织班长或一岗位员工迎接消防车和上级救援队伍。

3. 空井筒井喷及井喷着火应急处置

1) 空井筒施工作业中，发生溢流、井涌时处置程序

(1) 井口操作人员立即向作业机操作手发出信号，操作手立即鸣笛报警(一声长笛，5s以上)。

(2) 立即停止施工作业。

(3) 班长和一岗位员工(或井口操作人员)立即抢装简易防喷装置。

(4) 班长侧身关闭防喷器(全封)或简易防喷装置上的旋塞阀。

(5) 二岗位员工侧身关闭套管阀门。

(6) 二岗位员工读取套管压力，并立即向盯岗干部报告。

2) 空井筒施工作业过程中，发生井喷着火时处置程序

(1) 盯岗干部(或班长)迅速向消防救援单位报警，之后迅速向队长报告，也可直接越级向本单位应急办公室报告。

(2) 一岗位、二岗位员工迅速取下灭火器站在上风口救援井口火灾。

(3) 井口火灾扑灭后，按井喷应急处置程序进行处置。

(4) 如不能扑救井口火灾，班长迅速组织所有员工撤离到安全区域，清点人数。

(5) 盯岗干部组织班长或一岗位员工迎接消防车和上级救援队伍。

4. 起下抽油杆井喷及井喷着火应急处置程序

1) 在起下抽油杆过程中，发生溢流、井涌时处置程序

(1) 井口操作人员立即向作业机操作手发出信号，操作手立即鸣笛报警(一声长笛，5s以上)。

(2) 立即停止作业。

(3) 班长和一岗位员工抢装杆防喷器，二岗位员工负责传递卡瓦、卡瓦螺栓等，班长和一岗位及时将卡瓦扣上带紧。

(4) 班长或一岗位员工侧身关闭采油树生产阀门。

(5) 二岗位员工关闭套管阀门。

(6) 一岗位员工读取油管压力，二岗位员工读取套管压力，并分别向盯岗干部报告。

2) 在起下抽油杆过程中，发生井喷着火时处置程序

(1) 盯岗干部(或班长)迅速向消防救援单位报警，之后迅速向队长报告，也可直接越级向本单位应急办公室报告。

（2）一岗位、二岗位员工迅速取下灭火器站在上风口救援井口火灾。
（3）井口火灾扑灭后，按起下抽油杆井喷及井喷着火应急处置程序进行处置。
（4）如不能扑救井口火灾，班长迅速组织所有员工撤离到安全区域，清点人数。
（5）盯岗干部组织班长或一岗位员工迎接消防车和上级救援队伍。

二、触电应急处置程序

班组成员发生触电伤害时，其中任意一位员工应迅速切断电源，其他员工用绝缘物体（如木杆）挑开电线或电器，使其脱离危险区，并立即进行现场急救，其他岗位中任意一位员工负责就近拦截车辆，拦截车辆后班组人员共同护送伤员到附近医院抢救，同时向上级汇报，由上级部门启动相应的应急响应。急救方法如下：

（1）妥善安置触电病人。将脱离电源后的病人迅速移至通风干燥处，使其仰卧，并将上衣扣与裤带放松，排除妨碍呼吸的因素。

（2）口对口人工呼吸。病人有心跳无呼吸时，可用口对口人工呼吸法，抢救者先自己做深呼吸，然后紧贴病人的口吹气约2s，接着放松口鼻，使其胸部自然地缩回，呼气约3s，这样吹气、放气要连续不断地进行，在未见明显死亡前，不能放弃抢救。

（3）体外心脏挤压法。对有轻微呼吸无心跳者，用人工方法有节奏地挤压心脏，以一只手根部按于病人胸骨下二分之一处，即中指尖对准其颈部凹陷的下缘，当胸一手掌，另一手叠于其上，有节奏挤压，保持每分钟60~80次。当病人心跳呼吸全停时，应同时施行人工呼吸及心脏挤压法。

三、雷击应急处置程序

班组成员发生雷击伤害时，其他员工应迅速使其脱离危险区，并立即组织现场急救。其他岗位中任意一位员工负责就近拦截车辆，拦截车辆后班组人员共同护送伤员到附近医院抢救。同时向上级汇报，由上级部门启动相应的应急预案。现场急救办法如下：

（1）人体在遭受雷击后，往往会出现"假死"状态，此时应采取紧急措施进行抢救。首先是进行口对口人工呼吸，雷击后进行人工呼吸的时间越早，对伤者的身体恢复越好，因为人脑缺氧时间超过4min就会有致命危险。

（2）应对伤者进行心脏按压，并迅速通知医院进行抢救处理。

（3）如果伤者遭受雷击后引起衣服着火，此时应马上让伤者躺下，以使火焰不致烧伤面部。并往伤者身上泼水，或者用厚外衣、毯子等把伤者裹住，以扑灭火焰。

四、中毒应急处置程序

1. 有毒有害气体中毒

（1）所有人员迅速向上风口撤离。
（2）同时立即向上级报告中毒情况请求救援。
（3）迅速救治中毒人员。
① 救援人员正确佩戴安全防护设施（如正压式呼吸器等）后，迅速使中毒人员脱离含

有毒有害气体现场。

② 对中毒人员进行心肺复苏。

③ 把中毒人员送往就近医院进行急救。

（4）通知附近及相关方人员撤离。

（5）佩戴好安全防护用品协助救援，消除中毒气源。

2. 食物中毒

（1）立即向上级报告中毒情况请求救援。

（2）迅速救治中毒人员。

① 对中毒人员进行催吐排毒。

② 把中毒人员送往就近医院治疗。

3. 人员中暑

（1）立即向上级报告中暑情况请求救援。

（2）迅速救治中暑人员。

① 首先将病人搬到阴凉通风的地方平卧（头部不要垫高），解开衣领，同时用浸湿的冷毛巾敷在头部，并快速扇风。

② 轻者一般经过上述处理会逐渐好转，再服一些人丹或十滴水。重者，除上述降温方法外，还可用冰块或冰棒敷其头部、腋下和大腿腹股沟处，同时用井水或凉水反复擦身、扇风进行降温。

③ 严重者应即送医院救治。

五、交通事故应急处置程序

交通事故后，现场未受伤人员，要立即抢救伤员，移动路面伤员时，必须做好标记，且不得移动现场车辆和其他物证，并保护现场。其他人员要迅速撤离危险区域或事故现场。当事人或其他未受伤人员必须立即向上级部门报告，说明事故时间、地点和事态。对于重伤人员及时护送到当地最近的医院进行救治。

六、环境污染应急处置程序

1. 滩海及河流环境污染应急处置程序

（1）现场人员应尽最大努力，使用现场的工具、用具封堵污染源，减少排放量，减小污染面积。

（2）立即向上级部门报告，说明事故时间、地点和事态，由上级部门启动相应的应急响应。

2. 稻田、苇田环境污染应急处置程序

（1）现场人员应尽最大努力，使用现场的工具、用具封堵污染源，减少排放量，减小污染面积。

（2）立即向上级部门报告，说明事故时间、地点和事态，由上级部门启动相应的应急响应。

七、地震、海啸、风暴潮等自然灾害应急处置程序

发生灾害时或接到命令后，如果有时间，立即停止作业，坐好井口，关好阀门。如果没有时间，立即避险或撤离。现场未受伤人员，要立即抢救伤员，并立即向上级部门报告，说明事故时间、地点和事态，由上级部门启动相应的应急响应。

八、苇田火灾应急处置程序

修井作业引起苇田火灾时，事故现场负责人必须立即向本单位确定的消防救援队伍报警，请求支援。(手机应拨打消防队值班电话)同时，立即向上级报告，由上级部门启动相应应急预案。苇田着火事故现场负责人在保证人员人身安全的情况下，切断设备电源，组织坐好井口，收好工具及物品，自背井架要快速放下井架，以备专业人员能尽早将井架车开到安全地带，履带式作业机的要倒下大绳，将作业机开到宽敞处，以备平板车来拖走。若火势蔓延，危及到人身安全时，施工现场负责人有权决定弃物逃生，观察好起火部位和火势蔓延方向，朝上风口和可燃物稀少的方向逃生。

九、人身伤害应急处置程序

如岗位员工在修井作业过程中，发生物体打击、设备碰伤、摔伤等伤害时，应按如下程序进行应急处置：

(1) 由现场未受伤员工对其进行急救，若伤势较轻，可使其静卧休息，并严密观察。若伤势较重，无知觉，无呼吸，但心脏有跳动，应进行人工呼吸。若伤势严重，心跳呼吸都停止，瞳孔放大，失去知觉，则在同时进行人工呼吸和人工体外心脏挤压法(方法同上)。

(2) 若伤员有外伤，可用温水冲洗伤口，使用现场医药箱急救用品进行包扎。

(3) 班长负责向上级报告，如班长受伤，由一岗位负责向上级报告。

(4) 同时由班长或一岗位指派班组任意一人到路边拦车，将受伤人员送往就近医院进行抢救治疗。

项目实施

引导问题1：井下作业过程中事故类型有哪些？

_____

_____

_____

_____

引导问题2：针对有毒有害气体中毒人员，救助人员应该采取何种措施？

引导问题3：简述起下管柱过程中井喷及井喷着火应急处置程序。

项目评价

序号	评价项目	自我评价	教师评价
1	学习准备		
2	引导问题填写		
3	规范操作		
4	完成质量		
5	关键操作要领掌握		
6	完成速度		
7	管理、环保节能		
8	参与讨论主动性		
9	沟通协作		
10	展示汇报		

说明：表格中每项10分，满分100分。学生根据任务学习的过程与结果真实、诚信地完成自我评价，教师根据学生学习过程与结果客观、公正地完成对学生的评价

课后习题

一、选择题

1. 当触电时，流过人体而不会有生命危险的工频交流电流是（　　）mA。

A. 30　　　　　　　B. 50　　　　　　　C100

2. 当动火出现异常情况时,动火监督人员( )停止动火。

A. 无权　　　　　　B. 有权　　　　　　C. 可以

3. 因发生事故或者其他突然性事件,必须立即采取措施处理的是( )。

A. 造成或者可能造成污染事故的单位

B. 国家　　　　　　C. 当地政府

4. 当人体发生单相触电或线路漏电时能自动地切断电源的装置是( )。

A. 漏电保护器　　　B. 熔断器　　　　　C. 电磁继电器

5. 主要用于无骨折和无关节损伤的四肢出血的止血方法是( )。

A. 加压包扎止血法

B. 屈肢加垫止血法

C. 指压动脉止血法

6. 钻穿油气层时没有发生井涌、气侵条件下的井口处动火是( )。

A. 三级动火　　　　B. 二级动火　　　　C. 一级动火

二、判断题

1. 动火作业按规定应经过审批同意,并落实安全可靠的防范措施。　　　　( )

2. 可能发生重大污染事故的企业事业单位,应当采取措施,加强防范。　　( )

3. 硫化氢是一种神经毒剂,也为刺激性和窒息性气体,可与人体内部某些酶发生作用,抑制细胞呼吸,造成组织缺氧。　　　　　　　　　　　　　　　　( )

4. 低压井施工时,要防止因起下管柱造成井底压力失衡所导致的井喷。　　( )

项目 4 自救、互救与创伤急救

📖 知识目标

(1) 掌握触电事故的预防与急救措施，包括切断电源、触电急救、并发症处理及预防措施。

(2) 了解中毒事故的紧急处理，包括化学物质摄入中毒和食物中毒的急救措施。

(3) 掌握异物窒息急救措施，特别是海姆里克腹部冲击法的应用。

(4) 熟悉灼伤自救与互救方法，包括轻微灼伤、电弧灼伤眼睛、电灼伤和严重灼伤的处理。

(5) 掌握化学品入眼应急处理步骤，以及严重外出血和骨折的紧急处理原则。

(6) 了解中暑和淹溺的现场救护要点。

(7) 掌握火灾、有毒介质环境、地震、洪灾、沙漠、海上钻井平台及海外防恐等不同情境下的逃生知识和技巧。

✈ 能力目标

(1) 能够正确判断触电、中毒、窒息、灼伤等紧急情况，并迅速采取有效的急救措施。

(2) 在火灾、地震、洪灾等突发事件中，能够迅速做出反应，采取正确的逃生方法。

(3) 在沙漠、海上等特殊环境中，能够合理规划逃生路线，利用现有资源自救。

(4) 在海外作业时，能够识别恐怖威胁，采取必要的防恐措施，确保个人安全。

(5) 能够根据现场情况，灵活运用所学的急救和逃生知识，有效应对各种紧急情况。

🎯 素质目标

(1) 培养高度的安全意识和责任感，始终把安全放在第一位。

(2) 养成良好的团队合作精神，在紧急情况下能够相互协作，共同应对挑战。

(3) 提升应对突发事件的心理素质，保持冷静、果断，有效应对各种紧急情况。

(4) 培养持续学习和改进的态度，不断更新急救和逃生知识，提高应对能力。

(5) 强化风险识别和预防措施的制定，提升整体安全风险防范能力。

任务1　学习自救、互救与创伤急救基本知识

一、触电事故预防与急救

1. 触电的危害与现场风险

触电是由于人体接触到带电体而导致的伤害，其表现主要为电击和电灼伤。电击可能导致人体内部组织受损，严重时甚至导致假死现象，即触电者失去知觉、面色苍白、瞳孔放大、脉搏和呼吸停止。电灼伤则可能造成皮肤烧伤和其他组织损伤。

在施工现场，由于涉及到多种电气设施，如发电机、电动机、变压器、供电线路、调整控制设备、电气仪表、照明灯具等，触电风险相对较高。这些设备在安装和运行过程中，如果不遵守安全规定或操作不当，都可能导致触电事故的发生。

2. 触电事故的急救措施

当施工现场发生触电事故时，急救动作必须迅速且正确。首先，要确保触电者迅速脱离电源，然后根据触电者的具体情况进行相应的急救措施。

3. 切断电源

（1）低压触电：如果触电地点有开关，立即断开；如果没有开关或距离较远，使用带有绝缘柄的电工钳或干木柄挑开电线；如果电线落在人身上，可用干燥衣服、手套、绳、木板等拉开电线或触电者。

（2）高压触电：立即通知有关部门停电；戴绝缘手套，穿绝缘鞋，用相应电压等级的绝缘工具拉开开关；抛掷裸线短路接地，迫使短路装置动作切断电源。

4. 触电急救

（1）精神清醒者：使触电者安静休息，不要走动，严密观察，并尽快请医生前来诊治或送医院。

（2）神志昏迷但还有心跳、呼吸者：使触电者仰卧，解开衣服以利呼吸；周围空气保持流通，并迅速请医生前来诊治或送医院检查治疗。

（3）呼吸停止、心搏存在者：进行人工呼吸。

（4）心搏停止、呼吸存在者：进行胸外心脏按压。

（5）呼吸、心搏均停止者：同时进行人工呼吸和心脏按压，并尽快请医生赶赴现场进行进一步抢救。

5. 并发症处理

如有电灼伤创面，在现场应注意消毒包扎，以减少感染风险。

6. 预防触电事故的措施

（1）严格遵守安全规定：在操作电气设施时，必须遵守相关的安全规定和操作规程，确保设备的安全运行。

（2）定期检查电气设备：定期对电气设备进行检查和维护，确保其正常运行和安全性能。

（3）使用绝缘工具：在操作电气设施时，应使用适当的绝缘工具，以减少触电的风险。

（4）提高安全意识：加强员工的安全培训和教育，提高员工的安全意识和操作技能，减少触电事故的发生。

二、中毒的紧急处理

中毒是指人体摄入或接触有毒物质后，这些物质在体内达到一定量，造成机体功能损害甚至危及生命的状况。施工现场常见的中毒原因主要有化学物质摄入和食物中毒。

1. 化学物质摄入中毒的紧急处理

（1）初步评估与处理：首先检查中毒者的气道、呼吸和循环（ABC）状况，确保呼吸道畅通。如有需要，立即进行心肺复苏术。

（2）识别毒物：尽快确定摄入的毒物种类，以便采取针对性的急救措施。如果无法确定，应保留相关样本以供后续分析。

（3）特殊处理：若中毒者清醒且摄入的是腐蚀性物质，应让其缓慢饮用冷水或牛奶，以稀释毒物并保护消化道黏膜。避免强行催吐，以免加重消化道损伤。

（4）寻求专业救助：立即拨打急救电话，将中毒者送往最近的具备救治条件的医院。在等待救援的过程中，密切关注中毒者的病情变化，并采取必要的急救措施。

2. 食物中毒的紧急处理

食物中毒是指摄入含有致病细菌或毒素的食物后引起的急性疾病。其紧急处理措施如下：

（1）大量饮水：立即让中毒者饮用大量清洁水，以稀释体内的毒素并促进排泄。

（2）催吐处理：如中毒者意识清醒，可用手指轻轻刺激其咽喉部，诱发呕吐反射，帮助排出胃内未吸收的毒物。但需注意，若摄入的是腐蚀性物质或患者已出现昏迷、抽搐等症状时，应避免催吐。

（3）封存食物样本：将剩余的食物和呕吐物进行封存，以便后续分析中毒原因并防止更多人受害。

（4）及时呼救：立即拨打急救电话，将中毒者送往最近的医疗机构进行救治。在等待救援的过程中，保持中毒者的呼吸道通畅，并密切观察其病情变化。

在施工现场，预防中毒事故的发生至关重要。因此，应严格遵守安全操作规程，加强个人防护和现场监管，确保作业人员的生命安全。

三、异物窒息急救措施

在人员饮食过程中，如突发严重呼吸困难、喘息、面色急剧变化及发声障碍等急性症状，应高度怀疑为呼吸道异物误吸所致的窒息。此种情况极为紧急，因呼吸道受阻可迅速导致缺氧，危及患者生命。

海姆里克腹部冲击法作为国际公认的急救手段，其原理在于利用外力迅速提升患者胸腔内压，迫使气流上冲，从而排出呼吸道异物。该方法的有效性源于其简单的物理原理：将肺部比作气球，气管视为气球的出口，当出口被异物堵塞时，通过挤压气球，可使内部空气压力骤增，进而冲开堵塞物。

在实施海姆里克急救法时，急救人员应站在患者身后，用双臂紧紧环绕其上腹部，并用力向内上方施压。此举旨在使患者膈肌迅速上抬，胸腔内压力瞬间升高。由于胸腔的封闭性，升高的压力将迫使肺内气体经由气管向外冲出，形成强劲的气流，有助于异物的排出。该操作应反复进行，直至异物被成功排出，患者呼吸恢复通畅。

若患者呼吸道部分受阻，但仍能维持一定的气体交换，急救人员应保持冷静，鼓励患者通过自主咳嗽尝试排出异物。仅在患者无法自行清除异物，且情况紧急时，方可采取海姆里克腹部冲击法进行急救。在整个急救过程中，应确保操作规范、迅速且有力，以最大限度地保障患者的生命安全。

四、灼伤的自救与互救

灼伤是因热力、化学物质、电流或放射线导致的皮肤及深层组织损伤，分为低温与高温灼伤。低温灼伤常因忽视而造成严重后果，如电焊或手机充电引发的灼伤。高温灼伤则常突然发生，如钻井现场的火焰、蒸汽或高温固体接触所致的灼伤。

1. 轻微灼伤处理

日常生活中常见的轻微烧伤或烫伤，如触碰电暖气或热水烫伤，可采取以下应急措施：

（1）立即在流动水下持续冲洗灼伤部位，直至痛感明显减轻。

（2）用干净的敷料轻轻覆盖灼伤处。

（3）避免触碰灼伤部位，以防破损感染。

2. 电弧灼伤眼睛的急救

电弧导致的电光性眼炎，可采取以下应急措施：

（1）使用冷却的鲜牛奶滴眼，初始时几分钟一次，症状减轻后可延长滴眼间隔。

（2）用冷毛巾敷眼，闭眼休息。

（3）减少光线刺激，避免眼球频繁转动。

3. 电灼伤紧急处理

电灼伤可能伴随体内损伤，可采取以下应急措施：

（1）首先确保安全切断电源。

（2）检查伤者生命体征，如无脉搏，则立即进行心肺复苏。

（3）评估并处理其他可能损伤。

（4）用无菌敷料覆盖伤口，迅速送往医院。

4. 严重灼伤的救护措施

对于严重灼伤，应采取以下应急措施：

（1）迅速隔离热源，防止继续灼伤。

(2) 确保伤者呼吸道通畅。
(3) 全面评估伤势，处理其他严重损害。
(4) 用大量清水冲洗伤处，去除贴身物品，注意避免过度降温。
(5) 用无菌敷料覆盖伤口，预防感染。
(6) 尽快送往医院，预防并处理休克。

5. 高压电灼伤应急处理

高压电灼伤极为危险，处理时需特别小心，可采取以下应急措施：
(1) 确保所有人员远离电缆。
(2) 切勿试图接触与电缆近距离的伤者。
(3) 严禁攀爬带电的塔架或柱子进行救援。
(4) 立即切断总电源并通知相关部门。

在进行高压电致伤的急救时，必须确保现场安全，避免任何可能导致二次伤害的行为。

五、化学品入眼应急处理

在井下作业、钻井液服务以及录井实验室等环境中，由于接触到各类化学品，存在化学品不慎入眼的潜在风险。此类事故可能导致严重的眼部伤害，因此掌握正确的应急处理方法至关重要。

化学品入眼的紧急救护步骤如下：

(1) **避免揉眼**：首先，务必避免用手揉搓眼睛，因为手上可能沾有污染物，进一步加重眼部伤害。

(2) **立即冲洗**：立即寻找水源，用大量清水持续冲洗眼睛。冲洗时应尽可能睁开眼睛，并不断眨眼，以帮助清除眼中的化学品。如果化学品具有高腐蚀性，冲洗后应尽快就医。

(3) **覆盖伤眼**：如果化学品在空气中易燃，且无法彻底冲洗掉，可在就医途中用水浸湿的干净敷料轻轻覆盖在伤眼上，以减少化学品与空气的接触。

(4) **就医并携带化学品信息**：在前往医院的途中，应保持冲洗，并尽量收集导致伤害的化学品信息（如包装、标签等）。到达医院后，将这些信息提供给医生，以便他们能够根据化学品的特性进行针对性治疗。

掌握并准确执行这些紧急救护步骤，对于减轻化学品入眼造成的伤害至关重要。所有相关作业人员都应接受此类培训，并时刻保持警惕，以确保自身安全。

六、严重外出血的紧急处理

在作业现场遭遇严重外出血情况时，务必迅速而准确地采取急救措施。首先应立即拨打急救电话，请求专业救援，同时对伤者进行初步处理，以控制出血、减轻休克风险和预防感染。

针对严重外出血，常用的现场止血方法主要包括以下几种：

（1）指压止血法：此为临时应急措施，通过用手指或手掌压迫出血部位的动脉近心端，迅速控制出血。由于止血效果有限且不持久，因此需尽快转换为其他更稳定的止血方法。

（2）包扎止血法：这是最常用的止血手段，包括加压包扎和填塞止血两种形式。加压包扎适用于四肢创伤出血，而填塞止血则适用于腋窝、腹股沟及臀部等部位的出血。

（3）屈曲肢体加垫止血法：主要用于前臂和小腿出血的场合，但需注意在骨折和脱位情况下禁用。

（4）止血带止血法：当其他止血方法无效时，特别是针对四肢动脉创伤引起的大出血，可采用止血带止血法。

在进行包扎时，需注意以下要点：
（1）救护员处理伤口前，必须佩戴保护性手套以防自我感染。
（2）如伤者意识清醒且能够配合，可指导其自行压迫伤口以减少出血。
（3）妥善安置伤者于适宜卧姿，并仔细检查伤口情况。对于伤口中明显松动且易于取出的异物，可在确保安全的前提下小心去除，并用纱布轻轻擦拭清洁。
（4）立即使用干净敷料覆盖伤口，并用另一块软棉垫进行加压固定，确保伤口被完全遮盖，随后使用绷带进行稳固包扎。
（5）将受伤部位抬高至心脏水平以上，并提供必要支托以减轻血液淤积和肿胀。如怀疑存在骨折情况，需特别小心搬动受伤肢体。
（6）采用适当方法（如三角巾悬吊）固定伤肢，以防止进一步损伤。

完成初步急救处理后，应迅速将伤者转移至最近的有救治条件的医疗机构进行进一步治疗。

七、骨折的急救处理

1. 骨折的成因

骨折通常由于外力作用导致骨骼完整性或连续性受损。主要原因包括：
（1）直接暴力：如重物直接撞击导致的骨折。
（2）间接暴力：如摔倒时力量通过传导导致的非直接撞击部位骨折。
（3）肌肉牵拉：由于肌肉急剧收缩导致的骨折，如肘部在特定动作下可能发生的骨折。

2. 骨折的类型

（1）闭合性骨折：骨折处皮肤保持完整，骨折端未与外界相通。
（2）单纯性骨折：低能量损伤导致。
（3）粉碎性骨折：高能量损伤，可能伴随周围血管、神经、肌肉等损伤。
（4）开放性骨折：骨折处皮肤破损，骨折端暴露。
（5）轻度软组织损伤：低能量损伤，伤口由内向外。
（6）重度软组织损伤：高能量损伤，伴随广泛组织损伤。

3. 骨折的症状与体征

典型的骨折症状包括疼痛、肿胀、瘀斑、功能障碍等。具体体征包括：

(1) 听到或感觉到骨折时的撕裂或折断声。

(2) 剧烈疼痛，尤其是移动时。

(3) 明显的畸形或缩短。

(4) 可能出现的休克症状。

4. 骨折的急救处理原则

在怀疑骨折时，应遵循以下处理原则：

(1) 避免不必要的移动，以减少疼痛和进一步损伤。

(2) 控制出血，并处理开放性伤口。

(3) 稳定受伤部位，使用绷带、三角巾等进行固定。

(4) 监测伤者的生命体征，预防并处理休克。

(5) 尽快将伤者转运至有条件的医疗机构。

5. 骨折的固定技术与注意事项

在进行骨折固定时，应注意：

(1) 选择适当的固定材料，如夹板、绷带等。

(2) 在固定前对出血和开放性伤口进行初步处理。

(3) 在骨折部位放置软垫以减少不适和防止进一步损伤。

(4) 确保固定牢固但不过紧，以免影响血液循环。

(5) 定期检查固定效果和伤肢的远端血液循环情况。

此外，对于开放性骨折，应特别注意防止感染，及时覆盖并保护暴露的骨折端。在所有急救措施中，都应优先考虑伤者的安全和舒适，并尽快寻求专业医疗援助。

八、中暑的现场救护

中暑是因长时间处于高温环境或进行体力活动导致体温调节功能失调，表现为高热、皮肤干燥及中枢神经系统症状。当核心体温达到41℃时，预后可能严重不良；体温超过40℃时，病死率高达41.7%；若体温超42℃，则病死率骤升至81.3%。因此，及时的现场救护至关重要。

现场救护步骤如下：

(1) 立即停止活动：迅速将患者移至凉爽、通风处休息，并去除紧身或多余衣物，以促进散热。

(2) 补充水分：若患者意识清醒且无恶心呕吐，可给予水或运动饮料。同时，可考虑服用人丹、十滴水、藿香正气水等防暑药物。

(3) 体位调整：安排患者躺下，并将其下肢抬高15~30cm，有助于改善血液循环。

(4) 物理降温：使用湿凉毛巾敷于患者头部和躯干，或将冰袋置于腋下、颈侧及腹股沟等大血管处，以降低体温。

(5) 观察与就医：若30min内患者症状无改善，应立即寻求专业医疗救助。若患者意识丧失，需立即开放气道，检查呼吸，并采取相应急救措施。

九、淹溺的现场救护

淹溺是指人体淹没于水或其他液体中，导致呼吸道和肺泡被液体充塞，引发窒息和缺氧。在沿海或水域施工区域，淹溺风险尤为突出，因此必须制定应急预案并采取控制措施。

淹溺的现场救护措施如下：

（1）清理呼吸道：首先清除溺者口鼻中的淤泥、杂草和呕吐物，确保呼吸道畅通。

（2）控水处理：若溺者摄入大量水分，可采用跪姿控水法，即一腿跪地，另一腿屈膝，将溺者腹部置于大腿上，头朝下，轻压背部以排出水分。

（3）人工呼吸：若溺者昏迷且呼吸微弱或停止，应立即进行人工呼吸。

（4）心肺复苏：若溺者心跳和呼吸均停止，需立即实施心肺复苏术。

（5）保暖与休息：去除溺者全部湿衣物，换上干衣或裹上毛毯，并确保其在不低于22℃的环境中休息，以逐步恢复体温。

（6）及时就医：对于症状严重的患者，在进行现场急救的同时，应尽快送往医院接受进一步治疗。

任务2 掌握现场逃生知识

在不确定的自然灾害或人为事故面前，我们需要认识到其发生的时间、地点的不确定性以及危害程度的不可预知性。因此，学习和掌握逃生知识和技能，能够在关键时刻采取积极有效的应对措施，对于减少潜在损失至关重要。

一、火灾逃生要领

火灾是作业现场常见的重大危险之一，可能由多种因素引发，如油料泄漏遇火、电路短路、炊事用火不当、违规动火以及恐怖袭击等。火灾之所以造成严重后果，主要是因为火焰和有毒烟雾导致的窒息。火灾发生时，现场产生的烟雾含有一氧化碳和其他有毒气体，这些气体会在短时间内使人中毒窒息。同时，火焰本身也会造成呼吸道灼伤和喉头水肿，进一步加剧危险。在井喷失控引发的火灾中，人员甚至可能直接被火焰吞没。

为确保火灾发生时的安全逃生，现场人员应遵循以下关键步骤：

（1）在火灾初期，第一发现人应立即大声报警，并迅速进行初期扑救，同时向现场负责人报告。

（2）迅速切断着火区域的电源，现场负责人应立即组织人员开展火灾扑救工作，包括切断易燃物的输送源或隔离易燃物。

（3）如果火势迅速蔓延，超出现场控制能力，应立即拨打火警电话，并及时向应急办公室报告火情，提供详细的火情类型、行车路线等信息，指派专人迎接消防车并引导至现场。

(4)迅速疏散着火区域的无关人员至安全区域,并确定安全警戒范围,安排专人负责警戒工作。在专业消防队到达之前,所有参与救火的人员应服从现场第一责任人的统一指挥;专业消防队到达后,则转由现场消防指挥员统一指挥,员工应全力配合消防队做好灭火及其他相关工作。

(5)如现场有伤员,应立即进行救护,并联系就近的医院进行救治。

二、有毒介质环境下的逃生技巧

在作业现场,我们可能会遇到各种有毒介质,其中硫化氢气体是最为常见且风险极大的一种。这种气体主要由石油中的有机硫热分解、地层流体流入井筒返出地面以及钻井液高温分解等过程产生。由于硫化氢的密度大于空气,且具有剧毒性和臭鸡蛋气味,它很容易在地面附近积聚,对人员构成严重威胁。

为确保在有毒介质环境下的安全,现场人员应采取以下措施:

(1)提前熟悉地质资料,了解是否含有硫化氢等有毒介质及其浓度,并准备相应的防护设施,如正压式空气呼吸器。同时,实施实时监测,确保及时发现有毒气体的泄漏。

(2)当监测到硫化氢质量浓度达到 $15mg/m^3$ 时,应立即启动应急程序,做好随时逃生的准备。这包括确保所有人员了解逃生路线和集合点,以及检查防护设备的可用性。

(3)当硫化氢质量浓度达到 $30mg/m^3$ 的安全临界浓度时,井场上所有非应急人员必须立即撤离井场。此时,现场负责人应组织有序撤离,并确保所有人员远离泄漏源。

(4)当硫化氢质量浓度接近或达到 $150mg/m^3$ 的危险临界浓度时,会对人体造成严重的不可逆转伤害。在这种情况下,现场人员应立即关停所有生产设施,佩戴防护用品,并全部撤离井场至安全区域。在等待救援的过程中,现场负责人应负责将可能受伤害的人员送往当地医院进行急救,并及时向上级部门汇报情况。

(5)在逃生过程中,人员应迎风并向远离泄漏点的方向撤离。避免顺风逃生,以免被有毒气体追上。同时,保持冷静和有序,遵循现场负责人的指挥,确保所有人员的安全撤离。

三、地震逃生

地震作为一种自然灾害,其突发性和不可预测性对司钻作业人员构成严重威胁。因此,掌握地震逃生要领,对于保障人员生命安全至关重要。

在地震发生时,应遵循以下逃生原则:

(1)保持冷静:地震发生时,首先要保持冷静,不要惊慌失措。迅速观察周围环境,判断是否有安全避震的空间和逃生的路线。

(2)就近躲避:如果身处建筑物内,应立即躲到桌子、柱子等坚固物体下面,或者靠近墙角蹲下,用手护住头部。避免站在窗户、玻璃门等易破裂的地方。

(3)迅速撤离:如果身处室外,应远离建筑物、树木、电线杆等可能倒塌的物体,迅速撤离到空旷地带。在撤离过程中,要注意避开人流拥挤的地方,以免发生踩踏事故。

(4)寻找安全避震场所:在地震过后,如果周围建筑物严重受损,应尽快寻找安全避震场所。可以选择开阔、平坦的空地，远离可能引发次生灾害的区域。

（5）等待救援：如果被困在倒塌的建筑物中，要保持冷静，尽量保存体力。通过敲击物体等方式发出求救信号，等待救援人员的到来。

四、洪灾逃生

在汛期特别是暴雨即将来临时，沿河居住人员和洪水多发区、泄洪区及河道内的工作人员必须高度警惕。为确保人员安全，在洪灾面前能够有效应对，需掌握以下逃生技巧：

（1）知识储备与物品准备：平时应深入了解洪灾防御的基础知识，配备如救生衣等必要的防护物品。此外，需熟练掌握自救与互救技能，并确保汽车油箱充足，以便在紧急情况下迅速撤离。

（2）加强预警意识：汛期内，应密切关注气象预报，通过广播、电视、手机等多种渠道获取最新信息。同时，对可能出现的险情保持高度敏感，提醒周边人员做好随时转移的准备。

（3）熟悉安全路线：提前观察和熟悉周围环境，规划好在紧急情况下的避险路线和避难地点，确保在危急时刻能够迅速、有序地撤离。

（4）及时报警与有序撤离：一旦发现洪灾迹象，应立即向主管人员和周边人员发出警报，并按照预定的撤离路线进行有序撤离。在撤离过程中，要保持冷静，避免恐慌和混乱。

（5）应对围困情况：若被洪水围困于高处或坚固的建筑物内，应保持镇定，等待救援或山洪消退。若处于低洼地带或简易结构中，有通信条件的应立即向当地政府和防汛部门报告位置及情况；无通信条件的则利用烟火、鲜艳衣物等发出求救信号。在极端情况下，可寻找漂浮物进行自救。

五、沙漠逃生

在进入沙漠作业前，必须做好充分的准备工作，以确保人员安全。施工人员需穿戴信号服，携带足够的食物和水，并检查设备的完好性，保障通信畅通。同时，需准备应对沙暴、大风等恶劣天气的措施，如营区上空悬挂队旗、设置信号灯等。出车前，还应检查车辆性能，并随车配备应急物品，如生活用品、急救包、地形图、通信电台等。

（1）在沙漠中，如突遇沙尘暴等恶劣天气，需采取以下自我保护措施：

① 施工人员应立即佩戴防风镜、防尘口罩等防护设施，做好防沙尘暴准备。

② 如需撤离，应跟随队伍撤至安全地点，现场负责人需清点人数，并及时向上级部门汇报，请求救援。

③ 沙尘暴结束后，现场负责人需组织人员清理沙子，修复受损设备，并及时上报灾情及损失情况。

（2）若在路途中突遇沙尘暴，应采取以下措施：

① 将上衣扎进腰带，顺风方向就地趴下，脸部朝下，挖一小坑以便呼吸，同时用衣物覆盖头部，防止沙尘进入呼吸道。如有条件，可利用饮用水浇湿毛巾等物品，覆盖

口鼻。

② 趴伏一段时间后，利用间隙机会起身活动。如风沙持续，可挪动位置继续上述动作，等待风沙停止。

(3) 若在沙漠中迷失方向，应做好以下逃生工作：

① 保持冷静，清点物资，做好计划，以达到自救效果。

② 合理饮水，分多次小口饮用，保持口腔湿润。

③ 寻找水源，可跟踪动物足迹或根据植物生长情况判断。同时，可利用简易的太阳蒸馏法获取淡水。

④ 食物方面，可食用沙漠中的特产水果、植物根部等。无毒的蛇和昆虫烤熟后也可食用。

⑤ 防晒防寒措施得做足，如穿长袖衣物、戴帽子等。夜间注意防寒保暖。

⑥ 判断方向可利用标杆法或观察北极星等方法。夜间可点燃篝火驱赶野兽。

⑦ 沿着人畜走过的路线行进，或根据骆驼的足迹寻找水源。注意避开流沙区域，不要受海市蜃楼的迷惑。

⑧ 寻求救援时，可利用火堆、烟雾等发出求救信号，同时利用反光镜向飞机等方向闪动。被救援飞机发现后，保持原地等待救援。

六、海上钻井平台逃生

鉴于海上钻井平台的施工环境和作业特性，其安全风险尤为显著。在遭遇井喷失控、火灾、海啸等突发事故或自然灾害时，采取有效的逃生措施至关重要。为此，所有作业人员必须事先获得海上求生、海上急救、船舶消防、救生艇（筏）操纵以及海上直升机逃生等相关培训合格证书。同时，对临时出海人员也应进行严格的安全教育培训。

在面对紧急情况时，应根据实时的天气和海况选择合适的逃生方法。

1. 利用守护船撤离

(1) 在天气和海况允许的前提下，守护船是一个可行的撤离选择。其可行性主要取决于当前的潮位（水深）和风力条件。

(2) 建议的安全航行和靠泊条件包括：吃水满足水深要求，风力小于6级，浪高小于1m，能见度大于0.5n mile（海里，1n mile=1852m），海域无冰。

(3) 采用守护船撤离风险相对较低，因此应作为优先选择。在执行过程中，必须充分了解该海域的潮汐变化，以确保安全航行，避免搁浅或翻沉等事故。特别是在开敞海域，当风力达到或超过6级时，应高度警惕浪高超过安全限制带来的风险。

2. 直升机撤离

在冬季结冰期或海况极其恶劣的情况下，直升机成为最佳的撤离方式。

3. 使用救生艇（筏）

(1) 在无冰期或海水水位允许的情况下，可利用救生艇（筏）进行撤离。特别是在情况紧急且守护船尚未到达时，可先通过救生艇进行初步逃生。

(2) 需要注意的是，当海面存在油火时，严禁使用救生筏逃生。

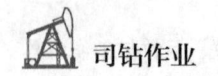

4. 发出求救信号

利用甚高频电话(VHF)、船舶呼叫系统(DSC)、GMDSS卫星通信系统、应急示位标、单边带等船用救生设备，或在条件允许的情况下直接使用手机拨打水上遇险报警电话(城市区号+12395)，将遇险详情和所需帮助准确发送出去。

5. 水中求生策略

一旦不慎落水，务必保持冷静，尽量减少不必要的活动以保存体力。特别是在水温较低时，应避免游泳，尽量抱住可漂浮的物体以延长待救时间。

七、海外防恐逃生

在海外作业时，若遭遇威胁个人安全的事件，务必立即向项目部领导报告，并严格遵循应急预案程序进行撤离。当独自一人面对此类危机时，应执行以下策略以确保安全：

1. 保持隐蔽

避免自身暴露在可能存在的恐怖分子的视线范围内。

2. 增强环境意识

时刻保持警觉，细心观察周围环境。在公共场所(如餐馆等)，应与箱包、包裹等物品保持安全距离，以防范潜在的炸弹袭击等恐怖活动。

3. 地铁应急逃生

如在地铁中遇到袭击，应迅速寻找紧急出口并尝试逃生。

4. 应对爆炸袭击

在爆炸发生时，应立即俯下身体，尽量呼吸接近地面的新鲜空气，以减少烟雾吸入。爆炸后的烟雾是主要的致命因素。

5. 避免二次伤害

在确认安全之前，不应短时间内再次进入地铁等可能遭受二次袭击的场所。

6. 手雷应对

若遇到恐怖分子使用手雷，应迅速寻找如桌子等掩体进行躲避，以减少或避免伤害，把握手雷爆炸前的短暂时间(通常为2~4s)。

7. 应对绑架情况

(1)首先应竭尽全力保护生命，同时尽可能了解被绑架的原因，并记住所在位置以便寻找机会报警求助。

(2)只有在有十足把握的情况下才应考虑逃跑。

(3)逃跑前必须全面评估风险，如被重新捕获，可能会使处境更加危险。

(4)如对外部环境、逃生路线不了解，或对自身体能状况、能否躲避追捕等因素缺乏全面考虑，则不建议选择逃生。

项目实施

引导问题1：在施工现场应如何有效预防触电事故的发生？如果遇到触电事故，请详细描述现场急救的基本步骤和注意事项。

_____
_____
_____
_____

  引导问题2：当施工现场发生化学物质摄入中毒或食物中毒时，应如何进行初步处理和求救？为了避免中毒事故的发生，请提出至少三项预防措施。

_____
_____
_____
_____
_____

  引导问题3：假设施工现场突发火灾，在火势初期应如何自救和报警？作为施工人员，应该事先做好哪些火灾逃生的应急准备工作？

_____
_____
_____
_____

项目评价

序号	评价项目	自我评价	教师评价
1	学习准备		
2	引导问题填写		
3	规范操作		
4	完成质量		
5	关键操作要领掌握		
6	完成速度		
7	管理、环保节能		
8	参与讨论主动性		
9	沟通协作		
10	展示汇报		

说明：表格中每项10分，满分100分。学生根据任务学习的过程与结果真实、诚信地完成自我评价，教师根据学生学习过程与结果客观、公正地完成对学生的评价

课后习题

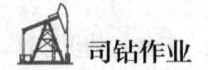

1. 分析一起典型的触电事故案例，讨论事故发生的原因、处理过程中的不足和改进措施。
2. 针对化学物质摄入中毒和食物中毒两种不同类型的中毒事故，分别提出至少两项针对性的预防策略。
3. 讨论在火灾逃生过程中保持冷静心态的重要性，并提出具体建议以帮助施工人员做好心理准备。
4. 设计一套简短的地震逃生技巧训练方案，包括训练内容、方法和预期效果。
5. 在海外作业环境中，如何提升个人的防恐意识和应对能力？请结合实例进行讨论。

项目 5　清洁生产与环境保护

📖 知识目标
(1) 了解井下作业环境保护相关法律法规。
(2) 明确井下作业施工过程中对环境保护的控制措施。
(3) 知道井下作业过程中清洁生产的理论知识。

✈ 能力目标
(1) 能够进行井下作业过程中对突发环境事件的处理。
(2) 能够有针对性地进行现场环保控制。
(3) 根据不同施工情况，能够采取相应的绿色修井环保控制。

🎯 素质目标
(1) 通过了解井下作业对环境的影响，培养学生环保意识。
(2) 通过明确井下作业施工过程中对环境保护的控制措施，激励学生发扬文明生产、清洁有我的精神。
(3) 通过学习井下作业施工过程中环境危害因素的预防措施，强化学生风险防控意识和职责使命担当。

任务 1　环境保护相关法律法规认知

2014年4月24日第十二届全国人民代表大会常务委员会第八次会议修订了《中华人民共和国环境保护法》。该法规定，保护环境是国家的基本国策，一切单位和个人都有保护环境的义务。企业事业单位和其他生产经营者应当防止、减少环境污染和生态破坏，对所造成的损害依法承担责任。公民应当增强环境保护意识，采取低碳、节俭的生活方式，自觉履行环境保护义务。

一、环境保护监督管理

企业事业单位和其他生产经营者违反法律法规规定排放污染物，造成或者可能造成严重污染的，县级以上人民政府环境保护主管部门和其他负有环境保护监督管理职责的部门，可以查封、扣押造成污染物排放的设施、设备。开发利用自然资源，应当合理开发，保护生物多样性，保障生态安全，依法制定有关生态保护和恢复治理方案并予以实施。

企业应当优先使用清洁能源，采用资源利用率高、污染物排放量少的工艺、设备以及废弃物综合利用技术和污染物无害化处理技术，减少污染物的产生。建设项目中防治污染的设施，应当与主体工程同时设计、同时施工、同时投产使用。防治污染的设施应当符合经批准的环境影响评价文件的要求，不得擅自拆除或者闲置。排放污染物的企业事业单位和其他生产经营者，应当采取措施，防治在生产建设或者其他活动中产生的废气、废水、废渣、医疗废物、粉尘、恶臭气体、放射性物质以及噪声、振动、光辐射、电磁辐射等对环境的污染和危害。排放污染物的企业事业单位，应当建立环境保护责任制度，明确单位负责人和相关人员的责任。

重点排污单位应当按照国家有关规定和监测规范安装使用监测设备，保证监测设备正常运行，保存原始监测记录。严禁通过暗管、渗井、渗坑、灌注或者篡改、伪造监测数据，或者不正常运行防治污染设施等逃避监管的方式违法排放污染物。排放污染物的企业事业单位和其他生产经营者，应当按照国家有关规定缴纳排污费。排污费应当全部专项用于环境污染防治，任何单位和个人不得截留、挤占或者挪作他用。

二、突发环境事件应对

各级人民政府及其有关部门和企业事业单位，应当依照《中华人民共和国突发事件应对法》的规定，做好突发环境事件的风险控制、应急准备、应急处置和事后恢复等工作。

县级以上人民政府应当建立环境污染公共监测预警机制，组织制定预警方案；环境受到污染可能影响公众健康和环境安全时，依法及时公布预警信息，启动应急措施。

企业事业单位应当按照国家有关规定制定突发环境事件应急预案，报环境保护主管部门和有关部门备案。在发生或者可能发生突发环境事件时，企业事业单位应当立即采取措施处理，及时通报可能受到危害的单位和居民，并向环境保护主管部门和有关部门报告。突发环境事件应急处置工作结束后，有关人民政府应当立即组织评估事件造成的环境影响和损失，并及时将评估结果向社会公布。

企业事业单位和其他生产经营者违法排放污染物，受到罚款处罚，被责令改正，拒不改正的，依法作出处罚决定的行政机关可以自责令改正之日的次日起，按照原处罚数额按日连续处罚。企业事业单位和其他生产经营者超过污染物排放标准或者超过重点污染物排放总量控制指标排放污染物的，县级以上人民政府环境保护主管部门可以责令其采取限制生产、停产整治等措施；情节严重的，报经有批准权的人民政府批准，责令停业、关闭。

建设单位未依法提交建设项目环境影响评价文件或者环境影响评价文件未经批准，擅自开工建设的，由负有环境保护监督管理职责的部门责令停止建设，处以罚款，并可以责令恢复原状。

企业事业单位和其他生产经营者有下列行为之一，尚不构成犯罪的，除依照有关法律法规规定予以处罚外，由县级以上人民政府环境保护主管部门或者其他有关部门将案件移送公安机关，对其直接负责的主管人员和其他直接责任人员，处十日以上十五日以下拘留；情节较轻的，处五日以上十日以下拘留：

(1) 建设项目未依法进行环境影响评价，被责令停止建设，拒不执行的；

(2) 违反法律规定，未取得排污许可证排放污染物，被责令停止排污，拒不执行的；

(3) 通过暗管、渗井、渗坑、灌注或者篡改、伪造监测数据，或者不正常运行防治污染设施等逃避监管的方式违法排放污染物的；

(4) 生产、使用国家明令禁止生产、使用的农药，被责令改正，拒不改正的。

任务2 作业前环保交接认知

各队搬上作业井后要认真履行交接井制度。值班干部检查井场状况，特别是对进井路、井场及周边环境(养殖区、稻田、苇田、土油池、井场堤坝等)进行认真检查，如发现污染物，及时联系采油队现场负责人，将污染物存在的方位、种类、数量等现状在环保交接书中予以详细描述，并签字确认，杜绝因接井不清而引发纠纷。发现施工井场(包括井场附近)因相关方原因造成污染的，及时与相关方进行污染交接，并立即向大队安全环保组汇报。配合施工(如堵漏、压裂、化堵等)结束后，要认真检查施工现场周边环境，如发现问题及时与施工单位和采油队做好污染交接，明确责任，避免纠纷事件的发生。完井后，作业队要及时与采油队进行井场现状交接，杜绝因交井不及时而引起纠纷，或发生二次环境污染事故。

任务3 施工过程环保措施认知

一、绿色修井防污染设施的应用管理

每天由大队调度室负责根据当日施工井搬上情况向绿色修井服务方下达防污染布铺设任务。各作业队搬上后与绿色修井服务方现场交接铺设防污布的质量(完好程度、清洁程度)、数量(部位)、铺设效果(架杆、支架、踏板、流程布)，双方签字确认。铺设要求如下：

(1) 小修作业按照标准提供聚氨酯涂层防渗布(厚度≥1.5mm)：管杆桥集液防污染设施(大于管杆四周500mm^2)1块，作业机(规格12m×3.3m)1块，工具台布(规格5m×1.8m)，井口(规格2.7m×2m)1块，驴头1块(按需提供)，抽油机支架1块(按需提供)，远控台(规格5m×5m)1块(按需提供)，循环罐(规格10m×6m)1块(按需提供)。井口配备防滑网。

(2) 管、杆桥、井口围堰齐全不低于20cm，其余设备围堰不低于5cm，围堰稳固性好，不易倾覆。

(3) 防渗布要求没有明显的破损，无可流动油污，背面无油污和肉眼观察到的破损，待完井后进行交接，收布后发现有渗漏现象的，排除作业队人为因素损坏的，由承包商承

（4）搬上铺设及完井清污严格按照甲方要求，按时完成。超过甲方规定时间，耽误生产进度的，按照损失扣除相应罚款。累计3次不按时完成工作的，由大队上报至上级质量安全环保科，由上级主管部门按合同要求清退市场。

（5）施工过程中各部位防污布防护到位，工具配件严禁直接落地。管桥防污染布四周支架架高，不得人为拆除；如收送管杆等相关过程确需放倒支架，要在收送过程结束后及时恢复原状。绿色修井防污染布上除井内油污水外严禁堆放任何杂物；严禁向防污布上铺盖砂土。

（6）作业队加强对防污染布及辅助设施的保护，严禁出现碾压防污布、架杆情况；不得随意丢弃架杆、支架、踏网，暂时不使用的应放置在合适位置妥善保管。

（7）在绿色修井服务方现场作业过程中，严禁作业队与其发生交叉作业行为。

二、现场环保措施

1. 施工井放压控制

作业井油、套管放压施工时，具备进站放压条件的进站，不具备进站放压条件的应使用冲砂罐（污染罐）放压，放压施工要有专人控制，严禁乱排乱放造成环境污染。井内压力低、溢流量小等特殊情况无法进站、进罐的，原则上允许引流至管桥防污布（池）内，但要确保放压连接管线固定牢固。

2. 循环施工的污染控制

（1）洗压井施工时，具备进站条件的循环进站，不具备进站条件的应使用冲砂罐（污染罐）。出口进罐（站）的施工管线要固定牢固。

（2）按施工设计接好洗压井管线，采油树阀门开关正确，管线及连接部位做好试压，确保不刺漏。

（3）洗压井时，有专人放洗压井液，控制放入量，严禁外溢。

（4）洗压井结束后，洗井桶内残液要用水泥车吸净，少量残液原则上允许倾倒在防污布（池）内。

（5）循环罐污水作业结束后要用罐车拉走，严禁倒扣、任意排放罐内污水、杂物。

（6）配合施工的水泥车、罐车车体无油污、无渗漏现象，拆、接管线时必须有防污染措施，杜绝在拆卸过程中污油、污水落地。

3. 严格落实直线责任

生产组跟踪落实泄油器使用状况，纳入月度绩效考核，除特殊井况外，充分保证泄油器使用率。针对无泄油器热采井况，起杆施工前，作业队应采用大排量洗井替油方式，"边抽边洗"，有效减少油管外壁、内腔油污。有泄油器的井，在拉开泄油器后，可以采取正打的方式进一步巩固泄油效果。针对泄油器下几根泵管冒顶情况，应采用自制丝堵对管柱上部进行防护，有效减少油污水飘落；在套管四通上连接油水回收装置，对卸扣后管柱内油污水截流回收，以有效控制油污水落地现象。

4. 其他要求

（1）断、卡、脱井，或泄油器未拉开井，施工前要充分做好防污染工作，采用油管刮油器、油水回收装置等措施，不得无控施工。

（2）修井机及各种车辆进入井场施工时，严禁刮碰路边及井场周围管线、堤坝及其他设备、设施。加强设备日常清洁维护，细化工具配件管理，做到工具不能落地，施工完毕清洁、整理入箱（柜），从细节上减少油污落地现象。

（3）严格现场垃圾管控，含油废弃物与生活垃圾分类分开，做到装袋、进箱，不混放、不乱扔、不堆放，施工结束后由绿色修井服务方按分类处置要求处理。

（4）汛期时，在水淹区附近施工的队伍，每口井必须配备一定数量隔油栏，以备应急防护。

（5）施工中，要把对施工区域环境的巡回检查作为盯岗干部和班组履行岗位职责的一项重要内容，对可能出现的油污水外溢、渗漏等环境风险进行全面识别，发现问题立即停止施工，及时向采油队反馈信息，待采油队整改合格后方可继续施工。

三、驻地环保管理

安全环保组加强对办公区域、综合队日常环境巡查，发现隐患立即组织整改。要做好排污口的监督检查，防止污染物进入排水系统造成大面积污染。严禁各基层队、综合队随意堆放丢弃含油垃圾，必须做到分类、集中处理。含油井口、工具必须进入库房存放在工具架上，严禁将井口及配件堆放在库房门前。办公过程产生的废弃物能够回收处置的由直线部门回收登记处置，不能够回收的及其他生活垃圾按要求放置在办公区垃圾箱内。安全环保组、工会、保卫、综合队定期联合对办公区域周边生活垃圾、杂草进行清理，营造良好办公环境。

四、作业清污管理

绿色修井服务方清污队负责施工过程中及作业完井后的清污，使用高压热水清洗机完成井口、流程等清污，并与采油站交井。安全环保监督负责清污协调工作，每天向清污队下达清污任务，双方交接签字。管理要求如下：

（1）安全环保监督检查清污队清污情况，督促清污队按期完成清污任务。清污队应听从大队主管人员的指挥，按照"轻重缓急"次序，保证汛期或河套、潮感地区应当在作业后24小时内完成清理工作，恢复井场环境。中途清污时，原则上应于当天完成清理。雨季汛期时，施工单位接到通知后，应于2小时内到达现场进行清理。

（2）汛期因下雨或洪水，中途需撤离的井场，大队要及时通知清污队清理井场。在清污队不能及时完成清污任务时，要组织本大队职工清理井场。

（3）作业清污的单位，应遵守关于施工现场的各项规章制度，严禁出现现场动火、吸烟、擅自动用井场设备设施及违规靠近抽油机旋转设备等违章行为。如有违反，各属地区队应及时纠正并及时上报，大队安全环保组应定期向上级安全环保科反馈绿色修井服务方施工过程状况，对于服务方屡次出现违规违章行为的，应及时上报予以清退。

司钻作业

（4）按照承包商管理相关规定，加强对进入现场清污人员的安全教育，加强对清污队人员作业过程的监管。清污过程中严禁交叉作业，如作业施工中确需清污的，现场必须暂停施工并与清污单位搞好协调配合，避免发生安全事故。

（5）绿色修井清污队清理的油泥、固体废弃物，送到指定的处置点，不准随意乱堆乱放和填埋，如造成二次污染，由绿色修井清污队负责赔偿损失。

任务4　环保检查与教育培训认知

一、现场环保检查

各作业班组每天施工前由相应岗位员工持表对属地范围内环保项目进行核实确认，及时排查整改环境问题隐患。施工中，盯岗干部和班组员工要对施工区域开展巡回检查，对可能出现的油污水外溢、渗漏等环境风险进行全面识别，发现问题立即停止施工，整改合格后方可继续施工。安全环保组负责日常环境检查，定期组织开展环保专项审核，对发现的问题及时组织责任区队整改，并对照考核标准进行扣分、考核；资产、生产、工程等直线职能组负责开展业务范围内环保检查，对于设备设施、配合工艺施工存在的环境隐患要跟踪落实整改措施，并对照考核标准进行扣分、考核。

二、环保教育培训

各二级单位应当加强环境保护宣传教育工作，制订并实施年度宣传培训计划，开展全员环境保护培训，增强环境保护意识。各基层队结合大队年度环保教育培训计划，利用专项培训、班前会、送班安全教育、井场小课堂等多种形式加强环保教育，提高环保责任意识，内容包括但不限于国家环保有关法律法规、上级环保管理制度、大队现场环保措施等，全年全体干部员工环保知识受教育面达到100%。

项目实施

引导问题1：井下作业施工前环保交接包括哪些内容？

_____

_____

_____

_____

引导问题2：绿色修井防污染具体措施有哪些？

_____

_____

引导问题 3：汛期井下作业清污作业应注意哪些内容？

项目评价

序号	评价项目	自我评价	教师评价
1	学习准备		
2	引导问题填写		
3	规范操作		
4	完成质量		
5	关键操作要领掌握		
6	完成速度		
7	管理、环保节能		
8	参与讨论主动性		
9	沟通协作		
10	展示汇报		

说明：表格中每项10分，满分100分。学生根据任务学习的过程与结果真实、诚信地完成自我评价，教师根据学生学习过程与结果客观、公正地完成对学生的评价

课后习题

判断题

1. 可能发生重大污染事故的企业事业单位，应当采取措施，加强防范。（　　）
2. 使用有毒、有害原料进行生产或者在生产中排放有毒、有害物质的企业，应当不定期实施清洁生产审核。（　　）

3. 建设单位在编制工程概算时，不必确定建设工程安全作业环境及安全施工措施所需费用。（ ）

4. 获得合格劳动保护用品是从业人员的安全生产权利。（ ）

5. 值班房内可以临时存放易燃物品。（ ）

6. 对油层压力低或漏失严重的井冲砂时最好采用正反冲砂方式。（ ）

7. 车辆通过裸露在地面上的油、气、水管线及电缆时，应采取保护措施。（ ）

项目 6　井下作业井场安全用电认知

> **📖 知识目标**
> (1) 掌握井下作业安全用电知识；
> (2) 掌握锅炉与压力容器的正确使用与维护方法；
> (3) 掌握井场防火防爆相关知识。
>
> **🚩 能力目标**
> (1) 能够正确操作锅炉与压力容器；
> (2) 能够正确操作井下作业常用电气设施。
>
> **🎯 素质目标**
> (1) 让学生认识到遵守井下作业井场安全用电制度的重要性，具备制度规范意识；
> (2) 培养学生埋头苦干、担当作为的奉献精神；
> (3) 强化安全意识的培养，强化忧患意识，坚持底线思维。

任务 1　井场用电安全作业制度认知

一、井下作业井场用电安全要求

井下作业井场用电设备和线路都处在野外环境中，且有易燃易爆区，作业施工搬迁频繁，为确保井下作业井场安全用电，国家能源局发布了中华人民共和国石油天然气行业标准 SY/T 5727—2020《井下作业安全规程》，规定了井下作业井场用电安全要求，适用于陆上石油勘探与开发井下作业井场生产作业。

1. 配电线路、值班房配线与发电

1) 配电线路

(1) 井下作业井场专用的电力线路应采用 TN-S 接零保护系统。电气设备的金属外壳应与专用保护零线连接。专用保护零线应由工作接地线、配电室的零线或第一级漏电保护器电源侧的零线引出。

(2) 井场配电线路应采用橡套软电缆,并应考虑防火措施。
(3) 电缆截面的选择应满足下列要求:
① 导线中的负荷电流应满足长期工作温度不超过 65℃;
② 线路末端电压偏移不应大于额定电压的 5%;
③ 单相线路的零线截面应与相线截面相同,三相四线制的工作零线和保护零线截面应不小于相线截面的 50%。
(4) 电缆架空敷设时走向应合理,固定点间距应保证橡套电缆能承受自重所带来的张力,电缆对地最小距离应大于 2.5m。
(5) 电缆架空敷设宜采用未腐朽木杆,末梢直径不应小于 50mm。采用金属杆时,固定橡套电缆处应作绝缘处理,绑线不应使用裸金属线,线杆应埋设牢固。
(6) 电缆埋地敷设时,埋深应不小于 0.6m,并应在电缆上下各均匀敷设 50mm 厚的细砂,然后覆盖砖等硬质保护层。
(7) 电缆拖地使用时,应采用重型橡套软电缆。
(8) 井场所用电缆均不应有中间接头。

2) 值班房配线
(1) 值班房配线应采用绝缘导线,并用瓷瓶或瓷夹敷设。
(2) 进户线过墙应穿绝缘管保护,距地面不应小于 2.5m,并设防雨弯。
(3) 导线截面应根据用电设备的负荷计算确定。
(4) 导线间和导线对地绝缘电阻值应大于 0.5MΩ。

3) 发电
(1) 发电机房与井口及油池间的距离应大于 20m。
(2) 发电工应持证操作,非操作人员不应进入发电机房。
(3) 发电机的发动机排气管应装阻火器。
(4) 发电机输出线出口应穿绝缘胶管。
(5) 发电机应做保护接零和工作接地。
(6) 发电前应对其本体及附属设备、保护装置进行全面检查和试验,符合要求后方能启动。
(7) 发电机负荷不应大于额定功率。
(8) 使用发电机供电时,应有防止对外部供电系统反送电的措施。

2. 配电箱

1) 配电箱的设备要求
(1) 配电箱宜装在值班房内,保持干燥、通风。
(2) 配电箱应安装端正、牢固。箱体中心对地距离应为 1.5m 左右,并有足够的工作空间和通道。
(3) 配电箱内的电器不应使用可燃材料作安装板。若采用金属安装板,应与配电箱箱体作电气连接。
(4) 配电箱内的开关、电器应安装牢固。连接线应采用绝缘导线,接头不应裸露和松动。

（5）配电箱电气装置必须符合相应的国家标准、专业标准和安全技术规程，并有产品合格证和使用说明书。

（6）配电箱总开关应装漏电保护器。

2）配电箱的使用与维修

（1）配电箱所标明的回路名称和用途应与实际相符。

（2）配电箱门应加锁，并由专人管理。

（3）配电箱应由持证电工定期进行检查和维修。

（4）配电箱应由专人操作，操作人应掌握安全用电基本知识，能进行停送电操作，具备排除一般故障的能力。

（5）配电箱的操作人员应做到：

① 使用前应检查电气装置和保护设施；

② 用电设备停用时应拉闸断电；

③ 负责检查井场的电气设备、线路和配电箱运行情况，发现问题及时处理；

④ 搬迁或移动用电设备时，应先切断电源；

⑤ 配电箱应保持整洁。

（6）搬迁或移动后的用电设备应检查合格后才能使用。

（7）配电箱熔断器熔体更换时，不应用不符合原规格的熔体代替。

（8）配电箱的进出线不应承受外力，不应与金属断口和腐蚀介质接触。

3. 照明

1）照明供电

（1）照明供电宜采用双绕组型安全照明隔离电源，照明电压应选用220V及以下。

（2）如采用三相四线制照明供电，照明灯为白炽灯时，零线截面按相线载流量的50%选择；照明灯为气体放电灯时，零线截面按最大负荷相的电流选择。

2）照明装置

（1）现场照明应采用高光效、长寿命的照明光源。照明灯宜采用金属卤化物灯。

（2）井架照明灯和井场灯具应采用防爆灯具，按照危险场所选择相应等级的照明器，并固定牢靠。

（3）螺口灯头接线应符合下列要求：

① 相线接在与中心触头相连一端，零线接在与螺口相连一端；

② 灯头的绝缘外壳不得有损伤和漏电。

（4）灯具内的接线应牢固；灯具外的接线应做可靠的绝缘包扎。

（5）灯具的相线应在配电箱设开关控制，不应将相线直接引入灯具。

4. 保护接零与接地

（1）配电箱、电取暖器、灯具等用电器的金属壳体都应做保护接零。

（2）所有保护零线都应可靠接地，不应将值班房金属构架做接地连接体。

(3) 垂直接地体应采用角钢、钢管或圆钢，不应用铝导体做接地体或地下接地线。

(4) 保护接地装置的接地电阻应不大于 10Ω。

(5) 每次作业搬迁装配完毕，由持证电工检查保护接零和接地装置合格后，才能正常使用。

二、井下作业安全用电基本知识

1. 触电安全知识

1) 触电

人体是导体，当人体接触到具有不同电位两点时，由于电位差的作用，就会在人体内形成电流，这种现象就是触电。

2) 电流对人体伤害类型

电流对人体的伤害有两种类型——电击和电伤。电击是电流通过人体内部，影响呼吸、心脏和神经系统，引起人体内部组织的破坏，甚至死亡。电伤主要对人体外部的局部伤害，包括电弧烧伤、熔化金属渗入皮肤等伤害。这两类伤害在事故中也可能同时发生，尤其在高压触电事故中比较多，绝大部分属电击事故。电击伤害严重程度与通过人体的电流大小、电流通过人体的持续时间、电流通过人体的途径、电流的频率以及人体的健康状况等因素有关。

3) 触电事故的种类

按人体触及带电体的方式和电流通过人体的途径，触电可分为以下三种：

(1) 单相触电。人站在地上或其他导体上，人体某一部分触及带电体。

(2) 两相触电。人体两处同时触及两相带电体。

(3) 跨步电压触电。人体在接地体附近，由于跨步电压作用于两脚之间造成。当人的两脚站在呈现不同电位的地面上时，两脚之间承受电位差。若电力系统一相接地或电流自接地体向大地流散时，将在地面上呈现不同的电位分布。人的跨距一般取 0.8m，在沿接地点向外的射线方向上，距接地点越近，跨步电压越小；距接地点 20m 外，跨步电压接近于零。

2. 常见触电事故的主要原因

(1) 电气线路、设备检修中措施不落实。

(2) 电气线路、设备安装不符合安全要求。

(3) 非电工任意处理电气事故。

(4) 接线错误；移动长、高金属物体触碰高压线。

(5) 在高位作业(天车、塔、架、梯等)误碰带电体或误送点触电并坠落。

(6) 操作漏电的机器设备或使用漏电电动工具(包括设备、工具无接地、接零保护措施)。

(7) 设备、工具已有的保护线中断；电钻等手持电动工具电源线松动。

(8) 水泥搅拌机等机械的电机受潮；打夯机等机械的电源线磨损。

(9) 浴室电源线受潮。

(10) 带电源移动设备时损坏电源绝缘。

(11) 电焊作业者穿背心、短裤，不穿绝缘鞋，汗水浸透手套，焊钳误碰自身，湿手操作机器按钮等。

(12) 暴风雨、雷击等自然灾害导致。

(13) 现场临时用电管理不善导致。

(14) 人蛮干行为导致，包括盲目闯入电气设备遮拦内；搭棚、架等作业中，用铁丝将电源线与构件绑在一起；遇损坏落地电线用手拣拿等。

3. 触电的急救方法

虽然人们制定了各种电气安全操作规程，但是触电事故还是会发生的，尤其井下作业施工易发生漏电触电事故，一旦发生触电事故，应立即进行急救。

触电造成的伤害主要表现为电休克和局部的电灼伤。电休克可以造成假死现象。所谓假死，是指触电者失去知觉，面色苍白、瞳孔放大、脉搏和呼吸停止。触电造成的假死，一般都是随时发生的，但也有在触电几分钟，甚至1~2天后才突然出现假死的症状。

电灼伤都是局部的，它常见于电流进出的接触处。电灼伤大多为三度灼伤，比较严重，灼伤处呈焦黄色或褐黑色，创面有明显的区域。

发生触电后，现场急救是十分关键的，如果处理得及时、正确，迅速而持久地进行抢救，很多触电人虽然心脏停止跳动，呼吸中断，也可以获救；反之，将会产生严重后果。现场急救措施包括迅速脱离电源、对症救治、人工呼吸、胸外心脏挤压和外伤处理等方面。

1) 迅速脱离电源

人触电后，可能由于痉挛或失去知觉等原因而紧抓带电体，不能摆脱电源，这时应尽快使触电者脱离电源。

2) 对症救治

脱离电源以后，应根据触电者的伤害程度，采取以下相应的措施：

(1) 若伤势较轻，可使其安静地休息1~2h，并严密观察。

(2) 若伤势较重，无知觉、无呼吸，但心脏有跳动，应进行人工呼吸。如有呼吸，但心脏停止跳动，应采用人工体外心脏挤压法。

(3) 若伤势严重，心跳呼吸都已停止，瞳孔放大，失去知觉，则应同时进行人工呼吸和人工体外心脏挤压法。人工呼吸要有耐心，尽可能坚持6h以上，需去医院抢救的，途中不能停止急救。

(4) 对触电者严禁乱打强心针。

4. 防止触电措施

发生触电事故的原因固然很多，但主要原因可以归纳为以下四点：(1)电气设备安装不合理；(2)维护检修工作不及时；(3)不遵守安全工作制度；(4)缺乏安全用电知识。为确保生产安全用电，电气工作人员首先要做到正确设计、合理安装、及时维护和保证检修质量。其次，应加强技术培训，普及安全用电知识，开展以预防为主的反事故演习。除此以外，要加强用电管理，建立健全安全工作规程和制度，并严格遵照执行。

在电气设备上进行工作，一般情况下均应停电后进行。如因特殊情况必须带电工作时，须经有关领导批准，按照带电工作的安全规定进行。对未经证明是无电的电气设备和导体，均应视作带电体。

1）断开电源

在检修设备时，把从各方面可能来电的电源都断开，且应有明显的断开点。对于多回路的线路，特别要注意防止从低压侧向被检修设备反送电。在断开电源的同时，还要断开开关的操作电源，闸的操作把手也必须锁住。

2）验电

工作前，必须用电压等级合适的验电器，对检修设备的进出线两侧各相分别验电。明确无电后，方可开始工作。验电器事先应在带电设备上进行试验，以证明其性能正常良好。

3）装设接地线

装设接地线是防止突然来电的唯一可行的安全措施。对于可能送电到检修设备的各电源侧及可能产生感应电压的地方都要装设接地线。装设接地线时，必须先接接地端，后接导体端，接触必须良好。拆接地线的顺序与此相反，先拆导体端，后拆接地端。装拆接地线均应使用绝缘杆或戴绝缘手套。接地线的截面积不应小于 $25mm^2$。严禁使用不符合规定的导线作接地和短路之用。接地线应尽量装设在工作时看得见的地方。

4）悬挂标示牌和装设遮拦

在断开的开关和闸操作手柄上悬挂"禁止合闸，有人工作！"的标示牌，必要时加锁固定。

5. 井下作业井场安全用电规定

井下作业井场用电设备和线路都处在野外环境中，且有易燃易爆区，作业施工搬迁频繁，施工作业应严格执行 SY/T 5727—2020《井下作业安全规程》的规定，做到安全用电。

（1）井场所用的电线必须绝缘可靠，严禁用裸线或电话线代替，不准用照明线代替动力电线。

（2）井场电线必须架空，对地最小距离应大于 2.5m。井架照明不许直接挂在井架上，防止电线漏电、工人上下井架触电。探照灯电线不能在人行道上和油水坑中，以防损坏漏电伤人。

（3）井架照明必须用防爆灯，探照灯必须用灯罩，预防天然气或原油喷出打坏电灯泡引起爆炸着火。

（4）探照灯离井口应在 10m 之外，灯光不能直射司钻或井口操作工人，避免工人眼睛受直光刺激，影响操作。搬移探照灯时，必须先拉掉闸刀开关，其位置应离开套管两边阀门管线喷射方向，预防突然喷出油气将探照灯打坏引起火灾。

（5）电源闸刀应离开井口 15m 以外，并且安装在值班房内。闸刀开关应装闸刀盒，发现闸刀盒损坏应及时更换，不应凑合使用。应配备简易配电箱。

（6）井下作业发生有井喷迹象时，应立即将电源切断。

任务2　正确使用和维护锅炉与压力容器

一、锅炉与压力容器的基础知识

1. 锅炉的基础知识

1) 锅炉的定义

锅炉是指利用燃料燃烧释放的热能或其他热能加热水或其他工质，以生产规定参数(温度、压力)和品质的蒸汽、热水或其他工质的设备。锅炉由"锅"和"炉"以及相配套的附件、自控装置、附属设备组成。《特种设备目录》对锅炉进行了如下规定：锅炉是指利用各种燃料、电或者其他能源，将所盛装的液体加热到一定的参数，并通过对外输出介质的形式提供热能的设备，其范围规定为设计正常水位容积大于或者等于30L，且额定蒸汽压力大于或者等于0.1MPa(表压)的承压蒸汽锅炉；出口水压大于或者等于0.1MPa(表压)，且额定功率大于或者等于0.1MW的承压热水锅炉；额定功率大于或者等于0.1MW的有机热载体锅炉。锅炉是否属于特种设备的界定标准见表2-6-1。

表2-6-1　锅炉是否属于特种设备的界定标准

	承压蒸汽锅炉	承压热水锅炉	有机热载体锅炉
容积	≥30L		
压力	额定蒸汽压力≥0.1MPa(表压)	出口水压≥0.1MPa(表压)	
功率		额定功率≥0.1MW	额定功率≥0.1MW

2) 锅炉的工作特性

(1) 爆炸危险性。锅炉在使用中容器或管路破裂、超压、严重缺水等均可能导致爆炸。

(2) 易于损坏性。锅炉由于长期运行在高温高压的恶劣工况下，因而经常受到局部损坏，如不能及时发现处理，会进一步导致重要部件和整个系统的全面受损。

(3) 应用的广泛性。由于锅炉为整个社会生产提供了能源和动力，因而其应用范围极其广泛。

(4) 连续运行性。锅炉一旦投用，一般要求连续运行，而不能任意停车，否则会影响一条生产线、一个厂甚至一个地区的生活和生产，其间接经济损失巨大，有时还会造成恶劣后果。

2. 压力容器的基础知识

1) 压力容器的定义

压力容器一般泛指在工业生产中盛装用于完成反应、传质、传热、分离和储存等生产工艺过程的气体或液体，并能承载一定压力的密闭设备。它被广泛用于石油、化工、能源、冶金、机械、轻纺、医药、国防等工业领域。《特种设备目录》中规定压力容器是指盛装气体或者液体,承载一定压力的密闭设备,其范围规定为最高工作压力大于或者等于0.1MPa(表压)的气体、液化气体和最高工作温度高于或者等于标准沸点的液体、容积大于或者等于30L且内直径(非圆形截面指截面内边界最大几何尺寸)大于或者等于150mm的固定式容器和移动式容器;盛装公称工作压力大于或者等于0.2MPa(表压),且压力与容积的乘积大于或者等于1.0MPa·L的气体、液化气体和标准沸点等于或者低于60℃液体的气瓶;氧舱。压力容器是否属于特种设备的界定标准见表2-6-2。

表2-6-2 压力容器是否属于特种设备的界定标准

	固定式容器和移动式容器			气瓶			氧舱
	气体	液化气体	液体	气体	液化气体	液体	
温度			最高工作温度≥标准沸点			标准沸点≤60℃	医用氧舱 高压气舱
压力	最高工作压力≥0.1MPa(表压)			公称工作压力≥0.2MPa(表压)			
容积	大于或者等于30L且内直径(非圆形截面指截面内边界最大几何尺寸)≥150mm			压力与容积的乘积≥1.0MPa·L			

2) 压力容器的工作特性

井场主要涉及固定式压力容器,其特点如下:

(1) 具有爆炸的危险性。

(2) 介质种类繁多,千差万别。易燃易爆介质一旦泄漏,可引起爆燃。有毒介质泄漏,能引起中毒。一些腐蚀性强的介质,会使容器很快发生腐蚀失效。

(3) 不同容器的工作条件差别大。有的容器承受高温高压;有的容器在低温环境下工作;有的容器投入运行后要求连续运行。

(4) 材料种类多。

二、锅炉安全技术

《中华人民共和国特种设备安全法》规定,特种设备安全工作应当坚持安全第一、预防为主、节能环保、综合治理的原则。国家对特种设备的生产、经营、使用,实施分类的、全过程的安全监督管理。特种设备生产、经营、使用单位应当遵守本法和其他有关法律、法规,建立、健全特种设备安全和节能责任制度,加强特种设备安全和节能管理,确保特种设备生产、经营、使用安全,符合节能要求。特种设备生产、经营、使用、检验、检测应当遵守有关特种设备安全技术规范及相关标准。

1. 锅炉使用安全管理

1) 使用许可厂家的合格产品

锅炉实行设计文件鉴定制度,由国家市场监督管理总局核准的鉴定机构对锅炉设计文件中的安全性能和节能是否符合特种设备安全技术规范和有关规定进行审查。未经鉴定的设计文件,不得用于制造安装。锅炉制造单位,必须具备保证产品质量所必需的加工设备、技术力量、检验手段和管理水平，并取得特种设备制造许可证，才能生产相应种类的锅炉。购置、选用的锅炉应是许可厂家的合格产品，并有齐全的技术文件、产品质量合格证明书、监督检验证书和产品竣工图。从事锅炉安装、改造、维修的单位，必须取得"特种设备安装改造维修许可证"，方可在许可的范围内从事相应工作。

2）登记建档

锅炉在正式使用前，必须到当地特种设备安全监察机构登记，经审查批准登记建档、取得使用证方可使用。使用单位也应建立锅炉设备档案，保存设计、制造、安装、使用、修理、改造和检验等过程的技术资料。

3）专责管理

使用锅炉的单位，应对设备进行专责管理。应建立起完整的管理机构，单位技术负责人对锅炉的安全管理负责，并指定具有专业知识、熟悉国家相关法规标准的工程技术人员负责锅炉的安全管理工作。使用电站锅炉的单位，应设置专门的特种设备安全管理机构，逐台落实安全责任人。

4）建立制度

使用单位必须建立一套科学、完整、切实可行的锅炉管理制度。管理制度应该包括管理制度和操作规程两方面。

5）持证上岗

锅炉司炉、水质化验人员，应接受专业安全技术培训并考试合格，持证上岗，严格依照操作规程操作运行。任何人在任何情况下不得无证作业。

6）定期检验

定期检验是指在设备的设计使用期限内，每隔一定的时间对锅炉承压部件和安全装置进行检测检查，或做必要的试验。使用单位应按照锅炉的检验周期，按时向取得国家市场监督管理总局核准资格的特种设备检验机构申请检验。

7）监控水质

水中杂质会使锅炉结垢、腐蚀及产生汽水共腾，降低锅炉效率、寿命及供汽质量，必须严格监督、控制锅炉给水及锅水水质，使之符合锅炉水质标准的规定。

2. 锅炉安全附件

（1）安全阀。应每年检验、定压一次并铅封完好，每月自动排放试验一次，每周手动排放试验一次。检验的项目为整定压力和密封性能，有条件时可校验回座压力。安全阀经校验后，应加锁或铅封。

（2）压力表。表盘直径不应小于100mm，最高工作压力标红线，每半年校验一次。

（3）水位表。每台锅炉至少装两只独立的水位计，额定蒸发量≤0.2t/h的锅炉可只装一只。

（4）温度测量装置。为掌握锅炉的运行状况，确保锅炉安全经济运行，依靠该装置进行锅炉的给水、蒸汽、烟气等介质测量监视。

（5）保护装置。包括超温报警和联锁保护装置、高低水位警报和低水位联锁保护装置、超压报警装置和锅炉熄火保护装置。

（6）排污阀或放水装置。排污阀或放水装置的作用是排放锅水蒸发而残留下的水垢、泥渣及其他有害物质，将锅水的水质控制在允许的范围内，使受热面保持清洁，以确保锅炉的安全、经济运行。

（7）防爆门。为防止炉膛和尾部烟道再次燃烧造成破坏，常采用在炉膛和烟道易爆处装设防爆门。

（8）锅炉自动控制装置。通过工业自动化仪表对温度、压力、流量、物位、成分等参数进行测量和调节，达到监视、控制、调节生产的目的，使锅炉在最安全、经济的条件下运行。

3. 锅炉使用安全技术

1）锅炉启动步骤

（1）检查准备。对新装、移装和检修后的锅炉，启动前要进行全面检查。主要内容有：检查受热面、承压部件的内外部，看其是否处于可投入运行的良好状态；检查燃烧系统各个环节是否处于完好状态；检查各类门孔、挡板是否正常，使之处于启动所要求的位置；检查安全附件和测量仪表是否齐全、完好并使之处于启动所要求的状态；检查锅炉架、楼梯、平台等钢结构部分是否完好；检查各种辅机特别是转动机械是否完好。

（2）上水。从防止产生过大热应力出发，上水温度最高不超过90℃，水温与筒壁温差不超过50℃。对水管锅炉，全部上水时间在夏季不小于1h，在冬季不小于2h。冷炉上水至最低安全水位时应停止上水，以防止受热膨胀后水位过高。

（3）烘炉。新装、移装、大修或长期停用的锅炉，其炉膛和烟道的墙壁非常潮湿，一旦骤然接触高温烟气，将会产生裂纹、变形，甚至发生倒塌事故。为防止此种情况发生，此类锅炉在上水后、启动前要进行烘炉。

（4）煮炉。对新装、移装、大修或长期停用的锅炉，在正式启动前必须煮炉。煮炉的目的是清除蒸发受热面中的铁锈、油污和其他污物，减少受热面腐蚀，提高锅水和蒸汽品质。

（5）点火升压。一般锅炉上水后即可点火升压。点火方法因燃烧方式和燃烧设备而异。层燃炉一般用木材引火，严禁用挥发性强烈的油类或易燃物引火，以免造成爆炸事故。

（6）暖管与并汽。暖管，即用蒸汽慢慢加热管道、阀门、法兰等部件，使其温度缓慢上升，避免向较低温度的管道突然供入蒸汽，以防止热应力过大而损坏管道、阀门等部件；同时将道中的冷凝水驱出，防止在供汽时发生水击。并汽，也称并炉、并列，即向新投入运行共用的蒸汽母管供汽。并汽前应减弱燃烧，打开蒸汽管道上的所有疏水阀，充分疏水以免水击；冲洗水位表，并使水位维持在正常水位线以下；使锅炉的蒸汽压力稍低于蒸汽母管内气压，缓慢打开主汽阀及隔绝阀，使新启动锅炉与蒸汽母管连通。

2）点火升压阶段的安全注意事项

（1）防止炉膛爆炸。

（2）控制升温升压速度。

(3) 严密监视和调整仪表。

(4) 保证强制流动受热面的可靠冷却。

3) 锅炉正常运行中的监督调节

(1) 锅炉水位的监督调节。锅炉运行中，运行人员应不间断地通过水位表监督锅内的水位。锅炉水位应经常保持在正常水位线处，并允许在正常水位线上下50mm内波动。

(2) 锅炉气压的监督调节。在锅炉运行中，蒸汽压力应基本保持稳定。调节锅炉气压就是调节其蒸发量，而蒸发量的调节通过燃烧调节和给水调节实现。运行人员根据负荷变化，相应增减锅炉的燃料量、风量、给水量来改变锅炉蒸发量，使气压保持相对稳定。

(3) 气温的调节。锅炉负荷、燃料及给水温度的改变，都会造成过热气温的改变。过热器本身的传热特性不同，上述因素改变时气温变化的规律也不相同。

(4) 燃烧的监督调节。目的是使燃料燃烧供热适应负荷的要求，维持气压稳定；使燃烧完好正常，尽量减少未完全燃烧损失，减轻金属腐蚀和大气污染；对负压燃烧锅炉，维持引风和鼓风的均衡，保持炉膛一定的负压，以保证操作安全和减少排烟损失。

(5) 排污和吹灰。锅炉运行中，为了保持受热面内部清洁，避免锅水发生汽水共腾及蒸汽品质恶化，除了对给水进行必要而有效的处理外，还必须坚持排污。烟灰的导热能力很差，受热面上积灰会严重影响锅炉传热，降低锅炉效率，影响锅炉运行工况特别是蒸汽温度，对锅炉安全也造成不利影响。因此，应定期吹灰。

4) 停炉及停炉保养

(1) 停炉要防止降压降温过快。

(2) 锅炉正常停炉的次序应该是先停燃料供应，随之停止送风，减少引风；与此同时，逐渐降低锅炉负荷，相应地减少锅炉上水，但应维持锅炉水位稍高于正常水位。

(3) 为防止锅炉降温过快，在正常停炉的4~6h内，应紧闭炉门和烟道挡板。之后打开烟道挡板，缓慢加强通风，适当放水。停炉18~24h，在锅水温度降至70℃以下时，方可全部放水。

(4) 锅炉紧急停炉的操作次序是立即停止添料和送风，减弱引风；与此同时，设法熄灭炉膛内的燃料，灭火后即把炉门、灰门及烟道挡板打开，以加强通风冷却；锅炉可以较快降压并更换锅水，锅水冷却至70℃左右允许排水。因缺水紧急停炉时，严禁给锅炉上水，并不得开启空气阀及安全阀快速降压。

(5) 停炉保养，主要指锅内保养，即汽水系统内部为避免或减轻腐蚀而进行的防护保养。保养方法有压力保养、湿法保养、干法保养、充气保养。

三、压力容器安全技术

1. 压力容器使用安全管理

压力容器使用安全管理包括许可厂家的合格产品、登记建档、建立制度、定期检验等方面，且与锅炉使用安全管理基本相同。

专责管理方面，使用压力容器的单位，应设置安全管理机构，配备安全管理负责人和安全管理人员。使用石化与化工成套装置的单位，以及使用压力容器台数达到50台及以上的单位,应当设置专门的特种设备安全管理机构,配备专职安全管理人员,并且逐台落实安全责任人。

持证上岗方面,压力容器安全管理负责人和安全管理人员,应当按照规定持有相应的特种设备管理人员证。操作人员必须严格执行压力容器安全管理制度,依照操作规程及其他法规操作运行。

日常检查方面,压力容器的安全检查每月进行一次,检查内容主要有安全附件、装卸附件、安全保护装置、测量调控装置、附属仪器仪表是否完好,各密封面有无泄漏,以及其他异常情况等。

2. 压力容器安全附件及仪表

1) 安全附件

(1) 安全阀。安全阀如果出现故障,尤其是不能开启时,有可能会造成压力容器失效甚至爆炸的严重后果。安全阀的主要故障有泄漏、到规定压力时不开启、不到规定压力时开启、排气后压力继续上升及排放泄压后阀瓣不回座。

(2) 爆破片。爆破片又称爆破膜或防爆膜,是一种断裂型安全泄放装置。与安全阀相比,它具有结构简单、泄压反应快、密封性能好、适应性强等特点。

(3) 爆破帽。爆破帽为一端封闭、中间有一薄弱层面的厚壁短管,爆破压力误差较小,泄放面积较小,多用于超高压容器。超压时其断裂的薄弱层面在开槽处。

(4) 易熔塞。易熔塞属于"熔化型"("温度型")安全泄放装置,它的动作取决于容器壁的温度,主要用于中、低压的小型压力容器,在盛装液化气体的钢瓶中应用更为广泛。

(5) 紧急切断阀。其作用是在管道发生大量泄漏时紧急止漏,一般还具有过流闭止及超温闭止的性能,并能在近程和远程独立进行操作。

2) 压力容器仪表

(1) 压力表。压力表是指示容器内介质压力的仪表,是压力容器的重要安全装置。

(2) 液位计。液位计又称液面计,是用来观察和测量容器内液体位置变化情况的仪表。

(3) 温度计。温度计是用来测量物质冷热程度的仪表,可用来测量压力容器介质的温度。对于需要控制壁温的容器,还必须装设测试壁温的温度计。

3. 压力容器使用安全技术

1) 压力容器安全操作

(1) 基本要求:平稳操作,防止超载(即防止超压),防止长期超温。

(2) 压力容器运行期间的检查:对运行中的容器进行检查,包括工艺条件、设备状况以及安全装置等。

(3) 压力容器紧急停止运行的情况:容器的操作压力或壁温超限值,且采取措施后仍无法控制,并有继续恶化的趋势;容器的承压部件变形、损坏或焊缝、连接处泄漏等危及容器安全的迹象;安全装置全部失效,连接管件断裂,紧固件损坏等;操作岗位火灾,威胁容器安全操作;高压容器的信号孔或警报孔泄漏。

2) 压力容器的维护保养

(1) 保持完好的防腐层；

(2) 消除产生腐蚀的原因；

(3) 消灭容器的"跑、冒、滴、漏"；

(4) 加强停用期间的维护；

(5) 经常保持容器的完好状态。

3) 锅炉压力容器检验检修安全技术

(1) 锅炉定期检验的类别：外部检验（运行状态下）、内部检验（停炉状态下）、水压试验（强度和严密性）。外检一年一次，内检两年一次，水压六年一次。

(2) 检验检修中注意通风和监护，禁止带压拆装连接部件，注意用电安全。

(3) 在锅炉和潮湿的烟道内，照明电压不应超过24V；在干燥的烟道并有妥善的安全措施下，照明不高于36V；工器具电源电压超过36V时，必须接地。锅内严禁明火照明。

(4) 压力容器定期检验分为年度检查和全面检验。年度检查是运行中的在线检查，每年一次；全面检验，是指压力容器停机时的检验。压力容器一般为投用满3年时进行首次全面检验。安全状况为1、2级的，一般每6年一次；安全状况为3级的，3~6年一次；安全状况为4级的，应当监控使用，其检验周期由检验机构确定。

任务3　井场防火防爆认知

井下作业施工是一项具有较高风险的工作，井下存在着很多潜在的危险因素，如有毒有害气体、易燃易爆气体、高温高压等。井下工作环境复杂，狭小封闭，通风条件较差，一旦发生火灾或爆炸事故，后果将不堪设想。SY/T 5225—2019《石油天然气钻井、开发、储运防火防爆安全生产技术规程》规定了石油（不含成品油）与天然气钻井、开发、储运防火防爆安全生产的基本要求，具体规定如下。

一、井场的布置与防火间距

井场的布置与防火间距应遵照如下规定：

(1) 油气井的井场平面布置及与周围建(构)筑物的防火间距按相关规定执行。如果遇到地形和井场条件不允许等特殊情况，应进行专项安全评价，并采取或增加相应的安全保障措施，在确保安全的前提下，由设计部门调整技术条件。

(2) 油气井作业施工区域内严禁烟火，工区内所有人员禁止吸烟。在井场进行动火施工作业按相关动火作业安全规定执行。

(3) 井场施工用的锅炉房、发电房、值班房与井口、油池和储油罐的距离宜大于30m，锅炉房应位于全年最小频率风向的上风侧。

(4) 施工中进出井场的车辆排气管应安装阻火器。施工井场地面裸露的油、气管线及电缆，应采取防止车辆碾压的保护措施。

(5) 分离器距井口应大于30m。经过分离器分离出的天然气和气井放喷的天然气应点火烧掉,火炬出口距井口、建筑物及森林应大于100m,且位于井口油罐区全年最小频率风向的上风侧,火炬出口管线应固定牢靠,应有防止回火的措施。

(6) 使用原油、轻质油、柴油等易燃物品施工时,井场50m以内严禁烟火。

(7) 井场的计量油罐应安装防雷防静电接地装置,其接地电阻不应大于10Ω。

(8) 立、放井架及吊装作业应与高压电等架空线路保持安全距离,并采取措施防止损害架空线路。

(9) 井场、井架照明应使用防爆灯和防爆探照灯,有关井下作业井场用电按SY/T 5727—2020《井下作业安全规程》的规定执行。

(10) 油、气井场内应设置明显的防火防爆标志及风向标。

二、井控装置及防喷

井控装置及防喷应遵照如下规定:

(1) 安装自封、半封或组合防喷器,保证在起下管柱中能及时安全地封闭油套环形空间和整个套管空间。所有高压油气井应采用液压封井器,配置远程液压控制台和连接高压节流管汇。远程控制台电源应从发电房内用专线引出并单独设置控制开关。

(2) 含硫化氢、二氧化碳井,其井控装置、套管头、变径法兰、套管、套管短节应分别具有相应抗硫、抗二氧化碳腐蚀的能力。

(3) 井控装置(除自封或环形封井器外)、变径法兰、高压防喷管的压力等级:应大于生产时预计的最高关井井口压力,或大于油气层最高地层压力,按试压规定试压合格。井控装置的安装、试压、使用和管理按SY/T 6690—2016《井下作业井控技术规程》的规定执行。

(4) 起下管柱作业中,应密切监视溢流显示。一个带有操作手柄、具有与正在使用的工作管柱相适配的连接端并处于开启位置的全开型的安全阀,宜保持在工作面上易于接近的地方,宜对此设备进行定期测试。当同时下入两种或两种以上管柱时,对正在操作的每种管柱,都宜有一个可供使用的安全阀。对安全阀每年至少委托有资格检验的机构检验、校验一次。

(5) 冲砂管柱顶部应连接旋塞阀;旋塞阀工作压力应大于最高关井压力,且处于随时可用状态;起下管柱或冲砂中一旦出现井喷征兆,应立即关闭旋塞阀、封井器、套管阀门,防止压井液喷出。

(6) 对于高气油比井、气井、高压油气井,在起钻前,应循环压井液2周以上以除气,压井液进出口密度达到一致时方可起钻;若地层漏失,应先堵漏,后压井。

(7) 起出井内管柱后,在等措施时,应下入不少于1/3的管柱。

(8) 油气井起下管柱时应连续向井筒内灌入压井液,并计量灌入量,保持井筒液柱压力平衡,控制起下钻速度。

三、施工过程的防火防爆

防火防爆是井下作业施工中非常重要的安全措施,主要是为了防止火灾和爆炸事故的发生，保护工作人员的生命安全和财产安全。

1. 井下作业防火防爆一般规定

1) 控制点火源

井下作业现场应禁止一切明火作业，严格限制和控制明火、火种的使用。在施工现场，应配备专门的灭火器材，并确保定期检验、维修和更换。此外，还应使用防爆电器、防爆工具和防爆设备，减少点火源对工作环境的影响。

2) 检测有毒有害气体

井下作业时，要对工作环境中的有毒有害气体进行监测，确保空气质量符合相应的安全标准。可以使用多参数气体监测仪对氧气浓度、可燃气体浓度和有毒气体浓度进行实时监测，一旦检测到异常情况，应立即采取措施进行处理，确保作业人员的生命安全。

3) 加强通风

井下作业现场的通风系统应保持良好运行，并根据施工需要进行调整。通风系统可以有效地排除井下作业中产生的有毒有害气体，保持空气清新。在紧急情况下，还可以通过自救装备或紧急通风设备来提供紧急通风。

4) 储存和使用易燃易爆物品的控制

井下作业施工过程中，如果需要储存和使用易燃易爆物品，应采取相应的控制措施。在选择储存点和容器时，要考虑其防火防爆性能，并要注意严格遵守操作规程，防止火源接触易燃易爆物品，防止人为原因引发火灾和爆炸。

5) 加强作业人员的安全培训

井下作业施工时，作业人员的安全意识和技能非常重要。作业人员应接受相关的安全培训，熟悉井下作业施工的防火防爆措施，并学习相关的求生自救知识。只有提高作业人员的安全意识和技能，才能更好地应对井下作业中的各种危险情况。

2. 井下作业防火防爆技术要求

（1）施工作业中，应查清井场内地下油气管线及电缆分布情况，采取措施避免施工损坏。

（2）井口装置及其他设备应不漏油、不漏气、不漏电。当发生漏油、漏电时，应采取如下措施：

① 井口装置一旦泄漏油、气、水时，应先放压，后整改；若不能放压或不能完全放压需要卸掉井口整改时，应先压井，后整改。

② 地面设备发生泄漏动力油时，应采取措施予以整改；严重漏油时，应停机整改。

③ 地面油气管线、流程装置发生泄漏油、气时，应关闭泄漏流程的上、下游阀门，对泄漏部位整改。

④ 发现地面设备漏电，应断开电源开关。

（3）射孔过程中的防爆按 SY/T 5325—2021《常规射孔作业技术规范》的规定执行。

（4）压井管线、出口管线应是钢质管线，各段的压力等级、防腐能力应符合设计要求，满足油气井施工需要；进、出口管线应固定牢固，按相应等级的压力设计分段试压合格。

(5) 不压井作业施工的井口装置和井下管柱结构应具备符合相应的作业条件要求及与之相配套的作业设施、作业工具。

(6) 抽汲诱喷中，仔细观察出口和液面情况，一旦出口出气增加和液面上升，应停止抽汲，起出钢丝绳及抽汲工具，关闭总阀门，打开放喷阀门准备放喷，防止油气从防喷盒喷出。

(7) 气井施工禁止应用空气气举。

(8) 放喷管线应是钢质管线，各段的压力等级、防硫化氢腐蚀能力应符合设计要求，满足油气井放喷需要，管线固定牢固；按相应等级的压力设计分段试压合格。

(9) 用于高含硫气井井口的放喷管线及地面流程应符合防硫防腐设计要求。

(10) 放喷时应根据井口压力和地层压力，采用相应的油嘴或针形阀进行节流控制放喷；气井、高气油比井，在分离前应配备热交换器，防止出口管线结冰堵塞。

(11) 使用的油气分离器，对安全阀每年至少委托有资格检验的机构检验、校验一次。分离后的天然气应放空燃烧。

(12) 分离器及阀门、管线按各自的工作压力试压；分离器停用时应放掉内部和管线内的液体，用清水扫线干净，结冰天气应再用氮气进行扫线。

(13) 量油测气及施工作业需用照明时，应采用防爆灯具或防爆手电。

(14) 储油罐量油孔的衬垫、量油尺重锤应采用不产生火花的金属材料。

(15) 高压井施工应注意以下事项：

① 高压施工中的井口压力大于 35MPa 时，井口装置应用钢丝绳绷紧固定。

② 高压作业施工的管汇和高压管线，应按设计要求试压合格，各阀门应灵活好用，高压管汇应有放空阀门和放空管线，高压管线应固定牢固。

③ 施工泵压应小于设备额定最高工作压力，当设备和管线泄漏时，应停泵、泄压后方可检修。应用泵车所配的高压管线、弯头按规定进行探伤、测厚检查。

④ 高压作业中，施工的最高压力不能超过油管、套管、工具、井口等设施中最薄弱者允许的最大许可压力范围。

(16) 对易燃易爆化学剂经实验符合技术指标后方可使用。

(17) 含硫化氢、二氧化碳井的防腐和防爆应注意：

① 井口到分离器出口的设备、地面流程应抗硫、抗二氧化碳腐蚀。下井管柱、仪器、工具应具有相应的抗硫、抗二氧化碳腐蚀的性能，压井液中应含有缓蚀剂。

② 在含硫化氢地区作业时，气井井场周围应以黄色带隔离作为警示标志，在井场和井架醒目位置应悬挂设置风标和安全警示牌。

③ 井场应配备安装固定式及便携式硫化氢监测仪。

④ 在空气中硫化氢含量大于 $30mg/m^3$ 的环境中进行作业时，作业人员应佩带正压呼吸器具。

(18) 高压、高产气井管线及设施应配置安全阀并保温。对安全阀每年至少委托有资质检验的机构检验、校验一次。

(19) 气井井口操作应避免金属撞击产生火花。作业机排气管道应安装阻火器。入井场车辆的排气管应安装阻火器。对特殊井应装置地滑车，通井机宜安放在距井口 18m 以外。

四、消防管理

1. 总体要求

(1) 依据《中华人民共和国消防法》《机关、团体、企业、事业单位消防安全管理规定》等有关消防安全的法律、法规、标准和规定，实施消防管理。

(2) 施工过程中需要进行动火、动土、进入有限空间等特殊作业时，应按照作业许可的规定，办理作业许可。

(3) 应编制防火防爆应急预案，并定期演练。

2. 工程建设

(1) 油气田及油(气)长输管道新建、改建、扩建项目的总体规划，应包括消防站布局、消防给水、消防通信、消防车通道、消防装备、消防设施等内容。

(2) 新建、改建、扩建工程项目的防火防爆设施，应与主体工程同时设计、同时施工、同时验收。

(3) 设计部门采用的防火防爆新工艺、新设备和新材料应符合国家标准或者行业标准，并有法定检验机构出具的合格证书。

3. 消防队伍建设

(1) 专职消防队(站)人员、车辆、装备配套建设应符合 SY/T 6670—2006《油气田消防站建设规范》的要求。

(2) 专职消防队应执行《企业事业单位专职消防队组织条例》，深入辖区开展消防宣传、进行防火检查，熟悉道路、水源、单位的分类、数量及分布，熟悉单位消防设施、消防组织及其灭火救援任务的分工情况，制定灭火救援预案，并定期演练。

(3) 油气生产单位应建立并履行以下职责：
① 建立本单位消防安全制度。
② 经常开展消防宣传教育培训。
③ 按规定进行防火巡查和防火检查。
④ 维护保养本单位、本岗位的消防设施器材。
⑤ 定期进行灭火训练，发生火灾时，积极参加扑救。
⑥ 保护火灾现场，协助火因调查。

(4) 志愿消防队应做到有组织领导、有灭火手段、有职责分工、有教育培训计划、有灭火预案；会报火警，会使用灭火器具，会检查、发现、整改一般的火灾隐患，会扑救初期火灾，会组织人员疏散逃生；熟悉本单位火灾特点及处置对策，熟悉本单位消防设施及灭火器材情况和灭火疏散预案及水源情况，定期开展消防演练。

4. 消防设施、器材的配置与管理

（1）油气站、场的消防监测、火灾报警、消防给水、泡沫灭火、消防站、消防泵房等设施和器材的配置按相关的规定执行。

（2）石油库消防监测、火灾报警、消防给水、泡沫灭火、消防站、消防泵房等设施和器材的配置按 GB 50074—2014《石油库设计规范》的规定执行。

（3）钻井现场消防器材配置执行 SY/T 5974—2020《钻井井场设备作业安全技术规程》的规定。大修、带压、试油现场应配 35kg 干粉灭火器 2 具，8kg 干粉灭火器 8 具，消防锹 4 把，消防桶 4 个，消防钩 2 把，消防沙 2m。小修现场应配 8kg 干粉灭火器 4 具，消防锹 2 把，消防桶 2 个，消防钩 2 把。在野营房区按每 40m² 不少于 1 具 4kg 干粉灭火器配备。

（4）火灾自动报警系统的设计、施工、验收及运行检查按 GB 50116—2013《火灾自动报警系统设计规范》和 GB 50166—2019《火灾自动报警系统施工及验收标准》的规定执行。

（5）泡沫灭火系统的设计、施工、验收及运行检查按 GB 50151—2021《泡沫灭火系统技术标准》的规定执行。

（6）自动喷水灭火系统的应用参照 GB 50084—2017《自动喷水灭火系统设计规范》的规定执行。

（7）灭火器材的检查、维修与报废按 XF 95—2015《灭火器维修》的规定执行。

（8）消防泵房应设专岗，持证上岗，实行 24h 值班制度，定期对消防泵试运和保养。

（9）消防重点岗位应设置可直接报警的外线电话。

5. 应急处理

1）火灾报警

（1）任何人发现火灾时，都应立即报警。

（2）企业员工应熟知报警方法，掌握报警常识，进行报警训练。

（3）报警时，应直接拨打"119"火警电话或用有线、无线电话向消防队报警，立即通知单位领导及有关部门，并向周围人员发出火警信号。向周围群众报警可用呼喊、手势、警铃、警笛、广播，也可用哨、锣等就地取材的方法。

2）火场逃生与救援

（1）被烟火围困人员应保持镇定，辨明方向，使用防毒面具等防护器具，或用湿毛巾、手帕、衣服等做简单防护，就近选择安全可靠的路线，俯身穿过烟雾区，迅速撤离到安全地点；如危险区域有硫化氢气体，应佩戴好正压式呼吸器，沿逆风或侧风方向，选择远离低洼处的路线，直立身体向高处撤离。

（2）身上衣服着火，应迅速将衣服脱下，或就地翻滚，或迅速跳入水中，把火压灭或浸灭，进行自救。

（3）无法自行逃脱时，应采用呼喊、敲击物品、挥动衣物等方式向营救人员发出求救信号。

（4）在场人员应为神志清醒、但在烟雾中迷失方向的被困人员指明逃生路径，确保其自行脱险，并在确保个人安全的前提下，应用"背、抱、抬"等方法，救助因惊吓、受伤、中毒、昏迷而失去行动能力的被困人员。

（5）对于受伤人员，除在现场进行紧急救护外，应及时送往医院抢救治疗。

3）灭火

（1）灭火时应坚持"救人重于救火""先控制、后消灭"和"先重点、后一般"的原则，并正确应用"冷却、隔离、窒息、抑制"等灭火方法。

（2）发现火灾后，在报警的同时，义务消防队应立即启动灭火和应急疏散预案，扑灭初起火灾。无关人员撤离现场。专职消防队到达现场后，义务消防队应配合做好灭火救援工作。

（3）专职消防队接到报警后，应迅速出动。到场后，按预案展开灭火救援工作，并根据火情侦察情况和火场指挥部要求，随时调整力量部署，实施灭火救援。火灾扑灭后，发生火灾的单位和相关人员应按照消防管理机构的要求保护现场，接受事故调查，如实提供与火灾有关的情况。

4）安全警戒及疏散撤离

发生火灾、爆炸后，事故有继续扩大蔓延的态势时，火场指挥部应及时采取安全警戒措施，果断下达撤退命令，在确保人员安全前提下，抢救设备、物资，采取相应的措施。

项目实施

引导问题1：井下作业井场用电安全要求有哪些？

引导问题2：简述锅炉与压力容器的工作特性。

引导问题3：谈一谈你对井场防火防爆的认识。

项目评价

序号	评价项目	自我评价	教师评价
1	学习准备		
2	引导问题填写		
3	规范操作		
4	完成质量		
5	关键操作要领掌握		
6	完成速度		
7	管理、环保节能		
8	参与讨论主动性		
9	沟通协作		
10	展示汇报		

说明：表格中每项10分，满分100分。学生根据任务学习的过程与结果真实、诚信地完成自我评价，教师根据学生学习过程与结果客观、公正地完成对学生的评价

课后习题

1. 井下作业井场保护接零与接地有哪些规定？
2. 锅炉的工作特性有哪些？
3. 压力容器的工作特性有哪些？
4. 压力容器安全附件及仪表有哪些？
5. 井下作业防火防爆一般规定有哪些？

项目 7　井下作业设备及其使用安全技术要求

📖 知识目标
(1) 了解转盘的结构、转盘的维护保养；
(2) 了解常用的井下作业工具；
(3) 掌握设备的检修保养。

✈ 能力目标
(1) 具备使用井下作业工具的能力；
(2) 具备工具保养能力；
(3) 具备设备的维护能力。

🎯 素质目标
(1) 培养作业安全意识；
(2) 培养作业环保精神。

任务 1　正确使用通井机

通井机是一种轻型修井设备，主要适用于油、气、水井的小修作业，如检泵、冲砂、打捞、换封、新投、转注、找堵水、解卡、换光杆、换井口等作业，是一种自行式拖拉机的修井动力设备。

通井机按其运移形式主要分为履带式通井机和轮式通井机两种，一般不配带井架，其越野性能好，适用于各种复杂井场环境。

常用的型号有 XT-12、XT-15、LTJ-10、LTJ-12、TJL-15 以及轮式通井机等型号，主要技术参数见表 2-7-1。

表 2-7-1 通井机技术参数

通井机型号	柴油机型号	滚筒直径（mm）	滚筒有效长度（mm）	滚筒容量（m³）	钢丝绳最大拉力（kN）	最高收绳速度（m/s）	刹车毂数量（个）	刹车毂直径（mm）	刹车带宽度（mm）
XT-12	635AK-6	360	910	3000	114.6	6	2	1070	180
XT-15	6135AZK-3b	360	910	3000	147	6.43	2	1070	180
LTJ-10	WD61567G3	360			100				
LTJ-12	6135K-9a	360	910		120	7			

一、使用前的检查与准备工作

(1) 检查各部位螺栓(母)紧固情况，如有松动，及时按操作规程拧紧。

(2) 对各润滑部位按要求进行润滑，并按要求检查润滑油面高度。

(3) 将支撑脚支撑牢固，固定销锁好，支撑脚下应垫好方木，支撑脚螺纹旋出长度不超过170mm。

(4) 检查各操纵杆是否灵活可靠，检查气压是否正常（必须达到方可进行起下作业）、各管路有无渗漏，并试行接合、分离，如有异常，排除后方可使用。

(5) 仔细检查制动系统操作是否灵活，滚筒是否转动自如，刹车带间隙是否合适，并试行制动，如有异常，应排除后方可使用；禁止在制动助力器失灵的情况下进行起下作业。

二、操作程序要求

(1) 分离主机离合器和滚筒离合器。

(2) 将主机变速杆推至空挡位置，并踏下右制动踏板，接合主机制动锁。

(3) 将主机进退操作杆推到后退位置上。

(4) 发出开车信号，启动发动机。

(5) 接合主离合器，检查油压、气压是否正常，变速箱润滑系统油压应为0.1~0.2MPa，气压为0.60~0.75MPa。

(6) 分离主离合器，将滚筒换向杆和变速杆推到所需要的位置上。

(7) 接合主离合器。

(8) 松开滚筒制动装置，同时接合滚筒离合器并控制油门，调整发动机转速，使通井机进入正常工作状态。

三、使用注意事项

(1) 变速箱换向，变速操纵杆与主离合器操纵杆之间设有联锁装置，换向、变速时需切开主离合器方可进行，换向必须在滚筒主轴完全停转时方可进行，否则易损坏部件。

(2) 变速箱两个变速操纵杆之间设有互锁机构，变速时必须在一个变速杆处于空挡位置时，另一个变速杆才可进行挂挡。

(3) 操作离合器应平缓、柔和，离合器过快的结合将发生转动件之间的冲击，离合器不允许在半结合状态下工作。

(4) 下钻时应使用制动器控制速度，不允许使用离合器作制动用，一般下放速度以不超过 2m/s 为宜。

(5) 起下管柱作业时，应根据负荷情况及时换挡，不允许超负荷或长时间过低速运转。

(6) 在使用和准备使用制动器时，不得切开主离合器，不得使发动机熄火，因为液压泵失去动力将会使制动器失去制动助力作用。

(7) 作业时通井机不允许倾斜和偏置，撑脚应保持撑紧状态，通井机不允许有剧烈的抖动。

(8) 应随时注意观察、倾听通井机各部位运转情况，发现变速箱、减速箱、制动器、离合器及油压系统等有异常，应及时处理，必要时可停止作业来处理异常情况。

(9) 若停止作业时，应在助力器有效的时候，将制动毂制动住，并锁住制动操纵杆，必要时应推上棘轮停止器。

(10) 禁止在制动助力器失灵的情况下起下作业或悬吊重物。

任务2 正确使用修井机

修井机是修井和井下作业施工中最基本、最主要的动力来源。按其运行结构分为履带式和轮胎式两种形式。

各油田使用的修井机类型较多，目前使用较多的修井机有 W65B 型、XJ350 型、XJ250 型、XJ450 型、XJ80 型、XJ-6501 型、XJ-120 型、XJ40 型、LJ-350 型、WILLSON42B-500 型等。

一、行驶中的操作规程及注意事项

(1) 严格控制发动机传动箱的工作温度。发动机最高温度不应超过 85℃，传动箱最高工作温度不应超过 121℃，否则应降低转速，甚至停车检查，排除故障后方可行驶。

(2) 注意异常响动、发热、冒烟。行驶中载车各部位若有不正常的声响、发热、冒烟应立即停车检查，排除故障后方可行驶。

(3) 传动箱各排挡的操作和使用。

① 起步：先将挡位挂入低挡，慢慢加大油门即可起步。

② 在传动箱处于低挡位时，车速未跑起之前，不要急于换高挡位，只能在车速跑起来后，才允许逐一地换上高挡位。

③ 处于高挡位时，若需要降挡，要先降低油门使车速降下来后才能换低挡。禁止在高速行驶中，用突然降挡的办法降低车速。

④ 从前进挡换倒挡或从倒挡换前进挡之前，应使载车完全静止。

⑤ 严禁空挡溜车，这样操作会严重损坏变速箱造成失控事故。

⑥ 严禁在没有分开传动系统或使驱动轮离开地面时，牵引或顶推载车，这样做会严重损坏变速箱。

（4）行车时速。载车在公路上行驶不应超过最高时速，行驶前应做出载车超高、超宽、超长等标志。

（5）浮动桥的使用。在较平坦的道路上行驶时，使用浮动桥以均摊载车各桥的载荷。浮动桥气囊气压应在规定范围内。

（6）前加力的使用。在沙地、泥泞、松软等道路上行驶困难时应使用前桥驱动，越过困难地段应立即解除。

（7）轮间封锁和桥间封锁的使用和操作。

① 轮间封锁：行驶中若某桥有一边轮胎打滑时，应将轮间封锁控制阀打开，指示灯亮表明轮间封锁挂合，轮间封锁挂合后，方向机处于中间位置上。

② 桥间封锁：行驶中若两后桥有一桥打滑时，应将桥间封锁控制阀打开，桥间封锁指示灯亮，表示封锁挂合，这时方向机应处于中间行驶位置。

③ 不论桥间封锁或轮间封锁，都只能直线行驶，不许转弯行驶，解除封锁要使车停稳后进行。

（8）下坡减速器的使用。下坡减速器在下较大坡时使用。操作时应注意间隔使用，即使用后解除一次，然后再用。

（9）长途中的定时检查。长途行驶应定时停车检查传动部分有无松动，轮胎气压是否充足，有无漏油、漏水、漏气现象，车上紧固物有无松动以及检查其他不安全因素。

（10）人员要求。行车中除司机外，修理人员应跟车随行，以便处理行驶中偶然发生的故障。

（11）灭火器。修井机在上修和回撤当中，必须携带 8kg 干粉灭火器 2 个以上。

（12）车辆要求。保证车辆制动、传动，以及后视镜、刮雨器、喇叭、各指示灯灵敏可靠。

二、修井机作业的安全操作规程

（1）修井机作业人员必须持证上岗，培训学习人员操作时，司钻必须在场指导监护。

（2）操作者应具备下列条件：

① 熟悉修井机的一般性能，能正确选择排挡，熟知各排挡位置的变换方法、气路流程、气控开关的作用及操作方法等。

② 会校对指重表，会计算指重表吨位。

③ 能根据柴油机的声音、泵压变化等情况判断修井机负荷及井下情况是否正常。

④ 能正确检查大绳的断丝及磨损情况，懂得死、活绳的固定要求及检查方法。

⑤ 防碰天车必须调整至最佳位置，灵活可靠。

⑥ 能正确无误、动作熟练地进行司钻岗位的各项操作，能应变处理在操作过程中可

能出现的不正常现象。

（3）操作修井机时，必须遵守钻进和提下钻操作规程中的各项要求。

（4）清洁、保养、检修必须在停机状态下进行，关闭气开关及三通旋钮阀（刹住刹把，刹把和气开关必须有人看管），以防发生人身恶性事故。作业完毕，必须及时清除工具杂物，装好护罩，经仔细检查无误后方可启动。

（5）提升游动系统时，无论空车或重车，高速或低速都严禁司钻离开刹把位置。

（6）刹车毂、离合器钢毂严禁在高温时用冷水或蒸汽冷却。调整刹车时必须停车并将游动滑车放至钻台。

（7）必须严格按照钻机各排挡负荷和技术要求操作，严禁违章和超负荷运行。

（8）液压设备的压力表必须灵敏，工作时压力必须达到设计要求。操作时应先检查各个开关是否都处在关闭状态、机器附近是否有人，以防操作时出现事故。

（9）滚筒钢丝绳在游动滑车放至地面时，滚筒上留有15圈以上。

（10）滚筒刹车钢带有伤痕、裂纹时要及时更换，刹车毂磨损8~9mm或龟裂较严重时应更换。

（11）刹车带固定保险螺帽，必须装双帽，与绞车底座之间的间隙调节到3~5mm为宜。刹车下不准支垫撬杠等异物，防止进入曲拐下面卡死曲柄，造成刹车失灵事故。

（12）刹把的高低位置应便于操作，并具备固定刹把的链或绳。刹车钢带两端的销子是保险销，刹车系统的销子及保险销必须齐全可靠。

（13）刹车片磨损剩余厚度小于18mm时应更换，刹车片不准更换单片，以防接触面不均失灵。刹车片的螺钉、弹簧垫必须齐全。

任务3 起升系统认知

起升系统由井架和提升系统组成。提升系统由游动系统（包括天车、游动滑车、大钩、钢丝绳）和吊环、吊卡组成。应用提升设备可以完成井下作业工程中的起下作业。

一、井架

在井下作业过程中，井架的用途主要是装置天车，支撑整个提升设备，以便悬吊井下设备、工具和进行各种起下作业，有的井架还可以将油管（钻杆）立放或立柱式排放。一般修井时均采用固定式轻便井架或修井机自带各种类型的井架，特殊的大修作业时，需使用钻井井架。

1. 井架的分类

按井架的可移动性来分，有固定式井架和可移动式井架。按井架的高度来分，固定式井架又可分为18m、24m、29m等几种井架。目前在井下作业中，常用的固定式井架有BJ-18型、BJ-29型和JJ-80-18型等。

2. 井架的安装施工及使用要求

各油田修井使用的井架种类较多，安装方式也不相同。但不管采用何种设备、何种方

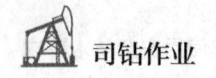

式进行井架安装,都必须按照井架安装操作规程进行,以确保安全,符合质量要求。

以 BJ-18 型井架为例介绍移动式井架的安装。BJ-18 型移动式井架按 97°角的标准立起后,支脚底座面到井架顶面的垂直高度为 18m。BJ-18 型移动式井架主要由本体、支座、天车和绷绳等组成。

1) 绷绳坑及地锚位置准备

先确定井架立放的方向,然后根据井深负荷和井架高度确定绷绳位置及数目。一般前面两道绷绳,后面四道绷绳。

(1) 绷绳坑到井口距离。后一道坑:20~22m;开挡:12~16m。后二道坑:18~20m;开挡:14~16m。前绷绳坑:18~20m;开挡:18~20m。

(2) 地锚深度不小于 2m。

(3) 绷绳和地锚必须定期检查。

2) 井架基础

井架基础的作用是使井架承受负荷后不会下沉、倾斜与翻转,在施工作业过程中要保持稳定性。井架基础的种类较多,主要有混凝土浇筑、木方组装、管子排列焊接、混凝土预制等几种。

3. 井架的使用要求

(1) 应在安全负荷范围内使用,不允许超负荷使用。

(2) 在重负荷时不许猛刹猛放。

(3) 井下作业施工中,每天对天车、地滑车、游动滑车打黄油一次。

(4) 所有黄油嘴保持完好,若因卡、堵、坏打不进黄油时,应及时修理或更换。

(5) 发现井架扭弯、拉筋断裂、变形时,及时请示有关部门鉴定处理后方可使用。

(6) 经常检查各道绷绳吃力是否均匀,吊卡、天车、井架螺栓等是否紧固。

(7) 井架基础附近不能积水和挖坑。

二、游动系统

1. 天车

天车是游动系统的固定部件,安装在井架顶部最高处(故称为天车),由一组定滑轮、天车轴、天车架及轴承等组成。目前常用的天车有轮,同装在一根天车轴上,排成一行。负荷在 294~490kN,轮径有 432mm、460mm、525mm 和 567mm 四种,适用的钢丝绳直径为 18.5~26mm。

1) 用途

天车通过钢丝绳与游动滑车构成游动系统,以完成悬吊与起下作业。

2) 技术要求

(1) 每个滑轮的轴承应能单独进行润滑。每个滑轮应能用手转动,且相互之间不得干涉。

(2) 滑轮绳槽需要经表面淬火,其硬度为 45~50HRC,淬硬深度不小于 2mm。

（3）铸造滑轮槽底圆弧表面不允许有砂眼、气孔、夹砂等缺陷存在。对出现的铸造缺陷允许采用适当的方法予以修复。

（4）游动滑车、天车均应有防止钢丝绳跳槽的装置。

（5）天车轴（包括快绳轮轴和死绳轮轴）和天车梁的弯曲屈服安全因数为1.67。

（6）使用时其安全负荷必须与井架、游动滑车和大钩的安全负荷相匹配。

2. 游动滑车

游动滑车由一组动滑轮（一般滑轮的数目为3~4个）组成，同装在一根游车轴上，排成一列。起重量为300~1176kN，自身质量为290~1000kg，通过钢丝绳与天车组成游动系统，适用的钢丝绳直径为18.5~22mm。

1）用途

游动滑车是通过钢丝绳与天车组成游动系统，使从绞车滚筒钢丝绳来的拉力变为井下管柱上升或下放的动力，并有省力的作用。

2）使用要求

游动滑车由于种类较多，规格不同，使用时需进行合理选择，确保在安全负荷范围内使用。在使用中最大负荷不能超过游动滑车的安全负荷。游动系统使用的钢丝绳直径必须与游动滑车轮槽相适应，不能过大或过小。在未安装前或使用一段时间后应加注黄油（润滑脂）。滑轮护罩上的绳槽应合适，以免钢丝绳通过时受护罩的磨损而缩短使用寿命。游动滑车使用一个时期后，应将滑轮翻转安装一次，使滑轮磨损程度趋近一致，防止某一个方向磨损太厉害。在进行装卸、上吊或下放时必须小心谨慎，以免将轮槽边碰伤损坏。进行起钻时必须注意，以免使游动滑车碰到天车或指梁。游动滑车上的滑轮必须经常清洗，以免加速滑轮的磨损，损害钢丝绳。

3. 大钩

大钩的作用是悬吊井内管柱，实现起下作业。大钩有一个主钩和两个侧钩。主钩用于悬挂水龙头，两个侧钩用于悬挂吊环。三钩式大钩和游动滑车组合在一起构成组合式大钩（也称为游车大钩）。组合式大钩的主要优点是可减少单独式游动滑车和大钩在井架内所占的空间，当采用轻便式井架时，组合式大钩更具优越性。

1）用途

大钩的作用是悬吊井内管柱，实现起下作业。一般大、中修常用大钩的负荷量为294~490kN。

2）使用要求

大钩是在高空重载下工作的，而且受往复变化的振动、冲击载荷作用，工作环境恶劣。使用时要进行合理的选择：大钩应有足够的强度和安全系数，以确保安全生产。钩口安全锁紧装置及侧钩闭锁装置既要开关方便，又应安全可靠，确保水龙头提环和吊环在受到冲击、振动时不自动脱出。在起下钻杆、油管时，应保证钩身转动灵活；悬挂水龙头后，应确保钩身制动可靠，以保证卸扣方便和施工安全。应安装有效的缓冲装置，以缓和冲击和振动，加速起下钻杆、油管的进程。在保证有足够强度的前提下，应尽量使大钩自身的质量小，以便起下作业时操作轻便。另外，为防止碰挂井架、支梁及起出的钻柱、管柱，大钩的外形应圆滑、无尖锐棱角。

4. 钢丝绳

钢丝绳的主要用途是通过天车把绞车、游动滑车连在一起组成游动系统，从而把绞车的旋转运动变为游动滑车的升降运动，达到起下作业的目的。另外，钢丝绳还可用于井架绷绳，固定井架。

三、吊环、吊卡以及抽油杆吊卡

1. 吊环

1）用途

吊环是起下修井工艺管柱时连接大钩与吊卡用的专用提升用具。吊环成对使用，上端分别挂在大钩两侧的耳环上，下端分别套入吊卡两侧的耳孔中，用来悬挂吊卡。

2）使用要求

按结构不同，吊环分单臂吊环和双臂吊环两种形式。单臂吊环是采用高强度合金钢锻造而成，具有强度高、质量小、耐磨等特点，因而适用于深井作业。双臂吊环则是用一般合金钢锻造、焊接而成，因此只适用于一般修井作业。单臂吊环在双吊卡起下钻、管柱过程中，因质量小而消耗的体力少，但套入吊卡耳孔中较困难。双臂吊环质量较大，但套入吊卡耳孔比较方便。

(1) 吊环应配套使用，不得在单吊环情况下使用。

(2) 经常检测吊环直径、长度的变化情况，成对的吊环直径长度不相同时，不得继续使用。

(3) 应保持吊环清洁，不得用重物击打吊环。

2. 吊卡

1）用途

吊卡是用来卡住并起吊油管、钻杆、套管等的专用工具。在起下管柱时，用双吊环将吊卡悬吊在游车大钩上，吊卡再将油管、钻杆、套管等卡住，便可进行起下作业。

2）基本结构形式和特点

修井作业施工中常用的吊卡一般有活门式和月牙形两种。活门式吊卡的特点是承重力较大，适用于较深井的钻杆柱的起下。月牙形吊卡的特点是轻便、灵活，适用于油管柱或较浅井的钻杆柱的起下。

3）使用注意事项

(1) 吊卡负荷是否小于钻柱重量。

(2) 吊卡口径是否合乎使用钻柱口径。内吊卡口径一般大于钻柱最大管身直径2~3mm，若吊卡长期使用口径大于管身直径5mm时，应修补后再用。

(3) 吊卡各转动部位是否灵活。

(4) 吊卡安全保险装置是否完整可靠。

3. 抽油杆吊卡

1) 用途

抽油杆吊卡是起下抽油杆的专用吊卡,主要由卡体、吊环和旋转卡套等组成。抽油杆吊卡中间的卡具(卡套)是可以更换的,可以更换直径19~25mm的各种卡套,以适用于不同规格抽油杆的起下作业。一般工作负荷为50kN,可以适用于一般井深的起下抽油杆作业,使用时将吊环悬挂在游车大钩开口内即可,使用要求可参照吊卡。

2) 使用要求

(1) 选择扣合尺寸与所用抽油杆的直径一致的抽油杆吊卡。

(2) 井口两名操作工人面向井口站立。

(3) 一人伸手扶住抽油杆吊卡吊柄,另一人伸手捏住抽油杆吊卡前舌,将抽油杆吊卡退出抽油杆本体,一手抓抽油杆吊卡吊柄,另一只手抓住抽油杆吊卡本体,将抽油杆吊卡端起,使开口对正抽油杆本体(靠近接箍端),轻轻用力将抽油杆吊卡推进抽油杆本体,使抽油杆吊卡锁舌锁紧抽油杆吊卡本体。

(4) 一人手扶抽油杆吊卡吊柄,一人手扶抽油杆吊钩,将抽油杆吊卡吊柄挂入抽油杆吊钩内,进行起下抽油杆作业。

任务4 旋转系统认知

一、转盘

1. 转盘的结构

转盘是一个八字齿轮减速器,它将从发动机传来的水平旋转运动变成转台的垂直旋转运动。它可以驱动井中钻具旋转,并提供必需的扭矩和必要的转速。

各种类型转盘主要部件的结构大同小异。P-450型转盘主要由底座、转台、立轴、水平轴及负荷轴承、防跳轴承等部件构成。

2. 工艺要求

转盘的工作条件十分恶劣,在各工作机中,它的工作环境最不清洁,如钻井液喷溅、油水污浊等。为保证转盘能正常运转,转盘就必须符合修井工艺对它的要求,具体如下:

(1) 转盘必须具有足够的抗振、承载和耐腐蚀的能力。

(2) 转盘的负荷轴承要有足够的强度和寿命。负荷轴承要承受悬挂在转盘上钻柱的全部重量和钻柱下滑时造成的最大轴向载荷及齿轮传动时造成的轴向、径向载荷。一般要求其寿命不低于3000h。

(3) 转台和锥齿轮要能够传递足够大的扭矩,并能倒转,还要有灵敏可靠的正倒转制动机构。

(4) 在结构上必须具备良好的密封、润滑和散热条件,严防外界油水污液渗入到转盘内部。

(5) 转盘的开口尺寸应能保证通过所使用的最大尺寸钻具。

3. 维护保养及故障排除

1) 转盘的维护保养

(1) 每班要检查转盘的平、正、稳、紧及油面情况,保持外表清洁。

(2) 每周应检查 1 次油池内润滑油的清洁程度,发现有钻井液及铁屑等杂质时,要及时清除和更换。

(3) 在拆装转盘时,应注意壳体与各压盖之间的垫片厚度和位置,不要随意变动,以免影响齿轮的啮合间隙。

(4) 润滑作业按规定执行。

2) 转盘的故障及排除方法

转盘的故障及排除方法见表 2-7-2。

表 2-7-2 转盘的故障及排除方法

故障	可能原因	排除方法
转台体跳动	安装转台时间隙太大	拧紧防跳轴承压圈,减小间隙。同时放出机油,取下下部底盖及压圈的螺钉,将压圈适当上紧后,再上螺钉与底盖
直齿轮和锥齿轮工作时有噪声	(1) 齿轮啮合时间隙大; (2) 挡油圈内进入泥沙; (3) 齿轮磨损严重或破坏	(1) 减少轴头垫片; (2) 开快车转动; (3) 更换
转盘发热(超过 70℃)	(1) 缺乏润滑油; (2) 油槽漏油; (3) 油太脏	(1) 加油; (2) 修理转盘,堵漏; (3) 清洗油池
方补心不能全部安装在转盘的补心孔内	方补心与转盘补心孔内的销子不合	沿转盘的补心孔边缘加以修理
转盘局部发热	(1) 转盘不平; (2) 部分摩擦; (3) 天车、转盘与井口不正	(1) 找平转盘; (2) 调整、修理; (3) 校正天车、转盘,使其与井口在一直线上
油池漏油	(1) 机油太多、工作时越过挡油圈而流出; (2) 油底壳不正; (3) 挡油圈损坏	(1) 减少或放掉些机油; (2) 更换; (3) 修理挡油圈

二、水龙头

1. 水龙头的结构

水龙头由固定、旋转和密封三大部分组成。

2. 工艺要求

(1) 水龙头的主轴承(负荷弹子盘)要有足够的强度和寿命。
(2) 各承载部件(如提环、壳件、中心管等)要有足够的强度和刚度。
(3) 上、下机油密封填料要密封良好,能自动补偿工作过程中的磨损。
(4) 高压液体密封系统(冲管总成)必须工作可靠,寿命长,且要易于检修和更换。
(5) 鹅颈管、中心管、冲管的内径应使水力损失减小到最低程度,即管内液体流速不超过 5~6m/s,并且有耐磨、耐压和防腐的特性。
(6) 外形结构应圆滑,提环的开口和摆动角度应能方便挂大钩。

3. 维护保养及故障排除方法

1) 水龙头在使用前的维护检查

(1) 水龙头的保护接头在搬运和运输时必须带上护丝。
(2) 如果发现螺纹断裂和有裂纹时,应更换水龙头。
(3) 如果中心管及冲管密封填料磨损严重,应及时更换。
(4) 检查中心管的转动情况,以一人用 36in 链钳转动灵活为合格。若中心管转不动,经调整压紧螺帽后仍转不动,应更换水龙头。
(5) 如果水龙头内的机油量不足或太脏时,应按要求加足或更换机油。
(6) 检查下部油封的密封情况,如漏油应拧紧螺母或更换机油密封填料。

2) 水龙头在使用过程中的维护保养

(1) 每次起下时,应检查一次油面及冲管密封填料情况,注意油温及各部件温度不得超过 70℃。
(2) 如果发现中心管下部螺纹损坏应及时拧紧或更换水龙头。
(3) 每天检查一次水龙头上盖及下部底盖的固定情况,在快速钻进及跳钻严重时,应检查鹅颈管法兰连接螺栓及各紧固件的松动情况。
(4) 水龙头运转 200h 和 700h 后,应分别检查机油清洁程度或更换机油。
(5) 拆换冲管及密封填料时,要加黄油润滑。
(6) 润滑作业按规定执行。

3) 水龙头的故障及排除方法

水龙头的故障及排除方法见表 2-7-3。

表 2-7-3 水龙头的故障及排除方法

故障	可能原因	排除方法
中心管转动不灵活或转不动	(1) 负荷轴承和防跳轴承间隙不够大或压得太紧; (2) 轴承损坏	(1) 调整上部机油密封填料; (2) 检查、更换轴承
水龙头壳体发热	(1) 加油过多; (2) 油量不足; (3) 机油脏	(1) 打开上面丝堵将多余的油溢出; (2) 加足油; (3) 更换新机油

续表

故障	可能原因	排除方法
冲管密封填料漏钻井液	(1)密封填料磨损； (2)冲管磨损	(1)换密封填料； (2)换冲管
中心管下部螺纹漏钻井液	(1)与方钻杆没拧紧； (2)螺纹损坏	(1)拧紧； (2)换中心管或修螺纹
油池进钻井液或油池漏油	(1)密封填料没压紧； (2)密封填料已坏	(1)压紧密封填料； (2)换密封填料
鹅颈管法兰漏钻井液	(1)冲管垫子刺坏； (2)鹅颈管刺坏； (3)法兰螺栓松断	(1)换垫子； (2)换鹅颈管； (3)上紧、换螺栓
中心管径向摆动差增大	(1)方钻杆弯曲； (2)扶正轴承磨损	(1)换方钻杆； (2)换轴承
水龙头提环摆动不灵活	(1)缺机油； (2)槽孔堵塞	(1)注油； (2)清理槽孔

三、水龙带

1. 水龙带的结构

水龙带是由橡胶制成的软管，一般是由一层内橡胶、几层帘线布、几层中间橡胶(橡胶内有两层钢丝网)和一层外橡胶制成的中空软管组成。

2. 注意事项

(1) 新水龙带使用前要按工作压力进行试压，在工作时不得超过试泵压力。
(2) 水龙带不能用作挤酸。
(3) 水龙带不能受挤压。
(4) 在使用水龙带时，两端要拴保险钢丝绳，以防将接头憋出掉下伤人。
(5) 冬季使用水龙带后，要将水龙带内的液体排净。
(6) 水龙带外表要用细麻绳包缠。

任务5 常用井下作业工具认知

一、管钳

1. 定义

管钳是井下作业施工过程中用来上卸管类或圆柱状物质的工具，是井下施工作业连接地面管线和下井管柱的主要工具，如图2-7-1所示。

2. 工作原理

使用管钳时是将钳力转换进入扭力，用在扭动方向的力越大也就钳得越紧，用钳口的锥度增加扭矩，通常锥度在3°~8°，咬紧管状物。管钳自动适应不同的管径，自动适应钳口对管施加应力而引起的塑性变形，在出现降低管径的效应下，保证扭矩，不打滑。

3. 保养

（1）使用管钳时应先检查固定销钉是否牢固，钳头、钳柄有无裂痕，有裂痕者不能使用。

（2）较小的管钳不能用力过大，不能加加力杠使用。

（3）不能将管钳当榔头或撬杠使用。

（4）用后要及时洗净，涂抹黄油，防止旋转螺母生锈，用后放回工具架上或工具房内。

二、扳手

扳手是利用杠杆原理拧转螺栓、螺钉、螺母的手工工具，如图2-7-2所示。

扳手通常在柄部的一端或两端带有把手，以施加外力，能拧转螺栓或螺母。使用时沿螺纹旋转方向在把手柄部施加外力，拧转螺栓或螺母，达到紧扣或卸扣的目的。

图 2-7-1　管钳 　　　　　　　　图 2-7-2　扳手

1. 活扳手

活扳手是开口大小可在规定的范围内进行调节、拧紧或卸掉不同规格螺母、螺栓的工具。

1）使用方法

（1）使用时应根据所上卸的螺母、螺栓的规格大小选用合适的扳手。

（2）使用活扳手夹螺母应松紧适宜。

（3）拉力的方向要与扳手的手柄成直角。

2）注意事项及保养方法

（1）禁止采用套筒式加力杠。

（2）禁止锤击扳手。

(3) 禁止反打扳手。
(4) 用过后应及时擦洗干净、抹黄油。

2. 固定扳手

固定扳手是只能上、卸一种规格的螺栓、螺母的专用工具。

1) 使用方法

(1) 选择与螺栓、螺母尺寸大小相适应的固定扳手。
(2) 检查固定扳手的虎口手柄有无裂痕，无裂痕的才能使用。

2) 注意事项及保养方法

(1) 使用时可以砸击，但应防止固定扳手飞起或断裂伤人。
(2) 扳转固定扳手时应逐渐用力，防止用力过猛造成滑脱或断裂。
(3) 手扶固定扳手时，要防止被夹伤。
(4) 使用后应及时擦洗干净，摆放到指定位置上。

3. 球阀扳手

球阀扳手是油田施工作业开关球阀阀门的专用工具，由手柄、鹅颈和凸方开关组成。

1) 使用方法

(1) 当井口或地面的球形阀门需要开关时，应先检查扳手的凸方开关是否符合规格，有无损坏痕迹，没有问题方可使用。
(2) 将凸方伸进井口球阀凹方后，先轻试转，无滑脱现象再平稳用力转动。将阀门开关开到定位指示线所指示的位置上。
(3) 开关时要将扳手端平，不可用力过猛，防止滑落碰伤手关节。

2) 注意事项及保养方法

(1) 使用扳手时一定要将凸方全部伸到位。
(2) 严禁用榔头砸击球阀扳手，防止砸飞扳手伤人和损坏井口设备。
(3) 使用后应及时擦洗干净，摆放到指定位置上。

三、油管钳

1. 定义

油管钳是油田专门用于上卸油管螺纹的工具，主要由钳头、钳柄组成，其间用销子连接。小钳钳颚内镶有钳牙，当油管钳搭在油管上合死后，钳牙紧紧咬住油管，用力越大，小钳颚越向内收紧，对油管头就卡得越紧，转动钳柄就可以上、卸扣。

2. 使用方法

(1) 使用油管钳时应先检查钳头、钳柄的连接销钉是否牢固，钳牙是否装正，销子是否锁紧。
(2) 上扣时用左手打开钳头，右手握住钳柄，双手用力将管钳搭在油管上，左手及时合紧钳头。左手背在腰后，左腿在前弓，右腿在后绷，全身齐用力，转动管钳上紧螺纹。
(3) 卸扣时右手打开钳头，左手握住钳柄，双手用力将管钳搭在油管上，右手背在腰后，右腿在前弓，左腿在后绷，全身齐用力，转动管钳把管柱螺纹卸开。

3. 注意事项及保养方法

（1）使用油管钳时不要用力过猛，用力过猛容易折断油管钳脖子。

（2）不能超过其额定使用范围和受力值，超过时容易使钳头和钳柄折断。

（3）油管钳使用完应马上刷洗干净，长期不用时应涂抹黄油。

四、螺丝刀

螺丝刀既是通用工具又是油田常用工具，规格很多，应用广泛，如图 2-7-3 所示。

1. 使用方法

（1）螺丝刀应选用与上、卸螺钉对应的规格。

（2）上、卸时要平稳操作，不要向左右倾斜，以免滑脱碰伤手关节。

2. 注意事项及保养方法

（1）螺丝刀不能当扁铲用，使用后应及时擦洗干净放在工具袋内。

（2）螺丝刀不能当手锤用。

五、弯头

弯头（图 2-7-4）是连接变向管线的工具，在井下作业中应用广泛，常用的有 90°弯头、120°弯头、活动弯头，而活动弯头是油田施作业常用用具之一。

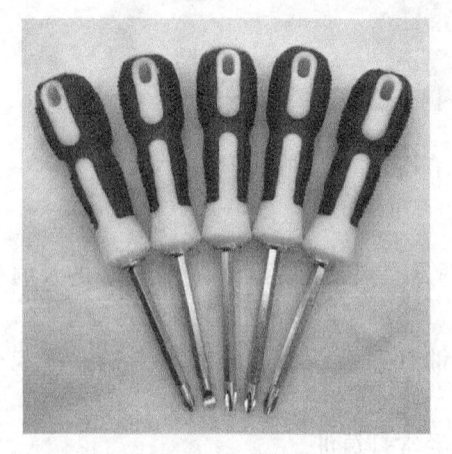

图 2-7-3 螺丝刀

图 2-7-4 弯头

1. 使用方法

（1）在使用前检查弯头各部件是否灵活好用、完整无缺，符合标准才能使用。

（2）压力要符合施工工艺要求，达不到压力标准的不能使用。

（3）对于活动弯头，用手带紧活接头，调整到所需角度再砸紧。

2. 注意事项及保养方法

（1）使用后要洗净、放好。

（2）经常注油，防止锈死。

六、钢丝刷子

1. 定义

钢丝刷子是手工刷油管螺纹和其他工件、小工具的工具,如图2-7-5所示。

2. 使用方法及注意事项

(1)手握刷子把的中央,平稳用力,刷掉油管螺纹或其他小工件上的泥土和油污。

(2)不要用力过猛,用力过猛会使钢丝打卷,导致刷子报废。

(3)使用后要将刷子本身清理干净放好,不能乱扔乱放,以备下次再用。

七、抽油杆吊卡

1. 定义

抽油杆吊卡是油田作业的专用用具之一,它吊在游动滑车大钩上,能卡住不同规格的抽油杆,如图2-7-6所示。

图2-7-5 钢丝刷子　　图2-7-6 抽油杆吊卡

2. 使用方法

(1)在使用前先检查吊柄有无断裂,卡柄是否灵活好用,不符合要求的及时修理或调换。

(2)吊柄挂在大钩上要拴保险绳,挂抽油杆时要注意卡牢吊卡卡柄,不卡牢不能起吊。

(3)吊卡用后要及时清理干净,卡柄处要经常打黄油。

3. 注意事项及保养方法

(1)卡柄的规格应同抽油杆的规格相适应。

(2)抽油杆起吊时手要握在吊柄上部,防止碰伤手指。

八、活接头

1. 定义

活接头是井下作业的常用工具之一,用来连接各种施工管线,具有操作灵活、耐高压等特点,如图2-7-7所示。

2. 使用方法

（1）先检查活接头的螺纹，检查内、外扣有无断裂现象，有断裂现象要及时更换。

（2）用钢丝刷子将活接头的泥土刷干净，将内螺纹涂黄油后连接在油管或大小头上，用管钳拧紧。

（3）活接头在油管或大小头上连紧后，用榔头砸紧、砸牢。

3. 注意事项及保养方法

（1）用榔头砸活接头时要防止砸坏螺纹。

（2）卸掉后要及时刷净放在工作台上摆好。

九、三通

1. 定义

三通是油田的常用工具，它的功能是可以增加液流和气流的来向和去向，在井下作业中应用广泛，如图 2-7-8 所示。

图 2-7-7 活接头 　　　　图 2-7-8 三通

2. 使用方法

（1）在使用时要先检查三通的焊接部分是否牢固，有无开焊现象，有问题要及时更换。

（2）检查三通螺纹有无断裂、损扣现象，如有问题要及时更换或重新修好再用。

（3）在上扣时要防止偏扣，偏扣容易在受力时飞起伤人。

3. 注意事项及保养方法

（1）使用过程中要注意保护螺纹，用后要装上护丝。

（2）使用后要擦洗干净，放在工具架上长期不用时应涂抹黄油。

十、变扣接头

变扣接头是连接不同规格管线的专用用具，油田常用的有下列几种：

（1）$\phi 60mm \times \phi 73mm$ 油管变扣接头。

（2）$\phi 73mm \times \phi 89mm$ 油管变扣接头。

（3）$\phi 73mm \times \phi 73mm$ 油管钻杆变扣接头。

（4）$\phi 50mm$ 粗细扣接头。

（5）$\phi 50mm$ 打捞安全接头。

十一、短节

1. 定义

短节是调节管线长短的专用用具，如图 2-7-9 所示。

2. 使用方法

（1）检查短节螺纹有无损伤、管体有无漏洞，无问题方可使用。

（2）使用时要先检查扣型是否和所连接管线相适应。

（3）上扣时要平稳用力，防止上偏扣。

（4）使用时要检查短节的工作压力，符合设计要求方可用。

十二、通径规

1. 定义

通径规是用于清理油管内径通路的专门用具，如图 2-7-10 所示。

图 2-7-9　短节　　　　图 2-7-10　通径规

2. 使用方法

（1）把通径规放入管内用蒸汽枪推动前进，清除管壁杂物。

（2）通径规从油管连接箍一端放入油管内，用大钩将油管吊起后利用其自身重力从油管顶部向底部滑落，达到清除杂物的目的，遇阻时可用物体轻敲管壁使其从油管内掉落。

十三、黄油枪

1. 定义

黄油枪是通用工具，也是油田常用工具，是向机械设备和其他设备的油嘴里注黄油的专用工具，如图 2-7-11 所示。

2. 使用方法

（1）装油时要注意卫生，不能将杂质掺入黄油。

（2）注油要将喷嘴对准油嘴，用力扳动拉杆将油注入油嘴内。

（3）黄油枪用后应妥善保管。

十四、丝堵

1. 定义

丝堵是井下常用用具之一,具有封闭管柱,防止漏失,憋起压力的作用,如图 2-7-12 所示。

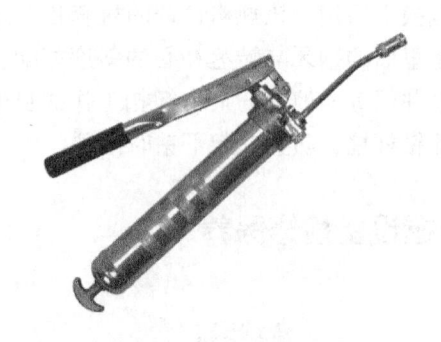

图 2-7-11　黄油枪　　　　图 2-7-12　丝堵

2. 使用方法及注意事项

(1) 丝堵在上扣时注意不要拧偏扣。
(2) 丝堵用手上紧后再用管钳上紧。
(3) 用后要清洗干净放好。

十五、单滑轮

1. 定义

单滑轮是井下作业施工常用的用具之一。

2. 使用方法

(1) 使用单滑轮时要检查轮轴是否牢固,轮槽是否光滑,轮不光滑、槽不光滑,不牢固的不能用。
(2) 使用时要打开滑轮护板,将钢丝绳放入槽内,用绳套捆好,防止钢丝绳滑出。
(3) 使用时要使滑车的轮槽保持垂直状态,防止卡坏钢丝绳。

3. 注意事项及保养方法

(1) 使用单滑轮作业时,滑轮侧不准站人,以防钢丝绳飞出伤人。
(2) 滑轮轴要定期注油、清洗,以延长其使用寿命。
(3) 用过要摆放好,防止砸、挤、压造成滑轮的损坏。

十六、卡瓦

1. 工作原理

当钻杆下行时,钻杆接触卡瓦牙之后便推动卡瓦牙使之成为水平状态,钻杆被卡住;当上提钻具时,钻杆向上推动卡瓦牙,并使之微微向上倾斜而松开。卡瓦牙可以转动,所以卡住的钻杆不沿牙板滑动,这样可以使钻杆不被损坏。

2. 卡瓦的分类

卡瓦按用途分为钻杆卡瓦、钻铤卡瓦和套管卡瓦。

卡瓦由卡瓦体和卡瓦牙两部分组成。卡瓦可分为三片式、四片式和多片式卡瓦,其中三片式卡瓦最为常用。卡瓦有3个卡瓦体,用4个铰链销钉连接在一起。卡瓦体内装有衬套和卡瓦牙。当需要卡不同尺寸钻杆时可调换上适用于该规格钻杆的衬套和卡瓦牙。

卡瓦的功用是靠本身结构的斜度及镶于里面的钢牙与转盘补心的斜度相配合以卡住钻杆或油管,达到带动其旋转,完成井下的修井任务和地面的上、卸扣工作的目的。卡瓦还可以靠内壁合围成的圆孔中的许多钢牙卡住钻杆柱,防止在起下钻时落井。

任务6 掌握设备检修保养

一、修井机

1. 定义

修井机是一种用于在石油钻探和井筒维护过程中进行井筒修复的机械设备,通常由起重机、夹紧装置、加压系统、旋转系统等组成,如图2-7-13所示。

2. 检修保养

(1)定期对修井机进行功能检查,确保运转正常。

图2-7-13 修井机

(2)检查设备的紧固件是否松动、磨损、腐蚀等情况。

(3)检查设备的导向部件、传动部件、油封等,确保其正常工作。

(4)设备应定期进行维护,更换易损件,保养设备的各个部位。

(5)注意设备的储存环境,避免被阳光直射、雨淋等。

(6)设备长时间不使用,应定期进行防锈处理,涂抹合适的防锈油。

二、通井机

1. 定义

通井机是各油田在实施井下作业时的一种常用动力提升设备,它的主要作用是对于油管、抽油杆以及射孔作业用的天、地滑轮、射孔器等的提升和悬挂。

2. 检修保养

(1)每次工作开始之前,必须擦掉机体上的油污,仔细检查各部位,排除所发现的故障。

(2)检查燃油箱、液压油箱、发动机油底壳、喷油泵、调速器、变速箱的油面高度及有无泄漏等，油位必须符合规定。

(3) 检查冷却系统的水位高度及有无泄漏，水位必须符合规定。

(4) 检查各黄油润滑点，根据有关保养规定加注黄油。

(5) 检查并拧紧各部易松动的螺钉。

三、轮式通井机

1. 定义

轮式通井机是一种陆上石油小修井作业装备，由柴油发动机、液力变速箱、专用底盘、工作装置等组成。

2. 检修保养

(1) 检查机油、齿轮油、冷却水液面高度在规定位置。

(2) 检查燃油箱内燃油量。

(3) 检查水泵、风扇、离合器及滚筒是否加注润滑脂。

(4) 检查水温、油温、油压是否正常，发现问题及时排除。

(5) 全车清洁，各个连接部分紧固无松旷现象。

四、连续油管作业机

1. 定义

连续油管作业机是一种先进的多功能油田作业设备，广泛应用于钻井、完井、修井、采油等作业中，如图 2-7-14 所示。

2. 检修保养

1) 作业前维护

(1) 所有轴承处添加锂基多功能润滑脂。

(2) 所有链条轴承处添加润滑油。

(3) 所有导向器滚轮及轴承处添加锂基多功能润滑脂。

图 2-7-14 连续油管作业机

(4) 检查所有控制手柄是否处于安全启动位置。

(5) 检查所有仪表读数是否回零。

(6) 检查液压系统是否有外漏现象。

(7) 检查所有液压快速接头，确保连接可靠、无泄漏。

(8) 检查夹持块、防喷器、防喷盒工作尺寸是否与使用的连续管尺寸相匹配。否则，予以更换。

2) 作业后维护

(1) 检查外部可见泄漏，拧紧泄漏处接头且更换 O 形圈。

(2) 清洁控制面板、所有仪器和仪表。

(3) 关好控制室门窗。

3) 每周维护

(1) 注入头和导斜器上所有轴承添加润滑脂。

(2) 检查并放空集油盘。

(3) 检查注入头链条及夹持块是否磨损。

(4) 若新设备，运转72h后，清洗或更换所有液压过滤器滤芯。

4) 每月维护

(1) 清洗或更换位于注入头控制线进出口上的两个过滤器。

(2) 放空动力机组空气滤清器的积水。

(3) 检查注入头上3个夹紧蓄能器和一个张力蓄能器是否保持6MPa的氮气预充压力。

5) 检查事项

(1) 检查所有轴承密封是否有润滑脂泄漏。

(2) 检查所有衬套是否有过度磨损。

(3) 检查所有连接的紧固螺栓是否松动。

(4) 检查链轮的定位螺钉及键是否松动。

(5) 检查所有紧固件(如螺母、螺栓、弹性挡圈)是否松动，必要时重新拧紧紧固件并注意不得超过上扣扭矩。

五、井架

1. 定义

矿井、油井等用来装置天车、支撑钻具等的金属结构架，竖立在井口，如图2-7-15所示。

2. 检修保养

1) 使用前检查

(1) 检查井架底座两梯形螺纹螺杆是否紧固。检查时，大钩空载，二层台无立根。若松动，应及时扭紧。

(2) 检查井架底座的各调节拉杆，确保无松动、损坏。

图2-7-15 井架

(3) 检查各绷绳。各绳张紧度符合要求，各绷绳无断股、断丝等现象。

(4) 检查各滑轮，确保转动灵活(以用手能够自由盘动为合格)。检查天车、游车滑轮组，当转动任一滑轮时，相邻滑轮不得随着转动；各滑轮、轮槽无严重磨损或偏磨。

(5) 检查天车的自动润滑系统。油罐润滑油应足够，电路畅通，控制器设定参数合适，油管无泄漏。

(6) 各固定螺栓无松动，各支座无裂纹，各部位无渗漏。
2) 操作规范
(1) 井架工上井架前，必须穿好保险带；上、下井架时，务必挂好防坠器挂钩。
(2) 排放立根时应左右对称，严禁偏重。
(3) 起下钻时，应根据大钩负荷来合理选择挡位和提升速度，谨防井架超载。
(4) 起钻和下钻刹车时，动作应熟练，防止过度猛烈，以避免井架剧烈振动。
(5) 任何情况下，不得松开井架的任一绷绳。

六、天车

1. 定义

天车是固定在井架顶部的定滑轮组，主要由天车轴、滑轮、底座和侧板等组成。

2. 检修保养

1) 日常检查

日常检查是指天车在使用过程中，操作人员应该经常检查设备的运行状况，如查看电线、接线盒、行走机构等是否正常运转，是否存在异常声响或异味等。此外，也需要检查润滑油是否充足，是否需要加注或更换。

2) 定期维护

定期维护一般是指每隔一段时间(如每个月或每三个月)进行一次维护保养，主要包括清洁、检查、调整等工作。具体包括清洁设备的各个部位，检查电器元件的接线是否松动或氧化，检查电线和机械部件的磨损程度，以及必要时进行调整。

3) 年度检修

年度检修是指每年一次对天车进行全面检修，包括拆卸部件进行清洗、更换易损件、检查润滑系统并清洗更换润滑油，以及进行必要的维护保养和调整，是保持设备长期性能和使用寿命的重要措施。

4) 注意事项

除了定期的维护保养之外，在使用天车的过程中也需要注意以下事项：
(1) 负荷不要超过额定值。在使用天车时，应该按照说明书规定的负荷范围进行操作，不要超过天车的承载能力。
(2) 驾驶操作要规范。操作人员应该经过专业的培训，了解天车的使用方法和安全规范，并按照操作规程进行操作。
(3) 维护保养要及时。当天车出现异常情况时，应该及时停机检查，并进行必要的维护保养和维修。

七、游车大钩

1. 定义

将游车和大钩连接在一起形成一个整体，完成独立的游车和大钩所担负的各项功能，如图 2-7-16 所示。

2. 检修保养

1）使用操作规程

（1）滑轮轴承及大钩主轴承的润滑情况。

（2）手转动各滑轮，检查其转动灵活性。

（3）用手扳动钩体，检查其转动灵活性及定位可靠性。

（4）检查各连接螺栓及销轴是否松动，钩体承载表面是否有裂纹或严重损失情况。

（5）检查钢丝绳磨损情况。

（6）经过检查，在确定无异常情况后投入使用，在滚筒及钢丝绳的带动下，实现游车大钩的上下行程。

图 2-7-16　游车大钩

2）维护保养

（1）润滑点：游车滑车滑轮轴端的黄油嘴；钩筒侧面制动器上的黄油嘴；钩筒内主轴承及弹簧；钩体支撑销端部的黄油嘴；钩体与吊环或水龙头提环接触表面及各滑轮绳槽表面。

（2）润滑周期：滚动轴承及钩体支撑销处每 150h 加注一次润滑脂；钩筒内主轴承和制动器每 150h 加注一次润滑油或润滑脂；滑轮绳槽、钩体各工作接触面每 8h 刷涂一次润滑脂。

3）检查及安全注意事项

（1）开始提升时应平稳，以防止弹簧受力过猛而折断。当弹簧行程不足时应及时送修。

（2）检查各滑轮轴承，当温度超过 70℃时应停机检查维修。

（3）经常注意观察钩体各工作表面是否出现有裂纹、严重损伤，如有则必须立即停止使用，否则会影响人身及设备安全。

（4）起下作业前，要检查侧钩钩口锁紧臂紧固件的锁紧情况；旋转作业前要检查主钩钩口安全锁紧臂的锁紧情况；在处理井下复杂事故时，挂水龙头后用钢丝绳绑住锁紧臂，以防止提环脱出。

（5）工作期间应注意观察游车大钩的工作情况，如果出现异常响声，应立即停机检查维修。

项目实施

引导问题 1：简述转盘的维护保养。

引导问题 2：简述转盘常见的故障及排除方法。

引导问题 3：简述井架的使用前检查。

项目评价

序号	评价项目	自我评价	教师评价
1	学习准备		
2	引导问题填写		
3	规范操作		
4	完成质量		
5	关键操作要领掌握		
6	完成速度		
7	管理、环保节能		
8	参与讨论主动性		
9	沟通协作		
10	展示汇报		

说明：表格中每项 10 分，满分 100 分。学生根据任务学习的过程与结果真实、诚信地完成自我评价，教师根据学生学习过程与结果客观、公正地完成对学生的评价

课后习题

1. 旋转系统主要由什么组成？
2. 转盘如何维护保养？
3. 水龙头在使用前应怎样进行维护检查？
4. 简述水龙带的结构。
5. 简述使用水龙带的注意事项。
6. 简述使用管钳的注意事项。
7. 简述固定扳手的使用方法。
8. 简述弯头的使用方法。
9. 简述抽油杆吊卡的注意事项。
10. 卡瓦按用途可分为哪些？
11. 什么是修井机？
12. 简述轮式通井机的检修保养。
13. 什么是连续油管作业机？
14. 简述天车的检修保养。
15. 简述游车大钩的使用操作规程。

项目 8 井下作业工安全作业

📖 知识目标
(1) 了解迁装阶段时的准备工作以及安全问题。
(2) 了解作业施工前的准备工作。
(3) 了解作业施工阶段的安全工作与准备工作。
(4) 了解完井阶段过程中的安全因素与准备工作。

✈ 能力目标
(1) 掌握井下事故及复杂情况的处理方法。
(2) 掌握作业施工前需要准备的工具及使用情况。
(3) 掌握作业施工时的工具使用情况。

🎯 素质目标
(1) 井下作业涉及到高风险因素，因此，提高学生的安全意识至关重要。学生应了解钻井作业中的安全规范，掌握安全操作技能，并能够在紧急情况下采取正确的应对措施。
(2) 井下作业需要多个部门和人员协同作业，因此，学生应具备良好的团队协作精神和沟通能力。能够与他人有效沟通，共同解决问题，确保钻井作业的顺利进行。
(3) 随着科技的不断发展，井下作业也在不断创新。学生应具备创新思维和实践能力，能够不断探索新的钻井方法和技术，提高钻井效率和安全性。
(4) 井下作业作为能源开采领域的重要组成部分，对于社会和环境具有重要影响。因此，学生应具备良好的职业道德和责任感，能够遵守行业规范，关注环境保护和可持续发展。

任务 1 迁装阶段认知

一、井场施工准备

井下施工队伍对将要新搬上的施工井的井场情况、周边地理位置、搬迁路线和沿途的路况及电路等进行了解，组织召开搬迁会，将搬迁施工中存在的安全隐患一一辨识，并做出削减措施。由承担施工的基层队根据设备的外形尺寸、重量、数量、井距等实际情况，制订车辆使用计划，至少提前一天将所需车辆的台数、车型、动迁时间上报调度室等。这一系列准备工作称为井场准备。井场准备存在的主要风险有交通伤害、火灾爆炸、高压伤害、触电等。

1. 危害因素

（1）井场面积受限，值班房、工具房、发电房距离过近，当发生闪爆、着火等事故时易导致火势蔓延或无法及时有效使用工具设备，导致灾情扩大延误抢险时机。

（2）当发生溢流井喷甚至着火时，由于防喷器远程控制台距离井口过近，人员无法靠近，导致无法关井。

（3）井场发生险情时，施工人员盲目撤退，可能发生摔伤、跌落或跑向危险区域等。

（4）井场各种设施过多，管线纵横交错，地面崎岖不平、泥泞不堪，不便于施工人员日常施工作业，更有可能对施工人员造成各种人身伤害。

（5）新搬上的井未停抽或未停注，井内存在高压，此时盲目施工可能造成人员伤害或者井控险情。

2. 防控措施

（1）修井机动迁前由大班司机检查油料、防冻液、机油等，各润滑部位进行润滑保养，保证车辆性能处于完好状态。

（2）车辆动迁前必须将各个附件固定牢固，可有效防止途中遗落、开裂等。

（3）动迁前检查各轮胎气压，动迁过程中押运车辆携带备胎及相应工具并定期检查。

（4）动迁前需要对路途进行事先了解，并记录沿途的限高，根据需要调整动迁路线。

（5）严禁修井机驾驶员超速驾驶修井机。

（6）事先了解沿途的桥梁承载能力，严禁修井机经过简易桥梁、危桥或不明桥梁，防止出现桥梁垮塌等事故。

（7）将修井机护栏等附件固定牢固。事先检查沿途有无限宽限制，根据需要调整动迁路线。

（8）驾驶员必须具备相应资质，方可驾驶修井机。

（9）修井机动迁过程中必须有押运人员全程陪护，一前一后进行监护。

（10）正常情况下尽量不在夜间进行动迁作业，如因不可抗拒原因在夜间行驶，必须保证足够的照明。

（11）事先查验行驶路线的承载能力，特别是临近井场的砂石路或土路。

（12）押运人员要提醒司机掌握车速和行车路线，驾驶员应遵守交通规则，控制车速，安全行驶。

（13）严禁押运人员站在车顶或设备顶部挑电线，应用绝缘线杆在地面向上挑线，专人指挥，直至车辆通过。

二、设备吊装作业

设备吊装作业就是利用各种吊装机具使设备、工件、器具、材料等的位置发生改变的作业过程。设备吊装作业存在的风险主要有高处落物、物体打击、触电等。

1. 危害因素

(1) 被吊物重量超过起重机械性能允许的范围。
(2) 吊装物下站人。
(3) 吊装物上站人。
(4) 吊索具不符合规定。
(5) 作业现场光线昏暗,视线不好。
(6) 未进行安全技术交底。
(7) 双吊作业时动作协调性不好,被吊物倾斜翻转或千斤腿下沉倾斜。
(8) 车辆上有小件工具,操作人员直接从车上向下扔,可能导致工具损坏和人员伤害。
(9) 起重工身体健康状况不好,判断力下降影响操作,容易导致安全事故。
(10) 作业前未对施工现场进行检查,现场有无关人员逗留,可能造成人员伤害。
(11) 恶劣天气进行吊装作业,极易引发人身伤害及设备损坏等相关问题。
(12) 手抓吊索具或吊装物进行调整,可能导致手被挤伤。
(13) 吊装时吊车旋转触碰电力线,导致施工人员触电。

2. 防控措施

(1) 编制详细的作业方案:在进行吊装作业前,应制定详细的作业方案,包括吊装设备的选择、使用方法、现场准备和作业流程等,确保吊装作业按照计划进行。

(2) 确定吊装范围:在进行吊装作业前,应确定吊装范围,并设立明显的标示,以防止闲杂人员进入吊装区域,减少事故发生的风险。

(3) 严格按照吊装设备的使用说明操作:在进行吊装作业前,应对吊装设备进行检查,并按照设备的使用说明进行操作。操作人员需要经过相应的培训和考核,熟悉吊装设备的使用方法,了解设备的性能和操作要点。

(4) 确保吊装设备的稳定性:在进行吊装作业时,应确保吊装设备的稳定性。设备的基础要牢固,并且使用钢丝绳等固定物体来增加设备的稳定性。同时,还需要根据吊装的重量和难度,选择适当的吊装设备和配件,确保能够安全完成吊装作业。

(5) 加强现场管理:在进行吊装作业时,需要加强现场管理,确保场地的整洁和有序。同时,还需要设立临时警示标志,以提醒工人和其他人员注意吊装作业,并采取必要的防护措施,如设置警戒线、防护栏杆等,防止人员误入吊装区域。

(6) 定期检查和维护吊装设备:吊装设备是吊装作业的核心工具,需要定期检查和维护,确保设备的正常运转和安全性能。定期检查包括对设备结构的检查、关键部件的检查和维护等,确保吊装设备的使用安全。

(7) 加强作业人员的安全培训:作业人员需要进行吊装作业的安全培训,了解吊装作业的基本操作规程和安全注意事项,掌握紧急救援的基本知识和技能。同时,还需要定期进行应急演练，提高作业人员的应急反应能力。

（8）建立健全的安全管理制度：企业应建立健全的安全管理制度，明确各级管理人员的安全责任和权限，加强对吊装作业的安全管理和监督，确保吊装作业的安全进行。

三、修井机动迁

修井机是井下作业施工中最基本、最主要的动力来源，按其运行结构分为履带式和轮胎式两种形式。履带式修井机一般不配带井架，其动力越野性好，适用于低洼泥泞地带施工。轮胎式修井机一般配带自背式井架，行走速度快，施工效率高，适合快速搬迁的需要，但在低洼泥泞地带及雨季、翻浆路面行走和进入井场相对受到限制。

1. 危害因素

（1）车辆性能不能达到动迁要求。
（2）井架绷绳、千斤支座等附件固定不牢。
（3）轮胎气压不足或过高，容易导致轮胎损坏或爆胎。
（4）动迁路途有限高。
（5）动迁过程中超速行驶。
（6）动迁路途中有桥梁，承载能力不足。
（7）修井机踏板变形或收不到位导致超宽。
（8）驾驶人员无资质。
（9）动迁过程中无押车人员或押车人员数量配备不足。
（10）夜间行车视线不良。
（11）路面承载能力不足，导致车轮下陷甚至翻车。
（12）车辆在运移过程中发生道路交通事故，造成人员伤害。
（13）当车辆运移到有带电线路限高路段时，押运人员站在车装设备上挑电线，容易跌落摔伤。

2. 防控措施

（1）施工人员必须经过专业培训，取得相应资格证书，方可上岗作业。
（2）施工人员必须佩戴安全帽、安全带、防护眼镜等个人防护用品。
（3）施工人员应熟悉施工流程、安全操作规程，遵守劳动纪律。
（4）设备必须符合国家相关标准和规定，定期进行检修、保养。
（5）设备操作人员必须熟悉设备性能、操作规程，遵守操作规程。
（6）设备使用过程中，应确保设备处于良好状态，防止设备故障。
（7）施工现场应设立警示标志，明确危险区域。
（8）施工现场应保持整洁，确保无杂物、油污、积水等。
（9）施工现场应配备足够的消防设施、急救用品。
（10）运输车辆必须符合国家相关标准和规定，定期进行检修、保养。
（11）驾驶员必须持有相应驾驶证，遵守交通规则。
（12）运输车辆应配备警示标志，夜间作业应开启警示灯。

(13) 制定修井搬迁事故应急预案，明确事故报告、救援、处理流程。
(14) 定期组织应急演练，提高应对突发事件的能力。
(15) 事故发生后，及时启动应急预案，采取措施控制事故蔓延。

任务2　作业施工前准备阶段认知

一、安装钻台作业

安装钻台作业是井下作业开工准备工作的重要环节。钻台的方位必须考虑到后期其他配套设备设施的摆放，钻台的转盘与井口必须垂直居中，一旦摆放位置偏差过大会导致一些安全问题，甚至出现安全事故造成人员伤亡和设备损坏，钻台安装必须由大班司机亲自进行测量确定摆放方位、角度，用水平尺和铅垂找好角度和方位。安装钻台作业存在的风险主要有物体打击、车辆伤害、起重伤害、高处坠落等。

1. 危害因素

(1) 钢丝绳断裂。
(2) 吊车摆放位置不当可能造成吊不动钻台。
(3) 吊车失灵，出现吊臂折断、刹车失灵等情况。
(4) 施工人员未按照要求穿戴防护用品。
(5) 扶绳套姿势不正确。
(6) 钻台上有人。
(7) 起吊物及吊臂下人员滞留、穿行。
(8) 双吊作业配合不好容易出现被吊物倾斜翻转。

2. 防控措施

(1) 钢丝绳的安全系数应大于等于5，起吊前应检查所使用的钢丝绳套，不符合规定的一律禁止使用，起吊前查清被吊物的质量，选用与吊物质量相匹配的标准钢丝绳套。起吊前确认被吊物与其他设备完全分离。
(2) 吊装前，指挥人员应熟悉所吊设备的相关性能，摆放前指挥人员要与吊车司机进行沟通。
(3) 吊车必须定期检查，严禁带病作业。督促司机在使用前进行检查。应垂直起吊，禁止使用大钩拖拽。
(4) 检查所有施工人员的着装，确保符合要求。
(5) 操作人员姿势、站位正确，防止被绳套及设备挤伤。
(6) 起重指挥人员确认操作人员撤离到安全位置后方可指挥起吊，现场有不安全因素出现时应立即停止操作。
(7) 起吊物及吊臂下禁止人员滞留、穿行。
(8) 双吊作业必须有专人指挥，同时要求吊车司机精力集中、动作协调，确保操作平稳安全。

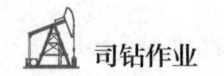

二、起升井架作业

井架主要由上体、下体、底座和天车等部件组成。井架的起放和井架上体的伸缩分别由起升液缸和伸缩液缸完成。安全、顺利地起放井架是用好一台修井机最重要的环节之一，因此，井架的起放和井架上体的伸缩必须严格按照操作规程进行，并且必须一人操作，一人观察指挥。起升井架作业存在的风险主要有物体打击、机械伤害、高处坠落等。

1. 危害因素

（1）施工人员不清楚施工内容或分工不明确，导致意外伤害。
（2）施工人员存在侥幸心理不按照作业规程施工，导致意外发生。
（3）劳保用品穿戴不全，可能发生高处落物打击、机械伤害等。
（4）升井架过程中出现缠绕、落物等，对设备及施工人员产生巨大威胁。
（5）井架各转动部位、润滑部位松动或损坏，可能造成脱落等。
（6）井架起升时井架下方有非工作人员，存在高处落物打击等伤害。
（7）井架起升作业无人指挥，只有大班司机一人操作。
（8）井架上有小件工具等物件，起升时掉落伤人。
（9）伸缩液缸未排气，井架起升到一定高度后可能突然坠落。
（10）恶劣天气起升井架，在起升过程中存在游车剧烈晃动甚至井架倾倒的风险。
（11）起升井架过程中发现小绞车与井架或其他部位连接，导致小绞车钢丝绳绷断伤人。

2. 防控措施

（1）井架起升前，井队干部组织现场施工人员召开会议，对人员进行分工，交代好安全措施和注意事项。起升时，应由井队大班以上干部负责指挥。
（2）井架起升作业必须有专人在现场进行安全监控。
（3）各岗位应按规定穿戴好劳保用品。
（4）井架起升前必须做好准备和检查工作。
（5）对天车、游车及井架起升中的活动部位涂抹黄油，并检查滑轮是否有卡紧现象。
（6）基层队安全员负责将与井架起升无关的设备和人员清场，大门前严禁站人。
（7）井架起升在指挥员的统一指挥下进行，指挥员所处位置必须是刹把操作人员能直接看到并且安全的地方。
（8）井架工检查井架上是否有未固定物件，防止立井架时坠落伤人。
（9）对伸缩液缸排气时，井架工佩戴安全带，挂好防坠差速器，爬到伸缩液缸顶部放气塞处，挂好安全带，卸松伸缩液缸顶部放气塞。
（10）立、放井架作业不能在夜间、雷雨天或4级风及以上的天气进行。起升井架前，与架起升作业无关的人员必须撤到以修井机井架高度为半径的范围之外。
（11）井架起升前，应对液、气路进行检查，确保无渗漏现象。
（12）起升井架前，应检查游动系统大绳和液压小绞车钢丝绳有无挂连和卡阻等现象。

三、更换刹带片作业

修井机刹车装置性能的好坏直接关乎施工人员的人身安全及设备设施的安全。大班司机应对现场相关操作人员平稳起下钻技巧进行集中培训，值班干部进行提醒和监督，操作人员改变下钻时急刹、猛刹的不良习惯，增强平稳起下钻的意识。更换刹带片作业存在的风险主要有机械伤害、高处坠落、滑跌等。

1. 危害因素

（1）刹带片过度磨损，导致刹车效果变差，甚至失灵。

（2）钻具负荷较大时不挂辅助刹车下钻，导致顿钻等。

（3）更换刹带片时操作人员站立不稳，导致跌落摔伤。

（4）刹带块磨损但尚未达到更换条件时，未对刹车进行调整，可能导致刹车不灵。

（5）刹把高度不合适，影响操作，大大降低操作者的舒适性和准确性。

（6）施工人员使用不合格吊索具，在吊装时发生断裂伤人。

（7）操作人员对设备的使用不规范，急刹、猛刹，不注意检查，导致刹车失灵。

2. 防控措施

（1）及时更换刹带片，防止刹车失灵。

（2）钻具重量达到200kN时，挂辅助刹车下钻，可有效减少刹带片的磨损，且安全。

（3）更换刹带片时，操作人员要选择相对安全的位置站立，使用小绞车辅助吊卸刹带。

（4）滚筒刹车使用一段时间后，刹带片会磨损，当磨损到一定程度时，应及时进行调整。刹带调整的方法是：将刹带刹紧后，把绞车机架及护罩上的顶丝上紧；然后再把各顶丝松开3圈，刹车块与刹车毂之间间隙约为5mm。

（5）当刹把高度不合适时，可调节拉杆长度，因拉杆两端的螺纹是一正一反，因而只须松开备帽，旋转拉杆，即可将刹把高度调到合适位置，这时上紧拉杆上备帽即可。

（6）使用合格吊索具吊装。

（7）设备操作者必须达到本岗位"四懂三会"（四懂即懂性能、懂原理、懂结构、懂用途，三会即会操作、会保养、会排除故障）的要求，并每班检查刹车系统，当刹带片磨损到固定螺栓头与刹车毂将要接触时，应全部更新刹带片。若发现刹车毂表面龟裂长度超过100mm，应立即更换刹车毂。

四、冲拔鼠洞作业

通常大修井需要鼠洞，以方便进行接卸单根和存放水龙头方钻杆。井下施工队伍的鼠洞管通常分为大、小鼠洞管，大鼠洞管通常由177.8mm套管制作，小鼠洞管通常由139.7mm套管制作。鼠洞管的底部焊接成锥状以增大其冲刺力，鼠洞管上部为套管母接箍，外侧加装挡键或挡板放置于钻台鼠洞孔之上，防止陷落下移。冲鼠洞所用液体应为清洁干净的淡水，防止在施工过程中污染地表水。冲拔鼠洞作业存在的风险主要有机械伤害、起重伤害、高处落物打击等。

1. 危害因素

（1）吊装鼠洞管时存在高处落物的风险。

（2）冲鼠洞过程中水龙带脱扣掉落。

（3）游车下放速度过快导致顿钻，顿钻可能导致鼠洞管损坏或游车撞击井口等，造成设备损坏或人员伤害。

（4）鼠洞管上部无护丝，内螺纹在起下过程中会磨损，易导致提升鼠洞管时脱落伤人。

（5）冬季施工时鼠洞管冻住，蛮干强拔会导致脱落或钢丝绳绷断伤人。

（6）拔出鼠洞管甩至钻台下时，配合不当造成伤人。

2. 防控措施

（1）吊装时应使用专用吊带或专用提升短节，上紧后方可上提，上提过程中，专人指挥，下方严禁站人。

（2）必须保证各螺纹、活接头紧固，并且关键部位必须系安全绳，可有效防止掉落伤人。

（3）操作人员下放速度要适中，不可大力碰撞、快速下放，鼠洞管不往下走时应及时上提一定高度再尝试下放，反复多次后通常可以正常下放。

（4）必须加工护丝，施工时将护丝上紧，可以有效保护内螺纹。

（5）拔鼠洞管前必须先试提，提活后方可上提。

（6）拔鼠洞管或甩鼠洞管必须专人指挥，不可多人指挥，现场施工人员必须服从指挥人员的指令安排。

五、接卸方钻杆作业

方钻杆在大修施工中多用于套磨铣、打捞倒扣等作业，可有效将转盘的旋转力传递至井下。接卸方钻杆作业存在的风险主要有物体打击、机械伤害、起重伤害、高处落物等。

1. 危害因素

（1）接方钻杆时外螺纹未能放入内螺纹中，司钻继续下放，极易导致弹开伤人。

（2）方钻杆连接扣型未上紧，导致倒扣、脱扣。

（3）吊装方钻杆时下方有人，一旦脱落可能造成严重人身伤害。

（4）方钻杆吊至钻台时，速度过快，方钻杆碰撞井口或井架，甚至伤人。

（5）方钻杆上部扣未上紧，旋转时脱扣导致方钻杆倒塌伤人。

2. 防控措施

（1）井口人员与司钻配合默契，必要时两人同时扶住方钻杆，司钻缓慢下放，一旦未能放入内螺纹，司钻要及时刹住车防止反弹。

（2）各连接部位必须保证上紧，可有效防止倒扣、脱扣。

（3）吊装作业时，吊具下方或后方严禁站人。

（4）方钻杆吊至钻台时，司钻要放慢速度，待井口人员系好兜绳再缓慢提升，将方钻杆提至井口中央。

（5）方钻杆每个连接扣都必须上紧并用 B 型吊钳紧固。

六、连接水龙头作业

水龙头主要由外壳、中心管、密封装置、鹅颈管和提环等部分组成。中心管通过轴承和上、下盖安装在外壳内，中心管下端与钻杆接头连接，上端与密封装置相连。提环用提环销与外壳连接，并挂在大钩上。鹅颈管安装在上盖的顶部，外端连接水龙带。为了使高压钻井液从鹅颈管流到中心管，且确保密封不漏，其间安装有密封装置。水龙头要有足够的承载能力悬挂钻杆柱，能保证在悬挂钻杆柱的情况下正常旋转，具有高压密封循环修井工作液的功能。连接水龙头作业存在的风险主要有物体打击、机械伤害、起重伤害、高处落物打击等。

1. 危害因素

（1）螺纹未上紧，导致倒扣、脱扣。
（2）密封部位渗漏，当倒扣、套铣时渗漏易导致卡钻、刺坏钻具且难以维修。
（3）连接对扣时操作人员挤伤手。
（4）提环磨损严重，示载能力下降，可能导致在施工中发生断脱掉落。
（5）水龙头的螺纹损坏未及时发现，连接后不密封，甚至可能脱落伤人。
（6）水龙头润滑油缺失或变质，水龙头不润滑，温度过高导致烧毁。

2. 防控措施

（1）各连接处使用 B 型吊钳上紧。
（2）连接水龙头前检查保养各密封部位，确保水龙头完好。
（3）井口操作人员站位要合理，不能遮挡司钻的视线，与司钻配合要默契，司钻缓慢下放，必要时使用兜绳辅助操作可有效避免挤伤。
（4）水龙头提环磨损不能超标，禁止超负荷使用，提环不能松动。
（5）连接前检查确认螺纹无裂纹、无锈蚀、密封完好。
（6）润滑油充足，不低于最低标线。

七、立、放井架

井架作为修井作业施工过程中的主要设备。立、放井架及校正井架是井下作业施工准备的一项重要内容，它关系到能否顺利施工和安全生产。立井架是将作业中的吊升起重系统安装在井口的过程。校正井架是指为保证井架施工安全，通过调整载车，使井架与井口之间达到规定要求的过程。放井架是当修井作业结束后进行的收放井架。

1. 井架的用途

井架的主要用途是装置天车，支撑整个提升系统，以便悬吊井下设备、工具和进行各种起下作业，一般修井时均采用固定式轻便井架或修井机自带的各种类型的井架。

2. 修井机自带井架的组成、载荷和高度

（1）自走式井架由天车、主体、支座、梯子、绷绳、吊绳等组成。
（2）井架载荷是指大钩载荷、风载荷等作用于井架的组合载荷，修井机自带井架一般不计算地震载荷。

（3）井架高度是指从地面到天车梁底面的最小垂直距离。

3. 绷绳的作用

绷绳是用来平衡井架所承受的重力负荷、风力负荷、钻具拉力负荷及钻具冲击负荷等所产生的作用力，可使井架保持符合要求的工作状态。绷绳的松紧度对井架来说非常重要。绷绳过于松弛，井架在交变负荷的作用下产生前后摆动使其偏离井眼易发生事故。绷绳过于紧绷易使车载井架变形产生损坏。绷绳应无扭曲，若有断丝，则一个捻距内不得超过 6 丝。井架绷绳必须使用与钢丝绳规范相同的绳卡，每道绷绳一端绳卡应在 4 个以上，绳卡间距不小于 15~20cm。

4. 操作前检查

（1）发动机、液压系统应运转良好。

（2）各部位螺栓应紧固，无松动。

（3）井架基础应坚实平整，无积水、悬空等现象。

5. 立井架

（1）井架车就位。由专人指挥就位，两个前轮打好掩木。掩木应为长不小于 400mm、横截面边长不小于 300mm 的等边三角形掩木。

（2）支千斤。启动液压泵，支起液压支腿，并用水平尺将井架背车的车体找平，松开四只横调液缸，打开导向气动开关。

（3）试起升井架。①起升立放架，托举井架离开前支架约 100mm，应停止举升观察 1~2min，同时，检查液压系统各部件无渗漏且油表压力正常后，缓慢落下立放架。②起升立放架，托举井架离开前支架约 200mm，应再次停止举升观察 1~2min，确认液压系统各部件无渗漏且油表压力正常后，缓慢落下立放架。

（4）起升井架。起升立放架，托举井架至与地面夹角为 60°~70°时停止举升，启动立放架纵向调整液缸移动井架，将井架底座放在井架基础上。

（5）连接绷绳。使用直径不小于 25mm 的地锚销将绷绳花篮螺栓与地锚连接起来，地锚销两端上紧螺帽，应有止退销。

（6）井架就位。继续起升立放架，送井架达工作位置后，关闭导向气动开关，收回立放架，收起液压支腿，搬走井架车前轮掩木。

（7）调整井架。调整各道绷绳使天车、游动滑车、井口三点一线。

6. 放井架

（1）试起升立放架。打开换向阀，试起升立放架至与地面夹角为 45°后，收回立放架，起升、收回过程中液压系统各部件应无渗漏，油表压力正常。

（2）起升立放架。使立放架轻靠在井架上，打开导向气动开关，使抱紧销伸出抱住井架。

（3）收回立放架。将前花篮螺栓从地锚上摘下，缓慢收回立放架至与地面夹角为 60°~70°时，停止立放架下落，启动立放架纵向调整液缸，移动井架到上止点，伸出 4 只横调液缸，将井架锁紧。

(4) 收千斤。收回液压支腿,分离液压泵,搬走井架车前轮掩木。

7. 操作后检查

(1) 井架应无弯曲、变形、开焊、开裂等情况。
(2) 井架底座中心、左右轴销至井口中心距离应符合相关要求。
(3) 各地锚开挡符合相关要求,绷绳松紧适度、受力均匀。
(4) 天车、游动滑车转动灵活,护板紧固无松动。

8. 校正井架步骤

校正井架是指为保证井架施工安全,通过调整绷绳,使井架与井口之间的位置达到规定要求的过程。大绳穿好后提起游动滑车,天车、游动滑车、井口三点应该在一条直线上,如果三点不在一条直线上,就应该通过校正井架来调整游动滑车的位置。

(1) 用作业机将油管上提至油管下端距井口 10cm 左右(注意:无风情况下),观察油管是否正对井口中心。
(2) 如果油管下端向井口正前偏离,说明井架倾斜度过大,校正方法是先松井架前二道绷绳,紧后四道绷绳,使之对正井口中心为止。
(3) 如油管下端向井口正后方偏离,说明井架倾斜度过小,校正方法是先松后四道绷绳,紧井架前两道绷绳,使之对正井口中心为止。
(4) 若油管下端向正左方偏离井口(在偏离位移较小的情况下),校正方法是先松井架左侧前、后绷绳,紧井架右侧前、后绷绳,直到对正为止。
(5) 若油管下端向正右方偏离井口(在偏离位移较小的情况下),校正方法是先松井口右侧前、后绷绳,紧左侧前、后绷绳,直到对正为止。

9. 校正井架的要求

(1) 校正井架后,每条绷绳受力要均匀。
(2) 校正井架一定要做到绷绳先松后紧。
(3) 如花篮螺栓紧到头绷绳还松时,先将花篮螺栓松到头,松开绷绳卡子,把绷绳拉紧后将绳卡子卡紧,然后再紧花篮螺栓内套(注意:大风天气不能做此项,而且只能松开一道绷绳,拉紧卡紧后,再松开另一道绷绳,不能同时松开两道以上的绷绳)。倒绷绳时,先卡安全绳,防止发生倒井架事故。
(4) 注意花篮螺栓要灵活好用,要经常涂抹黄油防止生锈,黄油以防水性的钙基和锂基黄油为好。
(5) 作业施工队校正井架,只有在井架底座基础及井架安装合理的情况下,对井架天车不对准井口进行微调,因井架安装不合格而对井架的校正应由井架安装队进行。
(6) 井架校正后,在花篮螺栓上、下的观测孔应能看到丝杠。花篮螺栓余扣应少于 10 扣,以便于随时调整。

八、更换大绳作业

修井作业的提升系统是由天车(定滑轮)和游动滑车(动滑轮)及连接天车和游动滑车的一根钢丝绳组成。滑轮组中的这根钢丝绳称为提升大绳,简称大绳。提升大绳在起下作业时受力大，使用频繁，所以磨损快、易断丝，一旦出现磨损严重或断丝较多且没有及时更换时，可能会断裂，造成人员伤害和设备损坏。更换大绳就是把提升系统中已经不符合安全要求或施工要求的提升大绳换成符合要求的新提升大绳。

1. 钢丝绳捻制的特点

（1）顺捻钢丝绳的优点是柔软、易曲折，与滑轮槽和滚筒接触面积大，因此应力较分散，磨损较轻，各钢丝间接触面大，钢丝绳密度大，与同直径钢丝绳比抗拉强度大。缺点是由于捻向相同，故而具有较大反向力矩，吊升重物易打扭。

（2）逆捻钢丝绳的优点是钢丝之间接触面小，负荷较均匀，使用时不易打扭，各股不易松散。缺点是柔性差，与同直径顺捻钢丝绳比强度小。

2. 解除扭劲

从绳盘取下的钢丝绳有时会出现扭劲，一旦把有扭劲的钢丝绳穿入提升系统后，提升大绳就会打扭。所以对有扭劲的钢丝绳首先要进行扭劲解除，一般常用解除钢丝绳扭劲的方法是把整根钢丝绳展开，再重新缠到通井机的滚筒上，一般扭劲即可解除。也有用通井机等车辆在一段直路上把展开的钢丝绳拖拽一段距离，以达到更好的效果，但这种方法拖拽距离不宜过长，以免钢丝绳被磨损过多。

3. 连接大绳

（1）将游动滑车平放在地面上或挂在井架上卸掉载荷，将盘好的新钢丝绳放在井架底座附近。

（2）卸掉死绳头端的固定绳卡，把死绳头拉至地面，切掉弯曲的一段。

（3）将新钢丝绳间隔破开三股，破开长度为1~1.5m，把破开的三股切掉。

（4）将旧钢丝绳死绳端也间隔破开三股，破开长度与新钢丝绳相同，把未破开、带有绳芯的绳股切掉。

（5）将新钢丝绳带绳芯的绳股伸进旧钢丝绳三股绳股内与绳芯断处对到一起，然后把旧钢丝绳的三根绳股顺捻向编在新钢丝绳带有绳芯的绳股上。

（6）把钢丝接口处用棕绳坯或细铁丝捆绑并扎紧、扎牢。

4. 引大绳

（1）指挥操作手缓慢平稳操车转动滚筒（正挡），带动新钢丝绳从死绳端升向井架天车。

（2）新钢丝绳端头到达天车时，操作手降低滚筒速度慢慢把新钢丝绳头引过天车，防止跳槽或拉断连接绳头。

（3）新钢丝绳端头从天车到达游动滑车时，操作手再缓慢操作滚筒把新大绳引过游动滑车，防止跳槽或拉翻游动滑车。

（4）按上述操作依次利用旧钢丝绳将新钢丝绳牵引过天车及游动滑车所有的滑轮，最后将新钢丝绳缠绕在滚筒上，死绳端剩余的钢丝绳应够卡死绳或拉力计。

5. 卡死绳

卡死绳一般又分为固定井架卡死绳和车载架子卡死绳两种情况。

1) 固定井架卡死绳和拉力表

① 用 10~12m 的钢丝绳穿过拉力表底环，绕过井架大腿底部（井架大腿销子上部位置），分别系猪蹄扣。然后将两根绳头再次穿过拉力表底环，用 8 个绳卡子卡紧。

② 用 4m 的钢丝绳绕过底绳后，两头对折，用 4 个绳卡子以同方向卡紧卡牢（制成保险绳圈）。

③ 将死绳头穿过拉力表上环和保险绳圈，对折后用 5 个绳卡子卡紧卡牢。

2) 车载架子卡死绳车

载架子的死绳是穿入死绳固定器，然后用固定压板卡紧。

6. 卡活绳

（1）指挥操作手挂倒挡下放钢丝绳，将滚筒上外层的新钢丝绳倒下来，直到新旧钢丝绳连接处。

（2）在新旧钢丝绳连接处的新钢丝绳头端切断，再把滚筒上的旧钢丝绳全部倒下来盘好。

（3）将新钢丝绳的活绳头用细铁丝扎好并用手钳拧紧，顺作业机滚筒一侧专门固定提升大绳的孔眼由内向外穿过，向外拉出 5~10m，把活绳头围成直径 20cm 左右的圆环，然后用钢丝绳卡子卡在距离绳头 4~5cm 处，用活动扳手拧上绳卡子螺母（绳卡松紧程度以钢丝绳能在绳卡里窜动为准）。

（4）将绳环纵穿过井架底部呈三角形状的拉筋中间，撬杠卡住绳环卡子（不能穿进绳环之中），操作人员来回拉动钢丝绳，使绳环直径变小 10cm 左右为止，取出绳环用活动扳手将绳卡子卡紧。

（5）在滚筒内侧拉回钢丝绳，使活绳头绳环卡在滚筒外侧，以不刮碰护罩为准。

7. 排大绳

（1）操作人员拉紧钢丝绳，指挥操作手用正挡缓慢转动滚筒缠绕大绳。

（2）把钢丝绳沿滚筒的钢丝绳引导槽紧密排紧（滚筒无钢丝绳引导槽的，可用大锤把缠绕在滚筒上的钢丝绳砸紧靠在一起，避免缠绕成 S 形造成大绳磨损和跳动加剧），不使钢丝绳互相叠压和存在间隙，直至把活绳端剩余钢丝绳全部缠上滚筒，指挥操作手慢慢提起游动滑车至井架中部，将死绳和拉力表（固定井架）拉起。

（3）检查死绳吃力均匀情况和绳卡子松紧情况（固定井架），对不符合要求的进行调整，完成更换大绳操作。

8. 固定井架穿提升大绳

在早期搬运固定井架时，防止游动滑车掉落，常把提升大绳全部抽下来，这样就需要在施工前进行穿大绳作业、换新井架或换游动滑车，还有断大绳等情况也需要穿大绳。穿大绳就是把钢丝绳穿入天车和游动滑车各个滑轮。

（1）穿提升大绳前，要先把提升大绳缠在通井机滚筒上，在井架后面摆正停稳，将游动滑车平放在井架前。

（2）操作人员系好安全带，扣好防坠落自锁器，携带引绳爬上井架天车，固定好安全带,将引绳放入天车右边第一个滑轮内,引绳两端分别从井架前后放到地面。

(3)地面操作人员把井架后边的引绳头与通井机滚筒上的提升大绳端头进行连接,把引绳缠绕在大绳1m以上长度,缠绕5圈以上,用细棕绳坯子100~150mm捆扎紧,再将井架前的引绳头从井架侧面绕过拴在提升大绳端部的引绳上。

(4)地面操作人员缓慢拉动井架前的引绳,通井机操作手同时慢慢下放大绳,将提升大绳拉向井架天车。

(5)提升大绳与引绳连接处到达天车后,天车处的操作人员解开引绳,把引绳在井架前从天车下面由后向前穿过天车,拴在提升大绳端部的引绳上,大绳在天车右边第一个滑轮内(快轮),引绳在第二个滑轮内。

(6)地面操作人员继续拉动引绳,将提升大绳从天车拉至地面的游动滑车,将提升大绳端头从游动滑车右边第一个滑轮自上而下穿过,引绳放在第二个滑轮内。

(7)地面操作人员缓慢拉动前引绳带动提升大绳升向井架天车,提升大绳端头到井架天车后,天车处操作人员把提升大绳放入天车右边第二个滑轮内,把引绳放入天车第三个滑轮内。

(8)地面操作人员继续拉动引绳,直到把提升大绳穿入天车最后一个滑轮。

(9)当提升大绳端头从天车最后一个滑轮穿过后,天车操作人员把引绳从井架中间放到地面。

(10)穿过井架天车最后一个滑轮的提升大绳从井架中间到达地面后,即可进行卡死绳、活绳工作(卡死绳、卡活绳同换大绳),完成穿提升大绳操作。

9. 车载井架穿提升大绳

车载井架穿提升大绳可以与固定井架采用相同方法,只是卡死绳不同。不用立起井架,在载车上直接把钢丝绳从快绳轮顺时穿过天车和滑车,但操作人员的高空安全防护必须做好。由于安全带缓冲绳长度限制,需要操作人员从天车到滑车分开接应传递大绳,最后完成卡死绳和活绳工作。

10. 滑切大绳

最早,修井更换提升大绳一般是仅凭肉眼直观判断大绳断丝或磨损等情况,以确定是否更换大绳,由于提升大绳各段受力与磨损不是均衡的,所以会出现其中一段先磨损而达不到安全要求,这时一般都是更换整根大绳,相对大绳使用成本过高。滑切大绳是将较长的提升大绳穿入提升系统中,把剩余部分在死绳端做备用,然后根据提升大绳磨损情况,及时对钢丝绳进行从死绳端滑移和快绳端切除,以期达到钢丝绳的磨损均匀和移动改变那些可能出现折曲断丝、挤压变形及严重磨损着力点位置,提高钢丝绳的使用寿命。一般来讲,进行滑切的大绳越长,相对单位长度的大绳使用成本越低。

滑切大绳操作步骤如下:

(1)把游动滑车挂起或放到地面,卸掉大绳载荷。

(2)通过计算或根据磨损情况确定需要切掉的大绳长度。

(3)卸开死绳,使备用大绳能够顺利滑移。

(4)操作手挂正挡缓慢转动滚筒缠上需要滑切长度的大绳,死绳端的滑绳被引入提升系统中。

从滚筒上倒下大绳，从快绳端切掉需要滑切长度的大绳。

（5）卡好活绳再排够滚筒上的大绳，最后卡好死绳完成大绳滑切工作。

修井机大绳一旦出现断丝断股，其承载能力将大幅下降，因此为了施工人员和设备设施的安全，相关岗位必须按规定巡检，对不符合标准要求的大绳进行更换。

11. 危害因素

更换大绳作业存在的风险主要有物体打击、机械伤害、高处坠落等。

（1）作业人员对任务了解不够，工作混乱无秩序，施工时极易出现各种隐患问题。

（2）更换大绳时滚筒缠绕速度过快，导致绳盘转速过快，致使大绳缠绕乱套。

（3）新旧大绳连接不牢，可能导致脱落或在天车处卡住。

（4）缠绕大绳时，游车滚动造成人身伤害或大绳缠绕。

（5）死绳固定器固定不牢，导致大绳脱落。

（6）切断大绳时钢丝碎屑崩伤人员。

（7）穿大绳时引绳没系牢，中途脱落，有高处落物的风险，而且需要井架工再次攀爬井架，增加了劳动强度，同时也增加了危险系数。

（8）引绳在尖棱处摩擦，导致引绳磨断掉落伤人。

（9）井架工未正确使用安全保护装置，一旦发生高处坠落将无任何保护。

（10）整个工序无人指挥，天车上人员与地面人员无法默契配合，极易导致返工甚至事故。

（11）井架工在天车处使用未系保险绳的工具或者抛掷工具，极易导致高处落物。

（12）排大绳时速度过快，导致排绳人员挤伤。

12. 防控措施

（1）开始作业之前，必须召开一个协作会，要让每个作业人员都得到正确的指导，并遵安全作业规程。

（2）司钻操作缓慢且匀速，地面人员控制绳盘不要空转，防止大绳脱落缠绕。

（3）连接处要捆扎结实，处理好接头处，用胶布缠好。

（4）游动滑车必须固定牢固，可以悬吊在井架合适部位，也可固定在钻台合适位置，确保大绳能在游车内自由滑动且不卡顿。

（5）死绳固定牢固，使用专用卡子卡紧。

（6）使用断绳器切断大绳，操作人员劳保齐全且佩戴护目镜。

（7）穿大绳时，钢丝绳头与引绳连接牢固，以防中途脱落伤人

（8）用人力拉动引绳带钢丝绳上升时，注意引绳不得与井架角铁摩擦，以免磨断。

（9）井架上操作人员必须系好安全带，地面操作人员必须戴好安全帽。

（10）在穿大绳过程中，要有专人指挥，井架上操作人员与地面操作人员要密切配合，拉、放要有信号和口号。

（11）严禁从井架上向下扔工具或掉工具，使用的工具应拴保险绳，固定在井架天车护圈上。

(12）排大绳时，司钻必须一挡低速，缓慢地旋转滚筒，严禁猛合离合器或使滚筒旋转过快，防止伤人。

九、液压钳的安装与使用

在井下作业施工中，液压钳是修井作业的必备工具之一，是上卸钻具的专用机械工具。

液压钳的使用大大降低了工人的劳动强度，提高了修井的工作效率。如果不能正确使用，会对操作人员造成严重的机械伤害。

液压钳的安装与使用存在的风险主要有机械伤害、灼烫等。

1. 危害因素

（1）连接液压钳时，液压钳转动伤人。
（2）吊装时液压钳刮碰井口或钻台附件造成损坏脱落，甚至落井。
（3）液压钳钳牙打滑，导致液压钳摆尾，打伤操作人员。
（4）液压钳钳口的护板损坏或缺失，易导致人员伤害发生。
（5）液压钳尾绳断裂，打伤操作人员。
（6）液压钳上偏扣，导致管柱损坏报废甚至落井。
（7）吊装液压钳的吊钩无锁舌。
（8）工作服衣袖散开被液压钳绞伤。
（9）液压钳吊装不水平，操作时容易打滑伤人。
（10）悬吊杆总成损伤、弯折、锈蚀，可能造成液压钳坠落伤人。
（11）开口齿轮损伤，液压钳运转时齿轮断齿，飞出伤人。
（12）颚板架受力过度，导致变形损坏。
（13）牙座挡销未伸出，钳牙脱落，造成落井卡钻。
（14）背钳螺钉松动脱落，造成坡板脱落，损毁液压钳，甚至井下落物。
（15）液压管线破损，液压油刺漏污染环境，有时温度过高会烫伤施工人员。

2. 防控措施

（1）连接液压钳时必须使离合器处于分离状态，关闭动力源，上锁挂签后方可进行连接。
（2）吊装液压钳时通常使用车载液压绞车进行吊装，吊装时液压钳上部必须接液压钳。

十、搭设管杆桥

管杆桥是由高度 300~500mm 的支撑座搭建起三道或四道支撑横梁，形成一座架设平台。用来摆放管杆，使油管、抽油杆不接触地面，防止压弯、损坏、接触脏物，便于丈量、检查和起下作业。

1. 场地检查

（1）熟读施工设计，根据施工内容准备好相应规格的管杆。
（2）施工前施工人员到现场进行勘察，看现场环境是否符合施工要求，如果现场凹凸不平，施工前需整改，使现场平整便于桥的搭建。

(3) 管桥和杆桥的搭建地应避免地面松软和有沼泽泥泞的区域。

2. 设备与工具的检查

(1) 检查管凳、备用油管、棕绳等工具是否完好，各部位连接是否紧固。

(2) 检查钢卷尺有无磨损、数字是否清晰。

3. 搭设管杆桥

(1) 管杆桥搭在距井口2m处。

(2) 操作人员搭管桥和杆桥前铺好防渗布，四周用油管固定好，围上围堤，控制原油落地范围，做好防污染工作。

(3) 首先在地面上铺设3道管凳，每道之间间隔3.5~4m，每道至少放置4个管凳且管凳之间距离保持均匀。管凳放置完后，将3根桥管放到每道管凳上行成桥面。桥面要平整，可用一根标准油管从桥面一端滑到另一端来检测搭设是否平整。

(4) 将现场的油管和抽油杆摆到桥面上，摆平、排齐。每10根一组，第10根油管或抽油杆接箍要突出来。如果排放的油管或抽油杆数量多，要排放两层以上，层与层之间用三根油管隔开。

(5) 用棕绳将隔开的三根油管系牢。

(6) 最上排油管距离井口一端搭设滑道，滑道宽度以滑车宽为准。

(7) 记录好所用管、杆数量。

十一、安装压井节流管汇

1. 安装节流管汇

(1) 先根据井场环境及季节风确定节流管汇方向，然后关闭套阀门，放净压力表补心及压力表压力，将其拆掉。

(2) 在井口四通阀门处安装卡箍扣头，再连一根双公短节。然后安装法兰盘，把卡箍接头变换成法兰接头。安装前要先清洁钢圈槽及小钢圈并检查是否完好，安装时两头螺栓拧紧，确保紧固密封。

(3) 平直连接内控管线，在法兰连接操作时螺母要上满，对称均匀2次拧紧螺栓，外螺纹至少露出1~3扣，达到密封可靠。

(4) 连接内控管线时如遇不可避免的弯角处，其转弯夹角应大于120°，严禁直角转弯，管线每隔10~15m应固定。

(5) 调整摆放节流管汇(如要调整高度，只要吊起设备上部分到需要的高度，把销子插到定位孔内固定即可，最大调节范围为0.8m)，再将管汇和内控管连接在一起，完成节流管汇连接。

2. 安装压井管汇

(1) 关闭另一侧套管及流程阀门，放压后拆掉套管流程。

(2) 平直连接内控管线，在10~15m位置进行固定，并要求接出距井口20m以外，与压井管汇有平板阀一侧相连接，压井管汇摆放位置要便于接泵车进行洗压井施工。压井管

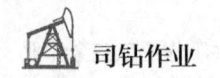

汇与节流管汇连接方法相同。

（3）管汇连接完毕后对管汇、活动接头等部位试压25MPa，稳压10min，各部位无刺漏。

（4）调整压井管汇手动平板阀、手动节流阀在施工中"待命"工况的开关位置。

3. 平板阀操作

平板阀是沿通道中心线垂直方向，进行直线移动的关闭件，起切断通道和开放通道的作用，阀板只能处于全开和全关两个位置。特别注意：阀门禁止阀板处于半开半关状态工作。手轮开（或关）到位消除间隙后，必须回转1/4~1/2圈。阀杆升降螺纹采用左旋梯形螺，顺时针方向为"关"，逆时针方向为"开"。

4. 节流阀操作

操作节流阀时，顺时针旋转手轮，开启度变小并趋于关闭，逆时针旋转手轮，开启度变大。节流阀的开启可以从护罩上的刻度显示出来。在旋转手轮快到行程终点时，不可太快，以免损伤阀杆和限位帽。特别注意：节流阀只能控制压力和流速，绝不能作截止用。

5. 单流阀操作

单流阀上箭头所指为流体流动方向，安装时应保证阀盖螺栓螺母拧紧，安装完毕后，按箭头指向施加液压，液体经单流阀进入井内，便证明其畅通。在使用时单流阀不需从高压管线中移出就能进行日常维修，维修时，应把此阀和高压管线中的压力隔开。压井后须用清水清洗，一次使用后须进行检修，重新进行压力密封试验。

6. 节流管汇操作

在正常情况下要关闭管汇上的平板阀，而节流阀处于半关闭状态。在发生溢流时根据工艺需要，先打开节流管汇中上游的平板阀，再关防喷器，最后再缓慢调节节流阀，以制止井涌与溢流。

7. 压井管汇操作

在正常修井工作过程中，管汇上的平行闸板阀处于关闭状态。如果需要压井，可打开管汇上与井口四通连接的平行闸板阀，然后直接开泵作业。当已经发生井喷时，通过压井管汇往井口强注清水，以防燃烧起火，当已经发生着火，通过压井管汇往井筒里强注清水，能助灭火。当井中压力过高需放喷时，应同时打开压井管汇上两个平行闸板阀。此时压井管汇下游平行闸板阀出口端应接放喷管线，并且放喷管线应接出井场以外，放喷管线出口不得正对电力线、油罐区以及其他设备。

十二、拆装井口装置

拆装井口装置是指拆除或安装油气水井井口控制油气装置。作业井施工前要拆下采油（气）树安装其他井口装置，中途停工或完工要安装设计要求的井口装置，目的是不使井口出现失控状态，所以拆装井口装置是安全完成施工任务的重要保障措施。

井口装置，也称为采油（气）树，是油气井最上部控制和调节油气生产的主要设备，主要由套管头、油管头和采油（气）树本体三部分组成。

1. 井口装置的作用

(1) 连接井下的各层套管，密封各层套管环形空间，承挂套管部分重量。

(2) 悬挂油管及下井工具，承挂井内的油管柱的重量，密封油套环形空间。

(3) 控制和调节油井生产。

(4) 保证各项井下作业施工，便于压井作业、起下作业等措施施工和进行测压、清蜡等油井正常生产管理。

(5) 录取油套压。

2. 井口装置各组成部分的作用

1) 套管头

套管头安装在整个采油树的最下端，其作用是把井内各层套管连接起来，使各层套管间的环形空间密封不漏。

2) 油管头

油管头安装在套管头上面，主要由套管四通和油管悬挂器组成，其作用是悬挂井内的油管柱，密封油套管环形空间。

3) 采油(气)树

采油(气)树也称为井口闸，主要由各类闸阀、四通、三通、节流器(或油嘴、针形阀等)组成，安装在油管头的上部。其主要作用是控制和调节油气流合理地进行生产；确保顺利地实施压井、测试、打捞、注液等修井与采油作业。

(1) 热采井口采油树。

热采井口连接注汽管柱后安装在井口大四通上，其作用是悬挂注汽隔热管，控制和调节注入蒸汽量，使注入蒸汽进入油层，最终实现驱动采油，是稠油开采的重要装置。

(2) 螺杆泵井口采油树。

螺杆泵井口主要由螺杆泵地面驱动装置和采油井口组成。地面驱动装置是螺杆泵采油系统的主要地面设备，是把动力传递给井下泵转子，使转子实现行星运动，实现抽汲原油的机械装置。驱动装置安装于井口之上，支座下法兰与井口套管法兰或专用井口法兰螺栓连接，支座侧面出油口与井口地面输油管线连接，连接抽油杆柱的光杆穿过驱动装置通过方卡座在驱动装置输出轴上，电动机通过电线与相匹配的电控箱相连。

3. 安装采油树

(1) 井口大四通上法兰钢圈槽内涂抹黄油，井口钢圈涂抹黄油放入钢圈槽内。

(2) 游动滑车大钩上安装吊带，挂在采油树本体上，拴好牵引绳，缓慢吊起采油树本体，吊起过程中用牵引绳控制采油树，防止刮碰，吊起后在采油树底法兰钢圈槽内涂抹黄油。

(3) 缓慢下放，将采油树底法兰坐在大四通上法兰盘上，井口人员用手扶正。

(4) 左右转动采油树，使钢圈进入采油树底法兰钢圈槽内，转动调整采油树方向，对角上紧4条法兰螺栓，摘掉吊带及牵引绳。

(5) 将剩余的法兰螺栓对角上紧，并用大锤按对角顺序依次砸紧。

(6) 按设计要求对采油井口装置进行密封性试压。

4. 拆卸采油树

(1) 首先进行油套管放压,确保井筒内无压力后再进行拆卸。

(2) 游动滑车大钩上安装吊带,挂在采油树本体上,使吊带伸直但不受力。

(3) 先用大锤按对角顺序依次砸松并卸掉大四通上法兰其余 8 条螺栓,然后用大锤按对角顺序依次砸松并卸掉 4 条对角螺栓。

(4) 采油树下部连接牵引绳,缓慢吊起采油树本体,用牵引绳控制采油树缓慢下放至地面(不影响井口操作),下部要铺设保护装置,避免损坏、脏污钢圈槽,保证采油树本体稳固后摘下吊带与牵引绳。

5. 安装热采井口

(1) 检查、清洁大四通钢圈槽并涂抹黄油;检查、清洁井口钢圈,涂抹黄油放入钢圈槽内。

(2) 在最上部测试阀门上连接一个提升短节,将油管吊卡扣在提升短节上,井口下部拴好牵引绳,用大钩上提提升短节,吊起过程中用牵引绳控制井口,防止刮碰。

(3) 将井口提至操作人员胸部位置时,停止提升,检查、清洁钢圈槽并涂抹黄油。

(4) 缓慢下放,当井口下部法兰盘与隔热管变扣接触时,井口操作人员用手扶正井口,将井口下部法兰盘螺纹孔与变扣对好,旋转井口,使螺纹上满达到扭矩要求。

(5) 上提大钩,摘掉隔热管吊卡。

(6) 下放大钩,当井口下法兰盘与井口四通距离 2cm 左右时,停止下放,将井口螺栓放入井口螺孔内,上部螺帽满扣,缓慢下放,操作人员用手扶正井口,使钢圈进入井口底法兰的钢圈槽内,转动调整井口方向,对角上紧 4 条法兰螺栓。

(7) 将剩余的法兰螺栓对角上紧,并用大锤按对角顺序依次砸紧。

(8) 按设计要求对井口进行密封性试压。

6. 拆卸热采井口

(1) 首先进行油管、套管放压,确保井筒内无压力后再进行拆卸。

(2) 先用大锤按对角顺序依次砸松并卸掉大四通上法兰其余 8 条螺栓,然后用大锤按对角顺序依次砸松并卸掉 4 条对角螺栓。

(3) 吊卡扣在提升短节上,缓慢上提井口,露出隔热管接箍后扣上吊卡,下放大钩,大钩稍微吃力即可,转动井口将法兰盘与连接短节卸开。

(4) 井口下部拴好牵引绳,缓慢吊起井口。

(5) 用牵引绳控制缓慢下放至地面(不影响井口操作),下部要铺设保护装置,避免损坏、脏污钢圈槽。

7. 安装螺杆泵井口

(1) 检查地面机组零部件是否齐全,准备好常用工具。

(2) 检查、清洁井口钢圈槽并涂抹黄油;检查、清洁井口钢圈涂抹黄油,放入钢圈槽内。

(3) 吊带穿过游动滑车大钩钩体内,两端挂在驱动头上,上吊平衡,吊起过程中用牵引绳控制地面驱动装置，防止刮碰。

（4）将地面驱动装置提至操作人员胸部位置时，停止提升，检查、清洁钢圈槽并涂抹黄油，在出油口两侧下部法兰盘安装4条螺栓（将4条螺栓螺帽全部卸掉，将螺栓穿过法兰盘螺孔，在螺栓上部带上螺帽至满扣）。

（5）上提至光杆上端，然后缓慢下放穿入光杆，防止把光杆压弯。当下部法兰盘螺栓接触井口上法兰螺孔时，井口操作人员用手扶正地面驱动装置（使出油口与连接流程方向一致），将下部法兰盘螺栓顺利穿过井口上法兰螺孔，使其平稳坐在井口上。

（6）左右转动地面驱动装置，使钢圈进入其底法兰的钢圈槽内，转动调整驱动装置方向，对角上紧4条法兰螺栓，摘掉吊带及牵引绳。

（7）将剩余的法兰螺栓对角上紧，并用大锤按对角顺序依次砸紧。

（8）下入提捞杆对扣把光杆捞出，卡紧防转、防脱两个方卡子，坐在驱动头上卸去负荷，拆掉提捞杆，安装光杆丝堵。

8. 拆卸螺杆泵井口

（1）切断螺杆泵驱动装置电源，进行油套管放压，确保井筒内无压力后再进行拆卸流程。

（2）在光杆上端连接提捞杆，上提，使固定方卡子离开驱动装置，停止上提。

（3）将下端固定方卡子拆掉，缓慢下放，将光杆落至井内。

（4）倒扣起出提捞杆。

（5）用大锤按对角顺序依次砸松并卸掉大四通上法兰其余8条螺栓（出口两侧下部法兰盘处4条螺栓先卸螺栓下部螺帽，螺栓与上部螺帽留在出口两侧下部法兰盘处），然后用大锤按对角顺序依次砸松并卸掉4条对角螺栓。

（6）吊带穿过游动滑车大钩钩体内，两端挂在驱动装置上，下部拴好牵引绳，缓慢吊起驱动装置，井口操作人员用手扶正驱动装置轻轻摇晃，使螺栓顺利提出大四通上法兰盘螺孔，吊起过程中用牵引绳控制驱动装置，防止刮碰。

（7）提至操作人员胸部位置时，停止提升，卸下下部法兰盘处4条螺栓。

（8）用牵引绳控制驱动装置缓慢下放至地面（不影响井口操作），下部要铺设保护装置，避免损坏、脏污钢圈槽，然后摘下吊带与牵引绳。

任务3　作业施工阶段认知

一、起下抽油杆

起下抽油杆是有杆泵常规维护性作业时，把井内的抽油杆起出和下入的过程，按照井内先下后起的顺序，一般都是先将井内的抽油杆起出，然后再进行起管柱等其他的施工工序。下入时正好相反，待下完泵、管等工序后再下杆完井。所以起下抽油杆是有杆泵维护性作业中连续的工序环节之一。当操作抽油杆时，抽油杆吊卡要与抽油杆的规格相符，同时，抽油杆要排放整齐，十根一出头，悬空端长度不得大于1.0m。在起出的活塞要放置在不易被磕碰的地方妥善保管，操作过程中，要及时检查抽油杆吊卡是否回位将抽油杆卡牢。

1. 起抽油杆

（1）选择合适的抽油杆吊卡扣在抽油杆上，缓慢上提小大钩，观察负荷是否正常。

（2）上提小大钩，抽油杆接箍露出小四通合适高度为止，扣紧抽油杆吊卡。

（3）下放小大钩，使抽油杆接箍坐在抽油杆吊卡上。

（4）操作人员将主钳打在抽油杆上方形锻处，将背钳打在抽油杆下方形锻处，卸开抽油杆。

（5）下放小大钩，当抽油杆吊卡接近井口时，将抽油杆吊卡与小大钩分离，并拿掉抽油杆吊卡。

（6）操作人员将抽油杆排放到杆桥上。

（7）重复以上操作直至抽油杆全部起出。

2. 下抽油杆

（1）将排放在杆桥上的抽油杆涂抹好密封脂。

（2）将活塞连接在下井第一根抽油杆下面，抬到管枕上，扣好抽油杆吊卡。

（3）下放小大钩，将抽油杆吊卡挂在小大钩上面。

（4）缓慢上提小大钩，将活塞置于井口正上方。

（5）下放小大钩，使活塞和抽油杆进入井筒。继续下放，使抽油杆吊卡座在小四通上面，将抽油杆吊卡与小大钩分离。

（6）下放小大钩，将扣在杆桥抽油杆上的抽油杆吊卡挂在小大钩上面。

（7）上提小大钩，连接好抽油杆，并用手上2~3扣。将主钳打在抽油杆上方形锻处，背钳打在抽油杆下方形锻处，上紧抽油杆。

（8）上提小大钩，使抽油杆吊卡脱离小四通，并将其拿掉。

（9）重复以上操作直至抽油杆全部下入井内。

二、起下油管

起下油管是用提升系统将井内的管柱提出井口，逐根卸下放在油管桥上，再逐根下入井内的过程。通过这一过程可达到更换井下工具、井内油管，完成各种工艺施工，是修井作业中最为频繁的一项工作。

1. 起下油管设备

1）月牙式吊卡

月牙式吊卡是用来起下并卡住油管的专用工具。

工作原理：当活门处于开口位置时，将油管放入，转动手柄抱住油管即可起下油管。

2）液压钳

液压钳是修井作业上卸油管、抽油杆、钻杆的专用工具。

工作原理：靠液压系统进行控制和传递动力，经两挡减速，输出两种转速和扭矩，再通过夹紧机构，使钳牙板夹紧和转动管柱，在背钳的配合下，实现上卸扣的目的。

2. 起油管

1）挂吊环

（1）井口操作人员侧身、双手持住吊环中下部。

（2）操作手听从指挥平稳上提，同时将吊环挂入吊卡耳环内，迅速将销子插入吊卡并锁死护耳。

2）起出油管

（1）井口人员后撤1m并抬头观察。

（2）操作手听从专人指挥上提油管，待油管接箍提出井口后刹车停住。接箍高度超过吊卡10~15cm为标准。

（3）由一名操作人员将吊卡前推，扣住油管，关闭月牙，旋转180°，油管下放至吊卡，去除负荷。

3）卸扣

（1）两人操作，抓住液压钳手柄通过一推一拽使液压钳咬住油管本体和接箍。

（2）操作液压钳时要求手臂伸直，身体距液压钳保持一定距离，两手分别操作挡杆和操作杆。另一人则要后撤至安全距离，以防操作时液压钳转动伤人。卸扣时一定要先用慢挡，拽动操作杆将螺纹卸松，再用快挡卸开，最后慢挡退出液压钳，将其挂好固定，关闭护门。

（3）操作手确认液压钳已全部退出，上提油管。同时井口人员检查管柱螺纹磨损情况。

4）下放单根

（1）操作手平稳下放，井口人员扶住油管推向滑道，将油管放至小滑车向前滑动。

（2）下放过程中人员后撤观察，以防发生意外。

（3）拉管人员用管钳咬住油管后拉，防止其刮碰井口。

（4）当油管放至管枕时刹车停住，井口两名操作人员同时拔出吊卡销子，摘下吊环。

（5）上提大钩，两人同时挂入吊环、插进销子，后撤观察。

（6）将起出的油管以接箍为准，排放整齐。油管两头悬空不得超过2m。损坏的油管要做好标记。

（7）全部提完后安装简易井口。

3. 下油管

1）挂吊环

（1）丈量、检查、清洁、保养油管，连接下井工具。

（2）先将油管前移，使管接箍超过管枕，再将油管外螺纹一头放在小滑车上。接箍这头再抬上管枕放至距井口1m处排好，抬油管的过程中放入标准管规，检验油管内径。

（3）选择与管柱规格相匹配的吊卡，扣在油管本体处关闭月牙活门，翻转180°，使吊卡活门朝上。

(4)两人分别手持吊环在上提过程中挂吊环、插销子,上提时防止挂碰井口。

2)提单根

(1)指挥操作手上提油管。

(2)当油管随小滑车接近井口时,操作手应放慢速度,井口操作人员上前接住油管移至井口,同时将掉落下来的管规放入下一根油管内。

(3)在油管下放时扶稳对准,将外螺纹缓慢放入接箍,对扣合格。

3)上螺纹

(1)两人操作,使用液压钳咬住油管本体和接箍。

(2)上扣时一人操作液压钳时用手推动操作手柄。先用快挡将螺纹上满,再用慢挡上紧,最后慢挡退出液压钳将其挂好固定,关闭护门。

(3)操作手确认液压钳全部退出,油管螺纹连接合格上提油管。

4)下入油管

(1)提起油管,井口人员划开月牙,将吊卡移开。

(2)操作手松开刹车控制速度,油管接箍缓慢进入井内,继续下放。

(3)下放到接近井口时应暂时停止,两人同时拔出吊卡销子,侧身外拉吊环持续用力,落到井口后卸去负荷,两吊环同时被摘出。

(4)两人持住吊环再将其挂入下一根油管吊卡内,插入销子提起油管,重复以上步骤下入第二根油管。

三、洗井

洗井是在地面向井筒内注入具有一定性能的洗井液,通过在油管与套管环形空间建立循环,把井壁和油管上的结蜡、死油、锈蚀残渣等杂质和脏物混合到洗井液中带到地面的工艺过程。稠油井、注水井及结蜡严重的井,经常通过洗井来清洁或解卡,注水泥等工艺也通过洗井对井筒进行清洁、降温、脱气等,因此洗井是小修常规作业中一项应用十分广泛的施工工艺。

1. 洗井设备

1)泵车

泵车是能进行洗井、循环、压井、封堵及注水泥等作业的车载洗井设备,由洗井泵和动力运载车两部分组成。泵是完成洗井作业的主要设备,常见的有300型、400型、700型和1200型等。

2)管汇

管汇是汇集液流和改变液流方向,并控制高压液流的总机关。整体的洗井节流管汇总成由高压阀门、活接头、弯头、三通和短节等组合而成。符合压力要求的管线和活接头等连接组成简易压井节流管线。

(1)高压阀门用于控制流体流量、开启或切断管道通路。

(2)弯头和活接头是组装洗井、节流管线的主要部件,用于改变管线方向。弯头常用的角度有90°与120°两种。若出口需要使用弯头，只能用120°以上的弯头。活接头用于连接各部件，连接后用大锤砸紧压紧螺母。

2. 洗井方式

1) 正洗井

洗井液从油管进入，从油套环形空间返出，正洗井对井底造成的回压较小，对地层伤害较小，因此为保护油层，当管柱结构允许时，一般采取正洗井方式洗井。但正洗井时，洗井液在油套环形空间上返的速度稍慢，对井内的脏物携带能力较反洗井的弱，对套管壁上脏物的冲洗力度相对小。因此一般适用于具备正循环通道的井、地层压力较低的井、油管内结蜡较多的井和出砂不十分严重的井。

2) 反洗井

洗井液从油套环形空间进入，从油管返出，反洗井对井底造成的回压较大，对地层的伤害较正洗井对地层的伤害大些，但洗井液在油管中上返的速度较快，较正洗井携带井内脏物能力要强，对套管壁上脏物的冲洗力度相对要大，一般适用于不具备正循环通道、地层压力较高、大尺寸井眼的井以及出砂严重的井、斜井、水平井等。

3. 洗井施工

洗井施工按洗井液在井内循环路线不同，分为反洗井和正洗井及正反交替洗井三种。

1) 反洗井

(1) 连接反洗井管线，先将洗井进口管线一端用活接头连接到泵车上，另一端连接到套管阀门上（井内压力较高的井进口应安装单流阀）。

(2) 再将洗井出口管线一端用活接头连接到油管生产阀门上，另一端连接循环灌或回收罐（出口进站的只需倒好流程，不用连接管线），井内压力较高的井出口应安装针形阀控制排量。

(3) 启动泵车对管线试压至设计施工压力的1.5倍，以不刺、不漏为合格。

(4) 打开进、出口阀门，开泵循环洗井。对于井内有压的井，应先启动泵车泵液憋压到稍大于井内压力，再慢慢打开进口阀门。注意观察泵压变化，排量由小到大，出口排液正常后逐渐加大排量，洗至进出口液性一致。

(5) 结束后拆掉洗井管线，记录洗井时间、洗井方式、洗井液名称、黏度、相对密度、切力、pH值、温度、添加剂及杂质含量，洗井泵压、排量、注入液量及喷漏量，洗井液排出携带物名称、形状及数量

2) 正洗井

正洗井的进口管线连接在油管阀门上，出口连接在套管阀门上（出口洗井进站的只需倒好流程，不用连接管线），开泵循环与录取资料和反洗井相同。

3) 正反交替洗井

正反交替洗井就是先利用正洗方式冲击力大的特点进行冲洗，然后再交换进出口管线，利用反洗携带力强的特点进行反洗，操作与正洗井、反洗井相同。

4. 注意事项

(1) 连接地面管线，地面管线试压至设计施工泵压的1.5倍，以不刺、不漏为合格。

（2）有油管悬挂器的井口，洗井前对称顶紧四条油管悬挂器顶丝，注意观察是否短路打直流。

（3）洗井过程中，随时观察并记录泵压、排量、出口排量及漏失量等数据。泵压升高洗井不通时，应停泵及时分析原因进行处理，不得强行憋泵。

（4）严重漏失井采取有效堵漏措施后，再进行洗井施工。

（5）出砂严重的井优先采用反循环法洗井，保持不喷不漏、平衡洗井。若采用正循环洗井，应连续活动管柱，防止砂卡。

（6）洗井过程中加深或上提管柱时，洗井工作液必须循环两周以上方可活动管柱，并迅速连接好管柱，直到洗井至施工设计深度。

（7）施工井压力较高，洗井时进口应安装单流阀防止气体倒灌入泵，出口安装针形阀有效控制排量，防止井喷和污染。

（8）洗井液量应为井筒容积的两倍以上。

四、压井

压井是利用泵将一定密度的流体替入井内或置换出井内的原有流体，形成新的液柱压力，对井底产生一定的回压，来平衡地层压力的施工工艺。压井是常规修井作业中对过平衡井压力控制的重要手段，是常规修井作业中保证其他作业项目顺利进行的前提条件，因此，正确有效的压井施工能够有效地保护油气层和防止井喷污染。

1. 压井方式

1）灌注法压井

灌注法压井是向井筒内灌注一段压井液，用井筒的液柱压力平衡地层压力的压井方法。适用于井底压力不高、作业难度不大、工作量较小、修井时间较短的简单施工作业。

2）循环法压井

根据井内结构或井底压力等情况，按循环方式又分反循环法压井与正循环法压井两种。

（1）反循环压井：压井液从套管阀门泵入，经套管环形空间从油管阀门返出的循环方式。一般适用于压力高、产量大的井。

（2）正循环压井：压井液从油管阀门泵入，经油套管环形空间从套管阀门返出的循环方式。一般适用压力低的井。

3）挤注法压井

挤注法压井是指利用泵车把压井液强行挤入井筒内，把井筒内产出液强行挤回地层，但不把压井液挤入地层而只挤到地层上界的压井方法。挤注法压井用于油套不连通、无法循环的井，以及井内有压力、井内又无管柱或管柱深度不够无法用灌注法压井的井，也用于油套连通但压力高的井。

2. 压井施工

1）灌注法压井

（1）压井前确认井内无压力，打开油、套阀门。

(2) 把泵车出口管线用管线和活接头连接到套管阀门上，用大锤砸紧。

(3) 开泵从套管向井内注入压井液，注入压井液时油管阀门要处于打开状态，便于排空。

(4) 注入设计要求用量的压井液或灌满井筒时停止注入，完成灌注压井操作。

2) 反循环压井

(1) 检查井口装置安全可靠。

(2) 井内仅有少量气体的井可先放出油套内的气体。井内持续产气或压力较高则须视情况而定进行放喷。

(3) 从一侧套管阀门接好压井进口管线，必要时可在靠井口装好单流阀。

(4) 从一侧油管阀门接好出口管线，距离井口2m以外装好针型阀(整体节流管汇无须安装)，如需转弯，弯头角度不得小于120°。

(5) 将泵车分别与进、出口管线连接并将活接头砸紧，对进、出口管线进行试压，试压压力为设计工作压力的1.5倍，以不刺、不漏为合格。

(6) 开泵循环前试着打开反循环压井流程，对于井内没有压力的井，可以直接打开进、出口阀门；对于井内有压的井，应先启动泵车，泵液憋压到稍大于井内压力，再慢慢打开进口阀门，接着打开出口阀门，用针形阀控制出口排量。开采油树阀门时，须用阀门扳手或管钳操作，站在阀门侧面，管钳或阀门扳手开口朝外，咬住阀门手轮，扳动管钳或阀门扳手手柄开关阀门。

(7) 先用清水反循环洗井脱气，洗井过程中用针形阀控制出口排量，进、出口排量平衡，清水用量为井筒容积的1.5~2倍。

(8) 脱气结束后，接着泵入压井液进行反循环压井，在压井过程中使用针形阀控制出口排量，使进、出口排量平衡，以防压井液被气侵，使压井液密度下降而导致压井失败。压井液用量为井筒容积的1.5倍以上。在压井结束前测量压井液密度，进、出口液性应趋于一致停泵，若不一致密度差应小于$0.02g/cm^3$。

(9) 观察30min，进、出口均无溢流、无喷显示时，完成反循环压井操作。

3) 正循环压井

与反循环压井进出口相反，操作方法相同。

4) 挤注法压井

(1) 检查井口装置安全可靠。

(2) 接油管、套管放喷管线，用油嘴(或针形阀)控制放出井内的气体，或将原井内压井液放净后关闭阀门。

(3) 在油管、套管阀门上接好压井管线，进口装高压单流阀，并按设计工作压力的1.5倍试压，以不刺、不漏为合格。

(4) 只打开进口阀门，其他管路阀门全部处于关闭状态，启动泵车将设计要求用量的压井液挤入井筒后停泵，关闭进口阀门关井扩散压力。

(5) 对于油套连通但压力高的井，要先后依次对油管、套管进行挤压，压井液用量和挤压深度要根据套管和油管容积进行计算。

(6) 压力扩散 30min 以上，用 2~3mm 油嘴（或针形阀）控制放压，观察 30min 左右，油井无溢流、无喷显示时，完成挤压井操作。

5) 录取资料

压井结束后，记录好压井时间、方式、深度、压井后观察时间、压井液性能、泵压、排量、注入量、喷漏量、进出口密度、携带排出物描述。

3. 归纳总结

（1）连接地面管线，地面管线试压至设计施工泵压的 1.5 倍，以不刺、不漏为合格。

（2）出口管线用硬管线连接，并装有油嘴（或针形阀），转弯处不得小于 120°，每 10~15m 用地锚等固定物固定。

（3）进口管线应在井口处装好单流阀（高压井压井用高压单流阀），防止天然气倒流至水泥车造成火灾事故。

（4）循环压井时，用压井液压井前，先替入井筒容积 1.5~2 倍的清水脱气，出口见水后再泵入压井液。

（5）压井前，必须严格检查压井液性能，不符合设计性能的压井液不能使用。压井时，应尽量加大泵的排量，中途不能停泵，以避免压井液气侵。

（6）压井时，应用针形阀控制出口流量，采用憋压方式压井，待压井液接近油层时，保持进出口排量平衡，这样一方面可避免压井液被气侵，另一方面又防止了出口量小于进口量而造成油层伤害。

（7）挤压井时，为防止将压井液挤入地层，造成伤害，一般要求是将压井液挤至油层顶界以上 50m。

（8）重复挤压井时，要先将前次挤入井筒内的压井液放干净后，才能再次进行压井作业。

（9）挤压井施工时，最高泵压不能超过套管的抗内压强度。

（10）压井进出口罐必须放置在井口的两侧（不同方位），相距井口 30~50m 以上，目的是防止井内油、气引起水泥车着火。水泥车的柴油机排气管要装防火帽。气井，尤其是含硫化氢气井压井，要特别制定防火、防爆、防中毒措施。

五、试压

井下作业高压施工前，需要对承压设备、设施进行预试压，否则一旦出现刺漏或爆裂，可能造成人员伤害、设备损坏，所以高压施工前试压是油气水井修井作业过程中的一项安全保障措施，通过试压验证密封性，满足施工或生产要求，避免发生质量安全事故。试压包括采油树试压，防喷器试压，旋塞阀试压，压井、放喷管线试压，套管试压。

1. 试压方式

1) 采油树试压

采油树是一种用于控制生产并为修井作业提供条件的井口装置，由套管头、油管头、采油树本体三部分组成。常见的连接方式有螺纹式、法兰式、卡箍式三种。在修井作业过程中，主要有以下几种情况下需要对采油树进行试压操作。

(1) 新井投产前，大四通上安装采油树。
(2) 施工设计要求更换了新的采油树。
(3) 对新层进行射孔作业或老层进行补孔作业前，需要更换新的采油树并试压。

2) 套管试压

套管是在钻井结束后，下入到井下的管子，套管与井壁用水泥封固，然后用射孔枪对准目的层射孔，使油流穿岩层、水泥环、套管流入井底，再进入油管到地面上来。套管试压在修井作业过程中是较为常见的一个工序，它主要在以下几种情况下进行：

(1) 按施工作业要求，更换套管短节后，需进行试压。
(2) 新井投产之前，需要对全井套管进行试压(裸眼完井、筛管完井除外)。
(3) 老井进行调层上返、补层合采、射孔等作业前，需要对射孔井段以上套管进行试压。
(4) 水力压裂等高压作业施工前，需对目的层以上套管进行试压。

3) 井控装置试压

井下作业过程中的井控装备包括防喷器、内防喷工具(油管旋塞阀)、防喷器控制台、压井管汇和放喷(节流)管汇及相匹配的阀门等。

井控装置试压的目的有以下几个方面：

(1) 检查及测试井口防喷器、井控管汇及地面循环系统的承压强度、连接质量和设备整体强度，以确保被试压设备在整个井下作业过程中安全可靠。
(2) 检查及测试井口防喷器各个密封部件在溢流初期关井的情况下是否就能产生有效的密封，做到早期封关，以尽快平衡地层压力，制止进一步溢流。
(3) 检查及测试油管内防喷工具(油管旋塞阀)在暂时关井的情况下能否有效地密封油管内空间，确保在发生险情时及时关闭油管，为下一步制止险情创造条件。

2. 试压施工

1) 采油树试压操作

(1) 将与试压法兰连接好的采油树放置在空旷地带，打开所有阀门检查灵活性，然后关闭小四通顶部阀门，关闭小四通最外侧阀门。
(2) 使用高压弯头连接试压法兰，弯头另一端与硬管线连接，硬管线另一端使用弯头与水泥车连接。
(3) 启动水泥车泵入清水，打压至采油树额定工作压力，观察10min，压降小于0.5MPa为合格。
(4) 水泥车泄压后，打开小四通两端最外侧阀门，关闭里侧阀门，打压至采油树额定工作压力，观察10min，压降小于0.5MPa为合格。
(5) 水泥车泄压后，打开小四通两侧阀门与上部阀门，关闭小四通下部第一个阀门，打压至采油树额定工作压力，观察10min，压降小于0.5MPa为合格。
(6) 水泥车泄压后，打开小四通下部第一个阀门，关闭小四通下部第二个阀门，打压至采油树额定工作压力，观察10min，压降小于0.5MPa为合格。
(7) 泄压后，打开所有阀门，拆开试压管线与试压法兰，完成试压操作。

2) 井控装置试压操作

(1) 防喷器试压操作。

① 安装 SFZ18-21 防喷器，检查开关闸板灵活性。

② 将试压短节连接在油管悬挂器上。

③ 从试压短节上部连接活接头及弯头，并用硬管线与水泥车连接。

④ 启动水泥车，泵入清水，观察井口返水后停泵，关闭半封闸板。

⑤ 再次启动水泥车，打压至设计试压值，稳压 10min，压降小于 0.7MPa 为合格。

⑥ 水泥车泄压，拆卸管线与试压短节，完成试压操作。

防喷器的安装要求如下：

① 防喷器与套管四通的连接必须采用井控车间配发的专用螺栓。

② 连接螺栓配备齐全并对称旋紧，螺栓两端余扣一致，一般以出露 2~3 扣为宜。法兰间隙均匀，密封槽、密封钢圈清洁干净，并涂润滑脂，确保连接部位密封性能满足试压要求。

③ 防喷器各闸板需挂牌标识开关状态。

(2) 旋塞阀试压操作。

① 将硬管线一端连接旋塞阀，另一端连接水泥车。

② 启动水泥车，泵入清水，观察旋塞阀出口返清水后停泵，使用旋塞阀扳手关闭旋塞阀。

③ 再次启动水泥车，打压至设计试压值，稳压 10min，压降小于 0.7MPa 为合格。

④ 水泥车泄压，完成试压操作。

(3) 压井、放喷管线试压操作。

① 压井管线的安装要求。

a. 压井管线安装在当地季节风上风方向。

b. 压井管线出口连接外螺纹活接头。

c. 压井管线出口附近用基墩固定牢固。

d. 压井管线一侧紧靠套管四通的阀门处于常关状态，并挂牌标识清楚。

② 放喷管线的安装要求。

a. 放喷管线使用硬管线，安装在当地季节风下风方向，出口不得有障碍物，且距危险或易损害设施距离不小于 30m。

b. 在安装放喷管线过程中，如遇特殊情况需要转弯时，在转弯处使用 120°弯头或 90°锻造弯头。

c. 每隔 10~15m 用地锚或基墩对放喷管线进行固定。一般情况下需要 4 个基墩：第 1 个基墩宜安装在放喷阀门外侧且靠近放喷阀门处；放喷管线出口 2m 内用双基墩固定；第 1 个基墩与出口双基墩之间再用 1 个基墩固定。若放喷管线需要转弯时，转弯处前后均需固定。

3) 套管试压操作

(1) 未射孔井套管试压操作。

① 从套管阀门两侧分别连接压井及放喷管线，并试压合格。

② 打开放喷管线，放出井筒内余压后关闭放喷阀门。

③ 将水泥车与压井管线连接。

④ 启动水泥车，泵入清水，待压力升至设计试压值时停泵，观察 30min，压降小于 0.5MPa 为合格。

⑤ 水泥车泄压，打开放喷阀门放压后关闭套管阀门，完成试压操作。

（2）射孔井套管试压操作。

① 从套管阀门两侧分别连接压井及放喷管线，并试压合格。

② 将试压封隔器与油管连接，下至设计坐封深度。

③ 封隔器坐封，关闭防喷器半封。

④ 将水泥车出口用弯头与压井管线连接。

⑤ 启动水泥车，泵入清水，待压力升至设计试压值时停泵，观察 30min，压降小于 0.5MPa 为合格。

⑥ 水泥车泄压，打开放喷阀门放压，关闭套管阀门完成试压操作。

3. 归纳总结

（1）水泥车开泵前确认阀门开启状态。

（2）采油树试压合格后不得再进行拆装作业。

（3）复合套管试压要根据套管尺寸选择合适的试压工具。

（4）开启阀门时人员不能正对阀门螺杆及顶丝，站在侧面操作。

（5）水泥车进入井场后停放在井口附近上风向且有利于施工的位置。

（6）试压过程中，人员远离高压区，禁止跨越高压管线。

（7）试压过程中若发现泄漏现象，应先泄压再进行紧固操作。

（8）冬季施工时应及时清理出采油树中残余的试压介质，防止发生冻堵。

（9）试压过程中严格控制水泥车压力不超过设计试压值。

六、防砂与冲砂

油井出砂是困扰油井正常生产的因素之一。油井出砂能造成泵、油管、气锚、套管等井下工具和设备的磨损，严重时还有可能造成油井停产，甚至报废。所以油井的防砂工作应放在生产的重要位置。油井一旦出砂，就应该采取相应的措施处理，即冲砂处理。冲砂是向井内高速注入液体，靠水力作用将井底沉砂冲散，利用液流循环上返的携带能力，将冲散的砂子带到地面的施工。在修井作业中冲砂是一项危险性较高的施工工序，会出现卡钻、井喷、人员伤害等事故。

1. 油井出砂的原因

油井出砂是指构成储层岩石部分骨架颗粒产生移动，并随地层流体流向井底的现象。油层岩石处在一个复杂的地应力场中，由于构造地质运动和人为因素，造成目的层中应力场的不均衡分布，破坏岩石结构而导致出砂。胶结强度主要取决于胶结物的种类、数量和胶结方式。

2. 防砂方法

1) 制订合理的开采措施

(1) 在制订油井配产方案时，要通过矿场试验使所确定的生产压差不会造成油井大量出砂。如因受压差限制而无法满足采油速度要求时，只能在采取其他防砂措施之后才能提高采油压差，否则将无法保证油井正常生产。

(2) 在易出砂油气水井管理中，开、关井操作要平稳，并严防油井激动。

(3) 易出砂井应避免强烈抽汲和气举等突然增大压差的诱流措施。

(4) 对胶结疏松的油层，为解除油层堵塞而采用酸化等措施时，必须注意防止破坏油层结构，以避免造成油井出砂。对黏土胶结的疏松低压油层，避免用淡水压井，要防止水大量漏入油层，引起黏土膨胀。

(5) 根据油层条件和开采工艺要求，正确地选择完井方法和改善完井工艺。对于油水(或气)层交互及层间差异大的多油层，常采用射孔完井。

2) 采取合理的防砂工艺方法

(1) 砾石充填防砂。

砾石充填防砂方法属于先期防砂(即在油井投产前的完井过程中采取的防砂措施)工艺。

砾石充填就是将地面选好的砾石，用具有一定黏度的液体携至井内，充填于具有适当缝隙的不锈钢绕丝筛管(或割缝衬管)和地层出砂部位之间，形成具有一定厚度的砾石层，阻止油层砂粒流入井内。砾石层先阻挡了较大颗粒的砂子，形成砂桥或砂拱，进而又阻止了细砂入井。通过自然选择形成了由粗粒到细粒的滤砂器，既有良好的流通能力，又能防止油气层大量出砂。

常用砾石充填有两种：裸眼砾石充填和套管砾石充填。砾石充填防砂方法是较早的机械防砂法，近年来在理论上、工艺及设备上不断完善，被认为是目前防砂效果最好的方法之一，特别是在注蒸汽井中的防砂，其效果更为显著。

(2) 化学防砂。

将一种胶凝(结)性化学剂或多种胶凝(结)性化学物质挤入目的层段，胶结其中的散砂颗粒或者在近井地带形成"人工井壁"，阻止砂粒流出地层，以达到防砂的目的。

以水泥为胶结剂，石英砂为支撑剂，按比例混合均匀，拌以适量的水，用油携至井下，挤入套管外，堆积于出砂部位，凝固后形成具有一定强度和渗透性的人工井壁，防止油气层出砂。

以水泥为胶结剂，以石英砂作支撑剂，按比例在地面拌和均匀后，用水携至井下挤入套管外，堆积于由于出砂而形成的空穴部位，凝固后形成具有一定强度和渗透性的人工井壁防砂。

除以上两种人工井壁外，还有柴油乳化水泥浆人工井壁、树脂核桃壳人工井壁、树脂砂浆人工井壁、预涂层砾石人工井壁、酚醛树脂胶结砂层(人工胶结砂层)、酚醛溶液地下合成防砂(人工胶结砂层)等。

3. 探砂面

探砂面是下入管柱实探井内砂面深度的施工操作。通过实探井内的砂面深度，为下一步下入的其他管柱提供参考依据，也可以通过实探砂面深度了解地层出砂情况。探砂作业方法主要有软探砂面和硬探砂面两种。

软探砂面：对于油层深、口袋长的超深井，可通过试井车钢丝将铅锤下入井内进行软探砂面。

硬探砂面：根据油井的实际情况采用原井管柱加深探砂面，也可采用冲砂管柱直接探砂面或在保证作业井段不受影响的情况下用通井、打捞等兼顾探砂工序(不提倡)。

注意事项：不同探砂工序的应用要在掌握油井套管状况的前提下设计，应做到探砂管柱的防卡、防脱、防断。

4. 冲砂施工工具

冲砂施工工具主要有活接头、高压活动弯头、水龙带、自封封井器、单流阀、冲砂笔尖等。

高压活动弯头是活动两臂中间采用高压活动弹子联体进行密封连接在一起，可改变连接方向便于管线的连接。通过活接头、弯头、水龙带与地面管线和井内油管相连接，组成冲砂所需的进出口管线，经泵车不断循环，泵入的液体通过管线内部通道注入井内，经井底再携砂返至地面，从而达到冲砂施工的目的，在冲砂施工起着十分重要、不可代替的作用。

冲砂笔尖连接在下井第一根油管的底部，下入井内遇砂面时将通过高压水流将井底砂子冲散，并随返液流将砂子带到地面。随着修井技术的提高，冲砂笔尖的种类变多，其主要功能有加大水冲击能力和导斜作用，在复合套管和侧钻井内可以使管柱顺利通过井内悬挂器等位置，遇阻砂面时还具有防堵、防蹩泵的能力。

5. 冲砂施工

1）探砂面操作

用冲砂管柱探砂面，笔尖距油层 20m 时，下放速小于 0.3m/min，大钩悬重下降 10~20kN 时，则表明遇到砂面，上提重新试探，两次误差不超过 0.5m 则探得原始砂面，记录砂面位置。

2）下冲砂管

(1) 将冲砂笔尖接在下井第一根油管底部，下入井内。

(2) 继续下油管至油层上界 30m 时，缓慢加深油管探砂面，下放速度应小于 5m/min。

(3) 下放遇阻，悬重下降 10~20kN 时，要连探三次，平均深度为砂面深度。

(4) 核实砂面深度后，上提 2 根油管。

3）安装自封封井器

(1) 将提出的第二根油管架起，先套入自封上压盖，再套入自封胶皮，安装时要露出油管外螺纹以上 50cm，便于使用管钳上扣。

(2) 在井口油管接箍位置依次套入大钢圈、下压盖。然后将带有自封胶皮和上压盖的油管提起，用 1200mm 管钳与井口油管连接、上紧。

（3）油管下放至井内，在吊卡接近井口时穿入螺栓，扶正油管居中。当大钢圈进入大四通与下压盖钢圈槽内，吊卡下放压置自封上压盖，上紧自封封井器 12 条螺栓。

4）接进、出口管线

（1）将活动弯头及水龙带连接在油管接箍上，水龙带要系好安全绳以免冲砂时水龙带在水击震动下脱扣掉落伤人。

（2）将单流阀连接在油管外螺纹上，要求连接紧固。全部安装完毕后，吊起油管与井内管柱连接，用液压钳上紧螺纹防止脱扣。

（3）连接地面进、出口管线。进口是由水龙带、地面硬管线将井内油管与泵车相连。出口由地面硬管线将套管阀门与防污沉砂罐连接在一起。

（4）把泵车的进口管线、防污沉砂罐的出口管线、罐车的放水管线放在同一储液罐内，这样就可以进行循环冲砂施工。

5）冲下单根

（1）打开罐车阀门，将拉来的冲砂液放入地面罐内，开泵循环洗井，观察泵车压力及排量的变化情况。

（2）当出口返液排量正常后缓慢加深管柱，同时用水泥车向井内泵入冲砂液，如有进尺则以 0.5m/min 的速度缓慢均匀加深管柱。

（3）冲砂时要尽量提高排量，不得低于 $25m^3/h$，保证把冲起的沉砂带到地面，同时观察出口返液情况。

6）接换单根

（1）当油管全部冲入井内后，要大排量打入冲砂工作液，循环洗井 15min 以上，保证井筒内冲起的沉砂不会在换单根时沉降卡管柱。

（2）水泥车停泵后砸开弯头，连接在下一根已经接好活接头的油管上，同时卸下井口活接头。然后提起带有水龙带的油管与井内管柱相连接，上紧螺纹，上提 1~2m 开泵循环，待出口排量正常后，缓慢下放管柱冲砂。

（3）当连续冲下 5 根油管后，必须循环洗井 1 周以上，再继续冲砂至人工井底或设计要求深度。

6. 归纳总结

（1）常规冲砂施工必须在压住井的情况下进行。

（2）冲砂弯头及水龙带用安全绳系在大钩上，防止落物而发生伤人事故。

（3）冲砂至人工井底（灰面）等设计深度后，应保持 $0.4m^3/min$ 以上的排量继续循环，当出口含砂量小于 0.2% 时为冲砂合格。

（4）禁止使用带封隔器、通井规等大直径的管柱冲砂。

（5）井口操作人员、作业机操作人员、泵车操作人员要密切配合，根据泵压、出口排量来控制下放速度。

（6）冲砂施工要特别注意防火、防爆、防中毒，避免发生事故。

（7）冲砂施工中途若作业机等提升设备出故障，必须进行彻底循环洗井。若水泥车出现故障,应迅速上提管柱至原砂面以上30m(如果是组合套管内冲砂,在确保上提原砂面以上30m前提下,还要保证上提到悬挂器位置10m以上),并活动管柱。

(8)要有专人观察冲砂出口返液情况,若发现出口不能正常返液,应立即停止冲砂施工,迅速上提管柱至原砂面以上30m,(如果是组合套管内冲砂,要上提到悬挂器位置10m以上)并反复活动管柱。

七、冲捞

在井下打捞对象上部覆盖泥砂等脏物的情况下,如果直接打捞,容易造成打捞失败或卡住打捞管柱,为保证打捞成功率,需要先冲洗鱼顶然后再实施打捞。在打捞封隔器时,循环冲洗还能达到防喷作用。

1. 冲捞对象

1)可捞式桥塞

可捞式桥塞是一种井下封堵工具,主要由坐封机构、锚定机构、密封机构等部分组成。采用独特的自锁定结构,具有可靠的双向承压功能,无须上覆灰面,即可实现可靠密封。可捞式桥塞用电缆坐封工具或液压座封工具坐封,需要时可解封回收、重复使用。它可以进行临时性封堵、永久性封堵、挤注作业等,还可与其他井下工具配合使用,进行选择性封堵和不压井作业等。

2)丢手工具

丢手工具是封隔器的配套工具,主要作用是连接在需要丢入井内的封隔器上部,通过油管下入井内,待工具下至设计深度后投球打压丢掉,起出丢手头以上的管柱,达到丢封的目的。

3)小件落物

小件落物指螺丝、小工具、钢球、钳牙、卡瓦碎片、碎散胶皮等落入井筒并对油气水井生产或作业产生影响的体积较小的落物。

2. 冲捞施工

1)冲捞可捞式桥塞

(1)检查桥塞专用打捞器,测量各部位尺寸,绘出工具草图。

(2)将桥塞专用打捞器连接在油管上,匀速将工具下入井内,当打捞工具下至桥塞坐封位置以上50m时,减速慢下。当打捞器下至距桥塞3~5m时,接好地面循环洗井管线。

(3)启动水泥车,选用设计洗井液循环冲洗,边冲边下放管柱,打捞工具接近桥塞顶部0.5m时停止下放管柱,继续循环洗井,将桥塞上部沉砂及杂物从井底返出井口。

(4)边冲洗边下放管柱,遇阻后加压30~50kN,缓慢上提管柱同时观察指重表,若在原悬重基础上增加20~30kN后又降至正常悬重,证明桥塞已成功解封。上提3m后,再次下放5m探桥塞,确保桥塞捞获。如上提遇卡,在设备提升安全负荷范围内上下活动解卡,若不能解卡,在保持桥塞捞筒承受10~20kN拉力的情况下正转管柱,使打捞工具与桥塞脱开。

(5)桥塞解封后继续循环洗井脱气,洗井液液量不少于井筒容积的1.5倍,停泵观察有无溢流。若有溢流，分析原因，适当加大洗井液比重，循环至进出口液性一致，直至停泵后出口无溢流。

（6）匀速起出管柱、打捞器以及桥塞主体，起管时严禁管柱旋转，以防桥塞落井，控制起管速度在30根/h之内，防止因起管速度过快造成抽吸井喷。

2）冲捞丢手封隔器

（1）检查分瓣捞矛，测量各部位的尺寸，绘出工具草图。

（2）将分瓣捞矛与油管连接，匀速下入井内。

（3）工具下至距鱼顶1~2m处开泵洗井，出口返液正常后下放管柱打捞，待指重表悬重下降10~20kN，缓慢试提管柱，若悬重增加，判断捞获。

（4）解封后继续循环洗井脱气，洗井液量不少于井筒容积的1.5倍，停泵后观察有无溢流。无溢流情况下起管柱，起管速度控制在30根/h，防止因速度过快造成抽吸井喷。

（5）分瓣捞矛和丢手封隔器起至地面后，在捞矛接箍上垫木板或胶皮，用大锤轴向轻轻敲击，使矛杆锥面和矛抓锥面分离，用管钳等卸扣工具向退出方向旋转，退出捞矛。

（6）将打捞工具清洗干净，保养回收。

3）冲捞小件落物

（1）冲捞铁类小件落物。

① 检查磁力打捞器，测量工具尺寸，绘出工具草图。

② 将工具与油管连接，下至距鱼顶以上5~10m处开泵洗井。

③ 控制下放速度不大于15m/min，缓慢下放至指重表有下降显示为止，探落物时注意泵压变化。

④ 上提2~3m循环洗井，时间不少于30min，停泵，从不同方向加压5kN左右打捞。

⑤ 起出管柱，带出工具，检查捞获落物情况。起管速度控制在30根/h，防止因起管速度过快造成抽吸井喷。

（2）冲捞碎散胶皮等小件落物。

① 检查局部反循环打捞篮零部件，检查篮筐总成是否灵活完好，用手指或工具轻顶篮爪，观察是否可以自由旋转，回位是否及时、灵活，检查水眼是否畅通。

② 卸开提升接头，测量钢球直径是否合格，并将钢球投入工具内，检查钢球入座情况是否正常。测量各部位尺寸，绘出工具草图。

③ 将工具与油管连接，下至距井底以上3~5m处开泵洗井，出口返液正常后投入钢球，开泵洗井送球入座，当泵压略有升高时说明球已入座。

④ 慢慢下放管柱至预定井深，再略上提1~2m之后，用较快的速度下放至井底0.2~0.3m以上，如此反复操作几次。

⑤ 起出管柱及工具，检查捞篮内捞获落物情况，回收钢球，清洗干净，涂油，存入提升短节球腔之内。起管时严格控制速度不超过30根/h，防止因起管速度过快造成抽吸井喷。

3. 归纳总结

（1）查找井史资料，落实井内打捞对象型号及尺寸，合理选择打捞工具。

（2）工具与油管连接紧固，防止下管柱时脱扣。

（3）开泵洗井正常后，方可进行冲捞。

（4）若打捞后遇卡，在安全要求的负荷内反复活动管柱进行解卡。

（5）桥塞和封隔器解封后，循环洗井脱气，观察无溢流情况下方可起管柱。

（6）起大直径工具，控制起管速度30根/h，防止因起管速度过快造成抽吸井喷。

（7）打捞封隔器前通井落实套管质量。

（8）若打捞工具以上沉砂较多，需要先下冲砂管冲砂，再实施冲捞。

八、挤水泥

挤水泥是油田修井作业中的一项重要工艺技术，主要用于封窜、封层、封井和堵水，了解并熟练掌握挤水泥方法和操作技能，可有效防止挤水泥施工中工程事故的发生，是安全、高效、优质完成施工任务的重要保障。

1. 常用挤水泥方法

1）光油管挤水泥法

挤水泥管柱下至挤注目标层以上10~20m，从油管挤注水泥浆，当水泥浆在射孔炮眼或喉道处失水形成滤饼时，泵压明显上升，此时停止挤注，进行洗井，洗出多余水泥浆，上提管柱候凝。该方法适用于老井、套管密封压力不准及地层吸收情况不确切的井。

光油管挤水泥法的特点是水泥浆液柱产生的压力较大，油管挤注压力较低，套管压力较高。水泥浆量充足，具有一定的安全性，但失水压力不易掌握，对失水量的控制是挤注成功的关键，浅井、高渗透率及地层胶结松散的井不宜采用此方法。若目标井段以下还有其他射孔井段，则需先在目标层底界以下10m处打水泥塞或者下入可钻式封隔器，然后进行挤水泥作业。

2）水泥承留器挤水泥法

水泥承留器主要用于对油、气、水层封堵或二次固井，通过承留器将水泥浆挤注进入需要封固的井段或进入地层裂缝、孔隙，以达到封堵和补漏的目的。水泥承留器挤水泥法主要用于挤注层上部套管承压不可靠的井及挤注量无法预计的井或隔层挤注。水泥承流器有套阀式和机械式两种。

套阀式水泥承留器的工作原理是将水泥承留器与液压坐封工具相连，通过油管下入坐封深度后投球打压，使水泥承留器坐封并完成丢手，起出液压坐封工具，下入密封插管，插入水泥承留器中，建立挤水泥通道，实施挤水泥施工。

机械式水泥承留器工作原理是将水泥承留器与机械坐封工具连接，通过油管下放到预定位置，上提、旋转、再下放，使得上卡瓦释放，提拉管柱坐封水泥承留器，旋转丢手，再次将机械坐封工具插入水泥承留器中，打开阀体，即可进行挤注水泥作业。

水泥承留器挤水泥法的特点是洗井时水泥浆不外吐，挤注层带压候凝，挤注时安全性较高，但钻水泥塞较费时。井径较小时插入管内径较小，易堵塞。

3）空井筒加压挤入法

空井筒加压挤法的使用条件是挤水泥时地层有吸收量，能够使水泥浆进入井筒。空井

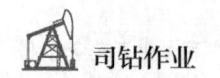

筒加压挤入法主要用于挤注松散的浅水层或工程报废井封井。

空井筒加压挤入法的特点是整个施工过程不下管柱，水泥浆量充足，挤注压力较低，不洗井，带压候凝，防止水泥浆外吐。

2. 挤水泥施工

1) 光油管挤水泥

(1) 下光油管至设计深度(一般挤水泥管柱下入深度为目标层上界以上10~20m，或下至设计要求完成水泥面以上2m左右)，安装悬挂井口。

(2) 连接施工管线。对井口装置及所有施工管线进行试压，试压压力一般为工作压力的1.2~1.5倍。

(3) 洗井。用不少于1.5倍井筒容积的清水正循环洗井至进出口液性一致，将井内气体及杂质脱离干净，以保证施工效果和安全。

(4) 测吸收量。关闭出口阀门，用泵车向目标层持续注水，当压力稳定后，记录在稳定压力下的注入量和时间(不小于5min)，根据目标层的吸收量来确定水泥浆用量。

(5) 配水泥浆。配置符合要求密度和数量的水泥浆。

(6) 挤水泥浆。正替入设计要求的水泥浆，将水泥浆推送至目标层位后关闭套管阀门，继续从油管内加压泵入水泥浆，直到达到设计要求的水泥浆量。也可持续挤入水泥浆，直至泵压持续升高至设计安全压力为止。如果井内压井液为非清水，则按油管及油套环空容积比在替入水泥浆前后依次替入前隔离液和后隔离液。

(7) 替顶替液。用与井筒内液体液性相同的液体正替水泥浆至油套平衡。顶替液必须与井筒内液体的液性、密度相一致，控制顶替排量为300~400L/min，顶替压力不超过设计安全值。

(8) 反洗井。接反洗井管线，进行反循环洗井，洗出油管内外壁附着的残余水泥。

(9) 上提管柱100m以上，或者起出全部管柱。

(10) 候凝。关闭井口，常规井关井候凝24~48h，特殊井依据水泥浆性能、添加剂浓度、水泥浆量可以延长候凝时间至72~96h。

(11) 回探水泥面。按规定时间候凝后，加深管柱实探水泥面，加压10~20kN，反复探3次，探灰面后必须上提管柱至候凝深度以上。

(12) 试压。按设计要求对目标层进行试压。

2) 水泥承留器挤水泥

(1) 通井落实井底深度。

(2) 刮削套管，在水泥承留器坐封位置来回刮削三次以上，并循环洗井，清理井壁。

(3) 将水泥承留器与油管相连，控制速度下至设计坐封深度，坐封后丢手，将插入管上提至水泥承留器坐封深度以上1~2m。

(4) 循环洗井，具体要求同光管柱挤水泥方法中循环洗井步骤。

(5) 缓慢下放管柱，使插管打开阀体，在水泥承留器上加压40~80kN，防止挤封过程中压力过大将插管上顶。

(6) 测吸收量，配水泥浆，挤水泥浆，替顶替液。具体要求同光油管挤水泥中的相关步骤。

(7) 保持管柱压力，上提管柱拔出插管，大排量反循环洗井，洗出井内多余的水泥浆。

(8) 起出插管，关井候凝。

3. 空井筒挤水泥

(1) 清水灌满井筒，如果井内油污较多，则下光油管循环洗井，起出管柱后再灌满井筒。

(2) 测吸入量，同光油管挤水泥中测试吸收量方法。

(3) 配水泥浆、挤水泥浆、替顶替液，具体要求同光油管挤水泥中相关步骤。

(4) 关井候凝。

4. 归纳总结

(1) 挤水泥管柱应丈量准确、详细记录并计算正确。

(2) 提前检查好提升设备、循环设备等，使其处于良好工作状态。

(3) 地面流程必须使用硬质管线并试压合格，各闸阀开关灵活，储液罐内备好足量的压井液。

(4) 配置水泥浆密度、用量及顶替量必须计算准确。

(5) 挤水泥施工过程中必须保持提升设备运转正常，如果提升设备发生故障，应立即反循环洗井干净后上提管柱。如在管柱被卡且洗不通的情况下，要不停地活动管柱。

(6) 挤水泥过程中，最高压力不得超过套管抗挤强度的70%。

(7) 整个挤水泥施工时间不得超过水泥浆初凝时间的70%。

(8) 候凝时间达到设计要求后方可回探。

(9) 挤水泥之前对目标层以上的套管进行试压，试压不合格则需对目标层以上套管进行找漏，并采取相关措施封堵漏失部位或者下封隔器对上部套管进行保护，否则不允许下光油管挤水泥，以免发生卡管柱事故。

九、注水泥塞

常规修井作业中，为了进行回采油层、找窜封窜、找漏堵漏、上部套管试压等，往往需进行注水泥塞施工，在井内某一井段形成坚固的水泥塞。又由于注水泥塞施工步骤较多、数据要求准确、施工周期较长，所以是常规修井作业中一项重要且复杂的施工工序。

1. 配制水泥浆

(1) 按设计要求在 $2m^3$ 罐内加入清水，并向罐内均匀地加入设计量的水泥，边加边搅拌并边测量密度(密度应在规定范围内)，直到液体均匀混合为止。

(2) 加完设计量的水泥后，用铁锹将其循环均匀，用水泥浆密度计测量其密度，达到设计要求为合格。

2. 正替水泥浆

(1) 打开油管和套管阀门，准备好正替水泥浆管线。

(2) 用水泥车正替入罐内的全部水泥浆。

3. 正顶替水泥浆

(1) 用水泥车向井内打入顶替液,将水泥浆顶替到预定位置。
(2) 当顶替完设计要求的顶替液量后,停泵。
(3) 迅速卸开井口管线,卸掉井口装置。
(4) 上提油管,完成反洗井管柱(应完成在预计水泥塞面以上 1.5~2m 的位置)。
(5) 装好采油树,上紧顶丝及螺栓。

4. 反洗水泥浆

(1) 将正注水泥塞管线倒成反循环洗井管线。
(2) 用清水反循环洗井,将多余的灰浆全部洗出。

5. 候凝

(1) 卸掉井口装置,上提油管至设计水泥面位置 100m 以上。
(2) 装好井口,向井筒内灌入同性能压井液,关井候凝 24~48h。

6. 回探灰面

(1) 拆开井口,加深油管回探灰面,确定灰面深度。
(2) 确认深度后上提管柱 20m,装好井口。

7. 试压

对所注水泥塞进行试压,保证灰塞密封合格。

8. 归纳总结

(1) 配制水泥浆过程中,水泥枪必须两个人同时握住,在罐内来回晃动刺起沉底的水泥。
(2) 配制水泥浆过程中,施工人员需戴好防尘口罩。
(3) 配制水泥浆需安排紧凑,一般在 20min 内完成。
(4) 配制水泥浆过程中,应避免将水泥碎纸袋掉入罐内,发现水泥结块、失效,要停止使用。
(5) 计量顶替量一定要准确,必须始终在一个固定位置计量。
(6) 从顶替水泥浆到反洗井结束,应在 30min 内完成。
(7) 注水泥塞施工过程中,中途不得随意停泵,若施工中途水泥车出现故障,应立即卸开管线,卸掉采油树,起出井内油管。
(8) 注水泥塞过程中,作业机不得熄火,若施工中途作业机出现故障,应立即开泵循环,洗出井内水泥浆。
(9) 对灰塞试压前,需反循环洗井,防止油管堵塞,试压失真。

任务 4　完井收尾阶段认知

完井收尾作业主要包括放井架作业、拆甩钻台作业、挂抽完井以及施工收尾等。
现场施工人员在施工期间通常会严格按照安全要求施工,但在完井收尾阶段常常会放松警惕，因此也很容易发生一些安全事故。

完井收尾作业存在的风险主要有高处落物、机械伤害、触电、物体打击、吊装伤害等，所以，施工人员在完井收尾作业阶段仍然要提高安全意识，按照相关要求施工，确保人身安全和设备安全。

一、放井架作业

放井架作业包括两部分：一是先收回井架上体；二是放倒井架。因此要求现场施工人员必须按照操作规程按部就班施工。

放井架作业存在的风险主要有机械伤害、高处落物、高处坠落等。

1. 危害因素

（1）井架液缸未排净空气，井架有可能突然快速下降，造成设备损坏，甚至井架倾倒。

（2）井架工尚未下至地面，操作人员已经开始操作起下井架。

（3）井架绷绳未松开或未完全松开。

（4）井架下放时游车突然坠落。

（5）起升液缸未排空，可能导致井架突然坠落。

（6）井架下放速度过快，砸落在井架头枕上。

（7）修井机停放的地方不平且低洼，雨后可能导致车开不出来。

2. 控制措施

（1）井架工佩戴好安全带并挂上防坠落差速器，爬上井架排空液缸内的空气，摘开照明电路插座，并盘好电缆，打开井架承载机构安全锁。

（2）井架工爬下井架后方可进行下步操作。

（3）下放井架前必须将井架先向上顶一下才能松开承载块，因此必须将井架上部的所有绷绳全部松开。

（4）在井架上体收回的同时操作游车大钩，使其在合适的位置，达到井架放倒时游车放置在大钩托架上。

（5）井架工佩戴好安全带并挂上防坠落差速器。拧开控制起升缸的排气阀，操作起升液缸换向阀手柄，观察气泡观察器，当气泡观察器无气体显示时，说明气缸内空气已排净，使操作阀手柄回中位。

（6）待井架放倒至距离前支架200~300mm时，减小下放速度，使井架头枕缓慢落在前支架上。

（7）修井机长时间不用时，不应停放在低洼处，应停放在平整的地方，必须把4个千斤腿打好。修井机停放不用时，需要给相关的传动件加注润滑油，对发动机要定期进行检查和维护。

二、拆甩钻台作业

每当一口井施工完毕，后期收尾工作都需要将钻台拆开吊装至安全的地方，此时需要按照操作规程一步一步操作，需要注意吊装作业安全，还要注意主钻台吊出井口装置时，一定要慢起，防止挂坏井口阀门或采油树，从而造成井控风险。

拆甩钻台作业存在的风险主要有高处落物、物体打击、触电等。

1. 危害因素

（1）钻台上部的工具用具未收拾干净，在吊装时掉落伤人。

（2）钻台护栏未全部拆除，或拆除后继续放置在钻台之上。

（3）传动轴与钻台转盘未拆除，或拆除时传动轴活动部位掉落伤人。

（4）钻台与底座之间的连接销未拆除。

（5）钻台与钻台之间的拉筋未拆除。

（6）钻台未降低直接进行吊装，重心较高。

（7）吊装钻台时挂吊索具的人未下至地面就起升，容易导致人员跌落钻台造成伤害。

（8）吊索具的挂点选择不合理，导致钻台偏重，造成倾斜甚至翻转。

（9）吊装钻台时未使用牵引绳，人员直接用手推扶，极易造成人员伤害。

（10）拆甩主钻台时需要穿越井口装置，操作配合不好容易对井口装置造成损伤，导致井控风险。

（11）将钻台吊装到运载车辆上后未及时固定，车辆运移时钻台倾斜滑落。

2. 防控措施

（1）吊装作业前必须检查钻台上的工具、用具，确保全部收拾干净，钻台上不允许放置任何散落物件。

（2）钻台在吊装前必须将所有护栏拆下，捆绑结实，并放到安全地带妥善保管，严禁不拆护栏直接进行吊装。

（3）拆甩钻台前将传动轴拆卸掉，拆卸传动轴前先将传动轴固定牢靠，再进行拆卸，防止全部螺栓拆卸后传动轴滑脱跌落伤及附近操作人员。

（4）拆甩钻台前将钻台与底座之间的连接销拆除，如卸不动可与吊车配合活动后将销子取出。

（5）主钻台与副钻台之间的连接拉筋要事先卸松，拆下。

（6）钻台在吊装前要将高度降低后再进行吊装，防止钻台重心过高，在吊装过程中产生偏移翻转。

（7）操作人员在挂好吊索具后，应立即下至地面，指挥人员指挥起重机司机进行试吊。

（8）吊索具应选择对称四角专用的吊点，吊点要求为圆柱光滑且外部带有挡键，起到防止吊索具滑脱或损坏的作用。

（9）吊装钻台时必须使用牵引绳，严禁任何人在吊装过程中用手直接扶钻台，钻台运移过程中，运移路线下方和附近严禁站人。

（10）将主钻台放置到井口区域时，起重机械应尽量靠近井口区域，保证地基坚实，在钻台上系好牵引绳，指挥起重机缓慢起吊，观察无异常方可继续起吊升至合适高度，缓慢从井口装置上引入，控制钻台的人员要配合默契，确保钻台以合适的角度进入井口区域，缓慢下放，不要磕碰井口装置。

（11）将钻台运移至运载车辆上方后，操作人员拉动牵引绳，迫使钻台以合适角度缓慢下放至车辆上，放松吊索具观察钻台在车上是否稳定，当确认钻台稳定后，拆掉牵引绳，对钻台进行固定。

三、挂抽完井

挂抽完井作业包括拨驴头、插保险销、驴头运行至下死点、安装悬绳器、卡方卡子。挂抽完井存在的风险主要有高处落物、物体打击、触电等。

1. 危害因素

（1）抽油机刹车失控，造成人员受伤。
（2）拉驴头的牵引绳断开，人员摔伤。
（3）高处作业未系安全带，人员跌落摔伤。
（4）启停抽油机操作人员触电。
（5）卡子未卡紧，造成卡子掉落伤人。
（6）卸下部卡子时，手握光杆，挤手。

2. 防控措施

（1）打好死刹并有专人看护，然后进行施工作业。
（2）检查确认驴头牵引绳牢固。
（3）高处作业必须穿戴好安全保护用品。
（4）启停抽油机前应用试电笔检测是否漏电。
（5）卡子方向必须正确，上紧。
（6）严禁用手抓卡子以下的光杆。

四、施工收尾

施工收尾包括收拾工具、收残液、清理井场垃圾。施工收尾存在的风险主要有高处落物、物体打击、机械伤害、触电等。

1. 危害因素

（1）未同时抬放工具，工具掉落，砸伤人员。
（2）储液罐无护栏，人员坠落。
（3）垃圾、残液滞留污染环境。
（4）钻台上的工具未收进工具房，吊装时掉落伤人。
（5）吊装钻具等大件物体不使用牵引绳，导致被吊物转动倾斜散落。
（6）拆除电气设备时未断电，可能导致触电。

2. 控制措施

（1）抬放工具时观察好行走路线，多人同时抬放工具。
（2）储液罐要有护栏，护栏拆下后人员不要在罐上逗留。
（3）井场垃圾、残液及时收走。

(4) 收尾时将钻台上的工件收拾干净。
(5) 吊装时使用牵引绳引导控制，严禁操作人员用手扶。
(6) 拆除电气设备前必须先断电，并上锁挂签。

任务5 井下事故及复杂情况处理

一、特殊作业工序

掌握和应用特殊工序的处理技术，可有效解决井下落物、管柱卡阻等复杂情况，达到缩短施工周期、提高油水井生产时率的目的。下面介绍打捞、解卡等特殊作业工序的安全操作的基本知识。

1. 铅模打印安全操作

(1) 调查套管损坏情况或落实鱼顶情况，选择合适的打印方法，一般选用外径小于套管内径 4~6mm 的铅模。

(2) 打印前先洗井，必要时进行套管刮削处理。

(3) 缓慢下放铅模，防止挂碰井口。

(4) 下到预计打印深度以上 20~30m 时，下放速度控制在 0.5~1.0m/s，当遇阻悬重下降 30~50kN，记录方入，计算深度。每次打印只许加压一次。

(5) 当用带水眼的铅模打印时，下到预计打印深度以上 1~2m，开泵循环修井液 1~2 周，然后再进行打印。

(6) 若一次打印不能得出确切的结论，可改变铅模尺寸再次打印。

(7) 印模起出后擦洗干净，使印痕清晰可辨。绘制印痕图，描述打印结论，拍照存档。

2. 制定打捞方案

(1) 了解落物井的地质、钻井、采油资料、井身结构、井筒完好情况、井下有无早期落物等。

(2) 了解落物原因，分析落物有无变形及砂埋、砂卡的可能性等。明确落物类别、数量、规格等，尤其要落实鱼顶的形状、尺寸、深度，为打捞施工提供基本数据。

(3) 对已经采取压井措施的井，用原压井液循环 1~2 周，确保打捞过程中不发生井喷。对没有采取压井措施的井，要考虑落物捞出后有无井喷的可能，并制定相应的防范措施。

(4) 其他安全措施包括重新垫、夯实井架基础，安装二道绷绳，加固地锚桩以及防火、防爆、防管柱上顶等措施。

(5) 打捞工具和管柱的选择。

① 选择打捞工具的基本原则是使用方便、安全可靠、不伤害落物、耐用性好等。

② 下井工具的外径和套管内径之间间隙要大于 6mm。

③ 落物鱼顶或打捞工具与套管间隙过大时，打捞工具或打捞管柱要安装扶正引鞋。

④ 工具螺纹连接部位涂螺纹油，转动、滑动等活动部位涂润滑油，并与打捞管柱紧固，必要时可采取焊接等措施。

⑤ 使用倒扣器倒扣时，优先选用可退式倒扣捞矛或捞筒。

3. 下打捞管柱安全操作

（1）把打捞工具对正井口，缓慢下放管柱，对钩类、薄壁筒类等强度比较低的工具，采用扶正措施，以防碰坏工具。

（2）接单根时，要轻提轻放。

（3）管柱下放速度应慢速均匀，遇卡不能硬顿，采用边活动边下放的方式进行解卡。

4. 管类落物打捞安全操作

1）对扣打捞安全操作

（1）打捞工具下到鱼顶以上1~2m时，记录悬重，并开泵循环修井液，边冲洗边缓慢下放管柱，将鱼顶上面的沉砂或其他杂物冲出，当悬重稍有下降时停止下放。

（2）对扣时注意观察悬重变化，如悬重有所增加说明对扣成功，此时应下放管柱至原悬重，继续上扣。

（3）根据鱼顶扣数确定上扣圈数，每上扣2圈，观察管柱是否反转，若反转，重新进行对扣打捞，确认不会发生脱扣后，再起管柱。

2）工具打捞安全操作

（1）带接箍的落物通常用打捞矛进行内捞。

（2）不带接箍的落物通常用打捞筒进行外捞。如果采取内捞时，捞矛进入鱼腔长度应超过1~2m，且上提悬重不可过大。

（3）带水眼的打捞工具下至鱼顶以上1~2m时，开泵冲洗鱼顶，同时缓慢下放工具引入鱼腔，并记录好管柱负荷数据。

（4）慢慢上提管柱，悬重增加，说明已捞获落物。如悬重无增加，应重复打捞，直至捞获落物。

（5）因落物较轻，而指重表反应不出变化时，可转动管柱，重复打捞数次再起钻。

（6）倒扣或震击时，将上提负荷加大10~20kN，使打捞工具抓牢落鱼。

（7）若上提负荷接近管柱安全负荷，退出打捞工具，研究下步打捞方案。

3）造扣打捞安全操作

（1）当公、母锥下至鱼顶以上1~2m时，开泵循环修井液，同时在转盘面画一基准线。

（2）冲洗后停泵，缓慢下放管柱，当指重表略有显示时，核对方入，上提管柱并旋转一个角度后再下放，找出最大方入。

（3）缓慢下放管柱使工具进入鱼腔，当泵压明显升高、管柱悬重下降较快时停泵，加10kN钻压，在方钻杆上做标记，缓慢转动管柱一圈，刹住转盘1~2min，松开观察转盘是否回退。若转盘回退半圈，则说明已经开始造扣。继续造3~4扣，方钻杆上的标记应随造扣圈数的增加而下移，下放管柱保持10kN钻压，造8~10扣即可结束。

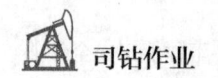

5. 绳类落物打捞安全操作

（1）在钩类打捞工具接头部加装隔环，隔环外径应小于套管内径 6mm 左右，防止绳、缆上窜，造成卡管柱事故。

（2）打捞时缓慢下放打捞工具，同时转动管柱，使钩体进入落鱼，注意悬重下降不超过 20kN，防止将落物压实，拔断打捞工具。

（3）打捞落物时仔细观察指重表，如果悬重增加说明已钩住落鱼。否则重复插入打捞工具，转动管柱，直到捞获为止。

6. 小件落物打捞安全操作

打捞螺栓、钢球、钳牙等小件落物时，打捞工具必须具备易捞、构构简单、操作方便等特点。

1）用磁铁打捞器打捞

将磁铁打捞器下至距打捞位置 5~6m 时，开泵循环洗井，缓慢下放管柱，接触落物，注意悬重下降不超过 10kN，然后上提管柱 0.5~1.0m，转动 90°，再次下放，重复几次，起出打捞管柱，即可捞获落物。

2）用反循环打捞篮打捞

将反循环打捞篮下至距打捞位置 3~5m 时，开泵反循环洗井，并慢慢下放钻具至打捞位置，循环 1h 后，停泵起钻即可捞获落物。

3）用老虎嘴打捞

将老虎嘴下至鱼顶上部，开泵循环洗井，将鱼顶冲洗干净后停泵，将打捞工具旋转不同方向，上下活动，稍加压起钻，即可捞获落物。

7. 起打捞管柱安全操作

（1）起打捞管柱过程中，不允许用硬物敲打管柱，避免因抓获不牢，落鱼重新落入井内。

（2）管柱卸扣时要打好背钳，避免落鱼退扣，重新落入井内。

（3）打捞管柱起出井口后，马上用钢板或井口盖子盖好井口，以免在卸工具时落物重新掉入井内。

8. 注意事项

（1）大修井打印只允许硬打印，即下管柱打印。

（2）铅模柱体的侧面、底面应平滑无伤痕。运输时应用木箱装好，四周垫上软物。搬运和连接时要防止磕碰。

（3）若下钻中途遇阻，应先处理井筒至合格后，方可继续进行打捞。

（4）任何情况下不得用人力转动管柱进行造扣。

（5）操作时禁止顿击鱼顶，以防将公、母锥的打捞螺纹损坏。

（6）若上提打捞管柱遇卡，无法起出时，可先倒出安全接头以上管柱，再采用套铣的方法解卡。

（7）起打捞管柱时操作要平稳，不得猛顿、猛提。

(8) 打捞鱼顶弯曲抽油杆或绳类落物时，每次打捞深度不得超过计算鱼顶的 10~15m。打捞成功后，应先试提，试提过程中不能下放钻具。

二、解卡

1. 活动解卡安全操作

(1) 卡钻时间不长或不严重时，可采取上提、下放管柱解卡。

(2) 常用的活动解卡方式有两种：一种是缓慢增加载荷到一定值后立即松开刹把，迅速卸载；另一种是提紧管柱，刹住刹把，悬吊管柱一段时间，使拉力逐渐传到下部管柱。

(3) 每活动 5~10min 后稍停一段时间，防止管柱因疲劳而断脱。

2. 憋压恢复循环解卡安全操作

(1) 砂卡后，立即开泵循环洗井。若循环洗井不通，可采用憋压的方法处理砂卡。

(2) 憋压解卡时，压力应由小到大逐渐增加，不可一下憋死。

(3) 当不易憋开时，可多放几次压，同时上下活动管柱进行解卡。

3. 冲洗解卡安全操作

常用的冲洗解卡方法有内冲洗管冲洗和外冲洗管冲洗两种。

(1) 内冲洗管冲洗是用小直径的冲管在油管内进行循环冲洗，从而解除卡钻。

(2) 外冲洗管冲洗是将冲管下入油套环空进行冲洗，从而解除卡钻。

4. 诱喷解卡安全操作

诱喷法解卡主要用于解除因砂卡造成的故障。

(1) 诱喷解卡时，井口必须装控制系统，防止发生井喷事故。

(2) 现场常用抽汲诱喷法解除压裂后的砂卡。

5. 大力上提解卡安全操作

(1) 采用大力上提法解卡时，拉力必须控制在设备负荷及井下管柱负荷许可范围内。

(2) 若井内管柱强度较大，绞车、井架等负荷达不到要求时，可用液压千斤顶解卡。

6. 震击解卡安全操作

(1) 根据现场实际情况，选用合理的震击器。

(2) 合理控制震击力度，以防止造成二次事故。

7. 倒扣套铣解卡安全操作

(1) 先用倒扣打捞工具将井内被卡管柱砂面以上部分倒出。

(2) 再用套铣筒套铣，使被埋管柱露出一整根油管。

(3) 然后倒扣打捞套铣出的油管。

(4) 最后对被埋管柱逐根进行套铣、倒扣操作，直至打捞出全部管柱。

8. 磨铣解卡安全操作

(1) 磨铣时，选用合适的钻压、转速、泵压、排量参数。

(2) 当出现跳钻、蹩钻、进尺缓慢或无进尺时，起出管柱，分析原因，确定下步施工方案。

磨铣解卡的注意事项如下：
(1) 施工前全面检查刹车系统、游动系统，加固绷绳，检查指重表是否灵敏。
(2) 检查打捞解卡工具规范、强度，采用最佳钻具组合，做到能捞、能退、能冲洗。
(3) 解卡操作平稳，除必要操作人员，其他任何人不可站在井口周围。解卡成功后，应先试提，不可超负荷硬拔。
(4) 倒扣套铣解卡时，尽可能大排量循环套铣。倒扣时，提准中和点负荷，挂转盘，先慢转，待指重表有下降显示，加快转速（一般为 15~20r/min）一次倒开。上提钻具，证实是否倒开，悬重接近中和点负荷可起钻，起钻前再次回探鱼顶。
(5) 处理卡钻时，切忌大力上提，防止落物卡死造成事故复杂化。
(6) 解卡前对井下地质情况认真分析，避免发生井喷事故。

三、常用井筒处理方法

在打捞和解卡过程中，常用的井筒处理方法有钻、磨、套、铣、胀等。在钻、磨、套、铣作业过程中，使用螺杆钻具或机械转盘提供动力。

1. 钻、磨、套、铣

1) 螺杆钻具作业安全操作
(1) 选择外径小于套管内径 6~10mm 的钻、磨、套、铣工具。
(2) 下管柱。
① 地面检查螺杆钻具，连接泵注设备，开泵测试螺杆钻具、泵注设备，同时检查旁通阀自动开关情况。
② 对地面高压管汇进行水密封试压。泵车出口管线安装地面过滤器。进口水龙带应采取防脱、防摆措施，出口管线应固定。
③ 下入 7~10 根油管后，安装自封封井器。
④ 下至距设计要求位置约 5m 时，停止下钻。
⑤ 按设计方案要求进行正循环洗井，洗井正常后，缓慢下放钻具进行钻、磨、套、铣作业。
⑥ 在作业过程中，观察拉力计，如果出现反转，应立即上提或减小钻压。
⑦ 处理完一根油管长度后，上提下放钻具两次，确保井筒内铁屑、垢物等杂质随洗井液排出井口。
⑧ 连续作业，达到设计方案要求后，用通井规检查套管的通过能力。

2) 机械转盘作业安全操作
(1) 转盘作业时，必须选用 1 根与转盘相匹配的方钻杆。
(2) 接工具，下管串。
①将工具连接在下井第一根钻杆的底部，下入井内。
②下入 10 根钻杆后，安装自封封井器。
③工具下至距设计要求位置 5~10m 时，停止下钻。
(3) 连接地面循环系统，安装方钻杆。

(4) 开钻。

① 开泵循环洗井,待排量及压力稳定后,缓慢下放钻具,旋转钻具,加钻压不超过 40kN,排量大于 300L/min,返排流速应大于 0.8m/s,中途不应停泵。

② 施工过程中应操作平稳,控制钻压为 10~40kN,转速为 40~120r/min,严禁猛提猛放。

③ 处理井段以上有严重出砂层位时,应先进行井筒处理。

④ 接单根前应大排量洗井,洗井时间不少于 5min。作业至设计深度后,循环洗井冲出井内脏物残渣。

⑤ 洗井结束后,用通井规检查套管的通过能力。

⑥ 井筒试压,检查套管的完好情况。

3) 注意事项

(1) 磨铣过程产生跳钻时,必须把转速降至 50r/min 左右,钻压降到 10kN 以下,磨铣平稳后再逐渐加压、加速。

(2) 当钻具被蹩卡时,应先上提钻具,排除磨铣工具周边的卡阻物或改变磨铣工具与落鱼的相对位置,同时加大排量洗井;若上提遇卡,可采用边转边提的方法解卡。

(3) 洗井液上返排量不得低于 600L/min,达不到要求时,应加装沉砂管或捞砂筒等工具,防止磨屑卡钻。

(4) 用泥浆等洗井液进行磨铣时,黏度不得低于 25Pa·s,如用清水、盐水磨铣时,应用双泵工作。

(5) 磨铣钻柱应在磨鞋上接钻铤或在钻杆上加扶正器,保证磨鞋平稳磨铣,防止因偏磨造成事故。

2. 胀套管安全操作

(1) 掌握套管的变形程度、深度、通过能力。

(2) 选用适宜的胀管器下井,首次使用的胀管器,外径应大于套损通径 2~3mm。

(3) 胀管器下入变形遇阻位置后,在变形部位上下活动顿击数次,畅通后起出。

(4) 根据修复内径及设计要求,再选用大一级的胀管器胀管,每次更换胀管器级差不超过 2mm。

(5) 对单一变形点且变形不严重的套管,按先小后大的顺序选择相应尺寸的胀管器。

(6) 顿击时平稳操作,每顿击 20 次,紧扣 1 次,防止因卸扣造成井下落物或卡钻事故。

(7) 顿击多次仍未通过变形点时,要分析原因并采取相应措施。

(8) 对存在多处变形点或变形严重的长段套管,选用辊工整型器进行修复。

(9) 套管修复后,用通井规检查套管的通过能力。

四、异常情况处理

作业人员不按规程操作或设备故障等原因,会出现顿钻,顶天车、大绳打扭、大细跳槽等异常情况。因此,熟练掌握相关安全操作知识,可以提高操作水平,消减隐患,确保设备完好，实现安全生产。本节介绍了井下作业异常情况发生的原因及相应的处置措施。

1. 顿钻

1）顿钻的原因

（1）司钻注意力不集中，来不及刹车。

（2）下钻速度太快。

（3）下钻时突然遇阻。

（4）刹车失灵。

2）安全操作技术

（1）操作时要集中注意力，随时观察拉力表读数变化情况。

（2）下钻时平稳操作，合理控制下放速度，确保下钻过程中匀速。

（3）经常检查刹车系统和大绳，按规定挂辅助刹车。

（4）严禁在起下钻过程中用滚筒离合器当刹车，严禁将总离合器当滚筒离合器使用。

2. 顶天车

1）顶天车的原因

（1）司钻注意力不集中。

（2）上提速度过快。

（3）刹车出现故障。

（4）防碰天车装置损坏或缺失。

2）安全操作技术

（1）操作时要集中注意力，随时观察游动滑车的位置。

（2）禁止高速起钻。

（3）仔细检查刹车制动系统，发现问题及时整改。

（4）操作前仔细检查气路系统以及防碰天车装置。

（5）冬季应经常活动各控制开关，防止冻结。

（6）安装或修复防碰天车装置，并在施工前检查其是否完好。

3. 大绳打扭

1）大绳打扭的原因

（1）新换钢丝绳未松劲。

（2）下钻过程中钻具严重旋转。

（3）未打开大钩销子。

2）安全操作技术

（1）若新换钢丝绳未松劲，应立即卸掉负荷，将大绳活绳头松开，释放钢丝绳的扭劲。

（2）放大绳扭劲时，要注意大绳的甩动，以免碰伤周围人员。

（3）若下钻时钻具严重旋转，控制下钻速度，减轻钻具的转动。

（4）若未打开大钩销子，可卡上卡瓦，人力转动大钩，打开制动销。

(5) 大绳打扭后，不得强行上提或下放钻具，以防损伤大绳。

4. 大绳跳槽

1) 大绳跳槽的原因

(1) 滑轮轮缘与防跳槽机构的间隙过大。

(2) 防跳槽机构强度不够，发生变形。

(3) 大钩快速下放过程中，突然停止，未及时刹车，导致钢丝绳松弛。

(4) 上提大钩速度过快，钢丝绳发生偏斜。

(5) 大钩旋转或提升中急停，钢丝绳发生甩动、弹跳。

2) 安全操作技术

(1) 定期检查调整滑轮轮缘与防跳槽机构的间隙。

(2) 若防跳槽机构变形，及时进行更换。

(3) 平稳操作，集中注意力，严格控制起下速度，防止钢丝绳偏斜、松弛或大钩急停、旋转。

(4) 当大绳跳入另一滑轮槽内时，先用卡瓦将管柱卡住，卸掉大绳负荷。打开天车护罩，用两根撬杠将大绳撬回原槽内，再装上天车护罩。

(5) 当大绳跳入两滑轮之间时，先用卡瓦将管柱卡住，卸掉大绳负荷。打开天车护罩，把倒链固定在天车人字架上，用倒链提起大绳，再用撬杠将钢丝绳拨回到原滑轮槽内，取下倒链，装好天车护罩。

(6) 在天车上作业必须系好安全带，所用工具拴好保险绳。

(7) 大绳跳槽后，严禁硬提硬放，以免拉断大绳。

(8) 处理时不能用手提拉大绳，以免压伤。

(9) 使用撬杠时，人员应站在安全位置。

(10) 处理完大绳跳槽后，要仔细检查大绳有无断丝、断股，并及时更换。

5. 更换大绳

1) 更换大绳的原因

(1) 钢丝绳某股断丝超过 6 丝。

(2) 钢丝绳断股。

(3) 钢丝绳磨损严重。

(4) 钢丝绳受到酸液等化学药品腐蚀。

(5) 钢丝绳受外力撞击或打击，出现严重形变。

2) 安全操作技术

(1) 卸去大绳负荷，打开滚筒前护罩，卸开活绳头的固定端，抽出活绳，滚筒上至少留 3~4 圈。

(2) 卸开死绳固定端，抽出死绳头，将死绳头和新大绳连接起来，倒换过程中检查连接情况，以防大绳脱落伤人。

(3) 用低速缓慢转动绞车滚筒，连续拉活绳，直到把旧大绳全部拉出。倒大绳过程中,游动大钩附近不得有人走动或停留。

(4) 固定死绳端和活绳端,低速缓慢转动滚筒大绳,慢慢提起游动滑车大钩,安装好滚筒前护罩。

6. 刹车失灵的处理

1) 刹车失灵的原因

(1) 操作不当导致部件失灵。

(2) 超负荷施工,下放速度过快,惯性载荷突然增大,导致刹车失灵。

(3) 施工时间过长,刹车毂高温变形。

(4) 刹车片磨损严重,未及时更换。

(5) 保养不到位,刹车系统杂质太多、密封不严。

2) 安全操作技术

(1) 严格按规程操作,防止损坏刹车部件。

(2) 平稳操作,严格控制起下速度,严禁超负荷施工。

(3) 合理安排施工时间,防止刹车片温度过高。

(4) 定期进行维护保养,及时更换磨损的刹车片,清洁保养刹车系统,以确保刹车灵活好用。

(5) 刹车失灵时,井口人员要迅速撤离至安全位置。

(6) 司钻要指挥果断,及时采取紧急措施,强行挂低速离合器,减慢钻具下行速度。

7. 滚筒钢丝绳缠乱

1) 滚筒钢丝绳缠乱的原因

(1) 通井机摆放位置不当,钢丝绳偏角不符合规定要求。

(2) 排绳装置失效或被拆除。

(3) 操作不当。

2) 安全操作技术

(1) 按规定要求合理摆放通井机。

(2) 安装排绳装置,及时检查是否灵活好用。

(3) 发现钢丝绳有缠乱现象时,立即刹车。

(4) 缓慢下放游动滑车,直到缠乱的钢丝绳完全放开。放大绳时,一定要控制速度,以防造成更严重的事故。

(5) 断续挂低速,把大绳缠绕在滚筒上,两道大绳之间要紧凑、平整,不得有间隙。有间隙时,用木棒撬紧,禁止使用铁器敲击,避免造成大绳断丝。

五、典型案例

案例 1　起磨铣管柱施工发生物体打击事故,致 1 人死亡

2000 年 3 月 3 日,某油田公司一修井大队 18 队在某井起磨铣管柱施工时,发生一起

物体打击事故，造成 1 人死亡(图 2-8-1)。

（1）事故经过：2000 年 3 月 3 日 6 时 30 分，某油田公司一修井大队 18 队在某井起磨铣管柱施工。起出方钻杆和第一根立柱后，在第二柱中间管接头刚出平台时，管柱遇卡，大绳断裂，游动大钩将二层平台的一半砸落，正在二层平台操作的一名作业工被带下摔伤，送医院抢救无效死亡。

（2）直接原因：管柱遇卡，大绳断裂，游动大钩将二层平台的一半砸落，正在二层平台操作的员工被带下摔伤。

（3）间接原因：

① 施工设计不完善，对异常复杂的地下情况风险预测及风险削减考虑不周。

图 2-8-1 事故现场

② 施工前未对提升系统做全面检查，未及时发现大绳有断股、打结、夹扁、抗拉强度下降等缺陷并更换大绳。

③ 司机与井口人员观察拉力计不到位，精力不集中，未能正确观察负荷并停止施工。

（4）案例警示：

① 对施工作业中潜在的风险应认真评估，制定严密的应急预案。工作前，应进行充分的风险辨识，即辨识每一个操作步骤及特殊环境可能存在的风险。

② 加强大绳等作业设施的检查，消除作业设备隐患。

③ 作业过程中，司钻应注意观察拉力计指示。

④ 加强各项施工作业标准、规程学习，避免类似事故重复发生。

案例 2 修井作业发生物体打击事故，致 1 人死亡

2002 年 1 月 3 日，某油田井下作业分公司一修井队在某油田一斜井进行修井作业时，发生一起物体打击事故，造成 1 人死亡。

（1）事故经过：2002 年 1 月 3 日 0 时 40 分，某油田井下作业分公司一修井队在一斜井执行修井任务。解卡打捞作业中，发现存在井喷预兆，提管柱过程中，瞬间遇卡又解卡，致使管柱上窜，造成游动滑车摆动，撞击驴头，将驴头撞落，下落的驴头将井口工砸伤，送医院抢救无效死亡。

（2）直接原因：上提管柱遇卡后突然解卡，管柱上窜带动大钩将驴头撞落，导致物体打击事故。

（3）间接原因：

① 井下打捞工具外径较大，且位于造斜弯曲井段内，加之该井段结蜡和钻井液沉积严重，管柱瞬间遇卡又解卡，抽油机驴头在突发情况下被大钩撞击掉落，造成人员伤亡。

② 作业施工前交接不细，尤其是对驴头固定部件的检查和交接不到位。

③ 井下作业开工许可证制度执行不严格，针对不符合安全要求的隐患，未加以整改

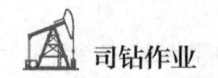

就擅自开工作业。

④ 未辨识出驴头固定、平台梯子和围栏等方面存在的安全隐患。

(4) 案例警示：

① 作业前应进行工作前安全分析，辨识风险，排除隐患并制定防范措施。

② 严格执行井下作业技术标准，抽油机驴头应摆放到位，不得影响提升系统。

③ 在施工作业指导书中，应细致分析井史，充分考虑地质条件，采取切实可行的工艺措施。

④ 加强对岗位操作人员紧急情况应急处置能力培训，提高其业务素质和安全技能。

案例 3 清洗抽油机发生机械伤害事故，致 1 人死亡

2004 年 7 月 21 日，某石油管理局修井队在一油田某井进行检泵作业后清洗抽油机时，发生一起机械伤害事故，造成 1 人死亡。

(1) 事故经过：2004 年 7 月 21 日，修井队完成某井检泵作业任务后，当班工人对抽油机支架进行清洗。班长 A 某(外雇工)在没有停止抽油机工作的情况下，直接从抽油机爬梯往上爬，当爬到中途时，抽油机的驴头正好运行到下死点，A 某被挤在抽油机驴头和爬梯之间，经抢救无效死亡。

(2) 直接原因：A 某没有停机就上抽油机进行清理工作，驴头运行到下死点，将 A 某挤死在驴头和爬梯之间。

(3) 间接原因：

① 修井队对修井收尾工作现场安全管理混乱，劳动组织不合理，安全措施不落实，现场施工监护与监督检查不到位。

② 未按照井下作业操作规程进行操作，在未停机状态下进行操作。

③ 对员工的 HSE 安全培训不到位。

(4) 案例警示：

① 作业过程中，严格执行"两书一表"等相关操作规定，严禁违规操作。

② 做好现场的安全警示标识和安全提示。

③ 作业前，进行工作前安全分析，辨识出每一个操作步骤存在的风险。

④ 加强作业现场的监督管理，明确监督内容，落实监督职责。

⑤ 加强对员工(尤其是外雇员工和承包商员工)的 HSE 培训，提高其安全意识。

案例 4 设备配套作业发生起重伤害事故，致 2 人死亡、1 人重伤

2005 年 2 月 28 日，某石油管理局井下作业公司一大修队，在某油田物资检查站的设备配套现场进行设备配套作业过程中，发生一起起重伤害事故，造成 2 人死亡、1 人重伤(图 2-8-2)。

(1) 事故经过：2005 年 2 月 28 日，大修队在设备配套现场，进行安装作业。

A 某指挥起吊油罐在距高架油箱到位挡板约 10cm 处暂停下，A 某和 B 某(合同工)、C 某(副司钻)、D 某在罐下安装支撑杆，发现油罐未吊到位，支撑杆无法插入下部支撑

图 2-8-2 事故现场

孔。A 某指挥吊车再升点,吊车在提升时钢丝绳突然被拉断,球形高架罐迅速坠落。将 A 某、B 某压在罐下,C 某挤在罐右侧和配电箱之间。事故造成 A 某、B 某 2 人死亡,C 某重伤。

(2) 直接原因:吊装作业时,违章使用了打结且缺一股的钢丝绳套,导致钢丝绳抗拉强度降低,吊车在提升时钢丝绳突然被拉断,球形高架罐迅速坠落。

(3) 间接原因:

① 吊车司机违反"十不吊"作业规定,在被吊的球形高架罐上、下均有作业人员的情况下违章实施起吊。

② 指挥人员违反吊物下严禁站人的规定,在人员未离开球形高架罐底的情况下,仍然指挥吊车起吊。

③ 高架油箱存在结构设计缺陷,致使吊装球形高架罐时,作业人员必须在罐下部安装支撑杆,导致作业人员处在危险区域内。

④ 吊车摆放位置不当,致使吊车司机操作时,无法看清球形高架罐和到位挡板之间的距离,影响了司机的操作准确性。

⑤ 未对吊索、吊具进行认真的检查,未进行风险识别及未制定风险控制措施,盲目施工。

(4) 案例警示:

① 应严格执行吊装作业规定,现场人员要注意自己的站位和周边空间,是否存在风险。

② 必须进行工作前安全分析，对设备配套过程中存在的风险进行全面识别，制定风险控制措施。

③ 起重作业时，任何人不得在悬挂的货物下工作、站立、行走，不得随同货物或起重机械升降。

④ 起重作业前，应对作业人员是否掌握起重机吊装作业安全的相关规定进行考核确认。

⑤ 起重作业前，应测算货物质量与起重机额定起吊质量是否相符，选择合适的吊具与吊索，检查吊具、吊索与货物的捆绑或吊挂情况。

⑥ 办理吊装作业许可前，相关人员应对吊件及吊装现场进行检查，查找隐患、辨识风险，制订吊装方案，落实风险防控措施。

⑦ 加强吊装作业现场监督，落实监督职责，严禁违章指挥。

案例5 抽汲作业发生中毒窒息事故，致3人死亡

2005年3月30日，某石油勘探局井下作业处试油队，在某井进行抽汲作业时，发生一起一氧化碳中毒事故，造成3人死亡（图2-8-3）。

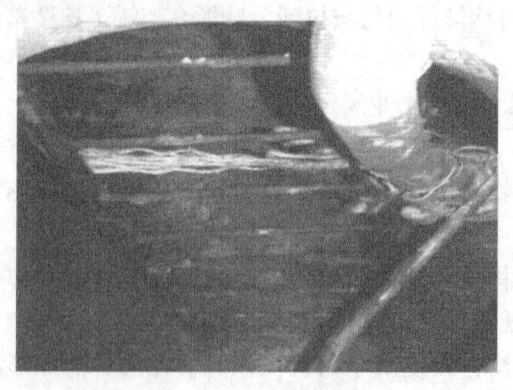

图2-8-3 事故现场

（1）事故经过：2005年3月29日完钻后，进行高能气体压裂，副队长兼技术员A某安排5名试油工做抽汲准备。23时40分，发现井口有溢流，将溢流引入计量罐内。由于水龙带与计量罐之间的连接活接头丢失，A某安排人员在罐顶将导流水龙带从罐口引入罐内。打开阀门后，水龙带摆动幅度大，一名操作工进入罐内用棕绳将水龙带绑在罐内直梯

上；二次打开阀门后，水龙带仍然摆动，该名员工又进入罐内，用铁丝加固水龙带时昏倒在罐内。另两名员工见状，佩戴过滤式防硫化氢面具，先后进入罐内救人，但相继晕倒在罐内。

3月30日1时20分将3人送往医院，3人均为一氧化碳中毒，经抢救无效死亡。

(2) 直接原因：计量罐内含有井口溢流出的高浓度一氧化碳气体，造成进入计量罐内的3名员工中毒死亡。

(3) 间接原因：

① 在高能气体压裂后，大量的一氧化碳气体从井筒射孔段随井内液体返至井口，通过水龙带进入计量罐，导致计量罐中含有高浓度一氧化碳气体。

② 水龙带与计量罐之间的连接活接头丢失。

③ 在未对大罐进行气体检测的情况下，员工违规进罐作业。

④ 出现险情后，错误佩戴过滤式防硫化氢面具，盲目进罐施救，导致事故扩大。

⑤ 没有对高能气体压裂工艺进行风险评估，没有制定相应的操作规程，而是沿用液体压裂工艺的操作规程组织施工。

⑥ 管理人员和操作人员不清楚高能气体压裂工艺可能带来的气体中毒风险，技术交底内容不全面。

⑦ 地质设计未提供地层中有毒有害气体种类、含量，工程设计未制定导流过程中有毒有害气体检测措施，现场人员未对井筒溢出流体出口、罐口及时检测。

⑧ 未编制专门的防一氧化碳、硫化氢等有毒有害气体井下作业施工操作规程。

(4) 案例警示：

① 采用新工艺应进行风险评估，制定相应的操作规程。

② 进行工作前安全分析，辨识出每一操作步骤存在的风险。

③ 作业前，应对现场环境和设备进行检查和评估，严禁盲目作业。

④ 严格执行集团公司《进入受限空间安全管理规范》等相关规定，未经气体检测前，严禁进入受限空间。

⑤ 有限空间作业必须配备并使用隔离式呼吸保护器，严禁使用滤罐(盒)式面具。

⑥ 油井压裂后放喷时，水龙带必须用活接头与计量罐阀门连接。

⑦ 对配备的呼吸保护用具，应对员工进行充分的培训和演练，确保员工掌握防其使用方法和使用范围。

⑧ 对缺氧危险作业场所应制订应急救援预案，配备抢险器具。

案例6　除垢作业发生中毒窒息事故，致3人死亡、1人受伤

2005年10月12日，某井下作业公司一修井队在某油田一井进行除垢作业前的配液过程中，发生重大硫化氢中毒事故，导致3人死亡，1人受伤(图2-8-4)。

(1) 事故经过：2005年10月12日下午，修井队将40袋除垢剂(主要成分为氨基磺酸)搬至罐顶平台上，副队长带领3名员工站在平台上向罐内倒除垢剂。当倒至第24袋时，4人突然晕倒，其中3人掉入罐内，1人倒在平台上。应急抢险人员佩戴正压呼吸器

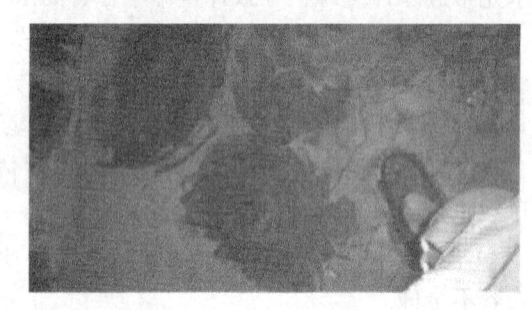

图 2-8-4 事故现场

将掉入罐内的 3 人救出，送往当地医院救治，3 人经抢救无效死亡。

(2) 直接原因：井下环境产生了大量硫酸盐还原菌，生成硫化亚铁，硫化亚铁在洗井时返出地面，滞留在配液罐中。氨基磺酸与储液罐内残泥中的硫化亚铁发生化学反应，产生了硫化氢气体。

(3) 间接原因：

① 配液罐底未清理干净。罐底存有洗井作业时的返出物，其中含有大量硫化亚铁。

② 配液罐结构不合理。罐底内侧有三道凸起加强筋，且仅有一个排放口，不便于清理干净；罐顶工作面小，未安装防护格栅，致使 4 人晕倒后 3 人掉入罐内。

③ 现场人员对异常情况没有警觉。在配液过程中，现场作业人员对异常气味没有分析判断其来源及是否有害，没有立即停止作业，也没有采取任何防范措施。

④ 现场环境不利于有毒气体扩散。天气阴沉、空气潮湿、无风，硫化氢气体不易扩散，导致浓度急剧增高，人员在短时间内中毒晕倒。

(4) 案例警示：

① 作业前进行安全分析，辨识出每个操作步骤在不同作业设备、作业环境、特殊天气、特殊季节下存在的风险。

② 配液作业前要将配液罐清理干净。

③ 严格设备管理，配液时使用专用的配液罐。

④ 井下除垢作业前，对井筒水进行取样分析，若含有硫化亚铁成分，则禁止使用酸性液体除垢。

⑤ 在配制除垢剂作业前，进行除垢剂与井筒返出物反应检测实验，如产生有毒气体，

应制定针对措施。

⑥ 加强员工对 H_2S 等有毒有害气体相关知识的培训，提高员工对有毒有害气体的风险意识。

案例7　下防落物管柱作业发生井喷事故，未造成人员伤亡

2005年12月30日，某油田大修队在某井进行下防落物管柱作业时，由于措施不当，发生井喷事故，未造成人员伤亡(图2-8-5)。

图2-8-5　事故现场

(1) 事故经过：2005年12月30日，大修队在某井进行下防落物管柱作业，当下至第22根立柱时井口突然发生井涌。该队马上停止作业，按抢喷程序。取小自封坐油管挂未成功，于是立即抢装油管旋塞阀、关防喷器、关旋塞阀，井口井涌得到控制。

大修队长指挥接反循环洗井出口管线，洗井约10min后出口出气量越来越大，遂停止洗井。打开套管阀门向大罐放喷，约半分钟后油管上窜9m，油管接箍卡在防喷器闸板处，出口天然气量猛增，反洗井出口高压管线弯头刺漏，人员撤离至安全地带。

启动压井方案，31日7时28分压井成功。

(2) 直接原因：大修队在抢关防喷器、旋塞阀后，井涌已得到控制的情况下，没有严格按照应急程序规定装压力表测油、套压力；也未及时向上级有关部门汇报，擅自错误地采取反循环洗井，从而导致井喷事故的发生。

(3) 间接原因：

① 在起管柱过程中现场采用400型橇装泵向井筒灌液，由于橇装泵排量大，造成了井

筒灌满的假象。

② 在下油管过程中，套管有水溢出，误认为是井筒满的情况下油管所排出的水，没有进行静止观察，未及时发现溢流。

③ 在未坐上油管悬挂器的情况下，没有采取防止油管上顶措施。

（4）案例警示：

① 作业前，进行充分的工作前安全分析，辨识每个操作步骤、作业设备、作业环境存在的风险，落实防控措施。

② 仔细关注起管柱、下油管等作业出现的各种现象，正确做出事故预判。

③ 落实灌液制度，做好灌液的跟踪记录。

④ 作业前明确详细的井控方法和措施。

⑤ 发现井涌、井喷后，严格执行"三七"动作标准，杜绝无控制循环洗井和放喷。

⑥ 加强对员工井控知识培训，提高员工井控安全意识和技能。

⑦ 加强员工应急程序的培训，强化井控实战演练。

⑧ 加强井控监督检查。

案例 8 调层作业施工发生井喷事故，未造成人员伤亡

2006 年 2 月 4 日，某石油勘探局一作业队在某井调层作业施工时，发生一起井喷着火事故，未造成人员伤亡和环境污染（图 2-8-6）。

图 2-8-6 事故现场

(1) 事故经过：该井是某油田公司一口生产井，射孔通知单注明射孔层位测井油气显示综合解释结果：油层及低油层。

2006年2月4日2时30分，作业队射孔队开始下炮，校深后点火起爆，缆上提100多米时，井口工发现井口井涌，准备剪断电缆，抢关放炮阀门，同时通井机熄火，切断电源，这时井内喷出液柱高达2m左右。剪断电缆后，抢关放炮阀门，此时井内喷出液柱高达10m左右，随着喷势越来越大，放炮阀门难以关闭。打开套管阀门进行分流，此时井口周围弥漫水雾并伴有天然气。3时05分左右，井口南侧着火，人员撤离井口后，井口着火，启动应急预案，20时23分，完成压井作业，成功控制井喷。

(2) 直接原因：

① 对地质情况认识不足。由于测井解释的不准确和射孔方式选择不当等原因，所射开的层位实际上是黄金带油田未开采过的层位，保持着原始地层压力，测井解释为油层，射开后该层为气层。

② 井控安全意识不强。未按照设计要求的密度使用卤水替净井筒内低密度液体，不能准确保证井筒内液柱压力符合设计要求。

(3) 间接原因：

① 井口装置安装不标准，保障措施不到位。射孔前没有对射孔阀门进行检验测试，不能保证及时、有效地控制住井喷；也没有连接压井管线和放喷管线，不能及时压井、放喷。

② 施工作业人员未履行岗位职责，配合不力。射孔过程中没有指派专人观察井口液面变化，井喷预兆出现后，施工操作人员配合不协调，行为不果断，未能在最短时间内剪断射孔电缆。

③ 员工井控知识掌握不够，对处理井喷突发事件的经验和应变能力不强，导致井喷初起时没有得到有效控制。

④ 对该井及周边地质复杂性和工程方面存在的风险认识不足，针对射孔、丢捞封隔器等关键工序，对其风险识别不足，未采取针对性的安全技术措施。

⑤ 执行制度不到位，安全检查流于形式。未建立作业施工方案设计与分级审批程序，没有进行有效的风险识别，井控日常演练没有落到实处。

(4) 案例警示：

① 作业前，进行工作前安全分析，分析每一个操作步骤、作业设备及作业环境存在的风险，落实防范措施。工作前安全分析完成后，方可申请作业许可证。

② 射孔作业过程中，应严格执行施工设计。

③ 现场设备存在的隐患应及时整改。

④ 平时应加强员工的应急培训和演练，落实应急职责，提高员工的应急技能和水平。

⑤ 对复杂和地质情况不清地区的射孔井，应采取油管传输射孔方式。

⑥ 改进放炮阀门为液压控制方式，确保电缆射孔在发生意外时能实施快速关闭井口。

⑦ 加强高危地区、重点井、关键工序的井控管理工作，对射孔、解卡、挤化学药剂等安全隐患大的特殊工序，禁止在夜间及特殊天气进行施工。

案例9 下生产杆柱作业发生物体打击事故，致1人死亡

2010年6月10日，某油田修井队在下杆柱作业时，发生了一起物体打击事故，造成1人死亡（图2-8-7）。

（1）事故经过：2010年6月10日，服务公司修井队下抽油泵活塞和抽油杆，第27根抽油杆下入井口70cm左右时遇阻停滞，抽油杆上端从提引式吊卡中脱出并向地面倾倒（图2-8-8），快速落下井内，当班班长A某闪避不及，被抽油杆抽打倒在地上，经抢救无效死亡。

图2-8-7 事故现场

（a）提引式吊卡　　　（b）事故后起出的油杆

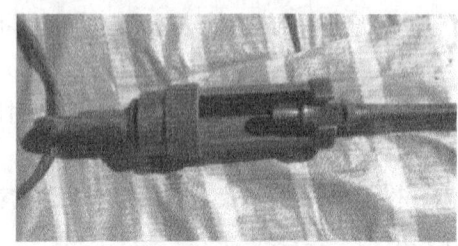

（c）提引式吊卡保险圈开启状态　　　（d）局部放大图

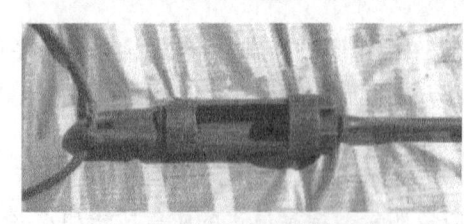

（e）提引式吊卡保险圈锁住状态　　　（f）局部放大图

图2-8-8 提引式吊卡各状态图

（2）直接原因：抽油杆遇凝油停滞，提引式吊卡继续下行，吊卡保险圈在反作用力的作用下向上位移，抽油杆从吊卡中脱出倾倒，同时已下井抽油杆迅即通过凝油段，带动未进入井口部分的抽油杆回弹摆动，打击当班班长面部造成其死亡。

(3) 间接原因：

① 危害因素辨识不全面，修井队没有辨识出吊卡保险圈无锁止装置、遇轴向较大震动可能向上位移脱出的潜在风险。

② 工艺安全管理不到位，忽视了井内液面对修井作业的影响。

(4) 案例警示：

① 进行充分的岗位风险辨识，如长期使用的提引式吊卡保险圈可能失效带来的风险、井温低于原油凝点给修井作业带来的工艺安全风险、抽油杆脱落带来的严重后果等，提高管控风险能力。

② 加强安全教育培训，提高员工安全意识、防范意识、自我保护和监护意识。

案例10　油层解堵作业发生爆炸事故，致1人死亡

2012年12月9日，某油田公司一采油厂在某井进行油层解堵作业过程中，发生一起爆炸事故，造成1人死亡(图2-8-9)。

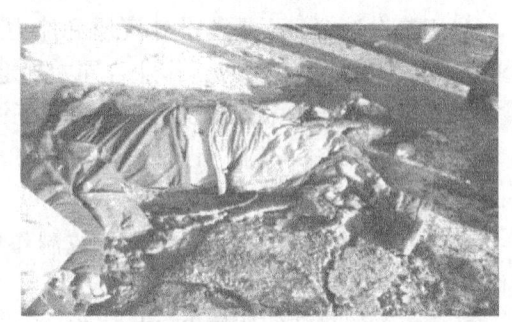

图2-8-9　事故现场

(1) 事故经过：2012年12月8日，某井下作业公司在某采油厂进行油层解堵作业，井下作业公司负责完成下解堵管柱施工任务，承包商公司在现场指导化学解堵药剂的配制及向挤液作业。

9日挤液施工结束，共挤DX-1溶液20m³、隔离液1m³、DX-2溶液20m³、顶替液15m³，泵压12~24MPa，关井扩散压力至零。井下作业公司技术员A某指挥3人进行储液罐倒液工作，A某独自向井口方向走去，井口发生爆炸，A某倒在距离井口约4m处，待救护人员到达现场后A某已经死亡。

(2) 直接原因：井筒内部发生化学爆炸是事故的直接原因。

① 该井地下液体含有一定量天然气，在关井压力扩散阶段，随着井筒内部压力降低，地层中的天然气进入油套环形空间，并逐步积聚到一定浓度。

② 解堵剂 DX-2 具有强碱性，DX-1 溶液中过氧化氢含量为 2% 及以上，解堵作业过程中双氧水在地下遇强碱、高温铁杂质或硫化亚铁迅速分解，产生氧气并放出大量的热。

③ 天然气和氧气在油套环形空间混合形成了爆炸性气体，并达到了爆炸极限浓度范围，随着温度逐步升高，温度和压力骤然升高，引爆了爆炸性混合气体。

(3) 间接原因：

① 没有对碱性化学解堵技术的可靠性进行认真分析和评价，把 20 世纪 90 年代的无专利、无专有技术、无产品标准、仅经两口井试用的不成熟技术在未充分论证的情况下直接引进。

② 解堵技术提供方利用其他公司资质进入油田公司作业市场，躲避油田公司化学品试用监管程序。

③ 整个解堵作业过程中，缺少相关监督和管理人员现场检查或监督。

④ 工艺设计部门不具备设计资质和能力，解堵工艺设计不完善，设计中未明确解堵作业技术过程的起点和节点，作业合同中规定的安全措施未落实。

⑤ 在没有进行技术核实及交底的情况下擅自转让资质。

⑥ 现场未严格执行工艺设计，各方未履行自身应承担的责任。

(4) 案例警示：

① 对所有使用的化学品，应索取或制作危化品安全技术说明书（MSDS），充分了解、评估其可能存在或造成的危害。

② 应对新引进的解堵技术，执行集团公司《工艺危害分析管理规范》等相关规定，对涉及新工艺、新技术、新材料、新产品的开发方案，在实施前应进行工艺危害分析，辨识、评估和控制其研究和技术开发过程中的危害，保证其过程的健康、安全和环保，严禁不成熟技术在未详细论证的情况下直接引进。

③ 严禁违反集团公司《承包商健康安全与环境管理规范》等相关规定，违章引入承包商作业队伍。

④ 落实新工艺的研发、引进、推广应用的风险评估论证和全过程安全职责。

案例 11　下油管作业发生物体打击事故，致 1 人死亡

2013 年 6 月 9 日，某井下作业公司作业队下油管作业时，发生起物体打击事故，造成 1 人重伤，经抢救无效死亡（图 2-8-10）。

(1) 事故经过：2013 年 6 月 7 日，作业队完成安装和现场标准化工作，对完成井口左右偏差进行了校正，因风大未对前后偏差进行调整，区块技术员组织进行了开工验收。9 日 3 时，由于燃气发电机出现故障，现场停工，进行替浆作业。下射孔管柱。在下第 109 根油管的时候，井口工上扣时发现油管扣上斜，随即卸扣检查，检查螺纹完好后，再次上扣发现油管螺纹仍上斜。副司钻见状，安排井口工去操作刹把，自己操作液压钳上扣，油管扣仍上斜，副司钻卸扣后，示意井口工上提油管。

项目 8　井下作业工安全作业

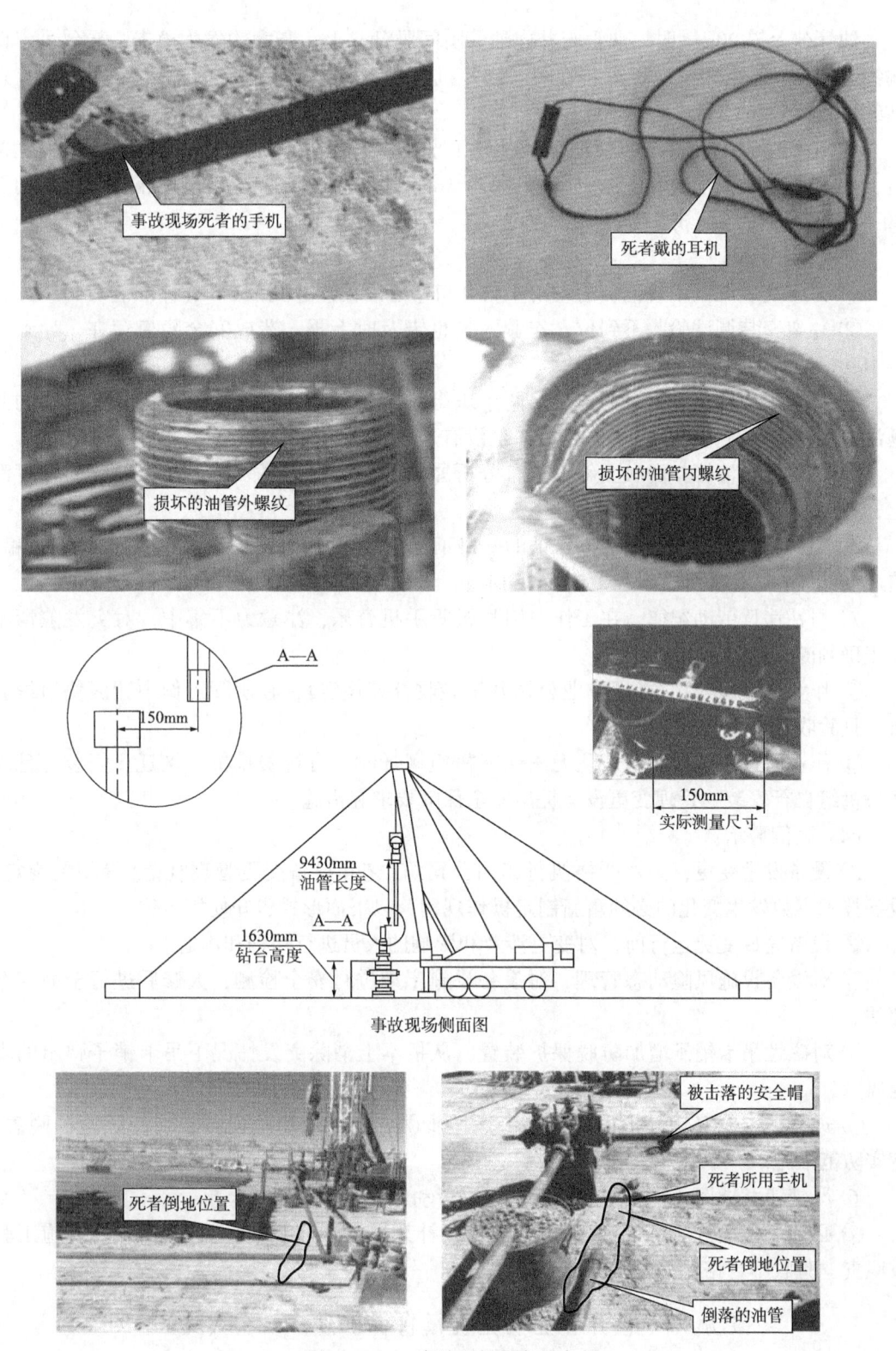

图 2-8-10　事故现场及各设备图

油管被上提 20mm 时，油管与井内油管瞬间脱开，上窜与大钩发生撞击，导致吊卡两端销子弹出，吊卡脱开吊环，油管倒向修井机左侧，砸中正在逃跑的司钻 W 某头部，司钻经抢救无效死亡。

（2）直接原因：上提油管时，油管与井内油管瞬间脱开，油管突然上窜与大钩发生撞击，导致吊卡两端销子弹出，吊卡脱开吊环，油管倒向修井机左侧，砸中正在逃生的司钻 W 某右脑部，导致事故发生。

（3）间接原因：

① 井架安装调试不规范，游动滑车与井口中心后偏差达到 150mm（标准值≤40mm）。

② 井架安装调试验收不到位，作业人员也未及时上报，造成安全隐患存在，导致下第 109 根油管上扣时三次脱扣。

③ 没有辨识作业过程中的风险。两个班组对"游动滑车与井口中心后偏差过大"的问题没有重视，没有向区块负责人汇报，也没有采取有效措施，使施工作业置于风险中。

④ 副司钻对油管扣两次上斜，没有分析原因，亲自操作第三次上扣，导致卸扣时滑丝，造成上提管柱时挂扣。

⑤ 副司钻违章指挥让没有操作证的井口工操作刹把，井口工经验不足，操作不平稳，造成油管脱扣上窜。

⑥ 司钻违反劳动纪律，在工作中用耳机听手机音乐，注意力不集中，对突发险情不能正确判断。

⑦ 作业队违反公司《井下作业公司开工验收补充规定》，在实际工作中让区块组织验收，且验收标准不高。

⑧ 作业队允许区块在搬迁队无法保障机组搬迁时，自行安排机组搬迁、安装，且对区块机组自行安装的管理变更没有提出安全保障要求和措施。

（4）案例警示：

① 设备发生变更，必须严格执行集团公司《工艺和设备变更管理规范》等相关规定，设备技术参数发生变化的必须重新制定操作规程，以书面形式告知使用单位。

② 设备完成变更运行前，对变更涉及和影响的人员进行培训和沟通。

③ 对设备设施风险动态管理，对设备设施定期进行安全检测，大修后进行全面安全评估。

④ 对磁性吊卡销子增加防脱保护装置，从根本上消除突发情况下吊卡销子弹出的安全风险。

⑤ 进行工作前安全分析，辨识每个操作步骤、作业现场及设备存在的风险和隐患，落实防范措施。

⑥ 严禁违章指挥和违规作业，严禁违反劳动纪律。

⑦ 必须严格执行《井下作业公司开工验收补充规定》等相关规定，落实并执行施工验收职责，验收不合格严禁开工作业。

案例 12　修井作业发生机械伤害事故，致 1 人死亡

2014 年 5 月 15 日，某油田公司一作业队在某井检泵作业过程中，发生一起机械伤害

事故，造成 1 人死亡(图 2-8-11)。

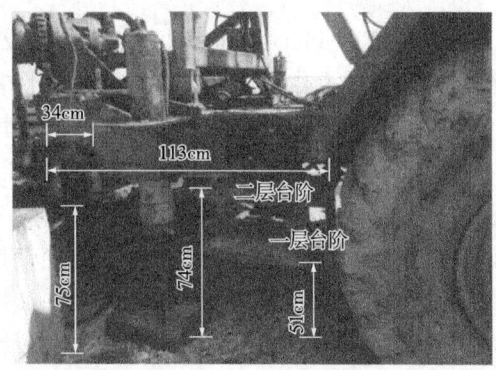

图 2-8-11　事故现场

（1）事故经过：5 月 15 日，作业队完成检泵冲砂的作业任务，继续起出井内剩余 28 根冲砂油管。8 时 30 分，4 名员工正做施工前准备工作，一岗员工在核对油管数量，三岗场地工在场地摆油管，操作手在操作室内检查仪表及刹车，二岗员工 A 某检查液压钳，并操作小绞车液压调整杆调节液压钳高度。此时三人听到 A 某的叫喊声，发现 A 某左胳膊小臂被钢丝绳斜向缠绕在小绞车上，面部朝上，头部卡在绞盘边缘，颈部紧贴绞盘齿轮，双腿搭在抽油机水泥基础上，口吐白沫，经抢救无效死亡。

（2）直接原因：A 某操作小绞车液压调整杆时，因小绞车和井架挡住观察液压钳的视线，一边操作液压杆，一边登高观察井口液压钳高度，身体倾斜、重心失衡，左臂搭在小绞车绞盘上，被小绞车上的钢丝绳缠绕带动翻转后，头部、颈部在小绞盘和井架间受到撞击和挤压，导致死亡。

（3）间接原因：

① 作业人员冒险作业，观察液压钳位置时，左小臂不慎触碰转动中的小绞车。

② 小绞车升降操作手柄无自动停车功能，在紧急状态下不能起到保护作用，须人工手动恢复才能停止升降。

③ 小绞车设计位置不合理，与液压钳和井口形成盲区，挡住了手柄操作者观察液压钳升降的视线。

④ 小绞盘转动部位无护罩，人体接触后容易被卷入，引发事故。

（4）案例警示：

① 作业前，要进行工作前安全分析，辨识出每个操作步骤的风险及防控措施。

② 设备缺陷要及时整改，如小绞车升降操作手柄无自动停车功能、位置设计不合理、与液压钳和井口形成盲区阻挡手柄操作者视线、小绞盘转动部位无护罩等。

③ 将《小绞车操作要求》《小绞车操作液压钳升降操作》等内容补充到操作规程中。

④ 要定期对所有在役设备开展专项排查，立即停用所有存在安全隐患且无法立即整改完成的设备，返厂修理。

案例13　修井作业发生机械伤害事故，致1人死亡

2018年3月11日14时02分，某油田公司承包商——某建业公司，在某油田作业区进行修井后挂抽操作时，发生抽油机机械伤害事故，造成1人死亡。

（1）事故经过：3月3日，某建业公司小修17队对某9井区LU7186井进行检泵作业。3月6日，完井启抽生产后计量不出。3月8日，作业区要求进行整改。3月11日12点30分，该公司小修17队班长冯某、班员那某、张某3人完成整改后准备启动抽油机进行挂抽作业。挂抽过程中，冯某发现抽油机皮带打滑，那某爬上抽油机三角支架，准备用蹬踩皮带增加皮带张紧力的方式，强行带动抽油机运转；因抽油机后驴头负荷过重，强行起抽失败；同时抽油机曲柄轴孔键槽根部存在裂纹缺陷，后驴头在失控下行的惯性作用下将抽油机两侧曲柄拉断，导致后驴头继续翻转下行，将员工那某挤在抽油机三角支架之间，致使那某死亡。

（2）直接原因：抽油机后驴头失控翻转，造成人员挤压致死。

（3）间接原因：

① 升级管控要求执行不严格。该起事故发生在周末和两会召开的关键敏感时期，公司执行落实"四条红线"❶关于节假日、特殊敏感时期施工作业升级管理督促检查不严格、抓落实不够，对承包商作业缺乏现场管控，没有安排人员对现场作业进行监督检查，违反了"四条红线"管控要求，最后导致事故的发生。

② 风险辨识和控制不到位。抽油机修井后挂抽是一项常规作业，在作业区操作规程和管控红线中都有明确要求。但作业区对承包商违反操作规程，采用抽油机动力强行挂抽的行为没有及时发现和制止，对承包商作业的风险辨识和控制严重缺失，存在较大管理漏洞和作业风险，安全管理部分环节监管不到位。

③ 培训监督管理不到位。通过现场调查发现承包商对员工的HSE培训、考核流于形式，对操作规程、作业风险、"四条红线"要求以及某油田管控红线要求培训严重缺失，对这些问题作业区没有及时发现，最后造成承包商员工违章行为发生。

④ 公司层面监管不力。公司对作业区在升级管理、"四条红线"要求以及长期存在的违章行为、失职行为缺乏有效监督管理。多次检查、审核已经发现作业区安全管理存在漏洞短板，但对检查发现的苗头性问题没有深挖细查，没有全面评估作业区在安全管理上存在的系统性问题。

⑤ 在公司层面对承包商的安全监督管理也严重缺位，对承包商管理职责分工、制度建设、机构设置、人员配置、能岗匹配上也存在管控措施不力、人员能力不足、考核不严等问题。

---

❶ "四条红线"的具体内容：
(1) 可能导致火灾、爆炸、中毒、窒息、能量意外释放的高危和风险作业；
(2) 可能导致着火爆炸的生产经营领域的油气泄漏；
(3) 节假日和重要敏感时段(包括法定节假日、国家重大活动和会议期间)的施工作业；
(4) 油气井井控等关键作业。

(4) 案例警示：

① 对现场所有井下作业队伍资质、人员持证、履职能力和设备完整性等开展系统排查，验收合格再开工。

② 强化识别评估风险，制定有针对性的防控措施，强化关键环节的风险管控。

③ 加大属地监督力度，对重点风险、关键环节作业开展全方位监督，确保管控到位。

④ 加强对承包商管理的能力建设，强化承包商管理人员配置，有效促进管理人员能力提升，完善承包商管理考核制度，加强安全与市场挂钩力度，强化承包商 HSE 资质的前置管理约束，加大承包商安全绩效在招投标的分数权重。

项目实施

引导问题 1：了解迁装阶段，概括迁装阶段的危害及如何防范。

引入问题 2：了解作业施工前准备阶段的危害及防范措施。

引入问题 3：了解作业施工阶段的危害因素与防范措施。

引入问题 4：了解井下事故复杂情况的处理。

项目评价

序号	评价项目	自我评价	教师评价
1	学习准备		
2	引导问题填写		
3	规范操作		
4	完成质量		
5	关键操作要领掌握		
6	完成速度		
7	管理、环保节能		
8	参与讨论主动性		
9	沟通协作		
10	展示汇报		

说明：表格中每项10分，满分100分。学生根据任务学习的过程与结果真实、诚信地完成自我评价，教师根据学生学习过程与结果客观、公正地完成对学生的评价

课后习题

1. 简述压井的概念及分类。
2. 简述铅模打印的安全操作流程。

题 库

钻井作业篇题库　　　井下作业篇题库

题库参考答案

钻井作业篇题库参考答案

一、判断题

1~5　√√×√×	6~10　√×√√×	11~15　×√√√√
16~20　××√××	21~25　√√√××	26~30　√√√√×
31~35　×√×√√	36~40　×√√√√	41~45　√√√×√
46~50　√√√√√	51~55　××√××	56~60　×√√√×
61~65　√×××√	66~70　√√√××	71~75　√√√√√
76~80　√√√√√	81~85　√√√×√	86~90　√√√√√
91~95　√√√×√	96~100　√√×√√	101~105　√××××
106~110　√√√×√	111~115　√√√××	116~120　√×√√×
121~125　×√√√√	126~130　√√√√√	131~135　√√√×√
136~140　×√×√×	141~145　√√√√√	146~150　×√√××
151~155　√√√××	156~160	161~165　√√√√√
166~170　√√××√	171~175　√×√×√	176~180　√√√√√
181~185　√√√√√	186~190　√√√√×	191~195　√√√√√
196~200　√√√√√	201~205　√√××√	206~210　√√√×√
211~215　√√×√√	216~220　√×√√√	221~215　√√√×√
226~230　×√×√√	231~235　√√√××	236~240　√√√√√
241~245　×√√×√	246~250　√√√×√	251~255　√√√×√
256~260　√√√√√	261~265　×√×√√	266~270　×√√√√
271~275　√√×√√	276~280　√×√×√	281~285　××√√√
286~290　√√×√√	291~295　√√√√√	296~300　√×√√√
301~305　×√√√√	306~310　√√√√√	311~315　√√√√√

· 357 ·

316~320	√√√√×	321~325	√√√√×	326~330	√√××√
331~335	√√×√√	336~340	√√√√×	341~345	√√√√×
346~350	√××√√	351~355	×√√√×	356~360	√√√××
361~365	√×√√√	366~370	××××√	371~375	√××√√
376~380	√√×√×	381~385	×√√√√	386~390	×√√√√
391~395	×√××√	396~400	√√××√	401~406	√√√×√
407~410	√√××√	411~415	××√√×	416~420	√√√√√
421~425	×√×√√	426~430	√√√√√	431~435	√√×√√
436~440	√√√√×	441~445	×√√√√	446~450	√×××√
451~455	√√√√√	456~460	√√√√√	461~465	√×√√√
466~470	√√√√×	471~475	√√√×√	476~480	×√√√√
481~485	√√√√×	486~488	√√√		

二、选择题

1~5	CBBBA	6~10	CBBBB	11~15	BBBCB	16~20	BBABA
21~25	ABABB	26~30	CCAAA	31~35	ACCAA	36~40	ACACB
41~45	BBBBC	46~50	ACBBA	51~55	BCBBC	56~60	ABBAB
61~65	ABCAC	66~70	BBBBB	71~75	ABCCB	76~80	ABAAA
81~85	BCABA	86~90	ABBAB	91~95	AAAAC	96~100	CBBAC
101~105	AAAAB	106~110	BCCBD	111~115	ABBAA	116~120	ACCBB
121~125	ABABC	126~130	BACCB	131~135	ACCCC	136~140	CABAB
141~145	BCCBB	146~150	CABDA	151~155	AAACB	156~160	AABBB
161~165	CCCBB	166~170	BCBAA	171~175	BCCBC	176~180	CCACC
181~185	BBBBB	186~190	AAAAA	191~195	CAACB	196~200	ACBAC
201~205	ABCBC	206~210	ABCAC	211~215	CCBAC	216~220	CCABB
221~225	AAABA	226~230	CBBBC	231~235	BAACB	236~240	BABAC
241~245	BCBCB	246~250	CCBAB	251~255	CCBBC	256~260	CAABB
261~265	BCCBA	265~270	CBBAC	271~275	CACBB	276~280	AACABC
281~285	ABAAA	286~290	CABAB	291~295	BCBAC	296~300	AAACB
301~305	BCAAA	306~310	ACAAB	311~315	CCCAC	316~320	CBBAC
321~325	BCACB	326~330	CAACA	331~335	CABAB	336~340	BAABA
341~345	CCCAC	346~350	CAAAA	351~355	AABCC	356~360	ABAAB
361~365	BAAAA	366~370	CBAAB	371~375	BACAB	376~380	CBCBA
381~385	BAAAC	386~390	BAABA	391~395	BBAAC	396~400	CCBCC
401~405	ACBCC	406~410	CABBA	411~415	BAAABB	416~420	BBBBB
421~425	BCABC	425~430	BCCBB	431~435	BCBAB	436	C

井下作业篇题库参考答案

一、判断题

1~5 √√√××	6~10 ×√√√×	11~15 √√××√
16~20 √×××√	21~25 ×√√√×	26~30 √√√×√
31~35 ×××√×	36~40 √×√×√	41~45 √√√√×
46~50 ××√√√	51~55 ×××√√	56~60 √×√√×
61~65 √√√×√	66~70 ×√√√√	71~75 ×√√√×
76~80 √√××√	81~85 √√××√	86~90 √√√√√
91~95 ××√√×	96~100 √×√√√	101~105 √√××√
106~110 ×××××	111~115 √√√√×	116~120 √×√√√
121~125 √√√√×	126~130 √√×××	131~135 √√√×√
136~140 √×√√×	141~145 ××√××	146~150 √××××
151~155 ×√×××	156~160 √√√××	161~165 √×√√×
166~170 √×√√√	171~175 ×√××√	176~180 √√√√√
181~185 ×√√××	186~190 √×√√√	191~195 √√√√√
196~200 √√√√√	201~205 √√×√×	206~210 ××√×√
211~215 ××√√×	216~220 √√×√√	221~225 √×√√√
226~230 √√×√×	231~235 √√√×√	236~240 √×√××
241~245 ×√××√	246~250 √√√√√	251~255 √√××√
256~260 √×√√×	261~265 √√√√×	266~270 ××√√√
271~275 √×√√√	276~280 √√×√×	281~285 ××√√√
286~290 ×√√√×	291~295 ××√××	296~300 √√×√√
301~305 √×√√×	306~310 ×√√√√	311~315 √×√√×
316~320 ×√√√×	321~325 √××√√	326~330 ×√×××
331~335 √×√√×	336~340 √√√√×	341~345 √××√×
346~350 √√√√√	351~355 √×√××	356~360 ×××√√
361~365 √√√√√	366~370 √×√×√	371~375 √××××
376~380 √××√√	381~385 √√×√√	386~390 ×√√√√
391~395 √××√√	396~400 ×××√×	401~405 √√√√√
406~410 √√√√×	411~415 √√√√√	416~420 √√√√×
421~425 √×√×√	426~430 ×√√√√	431~435 √×√√√
436~440 ×√√√	441~445 √××××	446~550 √√√√×
451~455 √√√√√	456~460 √×√√√	461~465 √×√××
466~470 √√√×√	471~475 √√××√	476~480 ×√√×√

481~485　√√××√　　486~490　×√√×√　　491~495　√√√√√
496~500　√√√√√　　501~504　√√√×

二、选择题

1~5	CBAAB	6~10	AACBA	11~15	BCBCB	16~20	ABBBC
21~25	BBCCA	26~30	ABABB	31~35	BBCAC	36~40	BBCCB
41~45	CABBB	46~50	CBAAB	51~55	CCCBA	56~60	BBBCA
61~65	CAABC	66~70	BACAA	71~75	CABBB	76~80	BCACC
81~85	BCCCB	86~90	AABCB	91~95	BBCAA	96~100	BCBBB
101~105	CCBBB	106~110	CBBCB	111~115	BBBCA	116~120	ACCCC
121~125	ABBCB	126~130	CAACC	131~135	CBCAB	136~140	ABCBC
141~145	CCABB	146~150	CCCBA	151~155	CCBAA	156~160	BACBA
161~165	CABAC	166~170	BBCAA	171~175	AACCC	176~180	BABCB
181~185	BCCBC	186~190	BAAAC	191~195	CCABA	196~200	BCBBB
201~205	CBBBC	206~210	CAACB	211~215	CCACC	216~220	CCCBA
221~225	BBBBB	226~230	AACBC	231~235	ABCCB	236~240	CBBCC
241~245	BBBCA	246~250	BAABA	251~255	CCCCB	256~260	ABABB
261~265	CACBC	266~270	ACBAB	271~275	BACCB	276~280	BBCCC
281~285	BCCAC	286~290	ACBBA	291~295	BBABA	296~300	BCBCC
301~305	CBBAC	306~310	CCACC	311~315	ABABC	316~320	CBBBB
321~325	BBBBA	326~330	BCBAC	331~335	BACAB	336~340	BBCAC
341~345	CAABC	346~350	AACCC	351~355	CACBA	356~360	CACBB
361~365	AACAC	366~370	BAABA	371~375	CABAC	376~380	CBAAA
381~385	CAACB	386~390	BABBB	391~395	BCACA	396~400	ABCCB
401~405	ACBCC	406~410	CCCCB	411~415	BBABA	416~420	ACCBC
421~425	AAACA	426~430	CAACA	431~435	BBABC	436~440	CCBCB
441~445	ABCBA	446~450	CABCA	451~455	BBBCC	456~460	BAAAB
461~465	ACCCA	466~470	CCACA	471~475	BACCB	476~480	ABBBB
481~485	ACCBB	486~490	BCBCA	491~495	CCABB	496~400	ACBBB
501~505	CCCCA	506~510	CBBCB	511　B			

参 考 文 献

[1] 陆青云. 钻井工程施工新技术及标准规范手册[M]. 北京：中国科学文化出版社, 2005.
[2] 胜利石油管理局 HSE 培训中心. 石油作业安全环境与健康管理[M]. 东营：中国石油大学出版社, 2008.
[3] 中国石然天然气集团公司 HSE 指导委员会. 钻井作业 HSE 风险管理[M]. 北京：石油工业出版社, 2004.
[4] 王胜义, 张志远. 石油钻井安全培训教材[M]. 东营：中国石油大学出版, 2008.
[5] 郭书蹈, 刘嘉福, 等. 钻井工程安全手册[M]. 北京：石油工业出版社, 2009.
[6] 卢世红, 周文, 丛金玲. 中国石化油田企业 HSE 培训教材：法律法规[M]. 东营：中国石油大学出版社, 2016.
[7] 四川省安全科学技术研究院. 油气开采企业安全管理人员安全培训教程[M]. 成都：西南交通大学出版社, 2013.
[8] 中国石油天然气集团公司安全环保与节能部. HSE 管理体系基础知识[M]. 北京：石油工业出版社, 2014.
[9] 《企业安全生产基本知识》编委会. 企业安全生产基本知识[M]. 北京：石油工业出版社, 2007.
[10] 刘景凯. 企业突发事件应急管理[M]. 北京：石油工业出版社, 2010.
[11] 全国安全生产教育培训教材编审委员会. 司钻作业[M]. 北京：中国矿业大学出版社, 2013.
[12] 中国石油天然气集团有限公司人事部. 工程技术专业危害因素辨识与风险防控[M]. 青岛：中国石油大学出版社, 2019.
[13] 陈炳祥. 司钻作业[M]. 徐州：中国矿业大学出版社, 2013.
[14] 孙守国. 井下作业工[M]. 北京：石油工业出版社, 2014.
[15] 李强. 钻井作业硫化氢防护[M]. 北京：石油工业出版社, 2006.
[16] 管志川. 钻井工程理论与技术[M]. 2 版. 青岛：中国石油大学出版社, 2017.
[17] 王俊亮. 井下作业[M]. 北京：石油工业出版社, 2006.
[18] 杨庆理. 石油天然气井下作业井控[M]. 北京：石油工业出版社, 2008.